国家自然科学基金面上项目“基于原始方程数学理论的海气耦合模式适定性研究”（2020—2023，项目批准号：41975129）

大气及海洋环流模式动力学框架的适定性研究

连汝续　著

吉林大学出版社
·长春·

图书在版编目（CIP）数据

大气及海洋环流模式动力学框架的适定性研究 / 连汝续著. -- 长春 : 吉林大学出版社, 2023.5
ISBN 978-7-5768-1728-7

Ⅰ. ①大… Ⅱ. ①连… Ⅲ. ①大洋环流－动力学－研究 Ⅳ. ①P731.27

中国国家版本馆CIP数据核字(2023)第102771号

书　　名：大气及海洋环流模式动力学框架的适定性研究
DAQI JI HAIYANG HUANLIU MOSHI DONGLIXUE KUANGJIA DE SHIDINGXING YANJIU

作　　者：连汝续
策划编辑：杨占星
责任编辑：甄志忠
责任校对：赵雪君
装帧设计：皓　月
出版发行：吉林大学出版社
社　　址：长春市人民大街4059号
邮政编码：130021
发行电话：0431-89580028/29/21
网　　址：http://www.jlup.com.cn
电子邮箱：jldxcbs@sina.com
印　　刷：朗翔印刷（天津）有限公司
开　　本：787mm × 1092mm　1/16
印　　张：11.75
字　　数：220千字
版　　次：2023年5月　第1版
印　　次：2023年5月　第1次
书　　号：ISBN 978-7-5768-1728-7
定　　价：48.00元

前　言

地球系统模式是描述全球气候以及生态和环境系统的整体耦合演变的数学表达[64]，其先进性体现了一个国家在地球系统科学研究的核心竞争力，也是衡量一个国家地球科学研究综合水平的重要指标[61].因而对地球系统模式的研究是当前国际上地球科学尤其是全球变化研究的热点问题和难点问题.在地球系统模式中，大气环流模式和海洋环流模式不仅是基础的核心框架，同时也是决定地球系统模式性能的关键组成部分.

在地球系统模式的研究和发展历程中，有多个重大研究突破都与相关数学理论的发展和数学工具的使用密切相关，特别是基于原始方程的初边值问题，构建了大气环流模式和海洋环流模式的动力学框架，并在此基础上设计算法以及进行数值求解等.但在实际运用中，由于动力学框架太过复杂，其定解问题难以求得解析解，除了利用数值模拟和实验方法以外，还可以采用定性分析的方法来研究模式动力学框架的适定性.

最近几年，我在曾庆存院士的指导下，将原始方程适定性理论进展中的研究方法应用于中国科学院地球系统模式（CAS-ESM）分系统（大气、海洋等）以及耦合过程（海-气耦合等）的动力学框架的研究中，证明了不同条件下大气和海洋环流模式的动力学框架整体弱解的存在性和稳定性以及整体强解的存在唯一性等结论.这些科学问题都是源于地球科学领域和数学领域交叉的共性问题，具有鲜明的学科交叉特征.

本书得到了国家自然科学基金（No.41975129，No.41630530）以及中国科学院前沿科学重点研究计划项目(No.QYZDY-SSW-DQC002)的资助.

感谢国家重大科技基础设施项目“地球系统数值模拟装置”提供支持.

感谢中国科学院大气物理研究所和华北水利水电大学各位同仁的支持和鼓励.感谢我的研究生马洁琼、张博冉、魏玉恒、李金旭和张燕玲为本书的完成所付出的努力.

限于作者水平,难免有不足之处,恳请批评指正.

目 录

第 1 章　问题引入

1.1　研究背景

在大气科学乃至地球科学的发展历程中，有多个重大的研究突破都与数学理论的发展和数学工具的使用紧密相关.例如：1904 年，挪威气象学家 V.Bjerknes 就首次提出天气预报问题就是大气运动方程的积分[1].1921 年，Richardson 尝试采用数值计算的方法来做天气预报，这次尝试也被认为是数值天气预报发展史上的一个里程碑[33].1939 年，Rossby 提出了波-流相互作用的原理，并创立了大气长波动力学理论[34].1950 年，数学家 Charney 首次使用计算机成功地做出数值天气预报，并使数值预报的观点被气象学界接受[2].1963 年，数学家 Lorenz 提出了大气混沌现象以及分岔、奇怪吸引子概念[23]，进而开辟了“混沌理论”，等等.

而在当前国际上地球科学的研究领域中，地球系统模式是备受关注的热点和难点问题之一[60,64].而地球系统模式中的大气和海洋环流模式则是核心组成部分，也是决定地球系统模式模拟性能的关键部分[60].但是，近些年来关于地球系统模式的研究主要集中在物理过程参数化方案的改进以及模式的模拟评估和预测等[24,44-45,65-66]，而对模式数学和物理学本身的整体特性和规律的研究关注度不够，特别是对地球系统模式动力学框架的适定性理论研究甚少.

模式的动力学框架是非常复杂的非线性偏微分方程组，并赋予合理的初边值条件.动力学框架的适定性研究就是在不必得到解析解的情况下，采用能量估计等方法，证明偏微分方程组初边值问题的解的存在性、唯一性和稳定性，即从方程组本身的结构特点来揭示解的性态，并直观地阐释非线性系统运动过程的主要性质和特征.这一特点也正是适定性研究的显著优越性之一.此外，适定性分析不仅有助于在理论上保证大气环流模式和海洋环流模式相互耦合的协调性，从而保证模式长时间积分的稳定性，同时也可为数值计算方法的改进提供重要的理论依据.

早在 1979 年，曾庆存在其著作《数值天气预报的数学物理基础》中对模式动力学框架的数学理论研究的必要性进行了阐述[63]:"必须从天气实际出发,掌握从实际总结出来的规律性,从此进行抽象,上升到理论,即建立相应的动力学模式.然后,对这些动力学模式进行深入分析,发展理论,建立解决理论问题的合适数学方法.然后再回到实际中去,检验理论是否正确,建立可供大规模应用的数值预报方法.

在这本著作中,曾庆存将气象问题、动力学理论和数学方法结合起来,对数值天气预报的数学物理基础问题进行了系统和严密的研究,且最早系统地提出了研究球面上大气动力学原始方程组的数学物理问题,建立了现代大气科学使用的严谨方程组和正确的边界条件,并证明了各种大气模式(正压、斜压、准地转、非地转)整体弱解的存在性和整体强解的唯一性等.1983 年,进一步提出了海气耦合模式动力学框架,并给出海气界面的边界条件,相应地还推导出大气下界气压扰动和海洋上界面高度扰动的预报方程[42].

在上述工作的基础上,穆穆、曾庆存[31-32]证明了当初值满足一定的正则性时,准地转模式和准平衡模式整体强解的存在唯一性.而汪守宏,黄建平和丑纪范[59]则研究了定常外源强迫下大气系统的长期行为,证明了整体弱解的存在性和整体强解的唯一性,整体吸收集以及不变点集的存在性,进而揭示了系统向外源的非线性适应过程.之后,汪守宏[38-39]对上述研究工作又进行了拓展,并将大气动力学原始方程组的研究工作介绍到了国际数学界,国际知名数学家 Lions,Teman 和汪守宏[16-18]在大气动力学原始方程组中引入耗散效应,并证明了具有耗散效应的大气和大气-海洋耦合原始方程组的整体弱解的存在性.但在上述工作中,也有一些和实际物理意义不同的假定,例如:假定大气有上界(上界常定为不为 0 的低压面),在下界面上为附壁假定(切向速度也为 0),且将大气等同于三维不可压缩流体,因此,这些数学理论模型的理论分析成果就不能直接为大气和海洋环流模式提供准确的理论基础[62].

因此,曾庆存[62]取消了上述不符合实际的提法:(1)取大气上界气压为零;(2)界面上允许有切向流动;(3)消除了整层无辐散近似,使地面气压为直接的预报量;(4)加入了水汽相变过程.这也就是大气环流模式(IAP-AGCM)的理论基石.穆穆和曾庆存等[41]证明了该大气环流模式整体弱解的存在性和整体强解的唯一性.曾庆存和穆穆[41]又对海气耦合模式作了类似的改进,这也是海气耦合模式(IAP-CGCM)的理论基础.

此外,李建平和丑纪范[52]继续研究了非定常外源强迫下大尺度大气动力学原始方程组解的性质,并研究了完整的干空气运动[53]、湿大气运动[54]、有地形条件[55]等多种情形的大气全局吸引子的存在性,进而揭示了大气作为强迫耗散的非线性系统具有向外源强迫的非线性适应过程这一重要性质.丑纪范[56]也明确指出"数值计算与定性分析相结合将有助于揭示强迫耗散非线性动力学的演变规律.”

但是之后数年,有关大气和海洋动力学原始方程组的数学理论研究尽管也有一些重要的理论成果,如:黄海洋和郭柏灵[47-48]证明了考虑定常外源强迫的大尺度大气动力学方程组以及大气环流模式 IAP-AGCM 动力学框架吸引子的存在性等,郭柏灵和黄代文[11]证明大尺度湿大气动力学方程组整体弱解的存在性等,但是有关大气环流模式整体强解的适定性研究的理论成果极少.究其原因,主要在于当时原始方程强解适定性理论的研究状况:González 等[13],Temam 和 Ziane[36]等证明了大气动力学方程组,海气耦合方程组的具有小初始能量的整体强解的存在唯一性以及具有正常初始能量的局部强解的存在唯一性.而在 2007 年,Cao 和 Titi[3]采用正斜压分解技术,证明了具有正常初始能量的原始方程整体强解的存在唯一性,该成果也是原始方程整体强解存在性理论研究的一个重大突破性进展.

在此基础上,随后又涌现出很多有关原始方程整体强解存在性的理论成果,例如,郭柏灵和黄代文[10,49],Zelati 等[43]证明了大尺度干和湿大气动力学方程组的整体强解的存在唯一性和整体吸引子的存在性等.Cao,李进开和Titi[4-6]又证明了只考虑水平方向或垂直方向耗散效应的原始方程整体强解的存在唯一性等.这些原始方程整体强解的存在性理论为证明大气和海洋环流模式动力学框架整体强解的存在性提供了理论基础和研究思路.

此外,学者们也关注随机因素对大气和海洋运动的影响,并有了一些重要的理论成果.例如,Hasselmann[9,14],Saltzman[35]和李麦村[57]分别建立了不同的随机气候模式和随机海气耦合模式.Majda 等[26-30]也对随机气候模式进行了数学理论分析和数值计算方法的研究.近年来,郭柏灵和黄代文[12,50],董昭[8],周国立和郭柏灵[46]等证明了不同随机原始方程组整体强解的存在唯一性以及整体吸引子的存在性等.

近几年,连汝续等基于上述原始方程数学理论进展中的研究方法,开展了大气环流模式 IAP-AGCM 和海洋环流模式 IAP-OGCM 动力学框架的适定性问题研究.连汝续等采用能量估计方法和叶果洛夫定理,证明了 IAP-AGCM 动力学框架整体弱解的 L^1 稳定性和几乎处处稳定性[19],张博冉和连汝续还证明了加入随机外强迫的 IAP-AGCM 动力学框架整体弱解的存在性和稳定性等[68].连汝续和曾庆存采用正斜压分解技术证明了 IAP-AGCM 动力学框架整体强解的存在唯一性以及整体吸引子的存在性等结论[21].之后,连汝续和马洁琼等[22,25]还证明了考虑水汽相变过程的大气环流模式一阶整体强解的存在唯一性以及二阶局部强解的存在唯一性等.此外,连汝续和张燕玲等[51,67]证明了海洋环流模式 IAP-OGCM 动力学框架整体弱解的存在性和稳定性等.本书就是对这些成果的一个系统性的总结.接下来,将分别给出大气环流模式 IAP-AGCM 和海洋环流模式 IAP-OGCM 的动力学框架.

1.2 大气环流模式的动力学框架

下面将给出文献[62,63]中的大气环流模式动力学框架的具体形式.首先,为了研究大气系统,引入地形坐标系(θ,λ,ζ,t).其中$\theta\in[0,\pi]$是余纬,$\lambda\in[0,2\pi]$是经度,$\zeta=p/p_a\in[0,1]$,$p\in[0,p_a]$,p 是大气气压,$p_a(\theta,\lambda,t)$为地表气压,t 为时间.

给定参考标准温度$\tilde{T}(\zeta)$,参考标准位势$\tilde{\Phi}(\zeta)$,参考标准地表大气压强$\tilde{p}_s(\theta,\lambda,t)$,则可以定义温度偏差 $T'(\theta,\lambda,\zeta,t)$,位势偏差 $\Phi'(\theta,\lambda,\zeta,t)$以及地表大气压强偏差 $p'_s(\theta,\lambda,\zeta,t)$.即有$\tilde{T}(\zeta)+T'(\theta,\lambda,\zeta,t)$为大气温度 $T(\theta,\lambda,\zeta,t)$,$\Phi(\theta,\lambda,\zeta,t)\tilde{\Phi}(\zeta)+\Phi'(\theta,\lambda,\zeta,t)$为重力位势 $\Phi(\theta,\lambda,\zeta,t)$,$\tilde{p}_s(\theta,\lambda,t)+p'_s(\theta,\lambda,\zeta,t)$为地表气压.则状态变量为大气的水平速度 $V=(v_\theta,v_\lambda)$,垂直速度$\dot{\zeta}$,温度偏差 T',位势偏差 Φ',压力偏差 p',并满足以下的大气动力学方程组:

$$
\begin{cases}
\dfrac{\partial V}{\partial t}+(V^*\cdot\nabla)V+\dot{\zeta}^*\dfrac{\partial V}{\partial \zeta}+\left(2\omega\cos\theta+\dfrac{\cos\theta}{a}v_\lambda\right)\begin{pmatrix}0 & -1\\ 1 & 0\end{pmatrix}V \\
\qquad +\nabla\Phi'+RT'\dfrac{\nabla\tilde{p}_s}{\tilde{p}_s}=\dfrac{\mu_1}{\tilde{p}_s}\Delta V+v_1\dfrac{\partial}{\partial\zeta}\left(\left(\dfrac{g\zeta}{R\tilde{T}}\right)^2\dfrac{\partial V}{\partial\zeta}\right), \\
\dfrac{\partial T'}{\partial t}+(V^*\cdot\nabla)T'+\dot{\zeta}^*\dfrac{\partial T'}{\partial\zeta}-\dfrac{c_0^2}{\tilde{p}_s\zeta}\left(\tilde{p}_s\dot{\zeta}+\zeta\left(\dfrac{\partial p'_s}{\partial t}+\nabla\tilde{p}_s\cdot V\right)\right) \\
\qquad =\dfrac{1}{c_p}\left(\dfrac{\mu_2}{\tilde{p}_s}\Delta T'+v_2\dfrac{\partial}{\partial\zeta}\left(\left(\dfrac{g\zeta}{R\tilde{T}}\right)^2\dfrac{\partial T'}{\partial\zeta}\right)\right)+\dfrac{\Psi_s}{c_p}, \\
\dfrac{\partial p'_s}{\partial t}+\nabla\cdot(\tilde{p}_sV)+\dfrac{\partial\tilde{p}_s\dot{\zeta}}{\partial\zeta}=0, \\
\dfrac{\partial\Phi}{\partial\zeta}+\dfrac{RT'}{\zeta}=0.
\end{cases}
\tag{1.1}
$$

其中，c_0，c_p，R 表示热力学参数；μ_i，$\nu_i(i=1,2)$表示大气湍流耗散系数；$\Psi(\theta,\lambda,\zeta,t)$表示非定常外源强迫对大气系统的影响.上述大气动力学方程组的研究区域如下：

$$\Omega\times[0,M]:=S^2\times[0,1]=[0,\pi]\times[0,2\pi]\times[0,1]\times[0,M],$$

其中，$M>0$.

此外，利用文献[20,38]中类似的方法选取光滑速度场 $(V^*,\dot{\zeta}^*)$. 即令 $\bar{V}:=\int_0^1 V(\theta,\lambda,\zeta,t)\mathrm{d}\zeta$，则$\tilde{p}_s\bar{V}$ 可以做如下分解：

$$\tilde{p}_s\bar{V}=\nabla(\chi-\Phi)+\nabla\Phi+\begin{pmatrix}0&-1\\1&0\end{pmatrix}\nabla\psi,\Delta\Phi=-\frac{\partial\tilde{p}_s}{\partial t},$$

则 V^* 和$\dot{\zeta}^*$ 可取为

$$V^*=V-\tilde{p}_s^{-1}\nabla(\chi-\Phi),$$

而

$$\dot{\zeta}^*=-\tilde{p}_s^{-1}\int_0^\zeta\nabla\cdot(\tilde{p}_sV^*)\mathrm{d}s-(\ln\tilde{p}_s)_t\zeta.$$

且有

$$\dot{\zeta}^*|_{\zeta=1}=\int_0^1\frac{1}{a\sin\theta}\left(\frac{\partial\tilde{p}_sv_\theta^*\sin\theta}{\partial\theta}+\frac{\partial\tilde{p}_sv_\lambda^*}{\partial\lambda}\right)\mathrm{d}\zeta=\int_0^1\nabla\cdot(\tilde{p}_sV^*)\mathrm{d}\zeta=0,$$

特别地如果$\tilde{p}_s$ 与时间 t 无关，则上述式中取 $\Phi=0$.

在文献[63]中，方程组(1.1)式是由球坐标(θ,λ,r,t)下(这里 r 是从地球球心出发的向径长度)的三维 Navier-Stokes 方程推导而来，具体的步骤是在准静力平衡和 Boussinesq 近似的前提下，首先对球坐标下的三维 Navier-Stokes 方程进行等压面坐标变换，然后利用标准层结近似，再进行地形坐标变换，从而得到形如(1.1)式的大气动力学方程组.下面先利用文献[63]中的方法给出方程组(1.1)式的推导过程，然后给出方程组(1.1)式的初值和边界条件.

1.3　等压面坐标变换

首先给出球坐标下的三维 Navier-Stokes 方程如下：

运动方程

$$\frac{\mathrm{d}v_\theta}{\mathrm{d}t}+\frac{1}{r}(v_rv_\theta-v_\lambda^2\cot\theta)=-\frac{1}{\rho r}\frac{\partial p}{\partial\theta}+2\omega\cos\theta v_\lambda+D_\theta,\tag{1.2}$$

$$\frac{\mathrm{d}v_\lambda}{\mathrm{d}t}+\frac{1}{r}(v_r v_\lambda+v_\theta v_\lambda\cot\theta)=-\frac{1}{\rho r\sin\theta}\frac{\partial p}{\partial\lambda}-2\omega\cos\theta v_\theta-2\omega\sin\theta v_r+D_\lambda, \tag{1.3}$$

$$\frac{\mathrm{d}v_r}{\mathrm{d}t}-\frac{1}{r}(v_\theta^2+v_\lambda^2)=-\frac{1}{\rho}\frac{\partial p}{\partial r}-g+2\omega\sin\theta v_\lambda+D_r, \tag{1.4}$$

连续性方程

$$\frac{\mathrm{d}\rho}{\mathrm{d}t}+\rho\left(\frac{1}{r\sin\theta}\frac{\partial v_\theta\sin\theta}{\partial\theta}+\frac{1}{r\sin\theta}\frac{\partial v_\lambda}{\partial\lambda}+\frac{1}{r^2}\frac{\partial r^2 v_r}{\partial r}\right)=0, \tag{1.5}$$

热力学第一定律

$$c_p\frac{\mathrm{d}T}{\mathrm{d}t}-\frac{RT}{p}\frac{\mathrm{d}p}{\mathrm{d}t}=\frac{\mathrm{d}Q}{\mathrm{d}t}. \tag{1.6}$$

上述方程组中的个别微商的定义如下：

$$\begin{aligned}\dot{F}&\equiv\frac{\mathrm{d}F}{\mathrm{d}t}\\&=\lim_{\mathrm{d}t\to 0}\frac{1}{\mathrm{d}t}\{F(\theta(t+\mathrm{d}t),\lambda(t+\mathrm{d}t),r(t+\mathrm{d}t),t+\mathrm{d}t)-F(\theta(t),\lambda(t),r(t),t)\}\\&=\left(\frac{\partial}{\partial t}+\dot{\theta}\frac{\partial}{\partial\theta}+\dot{\lambda}\frac{\partial}{\partial\lambda}+\dot{r}\frac{\partial}{\partial r}\right)F\\&=\left(\frac{\partial}{\partial t}+\frac{v_\theta}{r}\frac{\partial}{\partial\theta}+\frac{v_r}{r\sin\theta}\frac{\partial}{\partial\lambda}+v_r\frac{\partial}{\partial r}\right)F,\end{aligned} \tag{1.7}$$

其中，D_θ，D_λ 和 D_r 为外源强迫.

因为地球半径 $a\approx6371\mathrm{km}$，而在大气层内，$r-a\leqslant60\mathrm{km}$，所以在上述方程组中可以将作为系数出现的 r 都由地球半径替换 a.再利用 Boussinesq 近似，可以在连续性方程(1.5)式中忽略掉 $2v_r/r$ 一项，那么上述方程组(1.2)式～(1.5)式就可以简化为

$$\frac{\mathrm{d}v_\theta}{\mathrm{d}t}+\frac{1}{a}(v_r v_\theta-v_\lambda^2\cot\theta)=-\frac{1}{\rho a}\frac{\partial p}{\partial\theta}+2\omega\cos\theta v_\lambda+D_\theta, \tag{1.8}$$

$$\frac{\mathrm{d}v_\lambda}{\mathrm{d}t}+\frac{1}{a}(v_r v_\lambda+v_\theta v_\lambda\cot\theta)=-\frac{1}{\rho a\sin\theta}\frac{\partial p}{\partial\lambda}-2\omega\cos\theta v_\theta-2\omega\sin\theta v_r+D_\lambda, \tag{1.9}$$

$$\frac{\mathrm{d}v_r}{\mathrm{d}t}+\frac{1}{a}(v_\theta^2+v_r^2)=-\frac{1}{\rho}\frac{\partial p}{\partial r}-g+2\omega\sin\theta v_\lambda+D_r, \tag{1.10}$$

$$\frac{\mathrm{d}\rho}{\mathrm{d}t}+\rho\left(\frac{1}{a\sin\theta}\frac{\partial v_\theta\sin\theta}{\partial\theta}+\frac{1}{a\sin\theta}\frac{\partial v_\lambda}{\partial\lambda}+\frac{\partial v_r}{\partial r}\right)=0. \tag{1.11}$$

再考虑静力平衡关系

$$\frac{\partial p}{\partial r}=-\rho g, \tag{1.12}$$

即将(1.12)式代替(1.10)式，且因为在大尺度的大气中，v_r 相对于 v_θ 和 v_λ 很微小，因此在方程(1.8)式和(1.9)式中可以省略掉以 v_r 作为系数的项，则球坐标下的大尺度大气的运动方程可以简化为

$$\frac{\mathrm{d}v_\theta}{\mathrm{d}t}-\frac{1}{a}v_\lambda^2\cot\theta=-\frac{1}{\rho a}\frac{\partial p}{\partial\theta}+2\omega\cos\theta v_\lambda+D_\theta, \tag{1.13}$$

$$\frac{\mathrm{d}v_\lambda}{\mathrm{d}t}+\frac{1}{a}v_\lambda v_\theta\cot\theta=-\frac{1}{\rho a\sin\theta}\frac{\partial p}{\partial\lambda}-2\omega\cos\theta v_\theta-2\omega\sin\theta v_r+D_\lambda. \tag{1.14}$$

下面对运动方程和连续性方程进行等压面坐标变换.由(1.12)式可见，p 关于 r 是单调递减的，因此可以将自变量 r 替换为自变量 p，那么给出新的坐标系$(\theta^*,\lambda^*,p,t^*)$，且有

$$\begin{cases}\theta^*=\theta,\\ \lambda^*=\lambda,\\ p=(\theta,\lambda,r,t),\\ t^*=t.\end{cases} \tag{1.15}$$

为了方便，定义高度 $z=r-a$，则有如下的关系：

$$\begin{cases}\theta=\theta^*,\\ \lambda=\lambda^*,\\ z=r-a=z(\theta^*,\lambda^*,p,t^*),\\ t=t^*.\end{cases} \tag{1.16}$$

首先，对个别微商进行坐标变换，即

$$\begin{aligned}\frac{\mathrm{d}F}{\mathrm{d}t}&=\lim_{\mathrm{d}t^*\to 0}\frac{1}{\mathrm{d}t^*}\{F(\theta^*+\dot{\theta}^*\mathrm{d}t^*,\lambda^*+\dot{\lambda}^*dt^*,p+\dot{p}\mathrm{d}t^*,t^*+\mathrm{d}t^*)\\&\quad-F(\theta^*,\lambda^*,p,t^*)\}\\&=\left(\frac{\partial}{\partial t^*}+\dot{\theta}^*\frac{\partial}{\partial\theta^*}+\dot{\lambda}^*\frac{\partial}{\partial\lambda^*}+\dot{p}\frac{\partial}{\partial p}\right)F\\&=\left(\frac{\partial}{\partial t^*}+\dot{\theta}\frac{\partial}{\partial\theta^*}+\dot{\lambda}\frac{\partial}{\partial\lambda^*}+\dot{p}\frac{\partial}{\partial p}\right)F\end{aligned} \tag{1.17}$$

然后对方程(1.13)式和(1.14)式中的气压梯度力项进行坐标变换，因为

$$p=(\theta,\lambda,r,t)=(\theta,\lambda,z+a,t), \tag{1.18}$$

则有

$$1=\frac{\partial p}{\partial p}=\left(\frac{\partial p}{\partial r}\right)\frac{\partial r}{\partial p}=\left(\frac{\partial p}{\partial r}\right)\frac{\partial z}{\partial p}, \tag{1.19}$$

$$0=\frac{\partial p}{\partial \theta^*}=\left(\frac{\partial p}{\partial \theta}\right)\frac{\partial \theta}{\partial \theta^*}+\left(\frac{\partial p}{\partial r}\right)\frac{\partial r}{\partial \theta^*}=\left(\frac{\partial p}{\partial \theta}\right)+\left(\frac{\partial p}{\partial r}\right)\frac{\partial r}{\partial \theta^*}, \tag{1.20}$$

$$0=\frac{\partial p}{\partial \lambda^*}=\left(\frac{\partial p}{\partial \lambda}\right)\frac{\partial \lambda}{\partial \lambda^*}+\left(\frac{\partial p}{\partial r}\right)\frac{\partial r}{\partial \lambda^*}=\left(\frac{\partial p}{\partial \lambda}\right)+\left(\frac{\partial p}{\partial r}\right)\frac{\partial z}{\partial \lambda^*}, \tag{1.21}$$

利用(1.12)式,(1.20)式和(1.21)式可得

$$-\frac{1}{\rho a\sin\theta}\left(\frac{\partial p}{\partial \lambda}\right)=\frac{1}{\rho a\sin\theta}\left(\frac{\partial p}{\partial r}\right)\frac{\partial z}{\partial \lambda^*}=-\frac{\partial(gz)}{a\partial \lambda^*}=-\frac{1}{a\sin\theta^*}\frac{\partial \varphi}{\partial \lambda^*}, \tag{1.22}$$

这里的 $\Phi=gz$ 就是等压面对应的重力位势,那么在等压面坐标系(θ^*,λ^*,p,t^*)下的水平方向的运动方程即为

$$\frac{\mathrm{d}v_\theta}{\mathrm{d}t}-\frac{1}{a}v_\lambda^2\cot\theta^*=-\frac{\partial \Phi}{a\partial \theta^*}+2\omega\cos\theta^* v_\lambda+D_\theta, \tag{1.23}$$

$$\frac{\mathrm{d}v_\lambda}{\mathrm{d}t}+\frac{1}{a}v_\theta v_\lambda\cot\theta^*=-\frac{1}{a\sin\theta^*}\frac{\partial \Phi}{\partial \lambda^*}-2\omega\cos\theta^* v_\theta+D_\lambda, \tag{1.24}$$

垂直方向的运动方程就用静力平衡方程取代,再利用(1.19)式和状态方程 $p=R\rho T$ 可得

$$RT=-p\frac{\partial \Phi}{\partial p}, \tag{1.25}$$

然后再对连续方程进行坐标变换,由(1.19)式可得

$$\rho=-\frac{1}{g}\frac{\partial p}{\partial r}, \tag{1.26}$$

将(1.27)式带入到(1.11)式可得

$$\frac{\mathrm{d}}{\mathrm{d}t}\left(\frac{\partial p}{\partial r}\right)+\left(\frac{\partial p}{\partial r}\right)\left\{\frac{\partial v_r}{\partial r}+\frac{1}{a\sin\theta}\left(\frac{\partial v_\theta\sin\theta}{\partial \theta}\right)+\frac{1}{a\sin\theta}\left(\frac{\partial v_\lambda}{\partial \lambda}\right)\right\}=0, \tag{1.27}$$

由坐标系(θ,λ,r,t)下个别微商的定义可得

$$\begin{aligned}\frac{\mathrm{d}}{\mathrm{d}t}\left(\frac{\partial p}{\partial r}\right)&=\left(\frac{\partial}{\partial t}\left(\frac{\partial p}{\partial r}\right)\right)+v_\theta\frac{\partial}{a\partial \theta}\left(\frac{\partial p}{\partial r}\right)+v_\lambda\frac{\partial}{a\sin\theta\partial \lambda}\left(\frac{\partial p}{\partial r}\right)+v_r\frac{\partial}{\partial r}\left(\frac{\partial p}{\partial r}\right)\\&=\frac{\partial}{\partial r}\left(\frac{\partial p}{\partial t}+v_\theta\frac{\partial p}{a\partial \theta}+v_\lambda\frac{\partial p}{a\sin\theta\partial \lambda}+v_r\frac{\partial p}{\partial r}\right)-\left(\frac{\partial v_\theta}{\partial r}\right)\left(\frac{\partial p}{a\partial \theta}\right)\\&\quad-\left(\frac{\partial v_\lambda}{\partial r}\right)\left(\frac{\partial p}{a\sin\theta\partial \lambda}\right)-\left(\frac{\partial v_r}{\partial r}\right)\left(\frac{\partial p}{\partial r}\right)\\&=\frac{\partial}{\partial r}\left(\frac{\mathrm{d}p}{\mathrm{d}t}\right)-\left(\frac{\partial v_\theta}{\partial r}\right)\left(\frac{\partial p}{a\partial \theta}\right)-\left(\frac{\partial v_\lambda}{\partial r}\right)\left(\frac{\partial p}{a\sin\theta\partial \lambda}\right)-\left(\frac{\partial v_r}{\partial r}\right)\left(\frac{\partial p}{\partial r}\right).\end{aligned} \tag{1.28}$$

由新旧坐标系之间的关系可得如下链式法则成立

$$\left(\frac{\partial}{\partial r}\right)=\left(\frac{\partial p}{\partial r}\right)\frac{\partial}{\partial p},\tag{1.29}$$

$$\left(\frac{\partial}{\partial \theta}\right)=\frac{\partial}{\partial \theta^*}\left(\frac{\partial \theta^*}{\partial \theta}\right)+\frac{\partial}{\partial p}\left(\frac{\partial p}{\partial \theta}\right)=\frac{\partial}{\partial \theta^*}+\frac{\partial}{\partial p}\left(\frac{\partial p}{\partial \theta}\right),\tag{1.30}$$

$$\left(\frac{\partial}{\partial \lambda}\right)=\frac{\partial}{\partial \lambda^*}\left(\frac{\partial \lambda^*}{\partial \lambda}\right)+\frac{\partial}{\partial p}\left(\frac{\partial p}{\partial \lambda}\right)=\frac{\partial}{\partial \lambda^*}+\frac{\partial}{\partial p}\left(\frac{\partial p}{\partial \lambda}\right),\tag{1.31}$$

进而可得

$$\frac{\partial}{\partial r}\left(\frac{\mathrm{d}p}{\mathrm{d}t}\right)\equiv\left(\frac{\partial \dot{p}}{\partial r}\right)=\left(\frac{\partial p}{\partial r}\right)\frac{\partial \dot{p}}{\partial p},\tag{1.32}$$

$$\begin{aligned}&-\left(\frac{\partial v_\theta}{\partial r}\right)\left(\frac{\partial p}{a\partial \theta}\right)+\left(\frac{\partial p}{\partial r}\right)\left(\frac{\partial v_\theta \sin\theta}{a\sin\theta\partial\theta}\right)\\&=\left(\frac{\partial p}{\partial r}\right)\left[-\left(\frac{\partial p}{a\partial \theta}\right)\left(\frac{\partial v_\theta}{\partial p}\right)+\left(\frac{\partial v_\theta \sin\theta}{a\sin\theta\partial\theta}\right)\right]\\&=\left(\frac{\partial p}{\partial r}\right)\left(\frac{\partial v_{\theta^*}\sin\theta^*}{a\sin\theta^*\partial\theta^*}\right),\end{aligned}\tag{1.33}$$

$$\begin{aligned}&-\left(\frac{\partial v_\lambda}{\partial r}\right)\left(\frac{\partial p}{a\sin\theta\partial \lambda}\right)+\left(\frac{\partial p}{\partial r}\right)\left(\frac{\partial v_\lambda}{a\sin\theta\partial\lambda}\right)\\&=\left(\frac{\partial p}{\partial r}\right)\left[-\left(\frac{\partial p}{a\sin\theta\partial \lambda}\right)\frac{\partial v_\lambda}{\partial p}+\left(\frac{\partial v_\lambda}{a\sin\theta\partial\lambda}\right)\right]\\&=\left(\frac{\partial p}{\partial r}\right)\left(\frac{\partial v_\lambda}{a\sin\theta^*\partial\lambda^*}\right).\end{aligned}\tag{1.34}$$

由(1.28)式,(1.33)式～(1.35)式可得连续方程为

$$\frac{\partial \dot{p}}{\partial p}+\frac{1}{a\sin\theta^*}\left\{\frac{\partial v_\theta \sin\theta^*}{\partial\theta^*}+\frac{\partial v_\lambda}{\partial\lambda^*}\right\}=0.\tag{1.35}$$

热力学第一定律还可以用(1.6)式.为了方便,仍记新坐标系(θ^*,λ^*,p,t^*)的形式为(θ,λ,p,t),这样就得到了在新坐标系下的基本方程组:

$$\begin{cases}\dfrac{\mathrm{d}v_\theta}{\mathrm{d}t}-\dfrac{1}{a}v_\lambda^2\cot\theta=-\dfrac{\partial\Phi}{a\partial\theta}+2\omega\cos\theta v_\lambda+D_\theta,\\[2mm]\dfrac{\mathrm{d}v_\lambda}{\mathrm{d}t}+\dfrac{1}{a}v_\theta v_\lambda\cot\theta=-\dfrac{1}{a\sin\theta}\dfrac{\partial\Phi}{\partial\lambda}-2\omega\cos\theta v_\theta+D_\lambda,\\[2mm]RT=-p\dfrac{\partial\Phi}{\partial p},\\[2mm]\dfrac{\partial \dot{p}}{\partial p}+\dfrac{1}{a\sin\theta}\left\{\dfrac{\partial v_\theta\sin\theta}{\partial\theta}+\dfrac{\partial v_\lambda}{\partial\lambda}\right\}=0,\\[2mm]c_p\dfrac{\mathrm{d}T}{\mathrm{d}t}-\dfrac{RT}{p}\dfrac{\mathrm{d}p}{\mathrm{d}t}=\dfrac{\mathrm{d}Q}{\mathrm{d}t}.\end{cases}\tag{1.36}$$

1.4 地形坐标变换

但是,因为地球表面并不是等压面,所以在等压面坐标系下提大气下边界的边界条件会比较麻烦.这样,就需要再提出一个新的坐标系,使得在新的坐标系中,高低起伏不平的地球表面依然是一个等值面.这样的新坐标系就是如下的地形坐标:

$$\begin{cases}\theta^* = \theta,\\ \lambda^* = \lambda,\\ \zeta = p/p_s,\\ t^* = t.\end{cases} \tag{1.37}$$

这里的 $p_s = p_s(\theta, \lambda, z_s(\theta, \lambda), t)$ 是地表气压,$z_s(\theta, \lambda)$ 是地表面的海拔高度.那么在地形坐标系下的个别微商的定义为

$$\begin{aligned}\dot{F} \equiv \frac{\mathrm{d}F}{\mathrm{d}t} &= \left(\frac{\partial}{\partial t^*} + \dot{\theta}^* \frac{\partial}{\partial \theta^*} + \dot{\lambda}^* \frac{\partial}{\partial \lambda^*} + \dot{\zeta}\frac{\partial}{\partial \pi}\right)F\\ &= \left(\frac{\partial}{\partial t^*} + \dot{\theta}\frac{\partial}{\partial \theta^*} + \dot{\lambda}\frac{\partial}{\partial \lambda^*} + \dot{\zeta}\frac{\partial}{\partial \pi}\right)F,\end{aligned} \tag{1.38}$$

其中

$$\dot{\zeta} = \frac{1}{p_s}(\dot{p} - \zeta \dot{p}_s). \tag{1.39}$$

再由(1.38)式可得如下的链式法则:

$$\left(\frac{\partial}{\partial p}\right) = \left(\frac{\partial \zeta}{\partial p}\right)\frac{\partial}{\partial \zeta} = \frac{1}{p_s}\frac{\partial}{\partial \zeta}, \tag{1.40}$$

$$\left(\frac{\partial}{\partial \theta}\right) = \frac{\partial}{\partial \theta^*}\left(\frac{\partial \theta^*}{\partial \theta}\right) + \frac{\partial \zeta}{\partial \theta}\frac{\partial}{\partial \zeta} = \frac{\partial}{\partial \theta^*} + p\left(\frac{\partial p_s^{-1}}{\partial \theta}\right)\frac{\partial}{\partial \zeta} = \frac{\partial}{\partial \theta^*} - \zeta\left(\frac{\partial \ln p_s}{\partial \theta}\right)\frac{\partial}{\partial \zeta}, \tag{1.41}$$

$$\left(\frac{\partial}{\partial \lambda}\right) = \frac{\partial}{\partial \lambda^*}\left(\frac{\partial \lambda^*}{\partial \lambda}\right) + \frac{\partial \zeta}{\partial \theta}\frac{\partial}{\partial \zeta} = \frac{\partial}{\partial \lambda^*} - \zeta\left(\frac{\partial \ln p_s}{\partial \lambda^*}\right)\frac{\partial}{\partial \zeta}. \tag{1.42}$$

利用(1.41)式可得

$$\left(\frac{\partial \Phi}{\partial p}\right) = \frac{1}{p_s}\frac{\partial \Phi}{\partial \zeta}, \tag{1.43}$$

再由静力平衡关系(1.12)式和状态方程可得

$$RT = -\zeta\frac{\partial \Phi}{\partial \zeta} = -\frac{\partial \Phi}{\partial \ln \zeta}. \tag{1.44}$$

由(1.42)和(1.43),(1.37)式中的气压梯度力可以变换为

$$-\frac{\partial\Phi}{a\partial\theta}=-\frac{\partial\Phi}{a\partial\theta^*}+\zeta\left(\frac{\partial\ln p_s}{a\partial\theta^*}\right)\frac{\partial\Phi}{\partial\zeta}=-\frac{\partial\Phi}{a\partial\theta^*}-RT\frac{\partial\ln p_s}{a\partial\theta^*},\tag{1.45}$$

$$\begin{aligned}-\frac{\partial\Phi}{a\sin\theta\partial\lambda}&=-\frac{\partial\Phi}{a\sin\theta^*\partial\lambda^*}+\zeta\left(\frac{\partial\ln p_s}{a\sin\theta^*\partial\lambda^*}\right)\frac{\partial\Phi}{\partial\zeta}\\&=-\frac{\partial\Phi}{a\sin\theta^*\partial\lambda^*}-RT\frac{\partial\ln p_s}{a\sin\theta^*\partial\lambda^*}.\end{aligned}\tag{1.46}$$

那么运动方程即为

$$\frac{\mathrm{d}v_\theta}{\mathrm{d}t}-\frac{v_\lambda^2}{a}\cot\theta^*=-\frac{\partial\Phi}{a\partial\theta^*}-RT\frac{\partial\ln p_s}{a\partial\theta^*}+2\omega\cos\theta^*v_\lambda+D_\theta,\tag{1.47}$$

$$\frac{\mathrm{d}v_\lambda}{\mathrm{d}t}+\frac{1}{a}v_\theta v_\lambda\cot\theta^*=-\frac{\partial\Phi}{a\sin\theta^*\partial\lambda^*}-RT\frac{\partial\ln p_s}{a\sin\theta^*\partial\lambda^*}-2\omega\cos\theta^*v_\theta+D_\lambda.\tag{1.48}$$

下面对连续方程进行坐标变换,首先由(1.40)式可得

$$\begin{aligned}\left(\frac{\partial\dot{p}}{\partial p}\right)&=\left(\frac{\partial\zeta\dot{p}_s}{\partial p}\right)+\left(\frac{\partial p_s\dot{\zeta}}{\partial p}\right)=\frac{\dot{p}_s}{p_s}+\zeta\left(\frac{\partial\dot{p}_s}{\partial p}\right)+p_s\left(\frac{\partial\dot{\zeta}}{\partial p}\right)\\&=\frac{\dot{p}_s}{p_s}+\frac{1}{p_s}\zeta\frac{\partial\dot{p}_s}{\partial\zeta}+\frac{\partial\dot{\zeta}}{\partial\zeta},\end{aligned}\tag{1.49}$$

又因为 $p_s=p_s(\theta,\lambda,t)=p_s(\theta^*,\lambda^*,t^*)$,则有

$$\dot{p}_s=\left(\frac{\partial}{\partial t^*}+\dot{\theta}^*\frac{\partial}{\partial\theta^*}+\dot{\lambda}^*\frac{\partial}{\partial\lambda^*}\right)p_s=\left(\frac{\partial}{\partial t^*}+v_\theta\frac{\partial}{a\partial\theta^*}+v_\lambda\frac{\partial}{a\sin\theta^*\partial\lambda^*}\right)p_s,\tag{1.50}$$

以及

$$\zeta\frac{\partial\dot{p}_s}{\partial\zeta}=\zeta\left\{\frac{\partial p_s}{a\partial\theta^*}\frac{\partial v_\theta}{\partial\zeta}+\frac{\partial p_s}{a\sin\theta^*\partial\lambda^*}\frac{\partial v_\lambda}{\partial\zeta}\right\}.\tag{1.51}$$

再由(1.42)式和(1.43)式可得

$$\left(\frac{\partial v_\theta\sin\theta}{\partial\theta}\right)=\frac{\partial v_\theta\sin\theta^*}{\partial\theta^*}-\zeta\frac{\partial\ln p_s}{\partial\theta^*}\frac{\partial v_\theta\sin\theta^*}{\partial\zeta},\tag{1.52}$$

$$\left(\frac{\partial v_\lambda}{\partial\lambda}\right)=\frac{\partial v_\lambda}{\partial\lambda^*}-\zeta\frac{\partial\ln p_s}{\partial\lambda^*}\frac{\partial v_\lambda}{\partial\zeta},\tag{1.53}$$

将上两式相加可得

$$\begin{aligned}&\frac{1}{a\sin\theta}\left\{\frac{\partial v_\theta\sin\theta}{\partial\theta}+\frac{\partial v_\lambda}{\partial\lambda}\right\}\\&=\frac{1}{a\sin\theta}\left\{\frac{\partial v_\theta\sin\theta^*}{\partial\theta^*}+\frac{\partial v_\lambda}{\partial\lambda^*}\right\}-\frac{\zeta}{a\sin\theta^*p_s}\left\{\frac{\partial p_s}{\partial\theta^*}\frac{\partial v_\theta\sin\theta^*}{\partial\theta^*}+\frac{\partial p_s}{\partial\lambda^*}\frac{\partial v_\lambda}{\partial\lambda^*}\right\},\end{aligned}\tag{1.54}$$

将(1.50)式,(1.52)式和(1.55)式相加可得连续方程

$$\begin{aligned}&\dot{p}_s+\frac{p_s}{a\sin\theta^*}\left\{\frac{\partial v_\theta\sin\theta^*}{\partial\theta^*}+\frac{\partial v_\lambda}{\partial\lambda^*}\right\}+p_s\frac{\partial\dot{\zeta}}{\partial\zeta}\\&=\frac{\partial p_s}{\partial t^*}+v_\theta\frac{\partial p_s}{a\partial\theta^*}+v_\lambda\frac{\partial p_s}{a\sin\theta^*\partial\lambda^*}+\frac{1}{a\sin\theta^*}\left\{\frac{\partial v_\theta\sin\theta^*}{\partial\theta^*}+\frac{\partial v_\lambda}{\partial\lambda^*}\right\}+p_s\frac{\partial\dot{\zeta}}{\partial\zeta}\\&=\frac{\partial p_s}{\partial t^*}+\frac{1}{a\sin\theta^*}\left\{\frac{\partial p_s v_\theta\sin\theta^*}{\partial\theta^*}+\frac{\partial p_s v_\lambda}{\partial\lambda^*}\right\}+p_s\frac{\partial\dot{\zeta}}{\partial\zeta}=0.\end{aligned}\tag{1.55}$$

再由(1.40)式可得热力学第一定律

$$c_p\frac{\mathrm{d}T}{\mathrm{d}t}-\frac{RT}{\zeta p_s}(p_s\dot{\zeta}+\zeta\dot{p}_s)=\frac{\mathrm{d}Q}{\mathrm{d}t}.\tag{1.56}$$

为了方便,仍将地形坐标系($\theta^*,\lambda^*,\zeta,t^*$)的形式记为($\theta,\lambda,\zeta,t$),则在地形坐标系下的基本方程组为

$$\begin{cases}\dfrac{\mathrm{d}v_\theta}{\mathrm{d}t}-\dfrac{v_\lambda^2}{a}\cot\theta=-\dfrac{\partial\Phi}{a\partial\theta}-RT\dfrac{\partial\ln p_s}{a\partial\theta}+2\omega\cos\theta v_\lambda+D_\theta,\\\dfrac{\mathrm{d}v_\lambda}{\mathrm{d}t}+\dfrac{1}{a}v_\theta v_\lambda\cot\theta=-\dfrac{\partial\Phi}{a\sin\theta\partial\lambda}-RT\dfrac{\partial\ln p_s}{a\sin\theta\partial\lambda}-2\omega\cos\theta v_\theta+D_\lambda,\\RT=-\zeta\dfrac{\partial\Phi}{\partial\zeta},\\c_p\dfrac{\mathrm{d}T}{\mathrm{d}t}-\dfrac{RT}{\zeta p_s}(p_s\dot{\zeta}+\zeta\dot{p}_s)=\dfrac{\mathrm{d}Q}{\mathrm{d}t},\\\dfrac{\partial p_s}{\partial t}+\dfrac{1}{a\sin\theta}\left\{\dfrac{\partial p_s v_\theta\sin\theta}{\partial\theta}+\dfrac{\partial p_s v_\lambda}{\partial\lambda}\right\}+p_s\dfrac{\partial\dot{\zeta}}{\partial\zeta}=0.\end{cases}\tag{1.57}$$

1.5 标准层结近似

下面,分别将对基本方程组(1.37)式和(1.58)式采用标准层结近似.曾庆存在文献[63]中第一章第十节指出:事实上,通过对大气长时间的平均状态进行观察,可以发现大气是在外源强迫(太阳和地球辐射),重力和科里奥利力的作用下,并不断地通过地表面和“大气上界”与外界进行着热量、水汽和动量等的交换,形成了一个大体上的平衡状态——气候,也可以称之为标准状态.那么,大气的各种运动就可以看作是在标准状态附近发生的扰动.那么,引入标准状态的近似,不仅没有妨碍物理本质,还会给理论分析带来方便,并会给出更精确

的理论上的估算等.这种引入标准状态的近似方法就是标准层结近似.

记参考标准气温为$\tilde{T}(p)$,该函数只与压力 p 有关,在由静力平衡(1.26)式可得参考标准重力位势$\tilde{\Phi}(p)$,即满足

$$R\tilde{T}=-p\frac{\partial\tilde{\Phi}}{\partial p},\tag{1.58}$$

然后可以定义温度偏差和重力位势偏差,且满足

$$\begin{cases}T(\theta,\lambda,p,t)=\tilde{T}(p)+T'(\theta,\lambda,p,t),\\ \Phi(\theta,\lambda,p,t)=\tilde{\Phi}(p)+\Phi'(\theta,\lambda,p,t),\end{cases}\tag{1.59}$$

则由(1.26)式可得

$$RT'=-p\frac{\partial\Phi'}{\partial p},\tag{1.60}$$

因为$\tilde{\Phi}(p)$和变量(θ,λ,t)无关,则方程组(1.37)式中运动方程的气压梯度力变为

$$\frac{\partial\Phi}{a\partial\theta}=\frac{\partial\Phi'}{a\partial\theta},\ \frac{\partial\Phi}{a\sin\theta\partial\lambda}=\frac{\partial\Phi'}{a\sin\theta\partial\lambda}.\tag{1.61}$$

下面再对热力学第一定律进行近似,首先将作为系数出现的温度 T 用$\tilde{T}(p)$代替:

$$c_p\frac{\mathrm{d}T}{\mathrm{d}t}-\frac{R\tilde{T}}{p}\frac{\mathrm{d}p}{\mathrm{d}t}=\frac{\mathrm{d}Q}{\mathrm{d}t},$$

这样近似的误差大约在 10%左右,是可以接受的.然后再把个别微商展开可得

$$c_p\frac{\mathrm{d}T'}{\mathrm{d}t}=\left(\frac{R\tilde{T}}{p}-c_p\frac{\partial\tilde{T}}{\partial p}\right)\dot{p}+\frac{\mathrm{d}Q}{\mathrm{d}t},\tag{1.62}$$

下面给出一个新的定义

$$\left(\frac{R\tilde{T}}{p}-c_p\frac{\partial\tilde{T}}{\partial p}\right)=c_p\frac{R\tilde{T}}{gp}\left(\frac{g}{c_p}+\frac{\partial\tilde{T}}{\partial z}\right)\equiv\frac{c_p\tilde{c}^2}{pR},\tag{1.63}$$

$$\tilde{c}^2\equiv\frac{R^2\tilde{T}}{g}(\gamma_a-\tilde{\gamma}),\gamma_a\equiv\frac{g}{c_p},\tilde{\gamma}\equiv-\frac{\partial\tilde{T}}{\partial z},\tag{1.64}$$

这里的 γ_a 就是绝热温度垂直递减率,且常有 $\gamma_a-\tilde{\gamma}>0$.有时为了方便,也可以令$\tilde{c}$等于常数 c_0^2,这样(1.64)式实际上就是一个常微分方程,也是可以求解的,得到的$\tilde{T}(p)$就是一个与气候平均近似的标准状态.这样,就得到了压力坐标系(θ,λ,p,t)下进行了标准层结近似的基本方程组

$$\begin{cases}\dfrac{\mathrm{d}v_\theta}{\mathrm{d}t}-\dfrac{1}{a}v_\lambda^2\cot\theta=-\dfrac{\partial\Phi'}{a\partial\theta}+2\omega\cos\theta v_\lambda+D_\theta,\\ \dfrac{\mathrm{d}v_\lambda}{\mathrm{d}t}+\dfrac{1}{a}v_\theta v_\lambda\cot\theta=-\dfrac{1}{a\sin\theta}\dfrac{\partial\Phi'}{\partial\lambda}-2\omega\cos\theta v_\theta+D_\lambda,\\ RT'=-p\dfrac{\partial\Phi'}{\partial p},\\ \dfrac{\partial\dot{p}}{\partial p}+\dfrac{1}{a\sin\theta}\left\{\dfrac{\partial v_\theta\sin\theta}{\partial\theta}+\dfrac{\partial v_\lambda}{\partial\lambda}\right\}=0,\\ c_p\dfrac{\mathrm{d}T'}{\mathrm{d}t}-c_p\dfrac{\tilde{c}}{pR}\dfrac{\mathrm{d}p}{\mathrm{d}t}=\dfrac{\mathrm{d}Q}{\mathrm{d}t}.\end{cases}\tag{1.65}$$

类似地,也可以给出地形坐标系下进行标准层结近似的基本方程组.首先利用(1.59)式和(1.61)式可得

$$R\tilde{T}=-p\frac{\partial\tilde{\Phi}}{\partial p}=-\zeta\frac{\partial\tilde{\Phi}}{\partial\zeta},\tag{1.66}$$

$$RT'=-p\frac{\partial\Phi'}{\partial p}=-\zeta\frac{\partial\Phi'}{\partial\zeta},\tag{1.67}$$

在方程组(1.58)式中的气压梯度力变

$$-\frac{\partial\Phi'}{a\partial\theta}+\zeta\left(\frac{\partial\ln p_s}{\partial\theta}\right)\frac{\partial\Phi'}{\partial\zeta}=-\frac{\partial\Phi'}{a\partial\theta}-RT'\frac{\partial\ln p_s}{a\partial\theta},\tag{1.68}$$

$$-\frac{\partial\Phi'}{a\sin\theta\partial\lambda}+\zeta\left(\frac{\partial\ln p_s}{a\sin\theta\partial\lambda}\right)\frac{\partial\Phi'}{\partial\zeta}=-\frac{\partial\Phi'}{a\sin\theta\partial\lambda}-RT'\frac{\partial\ln p_s}{a\sin\theta\partial\lambda},\tag{1.69}$$

实际上,为了更方便地研究大气环流模式 IAP-AGCM 的动力学框架,还采用了另一个近似,即令

$$p_s(\theta,\lambda,t)=\tilde{p}_s(\theta,\lambda)+p'_s(\theta,\lambda,t),\tag{1.70}$$

这里$\tilde{p}_s(\theta,\lambda)$是参考标准地表气压,$p'_s(\theta,\lambda,t)$是地表气压偏差.那么,再简化气压梯度力为如下形式:

$$-\frac{\partial\Phi'}{a\partial\theta}-RT'\frac{\partial\ln\tilde{p}_s}{a\partial\theta},\tag{1.71}$$

和

$$-\frac{\partial\Phi'}{a\sin\theta\partial\lambda}-RT'\frac{\partial\ln\tilde{p}_s}{a\sin\theta\partial\lambda}.\tag{1.72}$$

另外,连续性方程也变为

$$\frac{\partial p'_s}{\partial t}+\nabla\cdot((\tilde{p}_s+p'_s)V)+\frac{\partial(\tilde{p}_s+p'_s)\dot{\zeta}}{\partial\zeta}=0,\tag{1.73}$$

类似地，可将(1.74)式简化为

$$\frac{\partial p'_s}{\partial t}+\nabla\cdot(\tilde{p}_s V)+\frac{\partial \tilde{p}_s \dot{\zeta}}{\partial \zeta}=0. \tag{1.74}$$

综上所述，即得大气环流模式 IAP-AGCM 的动力学框架(1.1)式.

1.6　大气动力学方程组的初边值问题

下面给出动力学框架(1.1)式的初边值条件.首先给出初值条件

$$(v_\theta, v_\lambda, T', p'_s)\Big|_{t=0}=(v_{\theta 0}, v_{\lambda 0}, T'_0, 0). \tag{1.75}$$

再给出边界条件，在水平方向上所有状态变量关于 θ 都以 π 为周期，关于 λ 都以 2π 为周期.而在垂直方向上给出如下边界条件：

$$\begin{cases}\dfrac{\partial v_\theta}{\partial \zeta}\Big|_{\zeta=0}=\dfrac{\partial v_\lambda}{\partial \zeta}\Big|_{\zeta=0}=\dfrac{\partial T'}{\partial \zeta}\Big|_{\zeta=0}=\dot{\zeta}\Big|_{\zeta=0}=0,\\ \left(v_1\dfrac{\partial V}{\partial \zeta}+k_{s1}f(|V|)V\right)\Big|_{\zeta=1}=0,\left(v_2\dfrac{\partial T'}{\partial \zeta}+k_{s2}T'\right)\Big|_{\zeta=1}=0,\\ \dot{\zeta}\Big|_{\zeta=1}=0,\Phi'\Big|_{\zeta=1}=\dfrac{R\tilde{T}_s}{\tilde{p}_s}p'_s(\theta,\lambda,t),\end{cases} \tag{1.76}$$

采用文献[63]中方法，这里要特别给出重力位势偏差在地表的边界条件的推导过程.由上一节的内容可知，$\tilde{p}_s(\theta,\lambda)$是地表的参考标准气压，则$\tilde{\Phi}(p)$为地表的标准重力位势，且有

$$\tilde{\Phi}(\tilde{p}_s)=gz_s(\theta,\lambda), \tag{1.77}$$

这里 $z_s(\theta,\lambda)$是 1.4 节中提到的地表面的海拔高度.

此外，由于

$$\Phi|_{\zeta=1}=\tilde{\Phi}(p)|_{\zeta=1}+\Phi'(p)|_{\zeta=1}=gz_s(\theta,\lambda), \tag{1.78}$$

且可由泰勒展开公式取 $\tilde{\varphi}(p)$的近似式如下：

$$\begin{aligned}\tilde{\Phi}(p)\Big|_{\zeta=1}&\approx\tilde{\Phi}(\tilde{p}_s)+\left(\frac{\partial\tilde{\Phi}}{\partial p}\right)\Big|_{p=p\sim s}\cdot(p_s-\tilde{p}_s)\\&=gz_s(\theta,\lambda)-\frac{R\tilde{T}(\tilde{p}_s)}{\tilde{p}_s}p'_s,\end{aligned} \tag{1.79}$$

则将上式带入到(1.78)式可得

$$\Phi'\Big|_{\zeta=1}=\frac{R\tilde{T}_s}{\tilde{p}_s}p'_s(\theta,\lambda,t). \tag{1.80}$$

那么,下面再由上述初边值条件可以给出方程组(1.1)式的一个简化形式.由边界条件$\dot{\zeta}|_{\zeta=0}=\dot{\zeta}|_{\zeta=1}=0$,和初值条件 $p'_s|_{t=0}=0$,可得

$$p'_s(\theta,\lambda,t)=-\int_0^t \nabla\cdot(\tilde{p}_s(\theta,\lambda)\bar{V}(\theta,\lambda,\tau))\mathrm{d}\tau, \tag{1.81}$$

此处

$$\bar{V}:=\int_0^1 V(\theta,\lambda,\zeta,t)\mathrm{d}\zeta.$$

再由$(1.1)_3$ 式可得

$$\begin{aligned}\tilde{p}_s\dot{\zeta}&=-\frac{\partial p'_s}{\partial t}\zeta-\int_0^\zeta \nabla\cdot(\tilde{p}_s V)\mathrm{d}s\\&=\nabla\cdot(\tilde{p}_s\bar{V})\zeta-\int_0^\zeta \nabla\cdot(\tilde{p}_s V)\mathrm{d}s.\end{aligned} \tag{1.82}$$

进而由$(1.1)_4$式和边界条件(1.80)式可以得到

$$\Phi'=\frac{R\tilde{T}_s}{\tilde{p}_s}p'_s(\theta,\lambda,t)+R\int_\zeta^1\frac{T'(\theta,\lambda,s,t)}{s}\mathrm{d}s. \tag{1.83}$$

将(1.81)式～(1.83)式带入到(1.1)式的前两式中,并定义未知向量$\boldsymbol{U}:=(V,T')^{\mathrm{T}}$,则可以得到大气动力学方程组(1.1)式的简化形式的初边值问题如下:

$$\begin{cases}\dfrac{\partial V}{\partial t}+(V^*\cdot\nabla)V+\dot{\zeta}^*\dfrac{\partial V}{\partial\zeta}+\left(2\omega\cos\theta+\dfrac{\cot\theta}{a}v_\lambda\right)\begin{pmatrix}0&-1\\1&0\end{pmatrix}V+R\nabla\displaystyle\int_\zeta^1\frac{T'(s)}{s}\mathrm{d}s\\ \qquad+RT'\dfrac{\nabla\tilde{p}_s}{\tilde{p}_s}-\nabla\left(\dfrac{R\tilde{T}_s}{\tilde{p}_s}\displaystyle\int_0^t\nabla\cdot(\tilde{p}_s\bar{V})\mathrm{d}\tau\right)=\dfrac{\mu_1}{\tilde{p}_s}\Delta V+v_1\dfrac{\partial}{\partial\zeta}\left(\left(\dfrac{g\zeta}{R\tilde{T}}\right)^2\dfrac{\partial V}{\partial\zeta}\right),\\ \dfrac{R}{c_0^2}\left(\dfrac{\partial T'}{\partial t}+(V^*\cdot\nabla)T'+\dot{\zeta}^*\dfrac{\partial T'}{\partial\zeta}\right)+\dfrac{R}{\tilde{p}_s\zeta}\displaystyle\int_0^\zeta\nabla\cdot(\tilde{p}_sV)\mathrm{d}s-\dfrac{R}{\tilde{p}_s}\nabla\tilde{p}_s\cdot V\\ \qquad=\dfrac{R}{c_pc_0^2}\left(\dfrac{\mu_2}{\tilde{p}_s}\Delta T'+v_2\dfrac{\partial}{\partial\zeta}\left(\left(\dfrac{g\zeta}{R\tilde{T}}\right)^2\dfrac{\partial T'}{\partial\zeta}\right)\right)+\dfrac{R\Psi}{c_pc_0^2},\\ U|_{t=0}=(v_\theta,v_\lambda,T')|_{t=0}=(v_{\theta0},v_{\lambda0},T'_0)=U_0,\\ U(\theta,\lambda,\zeta)=U(\theta+\pi,\lambda,\zeta)=U(\theta,\lambda+2\pi,\zeta),\\ \left.\dfrac{\partial U}{\partial\zeta}\right|_{\zeta=0}=0,\left.\left(v_1\dfrac{\partial V}{\partial\zeta}+k_{s1}f(|V|)V\right)\right|_{\zeta=1}=0,\left.\left(v_2\dfrac{\partial T'}{\partial\zeta}+k_{s2}T'\right)\right|_{\zeta=1}=0.\end{cases} \tag{1.84}$$

1.7 海洋环流模式的动力学框架

采用上述几节中类似的方法,也可以由三维 Navier-Stokes 方程得到海洋环流模式的动力学框架,本节就略去了几个变换和近似的过程,直接给出文献[33]中的海洋方程组的具体形式.

首先,引入地形坐标系 (θ,λ,ζ,t),其中 $\zeta=(z-z_{so})/(\tilde{h}+z_{so})\in[-1,0]$,$z\in[-\tilde{h},z_{so}]$ 是高度,$z_{so}(\theta,\lambda,t)$ 和 $-\tilde{h}(\theta,\lambda)$ 分别是海洋表面和海洋底部的海拔高度.再给出海水密度 ρ,海水温度 T 和盐度 S 的状态方程

$$\rho=\rho_0(1-\alpha_T(T-T_0)+\alpha_S(S-S_0)), \tag{1.85}$$

其中,α_T 和 α_S 是两个正常数,T_0 是某个定常的温度,S_0 是某个定常的盐度,并且当 $T=T_0$ 和 $S=S_0$ 时,有 $\rho=\rho_0$,其中 ρ_0 是常数.

接下来引入参考标准温度 $\tilde{T}(z)$,参考标准盐度 $\tilde{S}(z)$,参考标准密度 $\tilde{\rho}(z)$ 以及海洋表面的海拔高度 $\tilde{z}_{so}$,并假设满足如下条件:

$$\begin{cases}\tilde{\rho}(z)=\rho_0(1-\alpha_T(\tilde{T}(z)-T_0)+\alpha_S(\tilde{S}(z)-S_0)),\\ \dfrac{\mathrm{d}\tilde{p}}{\mathrm{d}z}=-\tilde{\rho}g,\tilde{p}\,|_{z=z_{so}}=\tilde{p}_{sa},\tilde{z}_{so}=0,\end{cases} \tag{1.86}$$

这里 $\tilde{p}_{sa}$ 是一个常数.

可以看出参考标准温度 $\tilde{T}(\zeta)$,参考标准盐度 $\tilde{S}(\zeta)$,参考标准密度 $\tilde{\rho}(\zeta)$ 和参考标准压力 $\tilde{p}(\zeta)$ 也可以用 ζ 来表示,则可以定义温度偏差 T',盐度偏差 S',密度偏差 ρ',压力偏差 p'.即有 $\tilde{T}(\zeta)+T'(\theta,\lambda,\zeta,t)$ 为海水温度 $T(\theta,\lambda,\zeta,t)$,$\tilde{S}(\zeta)+S'(\theta,\lambda,\zeta,t)$ 为海水盐度 $S(\theta,\lambda,\zeta,t)$,$\tilde{\rho}(\zeta)+\rho'(\theta,\lambda,\zeta,t)$ 为海水密度 $\rho(\theta,\lambda,\zeta,t)$,$\tilde{p}(\zeta)+p'(\theta,\lambda,\zeta,t)$ 为压力 $p(\theta,\lambda,\zeta,t)$,$\tilde{z}_{so}+z'_{so}(\theta,\lambda,t)$ 为海表的海拔高度 $z_{so}(\theta,\lambda,t)$.

海洋动力学方程组的状态变量为海水的水平速度 $V=(v_\theta,v_\lambda)$,垂直速度 $\dot{\xi}$,温度偏差 T',盐度偏差 S',密度偏差 ρ',压力偏差 p' 和海表的高度偏差 z'_{so},并且状态变量所满足的海洋动力学方程组如下:

$$
\begin{cases}
\dfrac{\partial V}{\partial t}+(V^* \cdot \nabla)V+\dot{\zeta}^* \dfrac{\partial V}{\partial \zeta}+\left(2\omega\cos\theta+\dfrac{\cot\theta}{a}v_\lambda\right)\begin{pmatrix}0 & -1\\ 1 & 0\end{pmatrix}V \\
\quad +\dfrac{1}{\rho_0}\nabla p'_s+\dfrac{g\rho'}{\rho_0}((1+\zeta)\kappa_0\nabla z'_{so}+\zeta\nabla\tilde{h}) \\
\quad =\dfrac{1}{h^*}\nabla\cdot(\tilde{h}k_{hof}\nabla V)+\dfrac{\partial}{\partial\zeta}\left(\dfrac{k_{zof}}{\tilde{h}^2}\dfrac{\partial V}{\partial\zeta}\right)+\gamma V_a, \\
c_{0T}\left(\dfrac{\partial T'}{\partial t}+(V^* \cdot \nabla)T'+\dot{\zeta}^* \dfrac{\partial T'}{\partial \zeta}\right)+c_{0T}c_T^2(1+\zeta)\left(\kappa_0\dfrac{\partial z'_{so}}{\partial t}+\kappa_0 V_s\cdot\nabla z'_{so}\right. \\
\quad \left.-\kappa_0 k_{so}\Delta z'_{so}\right)+c_{0T}c_T^2(\zeta V\cdot\nabla\tilde{h}+h^*\dot{\zeta}) \\
\quad =\dfrac{1}{h^*}\nabla\cdot(\tilde{h}k_{hof}\nabla T')+\dfrac{\partial}{\partial\zeta}\left(\dfrac{k_{zof}}{\tilde{h}^2}\dfrac{\partial T'}{\partial\zeta}\right)+\Psi_s, \\
\dfrac{\partial S'}{\partial t}+(V_s^* \cdot \nabla)S'+\dot{\zeta}^* \dfrac{\partial S'}{\partial \zeta}-c_S^2(1+\zeta)\left(\kappa_0\dfrac{\partial z'_{so}}{\partial t}+\kappa_0 V\cdot\nabla z'_{so}-\kappa_0 k_{so}\Delta z'_{so}\right) \\
\quad -c_S^2(\zeta V\cdot\nabla\tilde{h}+h^*\dot{\zeta}) \\
\quad =\dfrac{1}{h^*}\nabla\cdot(\tilde{h}k_{hof}\nabla S')+\dfrac{\partial}{\partial\zeta}\left(\dfrac{k_{zof}}{\tilde{h}^2}\dfrac{\partial S'}{\partial\zeta}\right), \\
\dfrac{\partial p'}{\partial\zeta}=-h^* g\rho', \\
\kappa_0\dfrac{\partial z'_{so}}{\partial t}+\nabla\cdot(h^* V)+\dfrac{\partial h^*\dot{\zeta}}{\partial\zeta}=\kappa_0 k_{so}\Delta z'_{so}.
\end{cases}
\tag{1.87}
$$

其中，c_{0T} 是海水的相对热容，c_T 和 c_S 是正常数，k_{hof}，k_{zof} 和 k_{so} 是海洋湍流扩散系数；$\Psi_s(\theta,\lambda,\zeta,t)$ 表示非定常外源强迫对海洋系统的影响；$h^*(\theta,\lambda,t)$ 是海底地形函数的可允许替代函数；γV_a 是大气对海洋的作用力.海洋动力学系统的研究区域如下：

$$
O\times[0,M]:=O_S\times[-1,0]=[0,\pi]\times[0,2\pi]\times[-1,0]\times[0,M], \tag{1.88}
$$

其中，$M>0$.

此外，类似于 1.2 节中的方法，可以选取光滑速度场 $(V^*,\dot{\zeta}^*)$. 令 $\bar{V}:=\int_{-1}^{0}V(\theta,\lambda,\xi,t)d\xi$，对 $h^*\bar{V}$ 分别作如下分解：

$$
h^*\bar{V}=\nabla(\chi-\Phi)+\nabla\Phi+\begin{pmatrix}0 & -1\\ 1 & 0\end{pmatrix}\nabla\psi,\quad \Delta\Phi=-\kappa_0\frac{\partial h^*}{\partial t}, \tag{1.89}
$$

V^* 和 $\dot{\xi}^*$ 取为

$$V^* = V - h^{*-1}\nabla(\chi - \Phi),$$

$$\dot{\zeta}^* = -h^{*-1}\int_{-1}^{\zeta}\nabla\cdot(h^* V^*)\mathrm{d}s - \kappa_0^*(\ln h^*)_t(1+\zeta).$$

1.8　海洋动力学方程组的初边值问题

然后，再给出海洋环流模式的动力学框架(1.87)式的初边值条件.先给出初值条件

$$(v_\theta, v_\lambda, T', S', z'_{so})\big|_{t=0} = (v_{\theta 0}, v_{\lambda 0}, T'_0, S'_0, 0). \tag{1.90}$$

再给出海洋环流模式的动力学框架(1.87)式的边界条件如下，其中所有未知量关于 θ 都以 π 为周期，关于 λ 都以 2π 为周期

$$\begin{cases}\dfrac{\partial v_\theta}{\partial\zeta}\Big|_{\zeta=-1} = \dfrac{\partial v_\lambda}{\partial\zeta}\Big|_{\zeta=-1} = \dfrac{\partial T'}{\partial\zeta}\Big|_{\zeta=-1} = \dfrac{\partial S'}{\partial\zeta}\Big|_{\zeta=-1} = \dot{\zeta}\Big|_{\zeta=-1} = 0,\\ \left(k_{zof}\dfrac{\partial V}{\partial\zeta} + k_{s1}f(|V|)V\right)\Big|_{\zeta=0} = 0, \left(k_{zof}\dfrac{\partial T'}{\partial\zeta} + k_{s2}T'\right)\Big|_{\zeta=0} = 0,\\ \left(k_{zof}\dfrac{\partial S'}{\partial\zeta} + k_{s3}(P+R-E)S' + \alpha\,|V_{10}|^3 S'\right)\Big|_{\zeta=0} = 0,\\ \dot{\zeta}\big|_{\zeta=0} = 0, p'\big|_{\zeta=0} = \kappa_0\tilde{\rho}_{so}g z'_{so}(\theta,\lambda,t),\end{cases} \tag{1.91}$$

其中，$k_{si}(i=1,2,3)$是正常数，$f(|V|)$表示吹风系数，是与变量 V 有关的函数.P，R 和 E 是正常数，P 表示降水作用，R 表示径流作用，E 表示蒸发作用.边界条件(1.90)式中的新盐度边界条件是由靳江波等[15]在 2017 年提出并进行了数值模拟研究.

类似地，可以将方程组(1.87)式进行简化.由$(1.87)_5$式和边界条件$\dot{\zeta}\big|_{\zeta=0} = \dot{\zeta}\big|_{\zeta=-1} = 0$，以及初值 $z'_{so}\big|_{t=0} = 0$，可得

$$\kappa_0 z'_{so}(\theta,\lambda,t) = -\int_0^t\nabla\cdot(h^*(\theta,\lambda)\bar{V}(\theta,\lambda,\tau))\mathrm{d}\tau + \kappa_0 k_{so}\int_0^t\Delta z'_{so}\mathrm{d}\tau, \tag{1.92}$$

结合$(1.87)_5$式可以推出

$$h^*\dot{\zeta} = -\kappa_0\frac{\partial z'_{so}}{\partial t}(1+\zeta) + \kappa_0 k_{so}\Delta z'_{so}(1+\zeta) - \int_{-1}^{\zeta}\nabla\cdot(h^* V)\mathrm{d}s$$

$$=\nabla\cdot(h^{*}\bar{V})(1+\zeta)-\int_{-1}^{\zeta}\nabla\cdot(h^{*}V)\mathrm{d}s. \tag{1.93}$$

此外，由$(1.87)_{4,5}$式和边界条件 $p'|_{\zeta=0}=\kappa_0\tilde{\rho}_{so}gz'_{so}(\theta,\lambda,t)$，可得

$$p'=\kappa_0\tilde{\rho}_{so}gz'_{so}(\theta,\lambda,t)+\rho_0gh^{*}\int_{\zeta}^{0}(-\alpha_TT'+\alpha_SS')\mathrm{d}s. \tag{1.94}$$

将(1.92)式～(1.94)式代入(1.87)式中，在定义状态函数向量$\hat{\boldsymbol{U}}:=(V,T',S')^{\mathrm{T}}$ 和$\boldsymbol{U}:=(V,T',S',z'_{so})^{\mathrm{T}}=(\hat{U},z'_{so})^{\mathrm{T}}$，然后就可以将方程组(1.87)式简化为如下形式：

$$\begin{cases}\dfrac{\partial V}{\partial t}+(V^{*}\cdot\nabla)V+\left(-\dfrac{1}{h^{*}}\displaystyle\int_{-1}^{\zeta}\nabla\cdot(h^{*}V^{*})\mathrm{d}s-\dfrac{\kappa_0^{*}}{h^{*}}\dfrac{\partial h^{*}}{\partial t}(1+\zeta)\right)\dfrac{\partial\{V}{\partial\zeta}\\ \qquad+\left(2\omega\cos\theta+\dfrac{\cot\theta}{a}v_\lambda\right)\begin{pmatrix}0&-1\\1&0\end{pmatrix}V+\dfrac{g}{\rho_0}\nabla(\kappa_0\tilde{\rho}_{so}z'_{so})\\ \qquad+g\,\nabla\left(h^{*}\displaystyle\int_{\zeta}^{0}(-\alpha_TT'+\alpha_SS')\mathrm{d}s\right)\\ \qquad+g(-\alpha_TT'+\alpha_SS')((1+\zeta)\kappa_0\,\nabla z'_{so}+\zeta\,\nabla\tilde{h})\\ \quad=\dfrac{1}{h^{*}}\nabla\cdot(\tilde{h}k_{hof}\,\nabla V)+\dfrac{\partial}{\partial\zeta}\left(\dfrac{k_{\mathrm{zof}}}{\tilde{h}^2}\dfrac{\partial V}{\partial\zeta}\right),\\ \dfrac{\partial T'}{\partial t}+(V^{*}\cdot\nabla)T'+\left(-\dfrac{1}{h^{*}}\displaystyle\int_{-1}^{\zeta}\nabla\cdot(h^{*}V^{*})\mathrm{d}s-\dfrac{\kappa_0^{*}}{h^{*}}\dfrac{\partial h^{*}}{\partial t}(1+\zeta)\right)\dfrac{\partial T'}{\partial\zeta}\\ \qquad+c_T^2V\cdot((1+\zeta)\kappa_0\,\nabla z'_{so}+\zeta\,\nabla\tilde{h})-c_T^2\displaystyle\int_{-1}^{\zeta}\nabla\cdot(h^{*}V^{*})\,\mathrm{d}s\\ \quad=\dfrac{1}{c_{0T}}\left(\dfrac{1}{h^{*}}\nabla\cdot(\tilde{h}k_{\mathrm{hof}}\,\nabla T')+\dfrac{\partial}{\partial\zeta}\left(\dfrac{k_{\mathrm{zof}}}{\tilde{h}^2}\dfrac{\partial T'}{\partial\zeta}\right)\right)+\dfrac{\Psi}{c_{0T}},\\ \dfrac{\partial S'}{\partial t}+(V^{*}\cdot\nabla)S'+\left(-\dfrac{1}{h^{*}}\displaystyle\int_{-1}^{\zeta}\nabla\cdot(h^{*}V^{*})\mathrm{d}s-\dfrac{\kappa_0^{*}}{h^{*}}\dfrac{\partial h^{*}}{\partial t}(1+\zeta)\right)\dfrac{\partial S'}{\partial\zeta}\\ \qquad-c_S^2V\cdot((1+\zeta)\kappa_0\,\nabla z'_{so}+\zeta\,\nabla\tilde{h})\\ \qquad+c_S^2\displaystyle\int_{-1}^{\zeta}\nabla\cdot(h^{*}V)\mathrm{d}s\\ \quad=\dfrac{1}{h^{*}}\nabla\cdot(\tilde{h}k_{\mathrm{hof}}\,\nabla S')+\dfrac{\partial}{\partial\zeta}\left(\dfrac{k_{zof}}{\tilde{h}^2}\dfrac{\partial S'}{\partial\zeta}\right),\\ \kappa_0\dfrac{\partial z'_{so}}{\partial t}+\nabla\cdot(h^{*}\bar{V})=\kappa_0k_{so}\Delta z'_{so},\\ U|_{t=0}=(v_\theta,v_\lambda,T',S')\Big|_{t=0}=(v_{\theta0},v_{\lambda0},T'_0,S'_0)=U_0,\\ U(\theta,\lambda,\zeta)=U(\theta+\pi,\lambda,\zeta)=U(\theta,\lambda+2\pi,\zeta),\\ \dfrac{\partial U}{\partial\zeta}\Big|_{\zeta=-1}=0,\left(v_1\dfrac{\partial V}{\partial\zeta}+k_{s1}f(|V|)V\right)\Big|_{\zeta=0}=0,\left(v_2\dfrac{\partial T'}{\partial\zeta}+k_{s2}T'\right)\Big|_{\zeta=0}=0,\\ \left(k_{zof}\dfrac{\partial S'}{\partial\zeta}+k_{s3}(P+R-E)S'+\alpha|V_{10}|^3S'\right)\Big|_{\zeta=0}=0.\end{cases} \tag{1.95}$$

本书后面章节的安排如下:第二章给出了大气动力学方程组整体弱解的稳定性结论;第三章给出了大气动力学方程组整体强解的存在唯一性和吸引子的存在性;第四章给出了考虑水汽相变过程的湿大气动力学方程组整体强解的存在唯一性;第五章给出了海洋动力学方程组整体强解的存在唯一性.

第2章 大气动力学方程组整体弱解的稳定性

本章将首先给出考虑非定常外源强迫的大气动力学方程组整体弱解的稳定性结论，然后再给出考虑随机外源强迫的湿大气方程组的整体弱解的存在性和稳定性结论.从物理意义上来说，考虑非定常外源强迫的在大气原始方程组中突出了太阳辐射加热对天气或气候演变规律的影响，而考虑随机外强迫的湿大气方程组，则是在辐射加热的基础上，又考虑了水汽相变过程和随机因素的影响，该方程组既刻画了外部因素对大气系统的影响，也刻画了大气系统的内部变化过程.

2.1 主要结论

在本章将给出大气动力学方程组整体弱解稳定性的相关结论.

首先，连汝续等采用能量估计方法，证明了IAP-AGCM动力学框架整体弱解的L^1稳定性[19]，接着，由1.6节中的方程组$(1.84)_{1,2}$式可以定义如下算子：

$$A(U):=-\left(\frac{\mu_1}{\tilde{p}_s}\Delta V+v_1\frac{\partial}{\partial\zeta}\left(\left(\frac{g\zeta}{R\tilde{T}}\right)^2\frac{\partial V}{\partial\zeta}\right)\frac{R}{c_pc_0^2}\left(\frac{\mu_2}{\tilde{p}_s}\Delta T'+v_2\frac{\partial}{\partial\zeta}\left(\left(\frac{g\zeta}{R\tilde{T}}\right)^2\frac{\partial T'}{\partial\zeta}\right)\right)\right),\tag{2.1}$$

$$N(U)(U):=\begin{pmatrix}(V^*\cdot\nabla)V+\dot{\zeta}^*\dfrac{\partial V}{\partial\zeta}+\left(2\omega\cos\theta+\dfrac{\cot\theta}{a}v_\lambda\right)\begin{pmatrix}0&-1\\1&0\end{pmatrix}V\\+\displaystyle\int_\zeta^1\frac{\nabla T'(s)}{s}ds+RT'\frac{\nabla\tilde{p}_s}{\tilde{p}_s}\\\dfrac{R}{c_0^2}\left((V^*\cdot\nabla)T'+\dot{\zeta}^*\dfrac{\partial T'}{\partial\zeta}\right)+\dfrac{R}{\tilde{p}_s\zeta}\displaystyle\int_0^\zeta\nabla\cdot(\tilde{p}_sV)\mathrm{d}s-\dfrac{R}{\tilde{p}_s}\nabla\tilde{p}_s\cdot V\end{pmatrix},\tag{2.2}$$

以及

$$B(U):=\begin{pmatrix} V \\ \dfrac{RT'}{c_0^2} \end{pmatrix},L(U):=\begin{pmatrix} -\nabla\left(\dfrac{R\tilde{T}_s}{\tilde{p}_s}\displaystyle\int_0^t \nabla\cdot(\tilde{p}_s\bar{V})\mathrm{d}\tau\right) \\ 0 \end{pmatrix},F:=\begin{pmatrix} 0 \\ \dfrac{R\Psi}{c_p c_0^2} \end{pmatrix}. \tag{2.3}$$

然后给出大气动力学方程组初边值问题整体弱解的定义：

定义 2.1（整体弱解的定义）　对于任意的时间 $M>0$，如果在区域 $\Omega\times[0,M]$上，向量函数 $\boldsymbol{U}$ 满足如下正则性：

$$\boldsymbol{U}\in L^\infty(0,M;L^2(\Omega))\cap L^2(0,M;H^1(\Omega)), \tag{2.4}$$

并在分布意义下满足方程

$$B(\boldsymbol{U})_t+A(\boldsymbol{U})+N(\boldsymbol{U})+\int_0^t L(\boldsymbol{U})\mathrm{d}\tau=F, \tag{2.5}$$

即对于任意的检验函数

$\boldsymbol{\varphi}=(\varphi_{v\theta},\varphi_{v\lambda},\varphi_T{}')=(\varphi_V,\varphi_T{}')\in C^\infty([0,M];C_0^\infty(\Omega))$ 且 $\varphi(M,\cdot)=0$，有下式成立

$$\begin{aligned}&(B(\boldsymbol{U}_0),\varphi(0,\cdot))_{p\sim s}+\int_0^M(B(\boldsymbol{U}),\varphi_t)_{p\sim s}\mathrm{d}t\\&-\int_0^M\left(a(\boldsymbol{U},\boldsymbol{\varphi})+d(\boldsymbol{U},\boldsymbol{\varphi})+b(\boldsymbol{U},\boldsymbol{U},\boldsymbol{\varphi})+\int_0^t h(\boldsymbol{U},\boldsymbol{\varphi})-(F,\boldsymbol{\varphi})_{p\sim s}\right)\mathrm{d}t=0,\end{aligned} \tag{2.6}$$

此处加权内积为$(\cdot,\cdot)_{p\sim s}:=(\tilde{p}_s\cdot,\cdot)$，$(\cdot,\cdot)$为 $L^2(\Omega)$空间下的内积，且有

$$\begin{aligned}a(\boldsymbol{U},\boldsymbol{\varphi})=&\mu_1\int_\Omega\nabla V\cdot\nabla\varphi_V\mathrm{d}\sigma\mathrm{d}\zeta+\frac{\mu_2 R}{c_p c_0^2}\int_\Omega\nabla T'\cdot\nabla\varphi_T{}'\mathrm{d}\sigma\mathrm{d}\zeta\\&+v_1\int_\Omega\tilde{p}_s\left(\frac{g\zeta}{R\tilde{T}}\right)^2\frac{\partial V}{\partial\zeta}\cdot\frac{\partial\varphi_V}{\partial\zeta}\mathrm{d}\sigma\mathrm{d}\zeta\\&+\frac{v_2 R}{c_p c_0^2}\int_\Omega\tilde{p}_s\left(\frac{g\zeta}{R\tilde{T}}\right)^2\frac{\partial T'}{\partial\zeta}\cdot\frac{\partial\varphi_T{}'}{\partial\zeta}\mathrm{d}\sigma\mathrm{d}\zeta,\end{aligned} \tag{2.7}$$

$$\begin{aligned}d(\boldsymbol{U},\boldsymbol{\varphi})=&k_{s1}\int_{S2}\tilde{p}_s\left(\frac{g\zeta}{R\tilde{T}}\right)^2 f(|V|)V\cdot\varphi_V\Big|_{\zeta=1}\mathrm{d}\sigma\\&+\frac{k_{s2}R}{c_p c_0^2}\int_{S2}\tilde{p}_s\left(\frac{g\zeta}{R\tilde{T}}\right)^2 T'\varphi_T{}'\Big|_{\zeta=1}\mathrm{d}\sigma,\end{aligned} \tag{2.8}$$

$$\begin{aligned}b(\boldsymbol{U},\boldsymbol{U},\boldsymbol{\varphi})=&\int_\Omega\tilde{p}_s\left((V^*\cdot\nabla)V\cdot\varphi_V+\frac{R}{c_0^2}(V^*\cdot\nabla)T'\varphi_T{}'\right)\mathrm{d}\sigma\mathrm{d}\zeta\\&+\int_\Omega\tilde{p}_s\dot{\zeta}^*\left(\frac{\partial V}{\partial\zeta}\cdot\varphi_V+\frac{R}{c_0^2}\frac{\partial T'}{\partial\zeta}\varphi_T{}'\right)\mathrm{d}\sigma\mathrm{d}\zeta\end{aligned}$$

$$+\int_{\Omega}\widetilde{p}_s\left(2\omega\cos\theta+\frac{\cot\theta}{a}v_\lambda\right)(v_\lambda\varphi_{v\theta}-v_\theta\varphi_{v\lambda})\mathrm{d}\sigma\mathrm{d}\zeta$$
$$+R\int_{\Omega}\nabla\widetilde{p}_s\cdot(T'\varphi_V-V\varphi_T{}')\mathrm{d}\sigma\mathrm{d}\zeta$$
$$+R\int_{\Omega}\left(\widetilde{p}_s\int_{\zeta}^{1}\frac{\nabla T'(s)}{s}\mathrm{d}s\cdot\varphi_V+\frac{1}{\zeta}\int_0^{\zeta}\nabla\cdot(\widetilde{p}_sV(s))\mathrm{d}s\varphi_T{}'\right)\mathrm{d}\sigma\mathrm{d}\zeta,\tag{2.9}$$

以及

$$h(\boldsymbol{U},\boldsymbol{\varphi})=\int_{S^2}\frac{R\widetilde{T}_s}{\widetilde{p}_s}\int_0^1\nabla\cdot(\widetilde{p}_sV)\mathrm{d}\zeta\,\nabla\cdot(\widetilde{p}_s\varphi_V)\mathrm{d}\sigma,\tag{2.10}$$

那么向量函数 $\boldsymbol{U}$ 称为大气动力学方程组初边值问题(1.84)式的整体弱解.

下面给出大气动力学方程组初边值问题(1.84)式的整体弱解的稳定性结论.

定理 2.1(弱解的稳定性)　对于任意的时间 $M>0$,假设下列条件成立

$$\widetilde{T}(\zeta)\in C^1(0,1),\widetilde{T}(\zeta)\geqslant 0,\widetilde{T}'(\zeta)\geqslant 0,\lim_{\zeta\to 0}\frac{\zeta}{\widetilde{T}(\zeta)}:=T_0>0,\tag{2.11}$$

$$\widetilde{T}_s(\theta,\lambda),\widetilde{p}_s(\theta,\lambda),\widetilde{p}_s^{-1}(\theta,\lambda)\in C^1([0,\pi]\times[0,2\pi]),\tag{2.12}$$

$$\Psi(\theta,\lambda,\zeta,t)\in L^2(0,T;H^{-2}(\Omega)),\tag{2.13}$$

以及

$$f(s)\in C(R^+),C_1s^\alpha\leqslant f(s)\leqslant C_2(1+s^\alpha),0\leqslant\alpha\leqslant 1,\tag{2.14}$$

这里 T_0,C_1 和 C_2 都是正常数.

令 $\boldsymbol{U}^n=(v_\theta^n,v_\lambda^n,T'^n)=(V^n,T'^n)$是大气动力学方程组初边值问题(1.84)式的一个弱解序列,且对应的初值序列为

$$\boldsymbol{U}^n|_{t=0}=(v_\theta^n,v_\lambda^n,T'^n)|_{t=0}=(v_{\theta0}^n,v_{\lambda0}^n,T'^n_0)=\boldsymbol{U}_0^n,\tag{2.15}$$

并满足如下收敛性

$$\boldsymbol{U}_0^n\to\boldsymbol{U}_0=(v_{\theta0},v_{\lambda0},T'_0)\in L^1(\Omega),\tag{2.16}$$

且假设 $\boldsymbol{U}_0\in L^2(\Omega)$,并对任意的 $n\in\mathbf{N}^+$,$\boldsymbol{U}_0^n$ 的如下范数一致有界

$$\int_{\Omega}|\boldsymbol{U}_0^n|^2\mathrm{d}\sigma\mathrm{d}\zeta=\int_{\Omega}(|v_{\theta0}^n|^2+|v_{\lambda0}^n|^2+|T'^n_0|^2)\mathrm{d}\sigma\mathrm{d}\zeta<C,\tag{2.17}$$

这里 $C>0$ 是一个正常数.那么,存在 $\boldsymbol{U}^n$ 的一个子列(为方便起见,不再区分序列与子序列)满足

$$\boldsymbol{U}^n\to\boldsymbol{U}\in L^2(0,T,L^2(\Omega)),\tag{2.18}$$

其中,$\boldsymbol{U}=(v_\theta,v_\lambda,T')$是大气动力学方程组对应于初值 $\boldsymbol{U}_0=(v_{\theta0},v_{\lambda0},T'_0)$的整体弱解.

注 2.1　由(2.18)式,可以得到如下结论,如果 $\boldsymbol{U}_0^n\to\boldsymbol{U}_0\in L^1(\Omega)$,则 $\boldsymbol{U}^n\to\boldsymbol{U}$

$\in L^1(0,T,L^1(\Omega))$，即该系统的整体弱解具有 L^1 稳定性.

注 2.2 如果 $\boldsymbol{U}_0^n \to \boldsymbol{U}_0$ a.e.，则由叶果洛夫定理可得，对于 $\forall \varepsilon>0$，令 $\delta=\varepsilon^2$，则存在一个区域 $\Omega_\delta \subset \Omega$，使得 $|\Omega/\Omega_\delta|<\delta$，且对于任意的 $(\theta,\lambda,\zeta)\in\Omega_\delta$，$\exists N>0$，对于 $\forall n>N$，有 $|\boldsymbol{U}_0^n-\boldsymbol{U}_0|<\varepsilon$. 那么，对于任意的 $\forall n>N$，可得

$$\int_\Omega |\boldsymbol{U}_0^n-\boldsymbol{U}_0|\,\mathrm{d}\sigma\mathrm{d}\zeta=\int_{\Omega\delta}|\boldsymbol{U}_0^n-\boldsymbol{U}_0|\,\mathrm{d}\sigma\mathrm{d}\zeta+\int_{\Omega/\Omega\delta}|\boldsymbol{U}_0^n-\boldsymbol{U}_0|\,\mathrm{d}\sigma\mathrm{d}\zeta, \tag{2.19}$$

并且有

$$\int_{\Omega\delta}|\boldsymbol{U}_0^n-\boldsymbol{U}_0|\,\mathrm{d}\sigma\mathrm{d}\zeta\leqslant|\Omega_\delta|\varepsilon\leqslant C\varepsilon, \tag{2.20}$$

以及

$$\int_{\Omega/\Omega\delta}|\boldsymbol{U}_0^n-\boldsymbol{U}_0|\,\mathrm{d}\sigma\mathrm{d}\zeta\leqslant\left(\int_{\Omega/\Omega\delta}1\mathrm{d}\sigma\mathrm{d}\zeta\right)^{\frac{1}{2}}\left(\int_{\Omega/\Omega\delta}|\boldsymbol{U}_0^n-\boldsymbol{U}_0|^2\mathrm{d}\sigma\mathrm{d}\zeta\right)^{\frac{1}{2}}\leqslant C\delta^{\frac{1}{2}}=C\varepsilon, \tag{2.21}$$

由(2.20)式和(2.21)式进而可得 $\boldsymbol{U}^n\to\boldsymbol{U}\in L^1(0,T,L^1(\Omega))$，以及 $\boldsymbol{U}^n\to\boldsymbol{U}$ a.e.，即整体弱解是几乎处处稳定的.

下面给出考虑随机外源强迫的湿大气方程组的整体弱解的存在性和稳定性结论.在(1.84)式的基础上引入随机外强迫，水汽方程和含水量方程，就组成了考虑随机外强迫作用的湿大气方程组.张博冉和连汝续[68]证明了考虑随机外强迫作用的湿大气方程组初边值问题整体弱解的存在性和稳定性.下面介绍具体成果，首先给出考虑随机外强迫作用的湿大气方程组：

$$\begin{cases}
\dfrac{\partial V}{\partial t}+(V^*\cdot\nabla)V+\dot{\zeta}^*\dfrac{\partial V}{\partial\zeta}+\left(2\omega\cos\theta+\dfrac{\cot\theta}{r}v_\lambda\right)\beta V+\nabla\Phi'+RT'\dfrac{\nabla\tilde{p}_s}{\tilde{p}_s}\\
\quad=\dfrac{\mu_1}{\tilde{p}_s}\Delta V+\nu_1\dfrac{\partial}{\partial\zeta}\left(\left(\dfrac{g\zeta}{R\tilde{T}}\right)^2\dfrac{\partial V}{\partial\zeta}\right)+\Psi,\\
\dfrac{\partial T'}{\partial t}+(V^*\cdot\nabla)T'+\dot{\zeta}^*\dfrac{\partial T'}{\partial\zeta}-\dfrac{c_0^2}{\tilde{p}_s\zeta}\left(\tilde{p}_s\dot{\zeta}+\zeta\left(\dfrac{\partial p'_s}{\partial t}+\nabla\tilde{p}_s\cdot V\right)\right)\\
\quad-\dfrac{1}{c_p}\left(\dfrac{\mu_2}{\tilde{p}_s}\Delta T'+\nu_2\dfrac{\partial}{\partial\zeta}\left(\left(\dfrac{g\zeta}{R\tilde{T}}\right)^2\dfrac{\partial T'}{\partial\zeta}\right)\right)=\dfrac{\Psi_1}{c_p},\\
\dfrac{\partial q}{\partial t}+(V^*\cdot\nabla)q+\dot{\zeta}^*\dfrac{\partial q}{\partial\zeta}=\dfrac{\mu_3}{\tilde{p}_s}\Delta q+\nu_3\dfrac{\partial}{\partial\zeta}\left(\left(\dfrac{g\zeta}{R\tilde{T}}\right)^2\dfrac{\partial q}{\partial\zeta}\right)+\Psi_2,\\
\dfrac{\partial p_s{}'}{\partial t}+\nabla\cdot(\tilde{p}_sV)+\dfrac{\partial\tilde{p}_s\dot{\zeta}}{\partial\zeta}=0,\\
\dfrac{\partial\Phi'}{\partial\zeta}+\dfrac{RT'}{\zeta}=0.
\end{cases} \tag{2.22}$$

由参考文献[12,50]中的方法,可给出随机外强迫的定义.在完备的概率空(Ω, F, P)中,假设$\omega_1, \omega_2, \omega_3 \cdots$是样本空间$\Omega$中一列期望为$E$的独立标准的布朗运动,随机过程$W$是一个 Wiener 过程,因此随机外强迫$\Psi$可定义如下:令

$$\Psi = G\,\frac{\mathrm{d}W}{\mathrm{d}t}, \tag{2.23}$$

是关于时间的加性白噪声,而G是从$L^2(\Omega)$到$H^{1+2\gamma_0}(\Omega)(\gamma_0>0)$的 Hilbert-Schmidt 算子.假设

$$Z(t) = \int_{-\infty}^{t} \mathrm{e}^{(t-s)(-A_1)} G\mathrm{d}W(s), \tag{2.24}$$

是满足以下随机 Stokes 方程初值问题

$$\begin{cases} \mathrm{d}Z = (-A_1) Z\mathrm{d}t + G\mathrm{d}W(t), \\ Z(0) = \int_{-\infty}^{0} \mathrm{e}^{A_1 s} G\mathrm{d}W(s). \end{cases} \tag{2.25}$$

的解,$A_1 = -\left(\frac{\mu_1}{\tilde{p}_s}\Delta + \nu_1 \frac{\partial}{\partial \zeta}\left(\left(\frac{g\zeta}{R\,\tilde{T}}\right)^2 \frac{\partial}{\partial \zeta}\right)\right)$是一个正 Laplacian 算子,且$A_1$的定义域为$D(A_1) = H^2(\Omega) \cap H_0^1(\Omega)$,参照文献[12,50],可得$Z(t)$具有连续轨道的平稳遍历过程,其值属于$D(A_1^{1+\gamma})$中,这里$\gamma<\gamma_0$.$r$表示地球半径,至于其他参数,请参考文献[19,62],这里不再赘述.

下面定义系统(2.22)的初边值条件.首先,给定初值为

$$V|_{t=0} = V_0, T'|_{t=0} = T'_0, q|_{t=0} = q_0. \tag{2.26}$$

接下来,给出边界条件为

$$\begin{cases} \left.\frac{\partial V}{\partial \zeta}\right|_{\zeta=0} = \left.\frac{\partial T'}{\partial \zeta}\right|_{\zeta=0} = \left.\frac{\partial q}{\partial \zeta}\right|_{\zeta=0} = \left.\dot{\zeta}\right|_{\zeta=0} = 0, \\ (\nu_1 \partial_\zeta V + k_{s1} f(|V_{10}|)V)|_{\zeta=1} = 0, (\nu_2 \partial_\zeta T' + k_{s2} T')|_{\zeta=1} = 0, \\ (\nu_3 \partial_\zeta q + k_{s3} q)|_{\zeta=1} = 0, \\ \dot{\zeta}|_{\zeta=1} = 0, \Phi'|_{\zeta=1} = \frac{R\,\tilde{T}_s}{\tilde{p}_s} p'_s(\theta, \lambda, t), \end{cases} \tag{2.27}$$

这里状态变量关于θ,λ分别以π和2π为周期;$\tilde{T}_s(\theta,\lambda)$是给定的地球表面标准温度,且满足$\tilde{T}_s(\theta,\lambda) \in W^{1,\infty}([0,\pi]\times[0,2\pi])$;$V_{10}$为给定函数,表示 10m/s 的风速,且满足$V_{10}$, $V_{10}^{-1} \in W^{1,\infty}([0,\pi]\times[0,2\pi])$;$f(|V_{10}|)$表示吹风系数,且为一个正函数;$k_{s1}$,$k_{s2}$和$k_{s3}$均为正常数.

接下来对方程组进行简化.由方程组$(2.22)_{4,5}$和边界条件可得

$$\tilde{p}_s\dot{\zeta}=\nabla\cdot(\tilde{p}_s\bar{V})\zeta-\int_0^\zeta\nabla\cdot(\tilde{p}_sV)\mathrm{d}s, \tag{2.28}$$

再结合 $Z(t)$，令 $V=u+Z(t)$，$\tilde{U}:=(u,T',q)$，则可以得到方程组的一个新形式：

$$\begin{cases}\dfrac{\partial u}{\partial t}+[(u^*+Z)\cdot\nabla](u+Z)-\left(\dfrac{1}{\tilde{p}_s}\displaystyle\int_0^\zeta\nabla\cdot[\tilde{p}_s(u^*+Z)]\mathrm{d}s\right)\dfrac{\partial(u+Z)}{\partial\zeta}\\ \quad+\left[2\omega\cos\theta+\dfrac{\cot\theta}{r}(u_\lambda+Z_\lambda)\right]\beta(u+Z)+R\,\nabla\displaystyle\int_\zeta^1\dfrac{T'(s)}{s}\mathrm{d}s+RT'\dfrac{\nabla\tilde{p}_s}{\tilde{p}_s}\\ \quad-\nabla\left(\dfrac{R\tilde{T}_s}{\tilde{p}_s}\displaystyle\int_0^t\nabla\cdot[\tilde{p}_s(\bar{u}+Z)]\mathrm{d}\tau\right)-\dfrac{\mu_1}{\tilde{p}_s}\Delta u-\nu_1\dfrac{\partial}{\partial\zeta}\left(\left(\dfrac{g\zeta}{R\tilde{T}}\right)^2\dfrac{\partial u}{\partial\zeta}\right)=0,\\ \dfrac{R}{c_0^2}\dfrac{\partial T'}{\partial t}+\dfrac{R}{c_0^2}[(u^*+Z)\cdot\nabla]T'-\dfrac{R}{c_0^2}\left(\dfrac{1}{\tilde{p}_s}\displaystyle\int_0^\zeta\nabla\cdot[\tilde{p}_s(u^*+Z)]\mathrm{d}s\right)\dfrac{\partial T'}{\partial\zeta}\\ \quad+\dfrac{R}{\tilde{p}_s\zeta}\displaystyle\int_0^\zeta\nabla\cdot[\tilde{p}_s(u+Z)]\mathrm{d}s-\dfrac{R}{\tilde{p}_s}\nabla\tilde{p}_s\cdot(u+Z)\\ \quad-\dfrac{R}{c_pc_0^2}\left(\dfrac{\mu_2}{\tilde{p}_s}\Delta T'+\nu_2\dfrac{\partial}{\partial\zeta}\left(\left(\dfrac{g\zeta}{R\tilde{T}}\right)^2\dfrac{\partial T'}{\partial\zeta}\right)\right)=\dfrac{R\Psi_1}{c_pc_0^2},\\ \dfrac{\partial q}{\partial t}+[(u^*+Z)\cdot\nabla]q-\left(\dfrac{1}{\tilde{p}_s}\displaystyle\int_0^\zeta\nabla\cdot[\tilde{p}_s(u^*+Z)]\mathrm{d}s\right)\dfrac{\partial q}{\partial\zeta}\\ \quad-\dfrac{\mu_3}{\tilde{p}_s}\Delta q-\nu_3\dfrac{\partial}{\partial\zeta}\left(\left(\dfrac{g\zeta}{R\tilde{T}}\right)^2\dfrac{\partial q}{\partial\zeta}\right)=\Psi_2,\end{cases} \tag{2.29}$$

相应的初边值条件为

$$\begin{cases}\tilde{U}|_{t=0}=(u_0,T'_0,q_0)=\tilde{U}_0,\\ \tilde{U}(\theta,\lambda,\zeta)=\tilde{U}(\theta+\pi,\lambda,\zeta)=\tilde{U}(\theta,\lambda+2\pi,\zeta),\\ (\partial_\zeta\tilde{U})|_{\zeta=0}=0,(\nu_1\partial_\zeta u+k_{s1}f(|V_{10}|)u)|_{\zeta=1}=0,(\nu_2\partial_\zeta T'+k_{s2}T')|_{\zeta=1}=0,\\ (\nu_3\partial_\zeta q+k_{s3}q)|_{\zeta=1}=0.\end{cases} \tag{2.30}$$

在给出主要结论前，首先定义一些算子：

$$B(\tilde{U}):=\left(u,\frac{R}{c_0^2}T',q\right)^{\mathrm{T}}, \tag{2.31}$$

$$F:=\left(0,\frac{R}{c_0^2}\Psi_1,\Psi_2\right)^{\mathrm{T}}, \tag{2.32}$$

$$D(\tilde{U})(\tilde{U}):=\begin{pmatrix}[(u^*+Z)\cdot\nabla](u+Z)\\ \quad-\left(\dfrac{1}{\tilde{p}_s}\displaystyle\int_0^\zeta\nabla\cdot[\tilde{p}_s(u^*+Z)]\mathrm{d}s\right)\dfrac{\partial(u+Z)}{\partial\zeta}\\ \quad+\left[2\omega\cos\theta+\dfrac{\cot\theta}{r}(u_\lambda+Z_\lambda)\right]\beta(u+Z)\\ \quad+R\,\nabla\displaystyle\int_\zeta^1\dfrac{T'(s)}{s}\mathrm{d}s\,\dfrac{R}{c_0^2}\left\{\dfrac{\partial T'}{\partial t}+[(u^*+Z)\cdot\nabla]T'\right.\\ \quad\left.-\left(\dfrac{1}{\tilde{p}_s}\displaystyle\int_0^\zeta\nabla\cdot[\tilde{p}_s(u^*+Z)]\mathrm{d}s\right)\dfrac{\partial T'}{\partial\zeta}\right\}\\ \quad+\dfrac{R}{\tilde{p}_s\zeta}\displaystyle\int_0^\zeta\nabla\cdot[\tilde{p}_s(u+Z)]\mathrm{d}s-\dfrac{R}{\tilde{p}_s}\nabla\tilde{p}_s\cdot(u+Z)\\ [(u^*+Z)\cdot\nabla]q-\left(\dfrac{1}{\tilde{p}_s}\displaystyle\int_0^\zeta\nabla\cdot[\tilde{p}_s(u^*+Z)]\mathrm{d}s\right)\dfrac{\partial q}{\partial\zeta}\end{pmatrix}\tag{2.33}$$

$$E(\tilde{U}):=\begin{pmatrix}-\dfrac{\mu_1}{\tilde{p}_s}\Delta u-\nu_1\dfrac{\partial}{\partial\zeta}\left(\left(\dfrac{g\zeta}{R\tilde{T}}\right)^2\dfrac{\partial u}{\partial\zeta}\right)\\ -\dfrac{R}{c_pc_0^2}\left(\dfrac{\mu_2}{\tilde{p}_s}\Delta T'+\nu_2\dfrac{\partial}{\partial\zeta}\left(\left(\dfrac{g\zeta}{R\tilde{T}}\right)^2\dfrac{\partial T'}{\partial\zeta}\right)\right)\\ -\dfrac{\mu_3}{\tilde{p}_s}\Delta q-\nu_3\dfrac{\partial}{\partial\zeta}\left(\left(\dfrac{g\zeta}{R\tilde{T}}\right)^2\dfrac{\partial q}{\partial\zeta}\right)\end{pmatrix}.\tag{2.34}$$

下面给出整体弱解的存在性和稳定性定理.

定理 2.2(整体弱解的存在性)　对于任意的 $M>0$,假设 $W(T)$ 是整体 Lipschiz 有界函数,依概率对几乎处处的 $\omega\in\Omega$ 有 $Z\in L^\infty(\mathbb{R};H^1(\Omega))\cap L^2(\mathbb{R};H^2(\Omega))$ 成立,且有 $\tilde{U}_0\in L^2(\Omega)$,则初边值问题(2.29)式～(2.30)式存在整体弱解 $\tilde{U}$,且满足

$$\tilde{U}\in L^\infty(0,M;L^2(\Omega))\cap L^2(0,M;H^1(\Omega)).$$

定理 2.3(整体弱解的稳定性)　对任意的 $M>0$,若 Z, $W(T)$ 满足定理2.1中的条件,假设初边值问题(2.29)～(2.30)的一个整体弱解序列为 $\tilde{U}^m=(u^m,T'^m,q^m,m_w^m)$,并假定初值序列为 $\tilde{U}^m|_{t=0}=(u^m,T'^m,q^m,m_w^m)|_{t=0}=\tilde{U}_0^m$,再设 $\tilde{U}_0^m\to\tilde{U}_0\in L^1(\Omega)$,其中 $\tilde{U}_0\in L^2(\Omega)$,则存在子列,仍用 $\tilde{U}^m$ 表示,有 $\tilde{U}^m\to\tilde{U}\in L^1(0,M;L^1(\Omega))$,这里 $\tilde{U}$ 是初边值问题(2.29)式～(2.30)式以 $\tilde{U}_0$ 为初值的整体弱解.

注:借鉴参考文献[19]中注 2.2 的方法,利用叶果洛夫定理可证明整体弱解的几乎处处稳定性,这里省略了具体的证明过程.

2.2　考虑非定常外源强迫的大气动力学方程组整体弱解的稳定性

2.2.1　基本能量估计

首先给出大气动力学方程组初边值问题(1.84)式的整体弱解序列 U^n 的先验估计:

引理 2.1　对于任意的时间 $M>0$,在定理 2.1 的条件下,大气动力学方程组初边值问题(1.84)式的整体弱解 U^n 满足如下不等式:

$$\int_\Omega (V^{n2}+T'^{n2})\mathrm{d}\sigma\mathrm{d}\zeta+\int_{S^2}\left(\int_0^t \nabla\cdot(\tilde{p}_s\bar{V}_n)\mathrm{d}\tau\right)^2\mathrm{d}\sigma+\int_0^t\|U^n\|^2_{H^1(\Omega)}\mathrm{d}\tau$$
$$+\int_0^t\int_{S^2} f(|V^n|)|V^n|^2|_{\zeta=1}\mathrm{d}\sigma\mathrm{d}\tau+\int_0^t\int_{S^2}T'^2|_{\zeta=1}\mathrm{d}\sigma\mathrm{d}\tau$$
$$\leqslant C(1+\int_0^t\|\Psi\|^2_{H^{-1}(\Omega)}\mathrm{d}\tau),\quad t\in[0,M], \tag{2.35}$$

这里的 C 是一个依赖于初值,但不依赖于 n 和时间 M 的正常数.

证明　将(2.5)式与 U^n 做加权内积可得

$$(B(U^n)_t,U^n)_{p\sim s}+(A(U^n),U^n)_{p\sim s}+(N(U^n)(U^n),U^n)_{p\sim s}$$
$$+\left(\int_0^t L(U^n)\mathrm{d}\tau,U^n\right)_{p\sim s}=(F,U^n)_{p\sim s}, \tag{2.36}$$

再利用边界条件可得

$$\frac{\mathrm{d}}{\mathrm{d}t}\int_\Omega\tilde{p}_s\left(V^{n2}+\frac{R}{c_0^2}T'^{n2}\right)\mathrm{d}\sigma\mathrm{d}\zeta+\frac{\mathrm{d}}{\mathrm{d}t}\int_{S^2}\frac{R\tilde{T}}{\tilde{p}_s}(\int_0^t\nabla\cdot(\tilde{p}_s\bar{V}_n)\mathrm{d}\tau)^2\mathrm{d}\sigma$$
$$+\mu_1\int_\Omega|\nabla V^n|^2\mathrm{d}\sigma\mathrm{d}\zeta+\frac{\mu_2 R}{c_p c_0^2}\int_\Omega|\nabla T'^n|^2\mathrm{d}\sigma\mathrm{d}\zeta$$
$$+v_1\int_\Omega\tilde{p}_s\left(\frac{g\zeta}{R\tilde{T}}\right)^2\left(\frac{\partial V^n}{\partial\zeta}\right)^2\mathrm{d}\sigma\mathrm{d}\zeta+\frac{v_2 R}{c_p c_0^2}\int_\Omega\tilde{p}_s\left(\frac{g\zeta}{R\tilde{T}}\right)^2\left(\frac{\partial T'^n}{\partial\zeta}\right)^2\mathrm{d}\sigma\mathrm{d}\zeta$$

$$+k_{s1}\int_{S^2}\tilde{p}_s\left(\frac{g\zeta}{R\tilde{T}}\right)^2 f(|V^n|)|V^n|^2\Big|_{\zeta=1}\mathrm{d}\sigma+\frac{k_{s2}R}{c_p c_0^2}\int_{S^2}\tilde{p}_s\left(\frac{g\zeta}{R\tilde{T}}\right)^2 T'^2\Big|_{\zeta=1}\mathrm{d}\sigma$$

$$=\int_\Omega \frac{R\Psi}{c_p c_0^2}T'^n\,\mathrm{d}\sigma\mathrm{d}\zeta, \tag{2.37}$$

再利用条件(2.11)式～(2.14)式可得

$$\begin{aligned}&\frac{\mathrm{d}}{\mathrm{d}t}\int_\Omega \tilde{p}_s\left(V^{n2}+\frac{R}{c_0^2}T'^{n2}\right)\mathrm{d}\sigma\mathrm{d}\zeta+\frac{\mathrm{d}}{\mathrm{d}t}\int_{S^2}\frac{R\tilde{T}}{\tilde{p}_s}\left(\int_0^t\nabla\cdot(\tilde{p}_s\bar{V}_n)\mathrm{d}\tau\right)^2\mathrm{d}\sigma\\&+C\|U^n\|_{H^1(\Omega)}^2+C\int_{S^2}f(|V^n|)|V^n|^2\Big|_{\zeta=1}\mathrm{d}\sigma+C\int_{S^2}T'^2\Big|_{\zeta=1}\mathrm{d}\sigma\\&\leqslant C\|\Psi\|_{H^{-1}(\Omega)}^2+\varepsilon C\|T'^n\|_{H^1(\Omega)}^2\leqslant C\|\Psi\|_{H^{-1}(\Omega)}^2+\varepsilon C\|U^n\|_{H^1(\Omega)}^2,\end{aligned} \tag{2.38}$$

这里 ε 是一个足够小的正常数,且使得下式成立:

$$\begin{aligned}&\frac{\mathrm{d}}{\mathrm{d}t}\int_\Omega \tilde{p}_s\left(V^{n2}+\frac{R}{c_0^2}T'^{n2}\right)\mathrm{d}\sigma\mathrm{d}\zeta+\frac{\mathrm{d}}{\mathrm{d}t}\int_{S^2}\frac{R\tilde{T}}{\tilde{p}_s}\left(\int_0^t\nabla\cdot(\tilde{p}_s\bar{V}_n)\mathrm{d}\tau\right)^2\mathrm{d}\sigma\\&+C\|U^n\|_{H^1(\Omega)}^2+C\int_{S^2}f(|V^n|)|V^n|^2\Big|_{\zeta=1}\mathrm{d}\sigma+C\int_{S^2}T'^2\Big|_{\zeta=1}\mathrm{d}\sigma\\&\leqslant C\|\Psi\|_{H^{-1}(\Omega)}^2,\end{aligned} \tag{2.39}$$

然后关于时间 t 在区间$[0,M]$上积分可得

$$\begin{aligned}&\int_\Omega \tilde{p}_s\left(V^{n2}+\frac{R}{c_0^2}T'^{n2}\right)\mathrm{d}\sigma\mathrm{d}\zeta+\int_{S^2}\frac{R\tilde{T}}{\tilde{p}_s}\left(\int_0^t\nabla\cdot(\tilde{p}_s\bar{V}_n)\mathrm{d}\tau\right)^2\mathrm{d}\sigma\\&+C\int_0^t\|U^n\|_{H^1(\Omega)}^2\mathrm{d}\tau+C\int_0^t\int_{S^2}f(|V^n|)|V^n|^2\Big|_{\zeta=1}\mathrm{d}\sigma\mathrm{d}\tau\\&+C\int_0^t\int_{S^2}T'^2\Big|_{\zeta=1}\mathrm{d}\sigma\mathrm{d}\tau\\&\leqslant\int_\Omega \tilde{p}_s\left(V_0^{n2}+\frac{R}{c_0^2}T'^{n2}_0\right)\mathrm{d}\sigma\mathrm{d}\zeta+C\int_0^t\|\Psi\|_{H^{-1}(\Omega)}^2\mathrm{d}\tau\\&\leqslant C(1+\int_0^t\|\Psi\|_{H^{-1}(\Omega)}^2\mathrm{d}\tau),\end{aligned} \tag{2.40}$$

这里的 C 是一个依赖于初值,但不依赖于 n 和时间 M 的正常数.由上式可得弱解序列 U^n 满足如下正则性:

$$U^n\in L^\infty(0,M;L^2(\Omega))\cap L^2(0,M;H^1(\Omega)). \tag{2.41}$$

2.2.2　弱解序列的收敛性

引理 2.2　令 U^n 为大气动力学方程组初边值问题(1.84)式的整体弱解序列.那么存在一个子列,仍用 U^n 表示,则对于任意的检验函数 $\varphi=(\varphi_{v\theta},\varphi_{v\lambda},\varphi_T{}')=(\varphi_V,\varphi_T{}')\in C^\infty([0,M];C_0^\infty(\Omega))$ 且 $\varphi(M,\cdot)=0$,在 $L^2(0,M;L^2(\Omega))$ 空间内,有下列结论成立:

$$U^n\to U,\tag{2.42}$$

以及

$$\int_0^M(B(U^n),\varphi_t)_{p\sim s}\,\mathrm{d}t\to\int_0^M(B(U),\varphi_t)_{p\sim s}\,\mathrm{d}t.\tag{2.43}$$

证明　由(2.41)式,对于任意的检验函数 $\varphi=(\varphi_{v\theta},\varphi_{v\lambda},\varphi_T{}')=(\varphi_V,\varphi_T{}')\in H^2(\Omega)$,可得下式成立:

$$\begin{aligned}(A(U^n),\varphi)_{p\sim s}&=\mu_1\int_\Omega\nabla V^n\cdot\nabla\varphi_V\mathrm{d}\sigma\mathrm{d}\zeta+\frac{\mu_2R}{c_pc_0^2}\int_\Omega\nabla T^n\cdot\nabla\varphi_T{}'\mathrm{d}\sigma\mathrm{d}\zeta\\&\quad+v_1\int_\Omega\tilde{p}_s\left(\frac{g\zeta}{R\tilde{T}}\right)^2\frac{\partial V^n}{\partial\zeta}\cdot\frac{\partial\varphi_V}{\partial\zeta}\mathrm{d}\sigma\mathrm{d}\zeta\\&\quad+\frac{v_2R}{c_pc_0^2}\int_\Omega\tilde{p}_s\left(\frac{g\zeta}{R\tilde{T}}\right)^2\frac{\partial T'^n}{\partial\zeta}\frac{\partial\varphi_T{}'}{\partial\zeta}\mathrm{d}\sigma\mathrm{d}\zeta\\&\leqslant C\|U^n\|_{H^1(\Omega)}\|\varphi\|_{H^1(\Omega)}\leqslant C\|U^n\|_{H^1(\Omega)},\end{aligned}\tag{2.44}$$

由此可得

$$\|A(U^n)\|_{H^{-2}(\Omega)}\leqslant C\|U^n\|_{H^1(\Omega)},\tag{2.45}$$

即有

$$\int_0^M\|A(U^n)\|_{H^{-2}(\Omega)}^2\mathrm{d}t\leqslant C\int_0^M\|U^n\|_{H^1(\Omega)}^2\mathrm{d}t\leqslant C,\tag{2.46}$$

这里的 C 是一个不依赖于 n 的正常数,则

$$A(U^n)\in L^2(0,M;H^{-2}(\Omega)).\tag{2.47}$$

下面,可以证明

$$\begin{aligned}&(N(U^n)(U^n),\varphi)_{p\sim s}\\&=\int_\Omega\tilde{p}_s\left((V^{*n}\cdot\nabla)V^n\cdot\varphi_V+\frac{R}{c_0^2}(V^{*n}\cdot\nabla)T'^n\varphi_T{}'\right)\mathrm{d}\sigma\mathrm{d}\zeta\\&\quad+\int_\Omega\tilde{p}_s\dot{\zeta}^*\left(\frac{\partial V^n}{\partial\zeta}\cdot\varphi_V+\frac{R}{c_0^2}\frac{\partial T'^n}{\partial\zeta}\varphi_T{}'\right)\mathrm{d}\sigma\mathrm{d}\zeta\end{aligned}$$

$$+\int_{\Omega}\tilde{p}_s\left(2\omega\cos\theta+\frac{\cot\theta}{a}v_\lambda^n\right)(v_\lambda^n\varphi_{v\theta}-v_\theta^n\varphi_{v\lambda})\mathrm{d}\sigma\mathrm{d}\zeta$$

$$+\int_{\Omega}\nabla\tilde{p}_s\cdot(T'^n\varphi_V-V^n\cdot\varphi_T{}')\mathrm{d}\sigma\mathrm{d}\zeta$$

$$+R\int_{\Omega}\left(\tilde{p}_s\int_\zeta^1\frac{\nabla T'^n(s)}{s}\mathrm{d}s\cdot\varphi_V+\frac{1}{\zeta}\int_0^\zeta\nabla\cdot(\tilde{p}_sV^n(s))\mathrm{d}s\varphi_T{}'\right)\mathrm{d}\sigma\mathrm{d}\zeta,\quad(2.48)$$

并且由$\|V^{*n}\|_{L^2(\Omega)}\leqslant\|V^n\|_{L^2(\Omega)}$和 $\|V^{*n}\|_{H^1(\Omega)}\leqslant\|V^n\|_{H^1(\Omega)}$可得

$$\begin{aligned}
&\int_{\Omega}\tilde{p}_s((V^{*n}\cdot\nabla)V^n\cdot\varphi_V+\frac{R}{c_0^2}(V^{*n}\cdot\nabla)T'^n\varphi_T{}')\mathrm{d}\sigma\mathrm{d}\zeta\\
&\leqslant C\left(\int_{\Omega}|\nabla U^n|^2\mathrm{d}\sigma\mathrm{d}\zeta\right)^{\frac12}\left(\int_{\Omega}|V^{*n}|^2|\varphi|^2\mathrm{d}\sigma\mathrm{d}\zeta\right)^{\frac12}\\
&\leqslant C\|U^n\|_{H^1(\Omega)}\left(\int_{\Omega}|V^{*n}|^3\mathrm{d}\sigma\mathrm{d}\zeta\right)^{\frac13}\left(\int_{\Omega}|\varphi|^6\mathrm{d}\sigma\mathrm{d}\zeta\right)^{\frac16}\qquad(2.49)\\
&\leqslant C\|U^n\|_{H^1(\Omega)}\|V^{*n}\|_{H^1(\Omega)}^{\frac12}\|V^{*n}\|_{L^2(\Omega)}^{\frac12}\|\varphi\|_{H^1(\Omega)}\\
&\leqslant C\|U^n\|_{H^1(\Omega)}\|V^n\|_{H^1(\Omega)}^{\frac12}\|V^n\|_{L^2(\Omega)}^{\frac12}\|\varphi\|_{H^1(\Omega)}\\
&\leqslant C\|U^n\|_{H^1(\Omega)}^{\frac32}\|U^n\|_{L^2(\Omega)}^{\frac12},
\end{aligned}$$

$$\begin{aligned}
&\int_{\Omega}\tilde{p}_s\dot{\zeta}^*\left(\frac{\partial V^n}{\partial\zeta}\cdot\varphi_V+\frac{R}{c_0^2}\frac{\partial T'^n}{\partial\zeta}\varphi_T{}'\right)\mathrm{d}\sigma\mathrm{d}\zeta\\
&=\int_{\Omega}\left(\left(-\int_0^\zeta\nabla\cdot(\tilde{p}_sV^{*n})\mathrm{d}s\right)\frac{\partial V^n}{\partial\zeta}\cdot\varphi_V+\frac{R}{c_0^2}\left(-\int_0^\zeta\nabla\cdot(\tilde{p}_sV^{*n})\mathrm{d}s\right)\frac{\partial T'^n}{\partial\zeta}\varphi_T{}'\right)\mathrm{d}\sigma\mathrm{d}\zeta\\
&=\int_{\Omega}\nabla\cdot(\tilde{p}_sV^{*n})V^n\cdot\varphi_V\mathrm{d}\sigma\mathrm{d}\zeta+\frac{R}{c_0^2}\int_{\Omega}\nabla\cdot(\tilde{p}_sV^{*n})T'^n\cdot\varphi_T{}'\mathrm{d}\sigma\mathrm{d}\zeta\\
&\quad+\int_{\Omega}\left(\int_0^\zeta\nabla\cdot(\tilde{p}_sV^{*n})\mathrm{d}s\right)V^n\cdot\frac{\partial\varphi_V}{\partial\zeta}\mathrm{d}\sigma\mathrm{d}\zeta\\
&\quad+\frac{R}{c_0^2}\int_{\Omega}\left(\int_0^\zeta\nabla\cdot(\tilde{p}_sV^{*n})\mathrm{d}s\right)T'^n\cdot\frac{\partial\varphi_T{}'}{\partial\zeta}\mathrm{d}\sigma\mathrm{d}\zeta\\
&\leqslant C\left(\int_{\Omega}|\nabla\cdot(\tilde{p}_sV^{*n})|^2\mathrm{d}\sigma\mathrm{d}\zeta\right)^{\frac12}\left(\int_{\Omega}|U^n|^2|\varphi|^2\mathrm{d}\sigma\mathrm{d}\zeta\right)^{\frac12}\\
&\quad+C\left(\int_{\Omega}|\nabla\cdot(\tilde{p}_sV^{*n})|^2\mathrm{d}\sigma\mathrm{d}\zeta\right)^{\frac12}\left(\int_{\Omega}|U^n|^2\left|\frac{\partial\varphi}{\partial\zeta}\right|^2\mathrm{d}\sigma\mathrm{d}\zeta\right)^{\frac12}\\
&\leqslant C\|V^{*n}\|_{H^1(\Omega)}\left(\int_{\Omega}|U^n|^3\mathrm{d}\sigma\mathrm{d}\zeta\right)^{\frac13}\left(\int_{\Omega}|\varphi|^6\mathrm{d}\sigma\mathrm{d}\zeta\right)^{\frac16}\\
&\quad+C\|V^{*n}\|_{H^1(\Omega)}\left(\int_{\Omega}|U^n|^3\mathrm{d}\sigma\mathrm{d}\zeta\right)^{\frac13}\left(\int_{\Omega}\left|\frac{\partial\varphi}{\partial\zeta}\right|^6\mathrm{d}\sigma\mathrm{d}\zeta\right)^{\frac16}
\end{aligned}$$

$$\leqslant C\|V^n\|_{H^1(\Omega)}\|U^n\|_{H^1(\Omega)}^{\frac{1}{2}}\|U^n\|_{L^2(\Omega)}^{\frac{1}{2}}\|\varphi\|_{H^1(\Omega)}$$
$$+C\|V^n\|_{H^1(\Omega)}\|U^n\|_{H^1(\Omega)}^{\frac{1}{2}}\|U^n\|_{L^2(\Omega)}^{\frac{1}{2}}\|\varphi\|_{H^2(\Omega)}$$
$$\leqslant C\|U^n\|_{H^1(\Omega)}^{\frac{3}{2}}\|U^n\|_{L^2(\Omega)}^{\frac{1}{2}}, \tag{2.50}$$

$$\int_\Omega\left(2\omega\cos\theta+\frac{\cot\theta}{a}v_\lambda^n\right)(v_\lambda^n\varphi_{v\theta}-v_\theta^n\varphi_{v\lambda})\,\mathrm{d}\sigma\mathrm{d}\zeta$$
$$\leqslant C\left(\int_\Omega 1+|U^n|^2\mathrm{d}\sigma\mathrm{d}\zeta\right)^{\frac{1}{2}}\left(\int_\Omega|U^n|^2\,|\varphi|^2\mathrm{d}\sigma\mathrm{d}\zeta\right)^{\frac{1}{2}}$$
$$\leqslant C(1+\|U^n\|_{L^2(\Omega)})\left(\int_\Omega|U^n|^3\mathrm{d}\sigma\mathrm{d}\zeta\right)^{\frac{1}{3}}\left(\int_\Omega|\varphi|^6\mathrm{d}\sigma\mathrm{d}\zeta\right)^{\frac{1}{6}}$$
$$\leqslant C(1+\|U^n\|_{L^2(\Omega)})\|U^n\|_{H^1(\Omega)}^{\frac{1}{2}}\|U^n\|_{L^2(\Omega)}^{\frac{1}{2}}\|\varphi\|_{H^1(\Omega)}$$
$$\leqslant C\|U^n\|_{H^1(\Omega)}^{\frac{1}{2}}(1+\|U^n\|_{L^2(\Omega)}^{\frac{3}{2}}), \tag{2.51}$$

$$R\int_\Omega\nabla\tilde{p}_s\cdot(T'^n\varphi_V-V^n\varphi_T{}')\mathrm{d}\sigma\mathrm{d}\zeta$$
$$\leqslant C\|U^n\|_{L^2(\Omega)}\|\varphi\|_{L^2(\Omega)}$$
$$\leqslant C\|U^n\|_{H^1(\Omega)}, \tag{2.52}$$

并且由 Hardy 不等式可得

$$R\int_\Omega\left(\tilde{p}_s\int_\zeta^1\frac{\nabla T'^n(s)}{s}\mathrm{d}s\cdot\varphi_V+\frac{1}{\zeta}\int_0^\zeta\nabla\cdot(\tilde{p}_sV^n(s))\mathrm{d}s\varphi_T{}'\right)\mathrm{d}\sigma\mathrm{d}\zeta$$
$$=R\int_{S^2}\tilde{p}_s\int_0^1\nabla T'^n(s)\cdot\left(\frac{1}{s}\int_0^s\varphi_V(\zeta)\mathrm{d}\zeta\right)\mathrm{d}s\mathrm{d}\sigma$$
$$+R\int_\Omega\left(\frac{1}{\zeta}\int_0^\zeta\nabla\cdot(\tilde{p}_sV^n(s))\mathrm{d}s\right)\varphi_T{}'\mathrm{d}\sigma\mathrm{d}\zeta$$
$$\leqslant C\|\nabla T'^n\|_{L^2(\Omega)}\left\|\frac{1}{s}\int_0^s\varphi_V(\zeta)\mathrm{d}\zeta\right\|_{L^2(\Omega)}^{\frac{1}{2}}$$
$$+C\left\|\frac{1}{\zeta}\int_0^\zeta\nabla\cdot(\tilde{p}_sV^n(s))\mathrm{d}s\right\|_{L^2(\Omega)}\|\varphi\|_{L^2(\Omega)}$$
$$\leqslant C\|U^n\|_{H^1(\Omega)}\|\varphi\|_{L^2(\Omega)}\leqslant C\|U^n\|_{H^1(\Omega)}, \tag{2.53}$$

那么由(2.48)式～(2.53)式可得

$$\|N(U^n)(U^n)\|_{H^{-2}(\Omega)}$$
$$\leqslant C\|U^n\|_{H^1(\Omega)}^{\frac{3}{2}}\|U^n\|_{L^2(\Omega)}^{\frac{1}{2}}+C\|U^n\|_{H^1(\Omega)}^{\frac{1}{2}}(1+\|U^n\|_{L^2(\Omega)}^{\frac{3}{2}})+C\|U^n\|_{H^1(\Omega)}, \tag{2.54}$$

以及

$$
\begin{aligned}
&\int_0^M \|N(U^n)(U^n)\|_{H^{-2}(\Omega)}^{\frac{4}{3}} \mathrm{d}t \\
\leqslant &C\int_0^M (\|U^n\|_{H^1(\Omega)}^2 \|U^n\|_{L^2(\Omega)}^{\frac{2}{3}} + \|U^n\|_{H^1(\Omega)}^{\frac{2}{3}} (1+\|U^n\|_{L^2(\Omega)}^{\frac{3}{2}})^{\frac{4}{3}} + \|U^n\|_{H^1(\Omega)}^{\frac{4}{3}})\mathrm{d}t \\
\leqslant &C\int_0^M (\|U^n\|_{H^1(\Omega)}^2 + \|U^n\|_{H^1(\Omega)}^{\frac{2}{3}} + \|U^n\|_{H^1(\Omega)}^{\frac{4}{3}})\mathrm{d}t \\
\leqslant &C\int_0^M \|U^n\|_{H^1(\Omega)}^2 \mathrm{d}t + C \leqslant C,
\end{aligned} \tag{2.55}
$$

这里的 C 是一个不依赖于 n 的正常数,则

$$
N(U^n)(U^n) \in L^{\frac{4}{3}}(0,M;H^{-2}(\Omega)). \tag{2.56}
$$

此外,还有

$$
\begin{aligned}
\left(\int_0^t L(U^n)\mathrm{d}\tau,\varphi\right)_{p\sim s} &= \int_0^t\int_\Omega \frac{R\,\widetilde{T}_s}{\widetilde{p}_s}\int_0^1 \nabla\cdot(\widetilde{p}_s V)\mathrm{d}\zeta\, \nabla\cdot(\widetilde{p}_s\varphi_V)\mathrm{d}\sigma\mathrm{d}\tau \\
&\leqslant \int_0^t \|U^n\|_{H^1(\Omega)}\|\varphi\|_{H^1(\Omega)}\mathrm{d}\tau \\
&\leqslant C\int_0^t \|U^n\|_{H^1(\Omega)}\mathrm{d}\tau,
\end{aligned} \tag{2.57}
$$

以及

$$
\int_0^M \left\|\int_0^t L(U^n)\mathrm{d}\tau\right\|_{H^{-2}(\Omega)}^2 \mathrm{d}t \leqslant C\int_0^M \left(\int_0^t \|U^n\|_{H^1(\Omega)}\mathrm{d}\tau\right)^2 \mathrm{d}t \leqslant C, \tag{2.58}
$$

这里的 C 是一个不依赖于 n 的正常数.

最后还有

$$
(F,\varphi) = \frac{R}{c_p c_0^2}\int_\Omega \Psi\varphi_T{}'\mathrm{d}\sigma\mathrm{d}\zeta \leqslant C\|\Psi\|_{H^{-2}(\Omega)}^2\|\varphi\|_{H^2(\Omega)}^2 \leqslant C\|\Psi\|_{H^{-2}(\Omega)}^2, \tag{2.59}
$$

以及

$$
\int_0^M \|F\|_{H^{-2}(\Omega)}^2 \mathrm{d}t \leqslant C\int_0^M \|\Psi\|_{H^{-2}(\Omega)}^2 \mathrm{d}t \leqslant C, \tag{2.60}
$$

即为

$$
F \in L^2(0,M;H^{-2}(\Omega)). \tag{2.61}
$$

那么,由(2.47)式,(2.56)式,(2.58)式和(2.61)式可得 $U_t^n \in L^{\frac{4}{3}}(0,M;H^{-2}(\Omega))$,再由 Aubin-Lions 引理和 $U^n \in L^2(0,M;H^1(\Omega))$ 可得

$$
U^n \to U \in L^2(0,M;L^2(\Omega)), \tag{2.62}
$$

进而可证(2.43)式成立.

引理 2.3　令 U^n 为大气动力学方程组初边值问题(1.84)式的整体弱解序列.那么存在一个子列,仍用 U^n 表示,则对于任意的检验函数 $\varphi=(\varphi_{v\theta},\varphi_{v\lambda},\varphi_T{}')=(\varphi_V,\varphi_T{}')\in C^\infty([0,M];C_0^\infty(\Omega))$ 且 $\varphi(M,\cdot)=0$,有下列结论成立:

$$\int_0^M a(U^n,\varphi)\mathrm{d}t \to \int_0^M a(U,\varphi)\mathrm{d}t. \tag{2.63}$$

证明　因为 $\dfrac{\partial U^n}{\partial\theta}$, $\dfrac{\partial U^n}{\partial\lambda}$ 和 $\dfrac{\partial U^n}{\partial\zeta}\in L^2(0,M;L^2(\Omega))$,可得在 $L^2(0,M;L^2(\Omega))$ 中 $\dfrac{\partial U^n}{\partial\theta}$, $\dfrac{\partial U^n}{\partial\lambda}$ 和 $\dfrac{\partial U^n}{\partial\zeta}$ 分别弱收敛于 $\dfrac{\partial U}{\partial\theta}$, $\dfrac{\partial U}{\partial\lambda}$ 和 $\dfrac{\partial U}{\partial\zeta}$.那么有下式成立:

$$\begin{aligned}
\int_0^M a(U^n,\varphi)\mathrm{d}t &= \mu_1\int_0^M\int_\Omega \nabla V^n\cdot\nabla\varphi_V\mathrm{d}\sigma\mathrm{d}\zeta\mathrm{d}t + \frac{\mu_2 R}{c_p c_0^2}\int_0^M\int_\Omega \nabla T'^n\cdot\nabla\varphi_T{}'\mathrm{d}\sigma\mathrm{d}\zeta\mathrm{d}t \\
&\quad + v_1\int_0^M\int_\Omega \tilde{p}_s\left(\frac{g\zeta}{R\tilde{T}}\right)^2\frac{\partial V^n}{\partial\zeta}\cdot\frac{\partial\varphi_V}{\partial\zeta}\mathrm{d}\sigma\mathrm{d}\zeta\mathrm{d}t \\
&\quad + \frac{v_2 R}{c_p c_0^2}\int_0^M\int_\Omega \tilde{p}_s\left(\frac{g\zeta}{R\tilde{T}}\right)^2\frac{\partial T'^n}{\partial\zeta}\frac{\partial\varphi_T{}'}{\partial\zeta}\mathrm{d}\sigma\mathrm{d}\zeta\mathrm{d}t \\
&\to \mu_1\int_0^M\int_\Omega \nabla V\cdot\nabla\varphi_V\mathrm{d}\sigma\mathrm{d}\zeta\mathrm{d}t + \frac{\mu_2 R}{c_p c_0^2}\int_0^M\int_\Omega \nabla T'\cdot\nabla\varphi_T{}'\mathrm{d}\sigma\mathrm{d}\zeta\mathrm{d}t \\
&\quad + v_1\int_0^M\int_\Omega \tilde{p}_s\left(\frac{g\zeta}{R\tilde{T}}\right)^2\frac{\partial V}{\partial\zeta}\cdot\frac{\partial\varphi_V}{\partial\zeta}\mathrm{d}\sigma\mathrm{d}\zeta\mathrm{d}t \\
&\quad + \frac{v_2 R}{c_p c_0^2}\int_0^M\int_\Omega \tilde{p}_s\left(\frac{g\zeta}{R\tilde{T}}\right)^2\frac{\partial T'}{\partial\zeta}\frac{\partial\varphi_T{}'}{\partial\zeta}\mathrm{d}\sigma\mathrm{d}\zeta\mathrm{d}t \\
&= \int_0^M a(U,\varphi)\mathrm{d}t.
\end{aligned} \tag{2.64}$$

引理 2.4　令 U^n 为大气动力学方程组初边值问题(1.84)式的整体弱解序列.那么存在一个子列,仍用 U^n 表示,则对于任意的检验函数 $\varphi=(\varphi_{v\theta},\varphi_{v\lambda},\varphi_T{}')=(\varphi_V,\varphi_T{}')\in C^\infty([0,M];C_0^\infty(\Omega))$ 且 $\varphi(M,\cdot)=0$,有下列结论成立

$$\int_0^M d(U^n,\varphi)\mathrm{d}t \to \int_0^M d(U,\varphi)\mathrm{d}t. \tag{2.65}$$

证明　由 Sobolev 不等式和迹定理可得

$$\|U^n|_{\zeta=1}\|_{L^2(S^2)} \leqslant C\|U^n|_{\zeta=1}\|_{L^4(S^2)} \leqslant C\|U^n|_{\zeta=1}\|_{H^{\frac{1}{2}}(S^2)} \leqslant C\|U^n\|_{H^1(\Omega)}, \tag{2.66}$$

即有

$$U^n|_{\zeta=1} \to U|_{\zeta=1} \in L^2(0,M;L^2(S^2)), \tag{2.67}$$

进而由(2.67)式可得

$$V^n\Big|_{\zeta=1}\to V\Big|_{\zeta=1}\ \text{a.e.},\tag{2.68}$$

以及

$$f(V^n)V^n\Big|_{\zeta=1}\to f(V)V\Big|_{\zeta=1}\ \text{a.e.},\tag{2.69}$$

再由

$$f(V^n)V^n|_{\zeta=1}\in L^{\frac{2+\alpha}{1+\alpha}}(0,M;L^{\frac{2+\alpha}{1+\alpha}}(S^2)),\tag{2.70}$$

可得

$$f(V^n)V^n\Big|_{\zeta=1}\to f(V)V\Big|_{\zeta=1}\in L^1(0,M;L^1(S^2)),\tag{2.71}$$

这里再次利用参考文献[19]中注 2.2 中的方法.然后可证

$$\begin{aligned}&\left|k_{s1}\int_0^M\int_{S^2}\tilde{p}_s\left(\frac{g\zeta}{R\tilde{T}}\right)^2 f(|V^n|)V^n\cdot\varphi_V\Big|_{\zeta=1}\mathrm{d}\sigma\mathrm{d}t\right.\\&\left.\quad-k_{s1}\int_0^M\int_{S^2}\tilde{p}_s\left(\frac{g\zeta}{R\tilde{T}}\right)^2 f(|V|)V\cdot\varphi_V\Big|_{\zeta=1}\mathrm{d}\sigma\mathrm{d}t\right|\\&\leqslant C\int_0^M\int_{S^2}\left|f(|V^n|)V^n|_{\zeta=1}-f(|V|)V\Big|_{\zeta=1}\right|\mathrm{d}\sigma\mathrm{d}t\to 0,\end{aligned}\tag{2.72}$$

以及

$$\begin{aligned}&\left|\int_0^M\frac{k_{s2}R}{c_pc_0^2}\int_{S^2}\tilde{p}_s\left(\frac{g\zeta}{R\tilde{T}}\right)^2T'^n\varphi_T{}'\Big|_{\zeta=1}\mathrm{d}\sigma\mathrm{d}t-\int_0^M\frac{k_{s2}R}{c_pc_0^2}\int_{S^2}\tilde{p}_s\left(\frac{g\zeta}{R\tilde{T}}\right)^2T'\varphi_T{}'\Big|_{\zeta=1}\mathrm{d}\sigma\mathrm{d}t\right|\\&\leqslant C\left(\int_0^M\int_{S^2}\left|T'^n|_{\zeta=1}-T'\Big|_{\zeta=1}\right|^2\mathrm{d}\sigma\mathrm{d}t\right)^{\frac{1}{2}}\left(\int_0^M\int_{S^2}\varphi^2T'^2\Big|_{\zeta=1}\mathrm{d}\sigma\mathrm{d}t\right)^{\frac{1}{2}}\to 0,\end{aligned}\tag{2.73}$$

由此可证(2.65)式成立.

引理 2.5 令 U^n 为大气动力学方程组初边值问题(1.84)式的整体弱解序列.那么存在一个子列,仍用 U^n 表示,则对于任意的检验函数 $\varphi=(\varphi_{v\theta},\varphi_{v\lambda},\varphi_T{}')=(\varphi_V,\varphi_T{}')\in C^\infty([0,M];C_0^\infty(\Omega))$ 且 $\varphi(M,\cdot)=0$,有下列结论成立

$$\int_0^M b(U^n,U^n,\varphi)\mathrm{d}t\to\int_0^M b(U,U,\varphi)\mathrm{d}t.\tag{2.74}$$

证明

$$\begin{aligned}&\int_0^M b(U^n,U^n,\varphi)\mathrm{d}t\\&=\int_0^M\int_\Omega\tilde{p}_s((V^{*n}\cdot\nabla)V^n\cdot\varphi_V+\frac{R}{c_0^2}(V^{*n}\cdot\nabla)T'^n\varphi_T{}')\mathrm{d}\sigma\mathrm{d}\zeta\mathrm{d}t\end{aligned}$$

$$+\int_0^M\int_\Omega \tilde{p}_s\dot{\zeta}^*\left(\frac{\partial V^n}{\partial\zeta}\cdot\varphi_V+\frac{R}{c_0^2}\frac{\partial T'^n}{\partial\zeta}\varphi_T{}'\right)\mathrm{d}\sigma\mathrm{d}\zeta\mathrm{d}t$$

$$+\int_0^M\int_\Omega \tilde{p}_s(2\omega\cos\theta+\frac{\cot\theta}{a}v_\lambda^n)(v_\lambda^n\varphi_{v\theta}-v_\theta^n\varphi_{v\lambda})\mathrm{d}\sigma\mathrm{d}\zeta\mathrm{d}t$$

$$+R\int_0^M\int_\Omega \nabla\tilde{p}_s\cdot(T'^n\varphi_V-V^n\varphi_T{}')\mathrm{d}\sigma\mathrm{d}\zeta\mathrm{d}t$$

$$+R\int_0^M\int_\Omega\left(\tilde{p}_s\int_\zeta^1\frac{\nabla T'^n(s)}{s}\mathrm{d}s\cdot\varphi_V+\frac{1}{\zeta}\int_0^\zeta\nabla\cdot(\tilde{p}_sV^n(s)\right)\mathrm{d}s\varphi_T{}')\mathrm{d}\sigma\mathrm{d}\zeta\mathrm{d}t,\tag{2.75}$$

再由(2.42)式可证下式成立：

$$\begin{aligned}&\int_0^M\int_\Omega\tilde{p}_s\left((V^{*n}\cdot\nabla)V^n\cdot\varphi_V+\frac{R}{c_0^2}(V^{*n}\cdot\nabla)T'^n\varphi_T{}'\right)\mathrm{d}\sigma\mathrm{d}\zeta\mathrm{d}t\\
=&\int_0^M\int_\Omega\tilde{p}_s\left((V^{*n}\cdot\nabla)V^n\cdot\varphi_V+\frac{R}{c_0^2}(V^{*n}\cdot\nabla)T'^n\varphi_T{}'\right)\mathrm{d}\sigma\mathrm{d}\zeta\mathrm{d}t\\
&-\int_0^M\int_\Omega\tilde{p}_s\left((V^{*}\cdot\nabla)V^n\cdot\varphi_V+\frac{R}{c_0^2}(V^{*}\cdot\nabla)T'^n\varphi_T{}'\right)\mathrm{d}\sigma\mathrm{d}\zeta\mathrm{d}t\\
&+\int_0^M\int_\Omega\tilde{p}_s((V^{*}\cdot\nabla)V^n\cdot\varphi_V+\frac{R}{c_0^2}(V^{*}\cdot\nabla)T'^n\varphi_T{}')\mathrm{d}\sigma\mathrm{d}\zeta\mathrm{d}t\\
&\to\int_0^M\int_\Omega\tilde{p}_s\left((V^{*}\cdot\nabla)V\cdot\varphi_V+\frac{R}{c_0^2}(V^{*}\cdot\nabla)T'\varphi_T{}'\right)\mathrm{d}\sigma\mathrm{d}\zeta\mathrm{d}t,\end{aligned}\tag{2.76}$$

这里利用如下结论：

$$\begin{aligned}&\Big|\int_0^M\int_\Omega\tilde{p}_s\left((V^{*n}\cdot\nabla)V^n\cdot\varphi_V+\frac{R}{c_0^2}(V^{*n}\cdot\nabla)T'^n\varphi_T{}'\right)\mathrm{d}\sigma\mathrm{d}\zeta\mathrm{d}t\\
&-\int_0^M\int_\Omega\tilde{p}_s((V^{*}\cdot\nabla)V^n\cdot\varphi_V+\frac{R}{c_0^2}(V^{*}\cdot\nabla)T'^n\varphi_T{}')\mathrm{d}\sigma\mathrm{d}\zeta\mathrm{d}t\Big|\\
\leqslant&C\left(\int_0^M\int_\Omega|V^{*n}-V^*|^2\mathrm{d}\sigma\mathrm{d}\zeta\mathrm{d}t\right)^{\frac12}\left(\int_0^M\int_\Omega|\nabla U^n|^2\mathrm{d}\sigma\mathrm{d}\zeta\mathrm{d}t\right)^{\frac12}\\
\leqslant&C\left(\int_0^M\int_\Omega|V^n-V|^2\mathrm{d}\sigma\mathrm{d}\zeta\mathrm{d}t\right)^{\frac12}\left(\int_0^M\int_\Omega|\nabla U^n|^2\mathrm{d}\sigma\mathrm{d}\zeta\mathrm{d}t\right)^{\frac12}\to 0.\end{aligned}\tag{2.77}$$

由 $U^n\in L^2(0,M;H^1(\Omega))$ 可得

$$\nabla\cdot(\tilde{p}_sV^{*n}),\int_0^\zeta\nabla\cdot(\tilde{p}_sV^{*n})\mathrm{d}s\in L^2(0,M;L^2(\Omega)),\tag{2.78}$$

以及

$$\int_0^1\nabla\cdot(\tilde{p}_sV^n)\mathrm{d}\zeta\in L^2(0,M;L^2(S^2)),\tag{2.79}$$

进而可得在 $L^2(0,M;L^2(\Omega))$ 中，$\nabla\cdot(\tilde{p}_s V^{*n})$ 弱收敛于 $\nabla\cdot(\tilde{p}_s V^*)$，$\int_0^\zeta \nabla\cdot(\tilde{p}_s V^{*n})\mathrm{d}s$ 弱收敛于 $\int_0^\zeta \nabla\cdot(\tilde{p}_s V^*)\mathrm{d}s$，在 $L^2(0,M;L^2(S^2))$ 中，$\int_0^1 \nabla\cdot(\tilde{p}_s V^n)\mathrm{d}\zeta$ 弱收敛于 $\int_0^1 \nabla\cdot(\tilde{p}_s V)\mathrm{d}\zeta$，以及

$$
\begin{aligned}
&\int_0^M\int_\Omega \tilde{p}_s\,\dot{\zeta}^*\left(\frac{\partial V^n}{\partial\zeta}\cdot\varphi_V+\frac{R}{c_0^2}\frac{\partial T'^n}{\partial\zeta}\cdot\varphi_{T'}\right)\mathrm{d}\sigma\mathrm{d}\zeta\mathrm{d}t\\
=&\int_0^M\int_\Omega \nabla\cdot(\tilde{p}_s V^{*n})V^n\cdot\varphi_V\mathrm{d}\sigma\mathrm{d}\zeta\mathrm{d}t+\frac{R}{c_0^2}\int_0^M\int_\Omega \nabla\cdot(\tilde{p}_s V^{*n})T'^n\varphi_T{}'\mathrm{d}\sigma\mathrm{d}\zeta\mathrm{d}t\\
&+\int_0^M\int_\Omega\left(\int_0^\zeta \nabla\cdot(\tilde{p}_s V^{*n})\mathrm{d}s\right)V^n\cdot\frac{\partial\varphi_V}{\partial\zeta}\mathrm{d}\sigma\mathrm{d}\zeta\mathrm{d}t\\
&+\frac{R}{c_0^2}\int_0^M\int_\Omega\left(\int_0^\zeta \nabla\cdot(\tilde{p}_s V^{*n})\mathrm{d}s\right)T'^n\cdot\frac{\partial\varphi_T{}'}{\partial\zeta}\mathrm{d}\sigma\mathrm{d}\zeta\mathrm{d}t\\
=&\int_0^M\int_\Omega \nabla\cdot(\tilde{p}_s V^{*n})V^n\cdot\varphi_V\mathrm{d}\sigma\mathrm{d}\zeta\mathrm{d}t-\int_0^M\int_\Omega \nabla\cdot(\tilde{p}_s V^{*n})V\cdot\varphi_V\mathrm{d}\sigma\mathrm{d}\zeta\mathrm{d}t\\
&+\frac{R}{c_0^2}\int_0^M\int_\Omega \nabla\cdot(\tilde{p}_s V^{*n})T'^n\varphi_T{}'\mathrm{d}\sigma\mathrm{d}\zeta\mathrm{d}t-\frac{R}{c_0^2}\int_0^M\int_\Omega \nabla\cdot(\tilde{p}_s V^{*n})T'\varphi_T{}'\mathrm{d}\sigma\mathrm{d}\zeta\mathrm{d}t\\
&+\int_0^M\int_\Omega \nabla\cdot(\tilde{p}_s V^{*n})V\cdot\varphi_V\mathrm{d}\sigma\mathrm{d}\zeta\mathrm{d}t+\frac{R}{c_0^2}\int_0^M\int_\Omega \nabla\cdot(\tilde{p}_s V^{*n})T'\varphi_T{}'\mathrm{d}\sigma\mathrm{d}\zeta\mathrm{d}t\\
&+\int_0^M\int_\Omega\left(\int_0^\zeta \nabla\cdot(\tilde{p}_s V^{*n})\mathrm{d}s\right)V^n\cdot\frac{\partial\varphi_V}{\partial\zeta}\mathrm{d}\sigma\mathrm{d}\zeta\mathrm{d}t\\
&-\int_0^M\int_\Omega\left(\int_0^\zeta \nabla\cdot(\tilde{p}_s V^{*n})\mathrm{d}s\right)V\cdot\frac{\partial\varphi_V}{\partial\zeta}\mathrm{d}\sigma\mathrm{d}\zeta\mathrm{d}t\\
&+\frac{R}{c_0^2}\int_0^M\int_\Omega\left(\int_0^\zeta \nabla\cdot(\tilde{p}_s V^{*n})\mathrm{d}s\right)T'^n\cdot\frac{\partial\varphi_T{}'}{\partial\zeta}\mathrm{d}\sigma\mathrm{d}\zeta\mathrm{d}t\\
&-\frac{R}{c_0^2}\int_0^M\int_\Omega\left(\int_0^\zeta \nabla\cdot(\tilde{p}_s V^{*n})\mathrm{d}s\right)T'\cdot\frac{\partial\varphi_T{}'}{\partial\zeta}\mathrm{d}\sigma\mathrm{d}\zeta\mathrm{d}t\\
&+\int_0^M\int_\Omega\left(\int_0^\zeta \nabla\cdot(\tilde{p}_s V^{*n})\mathrm{d}s\right)V\cdot\frac{\partial\varphi_V}{\partial\zeta}\mathrm{d}\sigma\mathrm{d}\zeta\mathrm{d}t\\
&+\frac{R}{c_0^2}\int_0^M\int_\Omega\left(\int_0^\zeta \nabla\cdot(\tilde{p}_s V^{*n})\mathrm{d}s\right)T'\cdot\frac{\partial\varphi_T{}'}{\partial\zeta}\mathrm{d}\sigma\mathrm{d}\zeta\mathrm{d}t\\
\to&\int_0^M\int_\Omega \nabla\cdot(\tilde{p}_s V^{*n})V\cdot\varphi_V\mathrm{d}\sigma\mathrm{d}\zeta\mathrm{d}t+\frac{R}{c_0^2}\int_0^M\int_\Omega \nabla\cdot(\tilde{p}_s V^{*n})T'\varphi_T{}'\mathrm{d}\sigma\mathrm{d}\zeta\mathrm{d}t\\
&+\int_0^M\int_\Omega\left(\int_0^\zeta \nabla\cdot(\tilde{p}_s V^{*n})\mathrm{d}s\right)V\cdot\frac{\partial\varphi_V}{\partial\zeta}\mathrm{d}\sigma\mathrm{d}\zeta\mathrm{d}t\\
&+\frac{R}{c_0^2}\int_0^M\int_\Omega\left(\int_0^\zeta \nabla\cdot(\tilde{p}_s V^{*n})\mathrm{d}s\right)T'\cdot\frac{\partial\varphi_T{}'}{\partial\zeta}\mathrm{d}\sigma\mathrm{d}\zeta\mathrm{d}t
\end{aligned}
$$

$$
\begin{aligned}
&=\int_0^M\int_\Omega\bigg(\Big(-\int_0^\zeta\nabla\cdot(\tilde{p}_sV^*)\,\mathrm{d}s\Big)\varphi_V\cdot\frac{\partial V}{\partial\zeta}\\
&\quad+\frac{R}{c_0^2}\Big(-\int_0^\zeta\nabla\cdot(\tilde{p}_sV^*)\,\mathrm{d}s\Big)\varphi_T{}'\cdot\frac{\partial T'}{\partial\zeta}\bigg)\mathrm{d}\sigma\mathrm{d}\zeta\mathrm{d}t\\
&=\int_0^M\int_\Omega\tilde{p}_s\,\dot{\zeta}^*\Big(\frac{\partial V}{\partial\zeta}\cdot\varphi_V+\frac{R}{c_0^2}\frac{\partial T'}{\partial\zeta}\cdot\varphi_{T'}\Big)\mathrm{d}\sigma\mathrm{d}\zeta\mathrm{d}t,
\end{aligned}
\tag{2.80}
$$

这里利用下式：

$$
\begin{aligned}
&\bigg|\int_0^M\int_\Omega\nabla\cdot(\tilde{p}_sV^{*n})V^n\cdot\varphi_V\mathrm{d}\sigma\mathrm{d}\zeta\mathrm{d}t-\int_0^M\int_\Omega\nabla\cdot(\tilde{p}_sV^{*n})V\cdot\varphi_V\mathrm{d}\sigma\mathrm{d}\zeta\mathrm{d}t\\
&+\frac{R}{c_0^2}\int_0^M\int_\Omega\nabla\cdot(\tilde{p}_sV^{*n})T'^n\varphi_T{}'\mathrm{d}\sigma\mathrm{d}\zeta\mathrm{d}t-\frac{R}{c_0^2}\int_0^M\int_\Omega\nabla\cdot(\tilde{p}_sV^{*n})T'\varphi_T{}'\mathrm{d}\sigma\mathrm{d}\zeta\mathrm{d}t\\
&+\int_0^M\int_\Omega\Big(\int_0^\zeta\nabla\cdot(\tilde{p}_sV^{*n})\,\mathrm{d}s\Big)V^n\cdot\frac{\partial\varphi_V}{\partial\zeta}\mathrm{d}\sigma\mathrm{d}\zeta\mathrm{d}t\\
&-\int_0^M\int_\Omega\Big(\int_0^\zeta\nabla\cdot(\tilde{p}_sV^{*n})\,\mathrm{d}s\Big)V\cdot\frac{\partial\varphi_V}{\partial\zeta}\mathrm{d}\sigma\mathrm{d}\zeta\mathrm{d}t\\
&+\frac{R}{c_0^2}\int_0^M\int_\Omega\Big(\int_0^\zeta\nabla\cdot(\tilde{p}_sV^{*n})\,\mathrm{d}s\Big)T'^n\frac{\partial\varphi_T{}'}{\partial\zeta}\mathrm{d}\sigma\mathrm{d}\zeta\mathrm{d}t\\
&-\frac{R}{c_0^2}\int_0^M\int_\Omega\Big(\int_0^\zeta\nabla\cdot(\tilde{p}_sV^{*n})\,\mathrm{d}s\Big)T'\frac{\partial\varphi_T{}'}{\partial\zeta}\mathrm{d}\sigma\mathrm{d}\zeta\mathrm{d}t\bigg|\\
&\leqslant C\Big(\int_0^M\int_\Omega|\nabla\cdot(\tilde{p}_sV^{*n})|^2\mathrm{d}\sigma\mathrm{d}\zeta\mathrm{d}t\Big)^{\frac12}\Big(\int_0^M\int_\Omega|U^n-U|^2\mathrm{d}\sigma\mathrm{d}\zeta\mathrm{d}t\Big)^{\frac12}\\
&\leqslant C\Big(\int_0^M\int_\Omega(|V^{*n}|^2+|\nabla V^{*n}|^2)\,\mathrm{d}\sigma\mathrm{d}\zeta\mathrm{d}t\Big)^{\frac12}\Big(\int_0^M\int_\Omega|U^n-U|^2\mathrm{d}\sigma\mathrm{d}\zeta\mathrm{d}t\Big)^{\frac12}\\
&\leqslant C\Big(\int_0^M\int_\Omega(|V^n|^2+|\nabla V^n|^2)\,\mathrm{d}\sigma\mathrm{d}\zeta\mathrm{d}t\Big)^{\frac12}\Big(\int_0^M\int_\Omega|U^n-U|^2\mathrm{d}\sigma\mathrm{d}\zeta\mathrm{d}t\Big)^{\frac12}\to 0.
\end{aligned}
\tag{2.81}
$$

由(2.42)式还可以证明

$$
\begin{aligned}
&\int_0^M\int_\Omega\Big(2\omega\cos\theta+\frac{\cot\theta}{a}v_\lambda^n\Big)(v_\theta^n\varphi_{v\lambda}-v_\lambda^n\varphi_{v\theta})\mathrm{d}\sigma\mathrm{d}\zeta\mathrm{d}t\\
&\to\int_0^M\int_\Omega(2\omega\cos\theta+\frac{\cot\theta}{a}v_\lambda)(v_\theta\varphi_{v\lambda}-v_\lambda\varphi_{v\theta})\mathrm{d}\sigma\mathrm{d}\zeta\mathrm{d}t,
\end{aligned}
\tag{2.82}
$$

以及

$$
R\int_0^M\int_\Omega\nabla\tilde{p}_s\cdot(T'^n\varphi_V-V^n\cdot\varphi_T{}')\mathrm{d}\sigma\mathrm{d}\zeta\mathrm{d}t
$$

$$\to R\int_0^M\int_\Omega \nabla\tilde{p}_s\cdot(T'\varphi_V - V\cdot\varphi_T{}')\,\mathrm{d}\sigma\mathrm{d}\zeta\mathrm{d}t. \tag{2.83}$$

最后利用(2.42)式和 Hardy 不等式可得

$$\begin{aligned}
&R\int_0^M\int_\Omega\left(\tilde{p}_s\int_\zeta^1\frac{\nabla T'^n(s)}{s}\mathrm{d}s\cdot\varphi_V+\frac{1}{\zeta}\int_0^\zeta\nabla\cdot(\tilde{p}_sV^n(s))\,\mathrm{d}s\varphi_T{}'\right)\mathrm{d}\sigma\mathrm{d}\zeta\mathrm{d}t\\
=&R\int_0^M\int_{S^2}\tilde{p}_s\int_0^1\nabla T'^n(s)\cdot\left(\frac{1}{s}\int_0^s\varphi_V(\zeta)\mathrm{d}\zeta\right)\mathrm{d}s\mathrm{d}\sigma\mathrm{d}t\\
&+R\int_0^M\int_\Omega\left(\frac{1}{\zeta}\int_0^\zeta\nabla\cdot(\tilde{p}_sV^n(s))\,\mathrm{d}s\right)\varphi_T{}'\mathrm{d}\sigma\mathrm{d}\zeta\mathrm{d}t\\
=&-R\int_0^M\int_{S^2}\int_0^1T'^n(s)\left(\frac{1}{s}\int_0^s\nabla\cdot(\tilde{p}_s\varphi_V(\zeta))\,\mathrm{d}\zeta\right)\mathrm{d}s\mathrm{d}\sigma\mathrm{d}t\\
&-R\int_0^M\int_\Omega\left(\frac{1}{\zeta}\int_0^\zeta(\tilde{p}_sV^n(s))\,\mathrm{d}s\right)\cdot\nabla\varphi_T{}'\mathrm{d}\sigma\mathrm{d}\zeta\mathrm{d}t\\
\to&-R\int_0^M\int_{S^2}\int_0^1T'(s)\left(\frac{1}{s}\int_0^s\nabla\cdot(\tilde{p}_s\varphi_V(\zeta))\,\mathrm{d}\zeta\right)\mathrm{d}s\mathrm{d}\sigma\mathrm{d}t\\
&-R\int_0^M\int_\Omega\left(\frac{1}{\zeta}\int_0^\zeta(\tilde{p}_sV(s))\,\mathrm{d}s\right)\cdot\nabla\varphi_T{}'\mathrm{d}\sigma\mathrm{d}\zeta\mathrm{d}t\\
=&R\int_0^M\int_{S^2}\tilde{p}_s\int_0^1\nabla T'(s)\cdot\left(\frac{1}{s}\int_0^s\varphi_V(\zeta)\mathrm{d}\zeta\right)\mathrm{d}s\mathrm{d}\sigma\mathrm{d}t\\
&+R\int_0^M\int_\Omega\left(\frac{1}{\zeta}\int_0^\zeta\nabla\cdot(\tilde{p}_sV(s))\,\mathrm{d}s\right)\varphi_T{}'\mathrm{d}\sigma\mathrm{d}\zeta\mathrm{d}t\\
=&R\int_0^M\int_\Omega\left(\tilde{p}_s\int_\zeta^1\frac{\nabla T'(s)}{s}\mathrm{d}s\cdot\varphi_V+\frac{1}{\zeta}\int_0^\zeta\nabla\cdot(\tilde{p}_sV(s))\,\mathrm{d}s\varphi_T{}'\right)\mathrm{d}\sigma\mathrm{d}\zeta\mathrm{d}t.
\end{aligned} \tag{2.84}$$

综合(2.76)式,(2.80)式,(2.82)式,(2.83)式以及(2.84)式可证(2.74)式成立.

引理 2.6 令 U^n 为大气动力学方程组初边值问题(1.84)式的整体弱解序列,那么存在一个子列,仍用 U^n 表示,则对于任意的检验函数 $\varphi=(\varphi_{v\theta},\varphi_{v\lambda},\varphi_T{}')=(\varphi_V,\varphi_T{}')\in C^\infty([0,M];C_0^\infty(\Omega))$ 且 $\varphi(M,\cdot)=0$,有下列结论成立:

$$\int_0^M\int_0^t h(U^n,\varphi)\mathrm{d}\tau\mathrm{d}t\to\int_0^M\int_0^t h(U,\varphi)\mathrm{d}\tau\mathrm{d}t. \tag{2.85}$$

证明 因为在 $L^2(0,M;L^2(S^2))$ 中,$\int_0^1\nabla\cdot(\tilde{p}_sV^n)\mathrm{d}\zeta$ 弱收敛于 $\int_0^1\nabla\cdot(\tilde{p}_sV)\mathrm{d}\zeta$,则有

$$\int_0^M\int_0^t h(U^n,\varphi)\mathrm{d}\tau\mathrm{d}t=\int_0^M\int_0^t\int_{S^2}\frac{R\tilde{T}_s}{\tilde{p}_s}\int_0^1\nabla\cdot(\tilde{p}_sV^n)\mathrm{d}\zeta\,\nabla\cdot(\tilde{p}_s\varphi_V)\mathrm{d}\sigma\mathrm{d}\tau\mathrm{d}t$$

$$
\begin{aligned}
&\to \int_0^M \int_0^t \int_{S^2} \frac{R\widetilde{T}_s}{\widetilde{p}_s} \int_0^1 \nabla\cdot(\widetilde{p}_s V)\mathrm{d}\zeta\, \nabla\cdot(\widetilde{p}_s \varphi_V)\mathrm{d}\sigma\mathrm{d}\tau\mathrm{d}t \\
&= \int_0^M \int_0^t h(U,\varphi)\mathrm{d}\tau\mathrm{d}t.
\end{aligned} \tag{2.86}
$$

综上所述，就证明了大气动力学方程组(1.84)式的整体弱解序列 U^n 具有如下收敛性：$U^n \to U \in L^2(0,T,L^2(\Omega))$，其中 $U=(v_\theta, v_\lambda, T')$ 是大气动力学方程组对应于初值 $U_0=(v_{\theta 0}, v_{\lambda 0}, T'_0)$ 的整体弱解，进而可以证明整体弱解序列 U^n 的 L^1 稳定性和几乎处处稳定性.

2.3　考虑随机外强迫的大气动力学方程组整体弱解的存在性和稳定性

2.3.1　基本能量估计

在本小节，将利用能量方法建立初边值问题(2.29)～(2.30)式的能量估计.

引理 2.7　在满足定理 2.1 的条件下，对任意的正数 M，$t\in[0,M]$，初边值问题(2.29)式～(2.30)式的弱解 $\widetilde{U}$ 满足以下能量不等式：

$$
\begin{aligned}
&\|\widetilde{U}\|_{L^2(\Omega)}^2 + \int_0^M \|\widetilde{U}\|_{H^1(\Omega)}^2 \mathrm{d}t + \int_S \frac{R\widetilde{T}_s}{\widetilde{p}_s}\left(\int_0^t \nabla\cdot(\widetilde{p}_s \bar{u})\mathrm{d}\tau\right)^2 \mathrm{d}\sigma + \int_0^M \|T'\|_{L^2(\Omega)}^2 \mathrm{d}t \\
&+ \int_0^M \int_S \left(f(|V_{10}|)|u|^2 + T'^2 + q^2\right)\Big|_{\zeta=1} \mathrm{d}\sigma\mathrm{d}t \leqslant C(M).
\end{aligned} \tag{2.87}
$$

这里 $C(M)$ 是与时间 M 有关的常数，下同.

证明　将(2.29)式与 $\widetilde{p}_s\widetilde{U}$ 做内积，并利用边界条件(2.30)式得

$$
\begin{aligned}
&\frac{1}{2}\frac{\mathrm{d}}{\mathrm{d}t}\int_\Omega \widetilde{p}_s \left(u^2 + \frac{R}{c_0^2}T'^2 + q^2 + m_w^2\right)\mathrm{d}\sigma\mathrm{d}\zeta \\
&+ \frac{1}{2}\frac{\mathrm{d}}{\mathrm{d}t}\int_S \frac{R\widetilde{T}_s}{\widetilde{p}_s}\left(\int_0^t \nabla\cdot(\widetilde{p}_s \bar{u})\mathrm{d}\tau\right)^2 \mathrm{d}\sigma \\
&+ \int_\Omega \left(\mu_1|\nabla u|^2 + \frac{\mu_2 R}{c_p c_0^2}|\nabla T'|^2 + \mu_3|\nabla q|^2\right)\mathrm{d}\sigma\mathrm{d}\zeta
\end{aligned}
$$

$$+\int_{\Omega}\tilde{p}_s\left(\frac{g\zeta}{R\tilde{T}}\right)^2(\nu_1|\partial_\zeta u|^2+\nu_2|\partial_\zeta T'|^2+\nu_3|\partial_\zeta q|^2)\mathrm{d}\sigma\mathrm{d}\zeta$$

$$+\left(\int_S\tilde{p}_s\left(\frac{g\zeta}{R\tilde{T}}\right)^2(f(|V_{10}|)|u|^2+T'^2+q^2)\Big|_{\zeta=1}\right)\mathrm{d}\sigma$$

$$=I_{11}+I_{12}+I_{13}+I_{14},\tag{2.88}$$

这里，记 $K(\cdot)=-\frac{1}{\tilde{p}_s}\int_0^\zeta\nabla\cdot(\tilde{p}_s\cdot)\mathrm{d}s$，则

$$I_{11}=-\int_{\Omega}(p_s u)\cdot([(u^*+Z)\cdot\nabla](u+Z)+K(u+Z)\partial_\zeta(u+Z))\mathrm{d}\sigma\mathrm{d}\zeta,\tag{2.89}$$

$$I_{12}=-\int_{\Omega}\tilde{p}_sT'\cdot\left([(u^*+Z)\cdot\nabla]T'-\left(\frac{1}{\tilde{p}_s}\int_0^\zeta\nabla\cdot[\tilde{p}_s(u^*+Z)]\mathrm{d}s\right)\frac{\partial T'}{\partial\zeta}\right)\mathrm{d}\sigma\mathrm{d}\zeta$$
$$-\int_{\Omega}\tilde{p}_sq\cdot([(u^*+Z)\cdot\nabla]q-\left(\frac{1}{\tilde{p}_s}\int_0^\zeta\nabla\cdot[\tilde{p}_s(u^*+Z)]\mathrm{d}s)\frac{\partial q}{\partial\zeta}\right)\mathrm{d}\sigma\mathrm{d}\zeta,\tag{2.90}$$

$$I_{13}=-\int_{\Omega}\left(2\omega\cos\theta+\frac{\cot\theta}{r}(u_\lambda+Z_\lambda)\right)\beta(u+Z)\cdot(\tilde{p}_su)\mathrm{d}\sigma\mathrm{d}\zeta$$
$$+\int_{\Omega}R\,\nabla\tilde{p}_s\cdot Z\cdot T'\mathrm{d}\sigma\mathrm{d}\zeta-R\int_{\Omega}\frac{1}{\zeta}\int_0^\zeta\nabla\cdot(\tilde{p}_sZ)\mathrm{d}s\cdot T'\mathrm{d}\sigma\mathrm{d}\zeta$$
$$+\int_{\Omega}\nabla\left(\frac{R\tilde{T}_s}{\tilde{p}_s}\int_0^t\int_0^1\nabla\cdot(\tilde{p}_sZ)\mathrm{d}\zeta\mathrm{d}\tau\right)\cdot(\tilde{p}_su)\mathrm{d}\sigma\mathrm{d}\zeta,\tag{2.91}$$

$$I_{14}=\frac{R}{c_0^2c_p}\int_{\Omega}\tilde{p}_sT'\Psi_1\mathrm{d}\sigma\mathrm{d}\zeta+\int_{\Omega}\tilde{p}_sq\Psi_2\mathrm{d}\sigma\mathrm{d}\zeta.\tag{2.92}$$

因为

$$I_{11}=-\int_{\Omega}\tilde{p}_su\cdot(u^*\cdot\nabla)u\mathrm{d}\sigma\mathrm{d}\zeta-\int_{\Omega}\tilde{p}_su\cdot(Z\cdot\nabla)u\mathrm{d}\sigma\mathrm{d}\zeta$$
$$-\int_{\Omega}\tilde{p}_su\cdot(u^*\cdot\nabla)Z\mathrm{d}\sigma\mathrm{d}\zeta-\int_{\Omega}\tilde{p}_su\cdot(Z\cdot\nabla)Z\mathrm{d}\sigma\mathrm{d}\zeta$$
$$+\int_{\Omega}u\cdot\left(\int_0^\zeta\nabla\cdot(\tilde{p}_su^*)\mathrm{d}s\partial_\zeta u\right)\mathrm{d}\sigma\mathrm{d}\zeta+\int_{\Omega}u\cdot\left(\int_0^\zeta\nabla\cdot(\tilde{p}_sZ)\mathrm{d}s\partial_\zeta u\right)\mathrm{d}\sigma\mathrm{d}\zeta$$
$$+\int_{\Omega}u\cdot\left(\int_0^\zeta\nabla\cdot(\tilde{p}_su^*)\mathrm{d}s\partial_\zeta Z\right)\mathrm{d}\sigma\mathrm{d}\zeta+\int_{\Omega}u\cdot\left(\int_0^\zeta\nabla\cdot(\tilde{p}_sZ)\mathrm{d}s\partial_\zeta Z\right)\mathrm{d}\sigma\mathrm{d}\zeta,\tag{2.93}$$

且有

$$\int_{\Omega}\tilde{p}_s u\cdot\left((u^*\cdot\nabla)u-\left(\frac{1}{\tilde{p}_s}\int_0^{\zeta}\nabla\cdot(\tilde{p}_s u^*)\mathrm{d}s\right)\frac{\partial u}{\partial\zeta}\right)\mathrm{d}\sigma\mathrm{d}\zeta=0,\qquad(2.94)$$

又由 Hölder 不等式,插值不等式和 Young 不等式可得

$$\begin{aligned}&\left|\int_{\Omega}\tilde{p}_s u\cdot[(Z\cdot\nabla)u+(u^*\cdot\nabla)Z+(Z\cdot\nabla)Z]\mathrm{d}\sigma\mathrm{d}\zeta\right|\\ &\leqslant C\|u\|_{L^4(\Omega)}\|Z\|_{L^4(\Omega)}\|\nabla u\|_{L^2(\Omega)}+C\|u^*\|_{L^4(\Omega)}\|u\|_{L^4(\Omega)}\|\nabla Z\|_{L^2(\Omega)}\\ &\quad+C\|u\|_{L^4(\Omega)}\|Z\|_{L^4(\Omega)}\|\nabla Z\|_{L^2(\Omega)}\\ &\leqslant C\|u\|_{L^2(\Omega)}^{\frac{1}{4}}\|u\|_{H^1(\Omega)}^{\frac{7}{4}}\|Z\|_{L^4(\Omega)}+C\|u\|_{L^2(\Omega)}^{\frac{1}{2}}\|u\|_{H^1(\Omega)}^{\frac{3}{2}}\|\nabla Z\|_{L^2(\Omega)}\\ &\quad+C\|u\|_{H^1(\Omega)}^{\frac{3}{4}}(\|Z\|_{L^4(\Omega)}\|u\|_{L^2(\Omega)}^{\frac{1}{4}})\|\nabla Z\|_{L^2(\Omega)}\\ &\leqslant\varepsilon\|u\|_{H^1(\Omega)}^2+C(\|Z\|_{L^4(\Omega)}^8+\|Z\|_{H^1(\Omega)}^4)\|u\|_{L^2(\Omega)}^2+C\|Z\|_{H^1(\Omega)}^2,\end{aligned}\qquad(2.95)$$

这里 ε 是任意小的常数,C 表示与 M 无关的正常数,下同.另外由 Hölder 不等式,Minkowski 不等式,插值不等式和 Young 不等式可得

$$\begin{aligned}&\left|\int_{\Omega}u\cdot\left(\int_0^{\zeta}\nabla\cdot(\tilde{p}_s Z)\mathrm{d}s\partial_{\zeta}u\right)\mathrm{d}\sigma\mathrm{d}\zeta\right|\\ &\leqslant\int_S\left[\left(\int_0^1 u^2\mathrm{d}\zeta\right)^{\frac{1}{2}}\left(\int_0^1|\nabla\cdot(\tilde{p}_s Z)|\mathrm{d}\zeta\right)\left(\int_0^1|\partial_{\zeta}u|^2\mathrm{d}\zeta\right)^{\frac{1}{2}}\right]\mathrm{d}\sigma\\ &\leqslant\left(\int_S\left(\int_0^1|\nabla\cdot(\tilde{p}_s Z)|\mathrm{d}\zeta\right)^4\mathrm{d}\sigma\right)^{\frac{1}{4}}\left(\int_S\left(\int_0^1 u^2\mathrm{d}\zeta\right)^2\mathrm{d}\sigma\right)^{\frac{1}{4}}\left(\int_S\left(\int_0^1|\partial_{\zeta}u|^2\mathrm{d}\zeta\right)\mathrm{d}\sigma\right)^{\frac{1}{2}}\\ &\leqslant\left(\int_0^1\|\nabla(\tilde{p}_s Z)\|_{L^4(s)}\mathrm{d}\zeta\right)\left(\int_0^1\|u\|_{L^4(s)}^2\mathrm{d}\zeta\right)^{\frac{1}{2}}\left(\int_0^1\|\partial_{\zeta}u\|_{L^2(s)}^2\mathrm{d}\zeta\right)^{\frac{1}{2}}\\ &\leqslant C\|Z\|_{H^1(\Omega)}^{\frac{1}{2}}\|Z\|_{H^2(\Omega)}^{\frac{1}{2}}\|u\|_{H^1(\Omega)}^{\frac{3}{2}}\|u\|_{L^2(\Omega)}^{\frac{1}{2}}\\ &\leqslant\varepsilon\|u\|_{H^1(\Omega)}^2+C\|Z\|_{H^1(\Omega)}^2\|Z\|_{H^2(\Omega)}^2\|u\|_{L^2(\Omega)}^2.\end{aligned}\qquad(2.96)$$

同理可得

$$\left|\int_{\Omega}u\cdot\left(\int_0^{\zeta}\nabla\cdot(\tilde{p}_s u^*)\mathrm{d}s\partial_{\zeta}Z\right)\mathrm{d}\sigma\mathrm{d}\zeta\right|\leqslant\varepsilon\|u\|_{H^1(\Omega)}^2+C\|Z\|_{H^1(\Omega)}^2\|Z\|_{H^2(\Omega)}^2\|u\|_{L^2(\Omega)}^2,\qquad(2.97)$$

$$\begin{aligned}&\left|\int_{\Omega}u\cdot\left(\int_0^{\zeta}\nabla\cdot(\tilde{p}_s Z)\mathrm{d}s\partial_{\zeta}Z\right)\mathrm{d}\sigma\mathrm{d}\zeta\right|\\ &\leqslant\varepsilon\|u\|_{H^1(\Omega)}^2+C\|Z\|_{H^1(\Omega)}^2\|Z\|_{H^2(\Omega)}^2\|u\|_{L^2(\Omega)}^2+C\|Z\|_{H^1(\Omega)}^2\end{aligned}\qquad(2.98)$$

综合(2.93)式～(2.98)式可得

$$I_{11}\leqslant\varepsilon\|u\|_{H^1(\Omega)}^2+C(\|Z\|_{L^4(\Omega)}^8+\|Z\|_{H^1(\Omega)}^4$$

$$+\|Z\|_{H^1(\Omega)}^2\|Z\|_{H^2(\Omega)}^2)\|u\|_{L^2(\Omega)}^2+C\|Z\|_{H^1(\Omega)}^2, \tag{2.99}$$

由分部积分可得 $I_{12}=0$.再由 Hölder 不等式,三维插值不等式和 Young 不等式,可得

$$\begin{aligned}&\left|-\int_\Omega\left(2\omega\cos\theta+\frac{\cot\theta}{r}(u_\lambda+Z_\lambda)\right)\beta(u+Z)\cdot(\tilde{p}_s u)\mathrm{d}\sigma\mathrm{d}\zeta\right|\\ \leqslant\ & C\|u\|_{L^2(\Omega)}^2+C\|Z\|_{L^2(\Omega)}^2+\int_\Omega(-u_\lambda u_\theta Z_\lambda-u_\theta Z_\lambda Z_\lambda+Z_\theta u_\lambda^2+Z_\lambda Z_\theta u_\lambda)\mathrm{d}\sigma\mathrm{d}\zeta\\ \leqslant\ & C\|u\|_{L^2(\Omega)}^2+C\|Z\|_{L^2(\Omega)}^2+C\|u\|_{L^4(\Omega)}^2\|Z\|_{L^2(\Omega)}+C\|Z\|_{L^4(\Omega)}^2\|u\|_{L^2(\Omega)}\\ \leqslant\ & C+C\|u\|_{L^2(\Omega)}^2+C\|Z\|_{H^1(\Omega)}^4+\varepsilon\|u\|_{H^1(\Omega)}^2,\end{aligned} \tag{2.100}$$

再利用 Hölder 不等式和 Young 不等式,可得

$$\begin{aligned}I_{13}\leqslant\ &\varepsilon\|u\|_{H^1(\Omega)}^2+C(M)\int_0^t\|Z\|_{H^1(\Omega)}^2\mathrm{d}\tau+C\|u\|_{L^2(\Omega)}^2\\ &+C\|T'\|_{L^2(\Omega)}^2+C\|Z\|_{H^1(\Omega)}^4,\end{aligned} \tag{2.101}$$

$$I_{14}\leqslant C\|T'\|_{L^2(\Omega)}^2+C\|\Psi_1\|_{L^2(\Omega)}^2+C\|q\|_{L^2(\Omega)}^2+C\|\Psi_2\|_{L^2(\Omega)}^2. \tag{2.102}$$

再由(2.99)式,(2.101)式和(2.102)式,可得

$$\begin{aligned}&\frac{1}{2}\frac{\mathrm{d}}{\mathrm{d}t}\int_\Omega\tilde{p}_s\left(u^2+\frac{R}{c_0^2}T'^2+q^2\right)\mathrm{d}\sigma\mathrm{d}\zeta+\frac{1}{2}\frac{\mathrm{d}}{\mathrm{d}t}\int_S\frac{R\tilde{T}_s}{\tilde{p}_s}\left(\int_0^t\nabla\cdot(\tilde{p}_s\bar{u})\mathrm{d}\tau\right)^2\mathrm{d}\sigma\\ &+\int_\Omega\left(\mu_1|\nabla u|^2+\frac{\mu_2 R}{c_p c_0^2}|\nabla T'|^2+\mu_3|\nabla q|^2\right)\mathrm{d}\sigma\mathrm{d}\zeta\\ &+\int_\Omega\tilde{p}_s\left(\frac{g\zeta}{R\tilde{T}}\right)^2(\nu_1|\partial_\zeta u|^2+\nu_2|\partial_\zeta T'|^2+\nu_3|\partial_\zeta q|^2)\mathrm{d}\sigma\mathrm{d}\zeta\\ &+\left(\int_S\tilde{p}_s\left(\frac{g\zeta}{R\tilde{T}}\right)^2(f(|V_{10}|)|u|^2+T'^2+|q|^2)\Big|_{\zeta=1}\right)\mathrm{d}\sigma\\ \leqslant\ & C(\|\Psi_1\|_{L^2(\Omega)}^2+\|\Psi_2\|_{L^2(\Omega)}^2+\|Z\|_{L^2(\Omega)}^2)+C(M)\int_0^t\|Z\|_{H^1(\Omega)}^2\mathrm{d}\tau\\ &+C\|Z\|_{H^1(\Omega)}^2+C(1+\|Z\|_{L^4(\Omega)}^8+\|Z\|_{H^1(\Omega)}^4+\|Z\|_{H^1(\Omega)}^2\|Z\|_{H^2(\Omega)}^2)\\ &\cdot(\|u\|_{L^2(\Omega)}^2+\|T'\|_{L^2(\Omega)}^2+\|q\|_{L^2(\Omega)}^2).\end{aligned} \tag{2.103}$$

再利用 Gronwall 不等式,即可证明(2.87)式成立.

2.3.2 弱解存在性和稳定性的证明

本节将利用 Faedo-Galerkin 方法来证明初边值问题(2.29)式～(2.30)式

整体弱解的存在性，选取$\{\lambda_j\}$是空间 $H_0^1(\Omega)$的完备正交基，设$\tilde{U}^k=(u^k,T^k,q^k,m_w^k)$是初边值问题(2.29)～(2.30)式的近似解，采用参考文献[37-38]中的方法，则可构造近似$\tilde{U}^k=\sum_{i=1}^{k}\alpha_{i,k}(t)\lambda_i$，其中$\alpha_{ik}(t)\in L_{loc}^2(0,M;H^1(\Omega))$，并且满足以下方程：

$$(\tilde{U}^{k\prime}(t),\lambda_j)_{p\sim s}-b(\tilde{U}^k(t),\lambda_i)-c(\tilde{U}^k(t),\lambda_i)-e(\tilde{U}^k(t),\lambda_i)-(F,\lambda_i)_{p\sim s}=0,$$

$$\tilde{U}^k(0)=\sum_{i=1}^{k}(\tilde{U}_0,\lambda_i)_{p\sim s}\lambda_i$$

由引理 2.7 可知近似解序列$\tilde{U}^k(t)$存在子列，为方便计算，子列仍用$\tilde{U}^k(t)$表示，并且满足$\tilde{U}^k(t)\in L^\infty(0,M;L^2(\Omega))\cap L^2(0,M;H^1(\Omega))$，易知，$\tilde{U}^k(t)$在 $L^\infty(0,M;L^2(\Omega))$中弱收敛，在 $L^2(0,M;H^1(\Omega))$中弱收敛.设$\tilde{U}$为近似解序列的极限，只要证明$\tilde{U}^k\in L^2(0,M;L^2(\Omega))$收敛到$\tilde{U}$，即可证明$\tilde{U}$也是初边值问题(2.29)式～(2.30)式的整体弱解.下面证明$\tilde{U}^k(t)$的收敛问题，先给出以下引理.

引理 2.8　设初边值问题(2.29)式～(2.30)式的近似解序列为$\tilde{U}^k$，则$\tilde{U}^k$存在子列，子列仍用$\tilde{U}^k$表示，且满足

$$\tilde{U}^k\to\tilde{U}\in L^2(0,M;L^2(\Omega)),\tag{2.104}$$

和

$$\left|\int_0^M(B(\tilde{U}^k),\varphi_t)_{p\sim s}\,\mathrm{d}t-\int_0^M(B(\tilde{U}),\varphi_t)_{p\sim s}\,\mathrm{d}t\right|\to 0,\tag{2.105}$$

其中，试验函数$\varphi=(\varphi_1,\varphi_2,\varphi_3)\in C^\infty(0,M;C_0^\infty(\Omega))$，且满足$\varphi(M,\cdot)=0$.

证明　利用(2.29)式与$\varphi=(\varphi_1,\varphi_2,\varphi_3)\in H_0^2(\Omega)$作内积，可得

$$(D(\tilde{U}^k)(\tilde{U}^k),\varphi)_{p\sim s}=J_{11}+J_{12}+J_{13}+J_{14},\tag{2.106}$$

其中

$$\begin{aligned}J_{11}=\int_\Omega&[(u^{*k}+Z)\cdot\nabla](u^k+Z)\cdot\tilde{p}_s\varphi_1\\&+\frac{R}{c_0^2}[(u^{*k}+Z)\cdot\nabla]T'^k\cdot\tilde{p}_s\varphi_2\\&+[(u^{*k}+Z)\cdot\nabla]q^k\cdot\tilde{p}_s\varphi_3\,\mathrm{d}\sigma\mathrm{d}\zeta,\end{aligned}\tag{2.107}$$

$$J_{12}=-\int_\Omega K(u^{*k}+Z)\left(\frac{\partial(u^k+Z)}{\partial\zeta}\cdot\varphi_1+\frac{\partial T'^k}{\partial\zeta}\varphi_2+\frac{\partial q^k}{\partial\zeta}\varphi_3\right)\mathrm{d}\sigma\mathrm{d}\zeta,\tag{2.108}$$

$$J_{13}=\int_{\Omega}\left[2\omega\cos\theta+\frac{\cot\theta}{r}(u_{\lambda}^{k}+Z_{\lambda})\right]\beta(u^{k}+Z)\cdot\tilde{p}_{s}\varphi_{1}\mathrm{d}\sigma\mathrm{d}\zeta,\quad(2.109)$$

$$\begin{aligned}J_{14}=&\int_{\Omega}\left(R\int_{\zeta}^{1}\frac{\nabla T'^{k}(s)}{s}\mathrm{d}s\cdot\tilde{p}_{s}\varphi_{1}+\frac{R}{\zeta}\int_{0}^{\zeta}\nabla\cdot[\tilde{p}_{s}(u^{k}+Z)]\mathrm{d}s\cdot\varphi_{2}\right)\mathrm{d}\sigma\mathrm{d}\zeta\\&+R\int_{\Omega}(\nabla\tilde{p}_{s}T'^{k}\varphi_{1}-\nabla\tilde{p}_{s}\cdot(u^{k}+Z)\varphi_{2})\mathrm{d}\sigma\mathrm{d}\zeta\\&-\int_{\Omega}\nabla\left(\frac{R\tilde{T}_{s}}{\tilde{p}_{s}}\int_{0}^{1}\int_{0}^{t}\nabla\cdot[\tilde{p}_{s}(u^{k}+Z)]\mathrm{d}\tau\mathrm{d}\zeta\right)\cdot\tilde{p}_{s}\varphi_{1}\mathrm{d}\sigma\mathrm{d}\zeta.\end{aligned}\quad(2.110)$$

在下面的证明过程中，对于不含 Z 的项，可利用类似参考文献[19]中引理 4.2 的证明方法可得，这里略去具体证明过程. 对于 J_{11}，以 $\int_{\Omega}(u^{*k}\cdot\nabla)Z\cdot\tilde{p}_{s}\varphi_{1}\mathrm{d}\sigma\mathrm{d}\zeta$ 为例，来处理包含 Z 的项. 由 Hölder 不等式可得

$$\begin{aligned}\int_{\Omega}(u^{*k}\cdot\nabla)Z\cdot\tilde{p}_{s}\varphi_{1}\mathrm{d}\sigma\mathrm{d}\zeta&\leqslant C\|u^{*k}\|_{H^{1}(\Omega)}\|Z\|_{H^{1}(\Omega)}\|\varphi_{1}\|_{H^{1}(\Omega)}\\&\leqslant C\|\tilde{U}^{k}\|_{H^{1}(\Omega)},\end{aligned}\quad(2.111)$$

同理可得

$$\int_{\Omega}(Z\cdot\nabla)Z\cdot\tilde{p}_{s}\varphi_{1}\mathrm{d}\sigma\mathrm{d}\zeta\leqslant C,\quad(2.112)$$

$$\begin{aligned}&\int_{\Omega}(Z\cdot\nabla)u^{k}\cdot\tilde{p}_{s}\varphi_{1}+\frac{R}{c_{0}^{2}}(Z\cdot\nabla)T'^{k}\cdot\tilde{p}_{s}\varphi_{2}\\&\quad+(Z\cdot\nabla)q^{k}\cdot\tilde{p}_{s}\varphi_{3}+(Z\cdot\nabla)m_{w}^{k}\cdot\tilde{p}_{s}\varphi_{4}\mathrm{d}\sigma\mathrm{d}\zeta\\&\leqslant C\|\tilde{U}^{k}\|_{H^{1}(\Omega)}\|\varphi\|_{H^{2}(\Omega)}\\&\leqslant C\|\tilde{U}^{k}\|_{H^{1}(\Omega)},\end{aligned}\quad(2.113)$$

综上可得 $J_{11}\leqslant C+C\|\tilde{U}^{k}\|_{H^{1}(\Omega)}$，对于 J_{12}，由分部积分，Hölder 不等式，Minkowski 不等式和插值不等式可得

$$\begin{aligned}&-\int_{\Omega}\int_{0}^{\zeta}\nabla\cdot(\tilde{p}_{s}Z)\mathrm{d}s\left(\frac{\partial u^{k}}{\partial\zeta}\varphi_{1}+\frac{\partial T'^{k}}{\partial\zeta}\varphi_{2}+\frac{\partial q^{k}}{\partial\zeta}\varphi_{3}\right)\mathrm{d}\sigma\mathrm{d}\zeta\\&\leqslant C\|Z\|_{H^{1}(\Omega)}\left(\int_{\Omega}|\tilde{U}^{k}|^{3}\mathrm{d}\sigma\mathrm{d}\zeta\right)^{\frac{1}{3}}(\|\varphi\|_{L^{6}(\Omega)}+\|\partial_{\zeta}\varphi\|_{L^{6}(\Omega)})\\&\leqslant C\|\tilde{U}^{k}\|_{H^{1}(\Omega)}^{\frac{1}{2}}\|\tilde{U}^{k}\|_{L^{2}(\Omega)}^{\frac{1}{2}},\end{aligned}\quad(2.114)$$

同理可得

$$-\int_{\Omega}\int_{0}^{\zeta}\nabla\cdot(\tilde{p}_{s}u^{*k})\mathrm{d}s\partial_{\zeta}Z\cdot\varphi_{1}\mathrm{d}\sigma\mathrm{d}\zeta\leqslant C+C\|\tilde{U}^{k}\|_{H^{1}(\Omega)},\quad(2.115)$$

$$-\int_{\Omega}\int_{0}^{\zeta}\nabla\cdot(\widetilde{p}_s Z)\mathrm{d}s\partial_{\zeta}Z\cdot\varphi_1\mathrm{d}\sigma\mathrm{d}\zeta\leqslant C,\tag{2.116}$$

所以有

$$J_{12}\leqslant C+C\|\widetilde{U}^k\|_{H^1(\Omega)}^{\frac{3}{2}}\|\widetilde{U}^k\|_{L^2(\Omega)}^{\frac{1}{2}}+C\|\widetilde{U}^k\|_{H^1(\Omega)}^{\frac{1}{2}}\|\widetilde{U}^k\|_{L^2(\Omega)}^{\frac{1}{2}}+C\|\widetilde{U}^k\|_{H^1(\Omega)}.$$

对于 J_{13}，有

$$\begin{aligned}J_{13}=&\int_{\Omega}\left(2\omega\cos\theta+\frac{\cot\theta}{r}u_{\lambda}^k\right)(u_{\theta}^k\,\widetilde{p}_s\varphi_{1\lambda}-u_{\lambda}^k\,\widetilde{p}_s\varphi_{1\theta})\mathrm{d}\sigma\mathrm{d}\zeta\\&+\int_{\Omega}\left(2\omega\cos\theta+\frac{\cot\theta}{r}u_{\lambda}^k\right)(Z_{\theta}\,\widetilde{p}_s\varphi_{1\lambda}-Z_{\lambda}\,\widetilde{p}_s\varphi_{1\theta})\mathrm{d}\sigma\mathrm{d}\zeta\\&+\int_{\Omega}\left(2\omega\cos\theta+\frac{\cot\theta}{r}Z_{\lambda}\right)(u_{\theta}^k\,\widetilde{p}_s\varphi_{1\lambda}-u_{\lambda}^k\,\widetilde{p}_s\varphi_{1\theta})\mathrm{d}\sigma\mathrm{d}\zeta\\&+\int_{\Omega}\left(2\omega\cos\theta+\frac{\cot\theta}{r}Z_{\lambda}\right)(Z_{\theta}\,\widetilde{p}_s\varphi_{1\lambda}-Z_{\lambda}\,\widetilde{p}_s\varphi_{1\theta})\mathrm{d}\sigma\mathrm{d}\zeta,\end{aligned}\tag{2.117}$$

其中，由 Hölder 不等式可得

$$\begin{aligned}&\int_{\Omega}\left(2\omega\cos\theta+\frac{\cot\theta}{r}u_{\lambda}^k\right)(Z_{\theta}\,\widetilde{p}_s\varphi_{1\lambda}-Z_{\lambda}\,\widetilde{p}_s\varphi_{1\theta})\mathrm{d}\sigma\mathrm{d}\zeta\\&\leqslant C(1+\|\widetilde{U}^k\|_{L^2(\Omega)})(\|Z\|_{L^3(\Omega)}\|\varphi\|_{L^6(\Omega)})\leqslant C(1+\|\widetilde{U}^k\|_{L^2(\Omega)}),\end{aligned}\tag{2.118}$$

$$\int_{\Omega}\left(2\omega\cos\theta+\frac{\cot\theta}{r}Z_{\lambda}\right)(u_{\theta}^k\,\widetilde{p}_s\varphi_{1\lambda}-u_{\lambda}^k\,\widetilde{p}_s\varphi_{1\theta})\mathrm{d}\sigma\mathrm{d}\zeta\leqslant C\|\widetilde{U}^k\|_{L^2(\Omega)},\tag{2.119}$$

$$\int_{\Omega}\left(2\omega\cos\theta+\frac{\cot\theta}{r}Z_{\lambda}\right)(Z_{\theta}\,\widetilde{p}_s\varphi_{1\lambda}-Z_{\lambda}\,\widetilde{p}_s\varphi_{1\theta})\mathrm{d}\sigma\mathrm{d}\zeta\leqslant C,\tag{2.120}$$

这里，Z_{θ}，Z_{λ} 是向量 $\boldsymbol{Z}$ 的分量，因此 $J_{13}\leqslant C+C\|\widetilde{U}^k\|_{H^1(\Omega)}$.

最后，由 Hardy 不等式和 Hölder 不等式可得

$$\begin{aligned}\int_{\Omega}\frac{R}{\zeta}\int_{0}^{\zeta}\nabla\cdot(\widetilde{p}_s\boldsymbol{Z})\mathrm{d}s\cdot\varphi_2\mathrm{d}\sigma\mathrm{d}\zeta&\leqslant C\left\|\frac{1}{\zeta}\int_{0}^{\zeta}\nabla\cdot(\widetilde{p}_s\boldsymbol{Z})\mathrm{d}s\right\|_{L^2(\Omega)}\|\varphi\|_{L^2(\Omega)}\\&\leqslant C\|Z\|_{H^1(\Omega)}\leqslant C,\end{aligned}\tag{2.121}$$

$$\begin{aligned}-R\int_{\Omega}\nabla\widetilde{p}_s\cdot(u^k+\boldsymbol{Z})\varphi_2\mathrm{d}\sigma\mathrm{d}\zeta&\leqslant C\|(u^k+\boldsymbol{Z})\|_{L^2(\Omega)}\|\varphi_2\|_{L^2(\Omega)}\\&\leqslant C+C\|\widetilde{U}^k\|_{L^2(\Omega)},\end{aligned}\tag{2.122}$$

$$\begin{aligned}&-\int_{\Omega}\nabla\left(\frac{R\,\widetilde{T}_s}{\widetilde{p}_s}\int_{0}^{1}\int_{0}^{t}\nabla\cdot[\widetilde{p}_s(u^k+\boldsymbol{Z})]\mathrm{d}\tau\mathrm{d}\zeta\right)\cdot\widetilde{p}_s\varphi_1\mathrm{d}\sigma\mathrm{d}\zeta\\&\leqslant C\int_{0}^{t}\|\widetilde{U}^k\|_{H^1(\Omega)}\mathrm{d}\tau+C\int_{0}^{t}\|\boldsymbol{Z}\|_{H^1(\Omega)}\mathrm{d}\tau,\end{aligned}\tag{2.123}$$

综合(2.121)式～(2.123)式可得

$$J_{14} \leqslant C + C\|\widetilde{U}^k\|_{L^2(\Omega)} + C\int_0^t \|\widetilde{U}^k\|_{H^1(\Omega)}\mathrm{d}\tau + C\int_0^t \|Z\|_{H^1(\Omega)}\mathrm{d}\tau. \quad (2.124)$$

利用上述结论和参考文献[19]中引理 4.2 的证明方法可得

$$D(\widetilde{U}^k)(\widetilde{U}^k) \in L^{\frac{4}{3}}(0,M;H^{-2}(\Omega)),\ E(\widetilde{U}^k),F \in L^2(0,M;H^{-2}(\Omega)).$$

所以,由方程 $(2.29)_1$ 式可得$\widetilde{U}_t^k \in L^{\frac{4}{3}}(0,M;H^{-2}(\Omega))$,再由$\widetilde{U}^k \in L^2(0,M;H^1(\Omega))$ 和 Aubin-Lions 引理可得$\widetilde{U}^k \to \widetilde{U} \in L^2(0,M;L^2(\Omega))$,从而得到(2.105)式成立.再借鉴文献[47-48]的证明思路,可得到初边值问题(2.29)式～(2.30)式整体弱解的存在性,即定理 2.1 成立.

接下来,证明定理 2.2.

通过能量估计(2.87)式,可知弱解序列$\widetilde{U}^m$ 满足一定的正则性条件,即

$$\widetilde{U}^m \in L^\infty(0,M;L^2(\Omega)) \cap L^2(0,M;H^1(\Omega)),$$

采用类似文献[19]第四章的证明方法,当 $m \to +\infty$,可得以下紧性框架:

$$\|\widetilde{U}^m - \widetilde{U}\|_{L^1(0,M;L^1(\Omega))} \to 0,$$

$$\left|\int_0^M (B(\widetilde{U}^m),\varphi_t)\mathrm{d}t - \int_0^M (B(\widetilde{U}),\varphi_t)\mathrm{d}t\right| \to 0,$$

$$\left|\int_0^M b(\widetilde{U}^m,\varphi)\mathrm{d}t - \int_0^M b(\widetilde{U},\varphi)\mathrm{d}t\right| \to 0,$$

$$\left|\int_0^M c(\widetilde{U}^m,\varphi)\mathrm{d}t - \int_0^M c(\widetilde{U},\varphi)\mathrm{d}t\right| \to 0,$$

$$\left|\int_0^M e(\widetilde{U}^m,\widetilde{U}^m,\varphi)\mathrm{d}t - \int_0^M e(\widetilde{U},\widetilde{U},\varphi)\mathrm{d}t\right| \to 0,$$

其中,试验函数 $\varphi = (\varphi_{v\theta},\varphi_{v\lambda},\varphi_T,\varphi_q) = (\varphi_V,\varphi_T,\varphi_q) \in C^\infty(0,M;C_0^\infty(\Omega))$,且有 $\varphi(M,\cdot)=0$,而$\widetilde{U}$ 是初边值问题(2.29) 式 ～ (2.30) 式以 U_0 为初值的弱解.

第 3 章　大气动力学方程组整体强解的存在唯一性

3.1　主要结论

本章将研究大气动力学方程组的初边值问题(1.84)式的整体强解和吸引子的存在性,在文献[21]中连汝续和曾庆存采用正斜压分解技术证明了 IAP-AGCM 动力学框架整体强解的存在唯一性以及整体吸引子的存在性等结论.

定义研究上述问题的工作空间,令

$$V_1:=\left\{V;\ V\in C^{\infty}(\Im\Omega\mid\Im S^2),\ \frac{\partial V}{\partial\zeta}\bigg|_{\zeta=0}=0,\right.$$

$$\left.\left(\nu_1\frac{\partial V}{\partial\zeta}+k_{s1}f(|V|)V\right)\bigg|_{\zeta=1}=0\right\},\tag{3.1}$$

这里的 $C^{\infty}(\Im\Omega|\Im S^2)$ 是 Ω 中水平分量 (θ,λ) 上的光滑向量场,

$$V_2:=\left\{T';T'\in C^{\infty}(\Omega),\frac{\partial T'}{\partial\zeta}\bigg|_{\zeta=0}=0,\left(\nu_2\frac{\partial T'}{\partial\zeta}+k_{s2}T'\right)\bigg|_{\zeta=1}=0\right\},\tag{3.2}$$

再令 $\bar{V}_1$ 是 V_1 关于范数 H^1 的闭包,$\bar{V}_2$ 是 V_2 关于范数 H^1 的闭包,且 $V=\bar{V}_1\times\bar{V}_2$.

接下来,给出整体强解和吸引子的存在性的主要结果:

定理 3.1　对任意 $M>0$,设

$$\tilde{T}(\zeta),\tilde{T}^{-1}(\zeta)\in C^1([0,1]),\tilde{T}(\zeta)\geqslant 0,\tilde{T}'(\zeta)\geqslant 0,\tag{3.3}$$

$$\lim_{\zeta\to 0}\frac{\zeta}{\tilde{T}(\zeta)}:=T_0,\lim_{\zeta\to 0}\left(\frac{\zeta}{\tilde{T}(\zeta)}\right)':=T_1,\tag{3.4}$$

$$\tilde{T}_s(\theta,\lambda),\tilde{p}_s(\theta,\lambda),\tilde{p}_s^{-1}(\theta,\lambda)\in C^2([0,\pi]\times[0,2\pi]),\tag{3.5}$$

$$\Psi(\theta,\lambda,\zeta,t),\Psi_{\zeta}(\theta,\lambda,\zeta,t)\in L^2(0,M;L^2(\Omega)),\tag{3.6}$$

且

$$f(s)\in C^1(\mathbb{R}^+),f'(s)\geqslant 0,C_1s^\alpha\leqslant f(s)\leqslant C_2(1+s^\alpha),0\leqslant\alpha<1,\tag{3.7}$$

其中，T_0，C_1，C_2 是正常数，$T_1\in\mathbb{R}$ 是常数.

令 $U_0=(v_{\theta 0},v_{\lambda 0},T'_0)\in V$，则大气动力学方程组的初边值问题(1.84)式在区间$[0,M]$上存在唯一的整体强解，并且满足正则性

$$\begin{cases}V\in C([0,M];V_1)\cap L^2(0,M;(H^2(\Omega))^3),\\ T\in C([0,M];V_2)\cap L^2(0,M;H^2(\Omega)).\end{cases}\tag{3.8}$$

此外，方程组对应的半群$\{S(t)\}_{t\geqslant 0}$存在有界吸收集 B_ρ，即对任意的有界集 $B\subset V$，存在足够大的时间 $t_0(B)>0$，使得 $S(t)B\subset B_\rho$，$t\geqslant t_0$，其中 $B_\rho:=\{U;\|U\|_V\leqslant\rho\}$且 ρ 是一个正数.

定理 3.2 大气动力学方程组的初边值问题(1.84)式有一个(弱)整体吸引子 $A=\bigcap\limits_{s\geqslant 0}\bigcup\limits_{t\geqslant s}S(t)B_\rho$ 可以吸收所有的轨道，其中，闭包是关于 V 的弱拓扑，并且(弱)整体吸引子 A 有如下性质：

1.(弱紧性)A 是有界的且在 V 中弱闭；

2.(不变性)对任意的 $t\geqslant 0$，$S(t)A=A$；

3.(吸引性)对任意的 V 中的有界集 B，当 $t\to+\infty$时，集合 $S(t)B$ 在 V 中的弱拓扑中收敛到 A，即

$$\lim_{t\to+\infty}d_V^w(S(t)B,A)=0,(3.9)$$

其中，d_V^w 是由 V 的弱拓扑诱导出来的.

3.2 一些引理

首先，通过直接计算可得如下引理

引理 3.1 令 $\varphi\in C^\infty(S^2)$，且 $V,V_1\in C^\infty(\Omega)$，则有

$$\int_{S^2}\nabla\varphi\cdot V\mathrm{d}\sigma=-\int_{S^2}\varphi\,\nabla\cdot V\mathrm{d}\sigma,\tag{3.10}$$

和

$$-\int_\Omega\Delta V\cdot V_1\mathrm{d}\sigma\mathrm{d}\zeta=\int_\Omega\frac{\partial V}{\partial\theta}\cdot\frac{\partial V_1}{\partial\theta}\mathrm{d}\sigma\mathrm{d}\zeta+\int_\Omega\frac{\partial V}{\partial\theta}\cdot\frac{\partial V_1}{\partial\theta}\mathrm{d}\sigma\mathrm{d}\zeta.\tag{3.11}$$

引理 3.2 令 $V\in\bar{V}_1$，$T\in\bar{V}_2$，当 $n=1,2,3$ 时，有

$$\int_{\Omega}\left(\tilde{p}_s V^* \cdot \nabla V+\left(-\int_0^{\zeta} \nabla \cdot (\tilde{p}_s V^*)\right)\frac{\partial V}{\partial \zeta}\right) \cdot V \mathrm{d}\sigma \mathrm{d}\zeta=0, \tag{3.12}$$

$$\int_{\Omega}\left(\tilde{p}_s V^* \cdot \nabla T'+\left(-\int_0^{\zeta} \nabla \cdot (\tilde{p}_s V^*)\right)\frac{\partial T'}{\partial \zeta}\right) \cdot T'^n \mathrm{d}\sigma \mathrm{d}\zeta=0, \tag{3.13}$$

和

$$\int_{\Omega}\int_{\zeta}^{1}\left(\frac{\nabla T'(s)}{s}\mathrm{d}s \cdot (\tilde{p}_s V)+\frac{1}{\zeta}\left(\int_0^{\zeta} \nabla \cdot (\tilde{p}_s V)\mathrm{d}s\right)T'\right)\mathrm{d}\sigma \mathrm{d}\zeta=0. \tag{3.14}$$

此外,再给出一些有用的插值不等式

(1)对于任意的 $u\in H^1(S^2)$,有

$$\|u\|_{L^4(S^2)} \leqslant C\|u\|_{L^2(S^2)}^{\frac{1}{2}}\|u\|_{H^1(S^2)}^{\frac{1}{2}}, \tag{3.15}$$

$$\|u\|_{L^6(S^2)} \leqslant C\|u\|_{L^4(S^2)}^{\frac{2}{3}}\|u\|_{H^1(S^2)}^{\frac{1}{3}}, \tag{3.16}$$

$$\|u\|_{L^8(S^2)} \leqslant C\|u\|_{L^4(S^2)}^{\frac{1}{2}}\|u\|_{H^1(S^2)}^{\frac{1}{2}}. \tag{3.17}$$

(2) 对于任意的 $u\in H^1(\Omega)$,有

$$\|u\|_{L^4(\Omega)} \leqslant C\|u\|_{L^2(\Omega)}^{\frac{1}{4}}\|u\|_{H^1(\Omega)}^{\frac{3}{4}}. \tag{3.18}$$

3.3　正压速度场方程和斜压速度场方程

为了建立大气动力学方程组的初边值问题(1.84)式整体强解 U 的 H^1 正则性估计,我们利用文献[3]中的正斜压分解法,将水平速度场分解为正压速度场和斜压速度场,然后再分别证明正压速度场和斜压速度场的先验估计.

那么,首先给出正压速度场$\bar{V}$的方程.即对方程$(1.84)_1$式关于 ζ 从 0 到 1 积分,并利用边界条件,可得

$$\begin{aligned}&\frac{\partial \bar{V}}{\partial t}+\int_0^1\left(\nabla_{V^*} V-\left(\frac{1}{\tilde{p}_s}\int_0^{\zeta} \nabla \cdot (\tilde{p}_s V^*)\mathrm{d}s\right)\frac{\partial V}{\partial \zeta}\right)\mathrm{d}\zeta+2\omega\cos\theta\begin{pmatrix}0 & -1\\ 1 & 0\end{pmatrix}\bar{V}\\&+R\int_0^1\int_{\zeta}^1\frac{\nabla T'(s)}{s}\mathrm{d}s\mathrm{d}\zeta+R\frac{\nabla\tilde{p}_s}{\tilde{p}_s}\int_0^1 T'\mathrm{d}\zeta-\nabla\left(\frac{R\tilde{T}_s}{\tilde{p}_s}\int_0^t \nabla \cdot (\tilde{p}_s\bar{V})\mathrm{d}\tau\right)\\&+k_{s1}\left(\left(\frac{g\zeta}{R\tilde{T}}\right)^2 f(|V|)V)\bigg|_{\zeta=1}=\frac{\mu_1}{\tilde{p}_s}\Delta\bar{V}\right),\end{aligned} \tag{3.19}$$

上式中的算子为

$$\nabla_{V^*} V=\left(v_{\theta}^*\frac{\partial v_{\theta}}{\partial \theta}+\frac{v_{\lambda}^*}{\sin\theta}\frac{\partial v_{\theta}}{\partial \lambda}-v_{\lambda}v_{\lambda}\frac{\cot\theta}{a},v_{\theta}^*\frac{\partial v_{\lambda}}{\partial \theta}+\frac{v_{\lambda}^*}{\sin\theta}\frac{\partial v_{\lambda}}{\partial \lambda}+v_{\lambda}v_{\theta}\frac{\cot\theta}{a}\right). \tag{3.20}$$

定义斜压速度场$\tilde{V}$如下：

$$\tilde{V}=V-\bar{V}, \tag{3.21}$$

这表明

$$\tilde{V}^{*}=V^{*}-\bar{V^{*}}=V-\bar{V}=\tilde{V},\bar{V^{*}}=\bar{V}^{*}. \tag{3.22}$$

自然有

$$\bar{\tilde{V}}=0,\bar{\tilde{V}^{*}}=0,\nabla\cdot(\tilde{p}_{s}\bar{V^{*}})=0, \tag{3.23}$$

则有

$$\begin{aligned}&-\frac{1}{\tilde{p}_{s}}\int_{0}^{1}\left(\int_{0}^{\zeta}\nabla\cdot(\tilde{p}_{s}V^{*})\mathrm{d}s\right)\frac{\partial V}{\partial\zeta}\mathrm{d}\zeta\\&=\frac{1}{\tilde{p}_{s}}\int_{0}^{1}V\,\nabla\cdot(\tilde{p}_{s}V^{*})\mathrm{d}\zeta\\&=\frac{1}{\tilde{p}_{s}}\int_{0}^{1}V\,\nabla\cdot(\tilde{p}_{s}\tilde{V}^{*})\mathrm{d}\zeta,\end{aligned} \tag{3.24}$$

和

$$\int_{0}^{1}\nabla_{V^{*}}V\mathrm{d}\zeta=\int_{0}^{1}\nabla_{\tilde{V}^{*}}\tilde{V}\mathrm{d}\zeta+\nabla_{\bar{V}^{*}}\bar{V}, \tag{3.25}$$

其中

$$\nabla_{\tilde{V}^{*}}\tilde{V}=\left(\tilde{v}_{\theta}^{*}\frac{\partial\tilde{v}_{\theta}}{\partial\theta}+\frac{\tilde{v}_{\lambda}^{*}}{\sin\theta}\frac{\partial\tilde{v}_{\theta}}{\partial\lambda}-\tilde{v}_{\lambda}\tilde{v}_{\lambda}\frac{\cot\theta}{a},\tilde{v}_{\theta}^{*}\frac{\partial\tilde{v}_{\lambda}}{\partial\theta}+\frac{\tilde{v}_{\lambda}^{*}}{\sin\theta}\frac{\partial\tilde{v}_{\lambda}}{\partial\lambda}+\tilde{v}_{\lambda}\tilde{v}_{\theta}\frac{\cot\theta}{a}\right), \tag{3.26}$$

$$\nabla_{\bar{V}^{*}}\bar{V}=\left(\bar{v}_{\theta}^{*}\frac{\partial\bar{v}_{\theta}}{\partial\theta}+\frac{\bar{v}_{\lambda}^{*}}{\sin\theta}\frac{\partial\bar{v}_{\theta}}{\partial\lambda}-\bar{v}_{\lambda}\bar{v}_{\theta}\frac{\cot\theta}{a},\bar{v}_{\theta}^{*}\frac{\partial\bar{v}_{\lambda}}{\partial\theta}+\frac{\bar{v}_{\lambda}^{*}}{\sin\theta}\frac{\partial\bar{v}_{\lambda}}{\partial\lambda}+\bar{v}_{\lambda}\bar{v}_{\theta}\frac{\cot\theta}{a}\right). \tag{3.27}$$

由(3.19)式，(3.24)式，和(3.25)式，可得

$$\begin{aligned}&\frac{\partial\bar{V}}{\partial t}+\nabla_{\bar{V}^{*}}\bar{V}+\overline{\frac{1}{\tilde{p}_{s}}\tilde{V}\,\nabla\cdot(\tilde{p}_{s}\tilde{V}^{*})+\nabla_{\tilde{V}^{*}}\tilde{V}}+2\omega\cos\theta\begin{pmatrix}0&-1\\1&0\end{pmatrix}\bar{V}\\&+R\int_{0}^{1}\int_{\zeta}^{1}\frac{\nabla T'(s)}{s}\mathrm{d}s\,\mathrm{d}\zeta+R\,\frac{\nabla\tilde{p}_{s}}{\tilde{p}_{s}}\int_{0}^{1}T'\mathrm{d}\zeta-\nabla\left(\frac{R\,\tilde{T}_{s}}{\tilde{p}_{s}}\int_{0}^{t}\nabla\cdot(\tilde{p}_{s}\bar{V})\mathrm{d}\tau\right)\\&+k_{s1}\left(\left(\frac{g\zeta}{R\,\tilde{T}}\right)^{2}f(|V|)V\right)\Bigg|_{\zeta=1}=\frac{\mu_{1}}{\tilde{p}_{s}}\Delta\bar{V}.\end{aligned} \tag{3.28}$$

再令$(1.84)_1$式减去(3.28)式，则斜压速度场$\tilde{V}$的方程为

$$\frac{\partial \tilde{V}}{\partial t}+\nabla_{V\sim *}\tilde{V}-\left(\frac{1}{\tilde{p}_s}\int_0^{\zeta}\nabla\cdot(\tilde{p}_s\tilde{V}^*)\mathrm{d}s\right)\frac{\partial \tilde{V}}{\partial \zeta}+\nabla_{V*-}\tilde{V}+\nabla_{V\sim *}\bar{V}$$
$$-\frac{1}{\tilde{p}_s}\tilde{V}\nabla\cdot(\tilde{p}_s\bar{\tilde{V}}^*)+\nabla_{V\sim *}\tilde{V}+2\omega\cos\theta\begin{pmatrix}0 & -1\\ 1 & 0\end{pmatrix}\tilde{V}+R\int_{\zeta}^{1}\frac{\nabla T'(s)}{s}\mathrm{d}s$$
$$-R\int_0^1\int_{\zeta}^{1}\frac{\nabla T'(s)}{s}\mathrm{d}s\mathrm{d}\zeta+R\frac{\nabla\tilde{p}_s}{\tilde{p}_s}T'-R\frac{\nabla\tilde{p}_s}{\tilde{p}_s}\int_0^1 T'\mathrm{d}\zeta$$
$$-k_{s1}\left(\left(\frac{g\zeta}{R\tilde{T}}\right)^2 f(|V|)V\right)\bigg|_{\zeta=1}=\frac{\mu_1}{\tilde{p}_s}\Delta\tilde{V}+\nu_1\frac{\partial}{\partial\zeta}\left(\left(\frac{g\zeta}{RT}\right)^2\frac{\partial\tilde{V}}{\partial\zeta}\right),$$
(3.29)

对应的边界条件为

$$\frac{\partial \tilde{V}}{\partial \zeta}\bigg|_{\zeta=0}=0,\left(\nu_1\frac{\partial \tilde{V}}{\partial \zeta}+k_{s1}f(|V|)V\right)\bigg|_{\zeta=1}=0, \tag{3.30}$$

其中

$$\nabla_{V-*}\tilde{V}=\left(\bar{v}_\theta^*\frac{\partial\tilde{v}_\theta}{\partial\theta}+\frac{\bar{v}_\lambda^*}{\sin\theta}\frac{\partial\tilde{v}_\theta}{\partial\lambda}-\bar{v}_\lambda\tilde{v}_\theta\frac{\cot\theta}{a},\bar{v}_\theta^*\frac{\partial\tilde{v}_\lambda}{\partial\theta}+\frac{\bar{v}_\lambda^*}{\sin\theta}\frac{\partial\tilde{v}_\lambda}{\partial\lambda}+\bar{v}_\lambda\tilde{v}_\theta\frac{\cot\theta}{a}\right),$$
(3.31)

$$\nabla_{V\sim *}\bar{V}=\left(\tilde{v}_\theta^*\frac{\partial\bar{v}_\theta}{\partial\theta}+\frac{\tilde{v}_\lambda^*}{\sin\theta}\frac{\partial\bar{v}_\theta}{\partial\lambda}-\tilde{v}_\lambda\bar{v}_\theta\frac{\cot\theta}{a},\tilde{v}_\theta^*\frac{\partial\bar{v}_\lambda}{\partial\theta}+\frac{\tilde{v}_\lambda^*}{\sin\theta}\frac{\partial\bar{v}_\lambda}{\partial\lambda}+\tilde{v}_\lambda\bar{v}_\theta\frac{\cot\theta}{a}\right).$$
(3.32)

3.4 基本能量不等式

类似于 2.2 节，可以给出基本能量不等式，因为在定理 3.1 中给出外源强迫 Ψ 所满足条件与定理 2.1 中的不同，所以基本能量不等式的证明也略有不同.

引理 3.3　令 $M>0$.在定理 3.1 的假设下，大气动力学方程组的初边值问题(1.84)式的强解 U 满足

$$\int_{\Omega}(|V|^2+T'^2)\mathrm{d}\sigma\mathrm{d}\zeta+\int_{S^2}\left(\int_0^t\nabla\cdot(\tilde{p}_s\bar{V})\mathrm{d}\tau\right)^2\mathrm{d}\sigma+\int_0^t\|U\|_{H^1}^2\mathrm{d}\tau$$
$$+\int_0^t\int_{S^2}(f(|V|)|V|^2)\bigg|_{\zeta=1}\mathrm{d}\sigma\mathrm{d}\tau+\int_0^t\int_{S^2}T'^2\bigg|_{\zeta=1}\mathrm{d}\sigma\mathrm{d}\tau$$
$$\leqslant C(1+\int_0^t\|\Psi\|_{L^2(\Omega)}^2\mathrm{d}\tau),\quad t\in[0,M],$$
(3.33)

其中,$C>0$ 是与时间 M 无关的常数.

证明 令方程组$(1.84)_{1,2}$式与$\tilde{p}_s U$ 做内积,并利用边界条件,可得

$$\frac{1}{2}\frac{\mathrm{d}}{\mathrm{d}t}\int_{\Omega}\tilde{p}_s\left(|V|^2+\frac{R}{c_0^2}T'^2\right)\mathrm{d}\sigma\mathrm{d}\zeta+\frac{1}{2}\frac{\mathrm{d}}{\mathrm{d}t}\int_{S^2}\frac{R\tilde{T}_s}{\tilde{p}_s}\left(\int_0^t\nabla\cdot(\tilde{p}_s\bar{V})\mathrm{d}\tau\right)^2\mathrm{d}\sigma$$
$$+\mu_1\int_{\Omega}|\nabla V|^2\mathrm{d}\sigma\mathrm{d}\zeta+\frac{\mu_2 R}{c_p c_0^2}\int_{\Omega}|\nabla T'|^2\mathrm{d}\sigma\mathrm{d}\zeta+\nu_1\int_{\Omega}\tilde{p}_s\left(\frac{g\zeta}{R\tilde{T}}\right)^2\left|\frac{\partial V}{\partial\zeta}\right|^2\mathrm{d}\sigma\mathrm{d}\zeta$$
$$+\frac{\nu_2 R}{c_p c_0^2}\int_{\Omega}\tilde{p}_s\left(\frac{g\zeta}{R\tilde{T}}\right)^2\left|\frac{\partial T'}{\partial\zeta}\right|^2\mathrm{d}\sigma\mathrm{d}\zeta+k_{s1}\int_{S^2}\tilde{p}_s\left(\left(\frac{g\zeta}{R\tilde{T}}\right)^2 f(|V|)|V|^2\right)\Big|_{\zeta=1}\mathrm{d}\sigma$$
$$+\frac{k_{s2}R}{c_p c_0^2}\int_{S^2}\tilde{p}_s\left(\left(\frac{g\zeta}{R\tilde{T}}\right)^2 T'^2\right)\Big|_{\zeta=1}\mathrm{d}\sigma=\int_{\Omega}\frac{R}{c_p c_0^2}\tilde{p}_s T'\Psi\mathrm{d}\sigma\mathrm{d}\zeta,\tag{3.34}$$

再由(3.5)式和(3.6)式可得

$$\frac{\mathrm{d}}{\mathrm{d}t}\int_{\Omega}\tilde{p}_s\left(|V|^2+\frac{R}{c_0^2}T'^2\right)\mathrm{d}\sigma\mathrm{d}\zeta+\frac{\mathrm{d}}{\mathrm{d}t}\int_{S^2}\frac{R\tilde{T}_s}{\tilde{p}_s}\left(\int_0^t\nabla\cdot(\tilde{p}_s\bar{V})\mathrm{d}\tau\right)^2\mathrm{d}\sigma+C\|U\|_{H^1(\Omega)}^2$$
$$+C\int_{S^2}(f(|V|)|V|^2)\Big|_{\zeta=1}\mathrm{d}\sigma+C\int_{S^2}T'^2\Big|_{\zeta=1}\mathrm{d}\sigma\leqslant C\|T'\|_{L^2(\Omega)}\|\Psi\|_{L^2(\Omega)},\tag{3.35}$$

其中,$C>0$ 是与时间 M 无关的常数.同时,由

$$T'=-\int_{\zeta}^1\frac{\partial T'}{\partial\xi}\mathrm{d}\xi+T'\Big|_{\zeta=1},\tag{3.36}$$

和 Hölder 不等式,可得

$$\|T'\|_{L^2(\Omega)}^2\leqslant\left\|\frac{\partial T'}{\partial\zeta}\right\|_{L^2(\Omega)}^2+\|T'|_{\zeta=1}\|_{L^2(S^2)}^2,\tag{3.37}$$

再由(3.37)式和 Young 不等式可得

$$\frac{\mathrm{d}}{\mathrm{d}t}\int_{\Omega}\tilde{p}_s\left(V^2+\frac{R}{c_0^2}T'^2\right)\mathrm{d}\sigma\mathrm{d}\zeta+\frac{\mathrm{d}}{\mathrm{d}t}\int_{S^2}\frac{R\tilde{T}_s}{\tilde{p}_s}\left(\int_0^t\nabla\cdot(\tilde{p}_s\bar{V})\mathrm{d}\tau\right)^2\mathrm{d}\sigma$$
$$+C\|U\|_{H^1(\Omega)}^2+C\int_{S^2}(f(|V|)|V|^2)\Big|_{\zeta=1}\mathrm{d}\sigma+C\int_{S^2}T'^2\Big|_{\zeta=1}\mathrm{d}\sigma$$
$$\leqslant C\|\Psi\|_{L^2(\Omega)}^2,\tag{3.38}$$

再对上式关于 t 在$[0,M]$上积分,结合(3.5)式和(3.6)式,可得(3.33)式成立.

注 3.2 从(3.33)式可得

$$\bar{V}\in L^{\infty}(0,M;(L^2(S^2))^2),\nabla\bar{V}\in L^{\infty}(0,M;(L^2(S^2))^2),\tag{3.39}$$

上式表明

$$\bar{V}\in L^2(0,M;(H^1(S^2))^2),\tag{3.40}$$

再利用 Sobolev 嵌入定理可得，对任意的 $\beta\in(1,+\infty)$，下述正则性成立

$$\bar{V}\in L^2(0,M;(L^\beta(S^2))^2)\rightarrow L^2(0,M;(H^1(S^2))^2),\tag{3.41}$$

通过插值定理，取 $\beta>2$，对任意 $\gamma\in(2,+\infty)$，还可得

$$\bar{V}\in L^\gamma(0,M;(L^\gamma(S^2))^2).\tag{3.42}$$

3.5　温度偏差的 L^3 和 L^4 估计

本小节给出将给出温度偏差 T' 的 L^3 估计.

引理 3.4　令 $M>0$. 在定理 3.1 的假设下，温度偏差 T' 满足

$$\begin{aligned}&\int_\Omega |T'|^3\mathrm{d}\sigma\mathrm{d}\zeta+\int_0^t\int_\Omega |\nabla T'|^2|T'|\mathrm{d}\sigma\mathrm{d}\zeta\mathrm{d}\tau+\int_0^t\int_\Omega\left|\frac{\partial T'}{\partial\zeta}\right|^2|T'|\mathrm{d}\sigma\mathrm{d}\zeta\mathrm{d}\tau\\&+\int_0^t\int_{S^2}|T'|^3\Big|_{\zeta=1}\mathrm{d}\sigma\mathrm{d}\tau\leqslant C(M),\quad t\in[0,M],\end{aligned}\tag{3.43}$$

其中，$C(M)>0$ 是依赖于时间 M 的常数.

证明　令 $(1.84)_2$ 式与 $\tilde{p}_s|T'|T'$ 相乘，然后在 Ω 上积分可得

$$\begin{aligned}&\frac{1}{3}\frac{R}{c_0^2}\frac{\mathrm{d}}{\mathrm{d}t}\int_\Omega\tilde{p}_s|T'|^3\mathrm{d}\sigma\mathrm{d}\zeta+\frac{2\mu_2R}{c_pc_0^2}\int_\Omega|\nabla T'|^2|T'|\mathrm{d}\sigma\mathrm{d}\zeta\\&+\frac{2\nu_2R}{c_pc_0^2}\int_\Omega\tilde{p}_s\left|\frac{\partial T'}{\partial\zeta}\right|^2|T'|\mathrm{d}\sigma\mathrm{d}\zeta+\frac{k_{s2}R}{c_pc_0^2}\int_{S^2}\tilde{p}_s\left(\left(\frac{g\zeta}{R\tilde{T}}\right)^2|T'|^3\right)\Big|_{\zeta=1}\mathrm{d}\sigma\\&=\frac{R}{c_pc_0^2}\int_\Omega\tilde{p}_s\Psi|T'|T'\mathrm{d}\sigma\mathrm{d}\zeta-\frac{R}{c_0^2}\int_\Omega\left((V^*\cdot\nabla)T'+\dot{\zeta}^*\frac{\partial T'}{\partial\zeta}\right)\tilde{p}_s|T'|T'\mathrm{d}\sigma\mathrm{d}\zeta\\&-R\int_\Omega\left(\frac{1}{\zeta}\int_0^\zeta\nabla\cdot(\tilde{p}_sV)\mathrm{d}s\right)|T'|T'\mathrm{d}\sigma\mathrm{d}\zeta+R\int_\Omega\nabla\tilde{p}_s\cdot V|T'|T'\mathrm{d}\sigma\mathrm{d}\zeta,\end{aligned}\tag{3.44}$$

由(3.33)式，Cauchy-Schwarz 不等式，Hardy 不等式，Gagliardo-Nirenberg-Sobolev 不等式和 Young 不等式可得

$$\left|\frac{R}{c_pc_0^2}\int_\Omega\Psi\tilde{p}_s|T'|T'\mathrm{d}\sigma\mathrm{d}\zeta\right|\leqslant C\int_\Omega\Psi^2\mathrm{d}\sigma\mathrm{d}\zeta+C\int_\Omega T'^4\mathrm{d}\sigma\mathrm{d}\zeta$$

$$
\begin{aligned}
&\leqslant C\int_{\Omega}\Psi^2\mathrm{d}\sigma\mathrm{d}\zeta+C\|T'^{\frac{3}{2}}\|_{L^{\frac{8}{3}}(\Omega)}^{\frac{8}{3}}\\
&\leqslant C\int_{\Omega}\Psi^2\mathrm{d}\sigma\mathrm{d}\zeta+C\left(\|T'^{\frac{3}{2}}\|_{L^{\frac{4}{3}}(\Omega)}^{\frac{5}{14}}\left(\|T'^{\frac{3}{2}}\|_{L^2(\Omega)}\right.\right.\\
&\quad\left.\left.+\|\nabla(T'^{\frac{3}{2}})\|_{L^2(\Omega)}+\left\|\frac{\partial(T'^{\frac{3}{2}})}{\partial\zeta}\right\|_{L^2(\Omega)}\right)^{\frac{9}{14}}\right)^{\frac{8}{3}}\\
&\leqslant C\int_{\Omega}\Psi^2\mathrm{d}\sigma\mathrm{d}\zeta+C\left(\|T'^{\frac{3}{2}}\|_{L^2(\Omega)}+\|\nabla(T'^{\frac{3}{2}})\|_{L^2(\Omega)}+\left\|\frac{\partial(T'^{\frac{3}{2}})}{\partial\zeta}\right\|_{L^2(\Omega)}\right)^{\frac{12}{7}}\\
&\leqslant C+C\int_{\Omega}\tilde{p}_s|T'|^3\mathrm{d}\sigma\mathrm{d}\zeta+C\int_{\Omega}\Psi^2\mathrm{d}\sigma\mathrm{d}\zeta\\
&\quad+\frac{2\varepsilon}{9}\left(\|\nabla(T'^{\frac{3}{2}})\|_{L^2(\Omega)}+\left\|\frac{\partial(T'^{\frac{3}{2}})}{\partial\zeta}\right\|_{L^2(\Omega)}\right)^2\\
&\leqslant C+C\int_{\Omega}\tilde{p}_s|T'|^3\mathrm{d}\sigma\mathrm{d}\zeta+C\int_{\Omega}\Psi^2\mathrm{d}\sigma\mathrm{d}\zeta\\
&\quad+\varepsilon\int_{\Omega}|\nabla T'|^2|T'|\mathrm{d}\sigma\mathrm{d}\zeta+\varepsilon\int_{\Omega}\left|\frac{\partial T'}{\partial\zeta}\right|^2|T'|\mathrm{d}\sigma\mathrm{d}\zeta,
\end{aligned}\tag{3.45}
$$

$$
\frac{R}{c_0^2}\int_{\Omega}\left((V^*\cdot\nabla)T'+\dot{\zeta}^*\frac{\partial T'}{\partial\zeta}\right)\tilde{p}_s|T'|T'\mathrm{d}\sigma\mathrm{d}\zeta=0,\tag{3.46}
$$

$$
\begin{aligned}
&\left|\int_{\Omega}\left(\frac{1}{\zeta}\int_0^{\zeta}\nabla\cdot(\tilde{p}_sV)\mathrm{d}s\right)|T'|T'\mathrm{d}\sigma\mathrm{d}\zeta\right|\\
&\leqslant C\int_{\Omega}\left(\frac{1}{\zeta}\int_0^{\zeta}\nabla\cdot(\tilde{p}_sV)\mathrm{d}s\right)^2\mathrm{d}\sigma\mathrm{d}\zeta+C\int_{\Omega}T'^4\mathrm{d}\sigma\mathrm{d}\zeta\\
&\leqslant C\int_{\Omega}|\nabla\cdot(\tilde{p}_sV)|^2\mathrm{d}\sigma\mathrm{d}\zeta+C\int_{\Omega}T'^4\mathrm{d}\sigma\mathrm{d}\zeta\\
&\leqslant C+C\int_{\Omega}\tilde{p}_s|T'|^3\mathrm{d}\sigma\mathrm{d}\zeta+C\int_{\Omega}|\nabla V|^2\mathrm{d}\sigma\mathrm{d}\zeta\\
&\quad+\varepsilon\int_{\Omega}|\nabla T'|^2|T'|\mathrm{d}\sigma\mathrm{d}\zeta+\varepsilon\int_{\Omega}\left|\frac{\partial T'}{\partial\zeta}\right|^2|T'|\mathrm{d}\sigma\mathrm{d}\zeta,
\end{aligned}\tag{3.47}
$$

和

$$
\begin{aligned}
&\left|R\int_{\Omega}\nabla\tilde{p}_s\cdot V|T'|T'\mathrm{d}\sigma\mathrm{d}\zeta\right|\\
&\leqslant C\int_{\Omega}V^2\mathrm{d}\sigma\mathrm{d}\zeta+C\int_{\Omega}T'^4\mathrm{d}\sigma\mathrm{d}\zeta\\
&\leqslant C+\int_{\Omega}\tilde{p}_s|T'|^3\mathrm{d}\sigma\mathrm{d}\zeta+\varepsilon\int_{\Omega}|\nabla T'|^2|T'|\mathrm{d}\sigma\mathrm{d}\zeta
\end{aligned}
$$

$$+\varepsilon\int_{\Omega}\left|\frac{\partial T'}{\partial\zeta}\right|^{2}|T'|\mathrm{d}\sigma\mathrm{d}\zeta,\tag{3.48}$$

其中,$C>0$ 是与时间 M 无关的常数,且 $\varepsilon>0$ 是足够小的常数.综上可得

$$\begin{aligned}&\frac{\mathrm{d}}{\mathrm{d}t}\int_{\Omega}\widetilde{p}_{s}|T'|^{3}\mathrm{d}\sigma\mathrm{d}\zeta+C\int_{\Omega}|\nabla T'|^{2}|T'|\mathrm{d}\sigma\mathrm{d}\zeta\\&+C\int_{\Omega}\left|\frac{\partial T'}{\partial\zeta}\right|^{2}|T'|\mathrm{d}\sigma\mathrm{d}\zeta+C\int_{S^2}|T'|^{3}\Big|_{\zeta=1}\mathrm{d}\sigma\\&\leqslant C+C\int_{\Omega}\widetilde{p}_{s}|T'|^{3}\mathrm{d}\sigma\mathrm{d}\zeta+C\int_{\Omega}\Psi^{2}\mathrm{d}\sigma\mathrm{d}\zeta+C\int_{\Omega}|\nabla V|^{2}\mathrm{d}\sigma\mathrm{d}\zeta,\end{aligned}\tag{3.49}$$

再利用 Gronwall 不等式,可得(3.43)式成立.

引理 3.5　令 $M>0$. 在定理 3.1 的假设下,温度偏差 T'满足

$$\begin{aligned}&\int_{\Omega}T'^{4}\mathrm{d}\sigma\mathrm{d}\zeta+\int_{0}^{t}\int_{\Omega}|\nabla T'|^{2}|T'|\mathrm{d}\sigma\mathrm{d}\zeta\mathrm{d}\tau\\&+\int_{0}^{t}\int_{\Omega}\left|\frac{\partial T'}{\partial\zeta}\right|^{2}T'^{2}\mathrm{d}\sigma\mathrm{d}\zeta\mathrm{d}\tau+\int_{0}^{t}\int_{S^2}T'^{4}\Big|_{\zeta=1}\mathrm{d}\sigma\mathrm{d}\tau\\&\leqslant C(M),\quad t\in[0,M],\end{aligned}\tag{3.50}$$

其中,$C(M)>0$ 是依赖于时间 M 的常数.

证明　令$(1.84)_2$ 式与$\widetilde{p}_sT'^3$ 相乘,在 Ω 上积分可得

$$\begin{aligned}&\frac{1}{4}\frac{R}{c_0^2}\frac{\mathrm{d}}{\mathrm{d}t}\int_{\Omega}\widetilde{p}_{s}|T'|^{4}\mathrm{d}\sigma\mathrm{d}\zeta+\frac{3\mu_2R}{c_pc_0^2}\int_{\Omega}|\nabla T'|^{2}T'^{2}\mathrm{d}\sigma\mathrm{d}\zeta\\&+\frac{3\nu_2R}{c_pc_0^2}\int_{\Omega}\widetilde{p}_{s}\left|\frac{\partial T'}{\partial\zeta}\right|^{2}T'^{2}\mathrm{d}\sigma\mathrm{d}\zeta+\frac{k_{s2}R}{c_pc_0^2}\int_{S^2}\widetilde{p}_{s}\left(\left(\frac{g\zeta}{R\widetilde{T}}\right)^{2}T'^{4}\right)\Big|_{\zeta=1}\mathrm{d}\sigma\\=&\frac{R}{c_pc_0^2}\int_{\Omega}\widetilde{p}_{s}\Psi T'^{3}\mathrm{d}\sigma\mathrm{d}\zeta-\frac{R}{c_0^2}\int_{\Omega}((V^{*}\cdot\nabla)T'+\dot{\zeta}^{*}\frac{\partial T'}{\partial\zeta})\widetilde{p}_{s}T'^{3}\mathrm{d}\sigma\mathrm{d}\zeta\\&-R\int_{\Omega}\left(\frac{1}{\zeta}\int_{0}^{\zeta}\nabla\cdot(\widetilde{p}_{s}V)\mathrm{d}s\right)T'^{3}\mathrm{d}\sigma\mathrm{d}\zeta+R\int_{\Omega}\nabla\widetilde{p}_{s}\cdot VT'^{3}\mathrm{d}\sigma\mathrm{d}\zeta,\end{aligned}\tag{3.51}$$

由(3.43)式,Cauchy-Schwarz 不等式,Hardy 不等式,Gagliardo-Nirenberg-Sobolev 不等式和 Young 不等式,可得

$$\begin{aligned}\left|\frac{R}{c_pc_0^2}\int_{\Omega}\Psi\widetilde{p}_{s}T'^{3}\mathrm{d}\sigma\mathrm{d}\zeta\right|&\leqslant C\left(\int_{\Omega}\Psi^{2}\mathrm{d}\sigma\mathrm{d}\zeta\right)^{\frac{1}{2}}\left(\int_{\Omega}T'^{6}\mathrm{d}\sigma\mathrm{d}\zeta\right)^{\frac{1}{2}}\\&=C\left(\int_{\Omega}\Psi^{2}\mathrm{d}\sigma\mathrm{d}\zeta\right)^{\frac{1}{2}}\|T'^{2}\|_{L^{3}(\Omega)}^{\frac{3}{2}}\\&\leqslant C\left(\int_{\Omega}\Psi^{2}\mathrm{d}\sigma\mathrm{d}\zeta\right)^{\frac{1}{2}}\Big(\|T'^{2}\|_{L^{\frac{3}{2}}(\Omega)}^{\frac{1}{3}}(\|T'^{2}\|_{L^{2}(\Omega)}\end{aligned}$$

$$+\|\nabla(T'^2)\|_{L^2(\Omega)}+\left\|\frac{\partial(T'^2)}{\partial\zeta}\right\|_{L^2(\Omega)})^{\frac{2}{3}}\Big)^{\frac{3}{2}}$$

$$\leqslant C(M)\left(\int_\Omega \Psi^2\mathrm{d}\sigma\mathrm{d}\zeta\right)^{\frac{1}{2}}\Big(\|T'^2\|_{L^2(\Omega)}$$

$$+\|\nabla(T'^2)\|_{L^2(\Omega)}+\left\|\frac{\partial(T'^2)}{\partial\zeta}\right\|_{L^2(\Omega)}\Big)$$

$$\leqslant C(M)\int_\Omega \Psi^2\mathrm{d}\sigma\mathrm{d}\zeta+C\int_\Omega \tilde{p}_s T'^4\mathrm{d}\sigma\mathrm{d}\zeta$$

$$+\varepsilon\int_\Omega |\nabla T'|^2 T'^2\mathrm{d}\sigma\mathrm{d}\zeta+\varepsilon\int_\Omega\left|\frac{\partial T'}{\partial\zeta}\right|^2 T'^2\mathrm{d}\sigma\mathrm{d}\zeta, \tag{3.52}$$

$$\frac{R}{c_0^2}\int_\Omega\left((V^*\cdot\nabla)T'+\dot{\zeta}^*\frac{\partial T'}{\partial\zeta}\right)\tilde{p}_s T'^3\mathrm{d}\sigma\mathrm{d}\zeta=0, \tag{3.53}$$

$$\left|\int_\Omega(\frac{1}{\zeta}\int_0^\zeta \nabla\cdot(\tilde{p}_s V)\mathrm{d}s)T'^3\mathrm{d}\sigma\mathrm{d}\zeta\right|$$

$$\leqslant C(\int_\Omega(\int_0^\zeta \nabla\cdot(\tilde{p}_s V)\mathrm{d}s)2\mathrm{d}\sigma\mathrm{d}\zeta)^{\frac{1}{2}}(\int_\Omega T'^6\mathrm{d}\sigma\mathrm{d}\zeta)^{\frac{1}{2}}$$

$$\leqslant C(M)\left(\int_\Omega |\nabla\cdot(\tilde{p}_s V)|^2\mathrm{d}\sigma\mathrm{d}\zeta\right)^{\frac{1}{2}}\Big(\|T'^2\|_{L^2(\Omega)}$$

$$+\|\nabla(T'^2)\|_{L^2(\Omega)}+\left\|\frac{\partial(T'^2)}{\partial\zeta}\right\|_{L^2(\Omega)}\Big)$$

$$\leqslant C(M)\int_\Omega (V^2+|\nabla V|^2)\mathrm{d}\sigma\mathrm{d}\zeta+C\int_\Omega \tilde{p}_s T'^4\mathrm{d}\sigma\mathrm{d}\zeta$$

$$+\varepsilon\int_\Omega |\nabla T'|^2 T'^2\mathrm{d}\sigma\mathrm{d}\zeta+\varepsilon\int_\Omega\left|\frac{\partial T'}{\partial\zeta}\right|^2 T'^2\mathrm{d}\sigma\mathrm{d}\zeta, \tag{3.54}$$

$$\left|R\int_\Omega \nabla\tilde{p}_s\cdot VT'^3\mathrm{d}\sigma\mathrm{d}\zeta\right|\leqslant C\left(\int_\Omega V^2\mathrm{d}\sigma\mathrm{d}\zeta\right)^{\frac{1}{2}}\left(\int_\Omega T'^6\mathrm{d}\sigma\mathrm{d}\zeta\right)^{\frac{1}{2}}$$

$$\leqslant C(M)\int_\Omega V^2\mathrm{d}\sigma\mathrm{d}\zeta+C\int_\Omega \tilde{p}_s T'^4\mathrm{d}\sigma\mathrm{d}\zeta$$

$$+\varepsilon\int_\Omega |\nabla T'|^2 T'^2\mathrm{d}\sigma\mathrm{d}\zeta+\varepsilon\int_\Omega\left|\frac{\partial T'}{\partial\zeta}\right|^2 T'^2\mathrm{d}\sigma\mathrm{d}\zeta, \tag{3.55}$$

其中,$C(M)>0$ 是依赖于 M 的常数,且 $\varepsilon>0$ 是足够小的常数,使得下式成立

$$\frac{\mathrm{d}}{\mathrm{d}t}\int_\Omega \tilde{p}_s T'^4\mathrm{d}\sigma\mathrm{d}\zeta+C\int_\Omega |\nabla T'|^2 T'^2\mathrm{d}\sigma\mathrm{d}\zeta$$

$$+C\int_\Omega\left|\frac{\partial T'}{\partial\zeta}\right|^2 T'^2\mathrm{d}\sigma\mathrm{d}\zeta+C\int_{S^2} T'^4\Big|_{\zeta=1}\mathrm{d}\sigma$$

$$\leqslant C\int_{\Omega}\tilde{p}_s T'^4 \mathrm{d}\sigma\mathrm{d}\zeta + C(M)\int_{\Omega}\Psi^2\mathrm{d}\sigma\mathrm{d}\zeta + C(M)\int_{\Omega}V^2\mathrm{d}\sigma\mathrm{d}\zeta + C(M)\int_{\Omega}|\nabla V|^2\mathrm{d}\sigma\mathrm{d}\zeta, \tag{3.56}$$

再利用 Gronwall 不等式,可得(3.50)式成立.

3.6　斜压速度场的 L^3 和 L^4 估计

本节将给出斜压速度场$\tilde{V}$的 L^3 和 L^4 估计.

引理 3.6　令 $M>0$. 在定理 3.1 的假设下,斜压速度场$\tilde{V}$满足

$$\int_{\Omega}|\tilde{V}|^3\mathrm{d}\sigma\mathrm{d}\zeta + \int_0^t\int_{\Omega}|\nabla\tilde{V}|^2|\tilde{V}|\mathrm{d}\sigma\mathrm{d}\zeta\mathrm{d}\tau + \int_0^t\int_{\Omega}\left|\frac{\partial\tilde{V}}{\partial\zeta}\right|^2|\tilde{V}|\mathrm{d}\sigma\mathrm{d}\zeta\mathrm{d}\tau + \int_0^t\int_{S^2}|\tilde{V}|^{3+\alpha}\Big|_{\zeta=1}\mathrm{d}\sigma\mathrm{d}\tau \leqslant C(M),\quad t\in[0,M], \tag{3.57}$$

其中,$C(M)>0$ 是依赖于时间 M 的常数.

证明　令方程(3.29)式与$\tilde{p}_s|\tilde{V}|\tilde{V}$在 Ω 上做内积,可得

$$\frac{1}{3}\frac{\mathrm{d}}{\mathrm{d}t}\int_{\Omega}\tilde{p}_s|\tilde{V}|^3\mathrm{d}\sigma\mathrm{d}\zeta + 2\mu_1\int_{\Omega}|\nabla\tilde{V}|^2|\tilde{V}|\mathrm{d}\sigma\mathrm{d}\zeta$$

$$+2\nu_1\int_{\Omega}\tilde{p}_s\left(\frac{g\zeta}{R\tilde{T}}\right)^2\left|\frac{\partial\tilde{V}}{\partial\zeta}\right|^2|\tilde{V}|\mathrm{d}\sigma\mathrm{d}\zeta$$

$$+k_{s1}\int_{S^2}\tilde{p}_s\left(\left(\frac{g\zeta}{R\tilde{T}}\right)^2(|\tilde{V}|\tilde{V})\cdot(f(|V|)V)\right)\Big|_{\zeta=1}\mathrm{d}\sigma$$

$$=-\int_{\Omega}\left(\nabla_{\tilde{V}^*}\tilde{V}-\left(\frac{1}{\tilde{p}_s}\int_0^{\zeta}\nabla\cdot(\tilde{p}_s\tilde{V}^*)\mathrm{d}s\right)\frac{\partial\tilde{V}}{\partial\zeta}\right)\cdot(\tilde{p}_s|\tilde{V}|\tilde{V})\mathrm{d}\sigma\mathrm{d}\zeta$$

$$-\int_{\Omega}\nabla_{\bar{V}^*}\tilde{V}\cdot(\tilde{p}_s|\tilde{V}|\tilde{V})\mathrm{d}\sigma\mathrm{d}\zeta-\int_{\Omega}\nabla_{\tilde{V}^*}\bar{V}\cdot(\tilde{p}_s|\tilde{V}|\tilde{V})\mathrm{d}\sigma\mathrm{d}\zeta$$

$$+\int_{\Omega}\overline{\frac{1}{\tilde{p}_s}\tilde{V}\,\nabla\cdot(\tilde{p}_s\tilde{V}^*)+\nabla_{\tilde{V}^*}\tilde{V}}\cdot(\tilde{p}_s|\tilde{V}|\tilde{V})\mathrm{d}\sigma\mathrm{d}\zeta$$

$$-\int_{\Omega}2\omega\cos\theta\begin{pmatrix}0 & 1\\ -1 & 0\end{pmatrix}\tilde{V}\cdot(\tilde{p}_s|\tilde{V}|\tilde{V})\mathrm{d}\sigma\mathrm{d}\zeta$$

$$
\begin{aligned}
&-R\int_{\Omega}\left(\int_{\zeta}^{1}\frac{\nabla T'(s)}{s}\mathrm{d}s\right)\cdot(\tilde{p}_s|\tilde{V}|\tilde{V})\mathrm{d}\sigma\mathrm{d}\zeta\\
&+R\int_{\Omega}\left(\int_{0}^{1}\int_{\zeta}^{1}\frac{\nabla T'(s)}{s}\mathrm{d}s\mathrm{d}\zeta\right)\cdot(\tilde{p}_s|\tilde{V}|\tilde{V})\mathrm{d}\sigma\mathrm{d}\zeta\\
&-R\int_{\Omega}\left(\frac{\nabla\tilde{p}_s}{\tilde{p}_s}T'\right)\cdot(\tilde{p}_s|\tilde{V}|\tilde{V})\mathrm{d}\sigma\mathrm{d}\zeta\\
&+R\int_{\Omega}\left(\frac{\nabla\tilde{p}_s}{\tilde{p}_s}\left(\int_{0}^{1}T'\mathrm{d}\zeta\right)\right)\cdot(\tilde{p}_s|\tilde{V}|\tilde{V})\mathrm{d}\sigma\mathrm{d}\zeta\\
&+k_{s1}\int_{\Omega}\left(\left(\frac{g\zeta}{R\tilde{T}}\right)^{2}f(|V|)V\right)\Big|_{\zeta=1}\cdot(\tilde{p}_s|\tilde{V}|\tilde{V})\mathrm{d}\sigma\mathrm{d}\zeta.
\end{aligned}
\tag{3.58}
$$

利用(3.26)式和分部积分可得

$$
\begin{aligned}
&-\int_{\Omega}\left(\nabla_{V\sim *}\tilde{V}-\left(\frac{1}{\tilde{p}_s}\int_{0}^{\zeta}\nabla\cdot(\tilde{p}_s\tilde{V}^{*})\mathrm{d}s\right)\frac{\partial\tilde{V}}{\partial\zeta}\right)\cdot(\tilde{p}_s|\tilde{V}|\tilde{V})\mathrm{d}\sigma\mathrm{d}\zeta\\
&=-\int_{\Omega}\left(\tilde{V}^{*}\cdot\nabla\tilde{V}-\left(\frac{1}{\tilde{p}_s}\int_{0}^{\zeta}\nabla\cdot(\tilde{p}_s\tilde{V}^{*})\mathrm{d}s\right)\frac{\partial\tilde{V}}{\partial\zeta}\right)\cdot(\tilde{p}_s|\tilde{V}|\tilde{V})\mathrm{d}\sigma\mathrm{d}\zeta\\
&=-\frac{1}{3}\int_{\Omega}\left(\tilde{p}_s\tilde{V}^{*}\cdot\nabla|\tilde{V}|^{3}-\left(\int_{0}^{\zeta}\nabla\cdot(\tilde{p}_s\tilde{V}^{*})\mathrm{d}s\right)\frac{\partial|\tilde{V}|^{3}}{\partial\zeta}\right)\mathrm{d}\sigma\mathrm{d}\zeta=0,
\end{aligned}
\tag{3.59}
$$

由(1.4)式和(3.31)式,可得

$$
\begin{aligned}
&-\int_{\Omega}\nabla_{V*-}\tilde{V}\cdot(\tilde{p}_s|\tilde{V}|\tilde{V})\mathrm{d}\sigma\mathrm{d}\zeta\\
&=-\frac{1}{3}\int_{\Omega}\tilde{p}_s\bar{V}^{*}\cdot\nabla|\tilde{V}|^{3}\mathrm{d}\sigma\mathrm{d}\zeta\\
&=\frac{1}{3}\int_{\Omega}\nabla\cdot(\tilde{p}_s\bar{V}^{*})|\tilde{V}|^{3}\mathrm{d}\sigma\mathrm{d}\zeta=0.
\end{aligned}
\tag{3.60}
$$

由(3.32)式可得

$$
\begin{aligned}
&-\int_{\Omega}\nabla_{V\sim *}\bar{V}\cdot(\tilde{p}_s|\tilde{V}|\tilde{V})\mathrm{d}\sigma\mathrm{d}\zeta\\
&=-\int_{\Omega}((\tilde{p}_s\tilde{V}^{*})\cdot\nabla\bar{V})\cdot(|\tilde{V}|\tilde{V})\mathrm{d}\sigma\mathrm{d}\zeta+\int_{\Omega}\tilde{p}_s\tilde{v}_\lambda\bar{v}_\lambda\tilde{v}_\theta\frac{\cot\theta}{a}|\tilde{V}|\mathrm{d}\sigma\mathrm{d}\zeta\\
&\quad-\int_{\Omega}\tilde{p}_s\tilde{v}_\lambda\bar{v}_\theta\tilde{v}_\lambda\frac{\cot\theta}{a}|\tilde{V}|\mathrm{d}\sigma\mathrm{d}\zeta\\
&=\int_{\Omega}\bar{V}\cdot((\tilde{p}_s\tilde{V}^{*})\cdot\nabla(|\tilde{V}|\tilde{V}))\mathrm{d}\sigma\mathrm{d}\zeta+\int_{\Omega}\nabla\cdot(\tilde{p}_s\tilde{V}^{*})\bar{V}\cdot(|\tilde{V}|\tilde{V})\mathrm{d}\sigma\mathrm{d}\zeta\\
&\quad+\int_{\Omega}\tilde{p}_s\tilde{v}_\lambda\bar{v}_\lambda\tilde{v}_\theta\frac{\cot\theta}{a}|\tilde{V}|\mathrm{d}\sigma\mathrm{d}\zeta-\int_{\Omega}\tilde{p}_s\tilde{v}_\lambda\bar{v}_\theta\tilde{v}_\lambda\frac{\cot\theta}{a}|\tilde{V}|\mathrm{d}\sigma\mathrm{d}\zeta,
\end{aligned}
\tag{3.61}
$$

则从(3.22)式可得

$$\begin{aligned}
&\left|\iint_{\Omega} \nabla_{V\sim *} \bar{V} \cdot (\tilde{p}_s |\tilde{V}|\tilde{V}) \mathrm{d}\sigma \mathrm{d}\zeta\right| \\
\leqslant & C\int_{S^2} |\bar{V}| \int_0^1 |\nabla \tilde{V}| \, |\tilde{V}|^2 \mathrm{d}\zeta \mathrm{d}\sigma + C\int_{S^2} |\bar{V}| \int_0^1 |\tilde{V}|^3 \mathrm{d}\zeta \mathrm{d}\sigma \\
\leqslant & C\int_{S^2} |\bar{V}| \left(\int_0^1 |\nabla \tilde{V}|^2 |\tilde{V}| \mathrm{d}\zeta\right)^{\frac{1}{2}} \left(\int_0^1 |\tilde{V}|^3 \mathrm{d}\zeta\right)^{\frac{1}{2}} \mathrm{d}\sigma \\
& + \|\bar{V}\|_{L^2(S^2)} \left(\int_{S^2} \left(\int_0^1 |\tilde{V}|^3 \mathrm{d}\zeta\right)^2 \mathrm{d}\sigma\right)^{\frac{1}{2}} \\
\leqslant & C\|\bar{V}\|_{L^4(S^2)} \left(\iint_{\Omega} |\nabla \tilde{V}|^2 |\tilde{V}| \mathrm{d}\sigma \mathrm{d}\zeta\right)^{\frac{1}{2}} \left(\int_{S^2} \left(\int_0^1 |\tilde{V}|^3 \mathrm{d}\zeta\right)^2 \mathrm{d}\sigma\right)^{\frac{1}{4}} \\
& + C\|\bar{V}\|_{L^2(S^2)} \left(\int_{S^2} \left(\int_0^1 |\tilde{V}|^3 \mathrm{d}\zeta\right)^2 \mathrm{d}\sigma\right)^{\frac{1}{2}},
\end{aligned} \tag{3.62}$$

同时,由 Minkowski 不等式,Hölder 不等式和 Gagliardo-Nirenberg-Sobolev 不等式,可得

$$\begin{aligned}
\left(\int_{S^2} \left(\int_0^1 |\tilde{V}|^3 \mathrm{d}\zeta\right)^2 \mathrm{d}\sigma\right)^{\frac{1}{2}} & \leqslant \int_0^1 \left(\int_{S^2} (|\tilde{V}|^{\frac{3}{2}})^4 \mathrm{d}\sigma\right)^{\frac{1}{2}} \mathrm{d}\zeta \\
& \leqslant C\int_0^1 \| |\tilde{V}|^{\frac{3}{2}} \|_{L^2(S^2)} \| |\tilde{V}|^{\frac{3}{2}} \|_{H^1(S^2)} \mathrm{d}\zeta \\
& \leqslant C\left(\int_0^1 \| |\tilde{V}|^{\frac{3}{2}} \|_{L^2(S^2)}^2 \mathrm{d}\zeta\right)^{\frac{1}{2}} \left(\int_0^1 \| |\tilde{V}|^{\frac{3}{2}} \|_{H^1(S^2)}^2 \mathrm{d}\zeta\right)^{\frac{1}{2}} \\
& \leqslant C\tilde{V}\|_{L^3(\Omega)}^{\frac{3}{2}} \|\nabla(|\tilde{V}|^{\frac{3}{2}})\|_{L^2(\Omega)} + C\|\tilde{V}\|_{L^3(\Omega)}^3,
\end{aligned} \tag{3.63}$$

将(3.62)式和(3.63)式代入到(3.61)式,可得

$$\begin{aligned}
&\left|\iint_{\Omega} \nabla_{V\sim *} \bar{V} \cdot (\tilde{p}_s |\tilde{V}|\tilde{V}) \mathrm{d}\sigma \mathrm{d}\zeta\right| \\
\leqslant & C\|\bar{V}\|_{L^4(S^2)} (\|\tilde{V}\|_{L^3(\Omega)}^{\frac{3}{4}} \|\nabla(|\tilde{V}|^{\frac{3}{2}})\|_{L^2(\Omega)}^{\frac{3}{2}} + \|\tilde{V}\| \, \|_{L^3(\Omega)}^{\frac{3}{2}} \|\nabla(|\tilde{V}|^{\frac{3}{2}})\|_{L^2(\Omega)}) \\
& + C\|\bar{V}\|_{L^2(S^2)} (\|\tilde{V}\|_{L^3(\Omega)}^{\frac{3}{2}} \|\nabla(|\tilde{V}|^{\frac{3}{2}})\|_{L^2(\Omega)} + C\| \; \| \tilde{V}\|_{L^3(\Omega)}^3) \\
\leqslant & C(1 + \|\bar{V}\|_{L^4(S^2)}^4) \|\tilde{V}\|_{L^3(\Omega)}^3 + C(1 + \|\bar{V}\|_{L^2(S^2)}^2) \|\tilde{V}\|_{L^3(\Omega)}^3 + \varepsilon \|\nabla(|\tilde{V}|^{\frac{3}{2}})\|_{L^2(\Omega)}^2 \\
\leqslant & C(1 + \|\bar{V}\|_{L^2(S^2)}^2 \|\nabla \bar{V}\|_{L^2(S^2)}^2) \|\tilde{V}\|_{L^3(\Omega)}^3 \\
& + C(1 + \|V\|_{L^2(\Omega)}^2) \|\tilde{V}\|_{L^3(\Omega)}^3 + \varepsilon \|\nabla(|\tilde{V}|^{\frac{3}{2}})\|_{L^2(\Omega)}^2 \\
\leqslant & C(1 + \|\nabla V\|_{L^2(\Omega)}^2) \|\tilde{V}\|_{L^3(\Omega)}^3 + \varepsilon \|\nabla(|\tilde{V}|^{\frac{3}{2}})\|_{L^2(\Omega)}^2,
\end{aligned} \tag{3.64}$$

其中,$\varepsilon>0$ 是一个足够小的常数.

由(3.26)式可得

$$
\begin{aligned}
&\int_{\Omega}\overline{\frac{1}{\tilde{p}_s}\tilde{V}\,\nabla\cdot(\tilde{p}_s\tilde{V}^*)+\nabla_{\tilde{V}^*}\tilde{V}}\cdot(\tilde{p}_s|\tilde{V}|\tilde{V})\mathrm{d}\sigma\mathrm{d}\zeta\\
=&\int_{\Omega}\overline{\tilde{V}\,\nabla\cdot(\tilde{p}_s\tilde{V}^*)+(\tilde{p}_s\tilde{V}^*)\cdot\nabla\tilde{V}}\cdot(|\tilde{V}|\tilde{V})\mathrm{d}\sigma\mathrm{d}\zeta\\
&-\int_{\Omega}\left(\int_0^1\tilde{v}_\lambda\tilde{v}_\theta\frac{\cot\theta}{a}\mathrm{d}\zeta\right)\tilde{p}_s|\tilde{V}|\tilde{v}_\theta\mathrm{d}\sigma\mathrm{d}\zeta+\int_{\Omega}\left(\int_0^1\tilde{v}_\lambda\tilde{v}_\theta\frac{\cot\theta}{a}\mathrm{d}\zeta\right)\tilde{p}_s|\tilde{V}|\tilde{v}_\lambda\mathrm{d}\sigma\mathrm{d}\zeta\\
=&\int_{\Omega}\left(\int_0^1\tilde{p}_s\tilde{v}_\theta^*\tilde{V}\mathrm{d}\zeta\right)\cdot\frac{\partial(|\tilde{V}|\tilde{V})}{\partial\theta}\mathrm{d}\sigma\mathrm{d}\zeta+\int_{\Omega}\left(\int_0^1\tilde{p}_s\tilde{v}_\lambda^*\tilde{V}\mathrm{d}\zeta\right)\cdot\frac{\partial(|\tilde{V}|\tilde{V})}{\partial\lambda}\mathrm{d}\sigma\mathrm{d}\zeta\\
&-\int_{\Omega}\left(\int_0^1\tilde{v}_\lambda\bar{v}_\theta\frac{\cot\theta}{a}\mathrm{d}\zeta\right)\tilde{p}_s|\tilde{V}|\tilde{v}_\theta\mathrm{d}\sigma\mathrm{d}\zeta+\int_{\Omega}\left(\int_0^1\tilde{v}_\lambda\tilde{v}_\theta\frac{\cot\theta}{a}\mathrm{d}\zeta\right)\tilde{p}_s|\tilde{V}|\tilde{v}_\lambda\mathrm{d}\sigma\mathrm{d}\zeta,
\end{aligned}
\tag{3.65}
$$

由 Minkowski 不等式,Hölder 不等式和 Gagliardo-Nirenberg-Sobolev 不等式,可得

$$
\begin{aligned}
&\left|\int_{\Omega}\overline{\frac{1}{\tilde{p}_s}\tilde{V}\,\nabla\cdot(\tilde{p}_s\tilde{V}^*)+\nabla_{\tilde{V}^*}\tilde{V}}\cdot(\tilde{p}_s|\tilde{V}|\tilde{V})\mathrm{d}\sigma\mathrm{d}\zeta\right|\\
\leqslant&C\int_{S^2}\left(\int_0^1|\tilde{V}|^2\mathrm{d}\zeta\right)\left(\int_0^1|\nabla\tilde{V}|\,|\tilde{V}|\mathrm{d}\zeta\right)\mathrm{d}\sigma\\
&+\int_{S^2}\left(\int_0^1|\tilde{V}|^2\mathrm{d}\zeta\right)\left(\int_0^1|\tilde{V}|^2\mathrm{d}\zeta\right)\mathrm{d}\sigma\\
\leqslant&C\int_{S^2}\left(\int_0^1|\tilde{V}|^2\mathrm{d}\zeta\right)\left(\int_0^1|\tilde{V}|\mathrm{d}\zeta\right)^{\frac{1}{2}}\left(\int_0^1|\nabla\tilde{V}|^2|\tilde{V}|\mathrm{d}\zeta\right)^{\frac{1}{2}}\mathrm{d}\sigma\\
&+C\int_{S^2}\left(\int_0^1|\tilde{V}|^2\mathrm{d}\zeta\right)\left(\int_0^1|\tilde{V}|\mathrm{d}\zeta\right)^{\frac{1}{2}}\left(\int_0^1|\tilde{V}|^3\mathrm{d}\zeta\right)^{\frac{1}{2}}\mathrm{d}\sigma\\
\leqslant&C\int_{S^2}\left(\int_0^1|\tilde{V}|^2\mathrm{d}\zeta\right)\left(\int_0^1|\tilde{V}|^2\mathrm{d}\zeta\right)^{\frac{1}{4}}\left(\int_0^1|\nabla\tilde{V}|^2|\tilde{V}|\mathrm{d}\zeta\right)^{\frac{1}{2}}\mathrm{d}\sigma\\
&+C\int_{S^2}\left(\int_0^1|\tilde{V}|^2\mathrm{d}\zeta\right)\left(\int_0^1|\tilde{V}|^2\mathrm{d}\zeta\right)^{\frac{1}{4}}\left(\int_0^1|\tilde{V}|^3\mathrm{d}\zeta\right)^{\frac{1}{2}}\mathrm{d}\sigma\\
\leqslant&C\left(\int_{\Omega}\left(\int_0^1|\tilde{V}|^2\mathrm{d}\zeta\right)^{\frac{5}{2}}\mathrm{d}\sigma\right)^{\frac{1}{2}}\left(\int_{\Omega}|\nabla\tilde{V}|^2|\tilde{V}|\mathrm{d}\sigma\mathrm{d}\zeta\right)^{\frac{1}{2}}\\
&+C\left(\int_{\Omega}\left(\int_0^1|\tilde{V}|^2\mathrm{d}\zeta\right)^{\frac{5}{2}}\mathrm{d}\sigma\right)^{\frac{1}{2}}\left(\int_{\Omega}|\tilde{V}|^3\mathrm{d}\sigma\mathrm{d}\zeta\right)^{\frac{1}{2}},
\end{aligned}
\tag{3.66}
$$

以及

$$
\begin{aligned}
&\int_{S^2}\left(\int_0^1 |\widetilde{V}|^2 \mathrm{d}\zeta\right)^{\frac{5}{2}} \mathrm{d}\sigma \\
&\leqslant C\left(\int_0^1\left(\int_{S^2} |\widetilde{V}|^5 \mathrm{d}\sigma\right)^{\frac{2}{5}} \mathrm{d}\zeta\right)^{\frac{5}{2}} \\
&\leqslant C\left(\int_0^1 \|\widetilde{V}\|_{L^3(S^2)}^{\frac{6}{5}} \|\widetilde{V}\|_{H^1(S^2)}^{\frac{4}{5}} \mathrm{d}\zeta\right)^{\frac{5}{2}} \\
&\leqslant C\left(\int_0^1 \|\widetilde{V}\|_{L^3(S^2)}^3 \mathrm{d}\zeta\right)\left(\int_0^1 \|\widetilde{V}\|_{H^1(S^2)}^{\frac{4}{3}} \mathrm{d}\zeta\right)^{\frac{3}{2}} \\
&\leqslant C\|\widetilde{V}\|_{L^3(\Omega)}^3\left(\|\nabla \widetilde{V}\|_{L^2(\Omega)}^2+\|\widetilde{V}\|_{L^2(\Omega)}^2\right),
\end{aligned} \tag{3.67}
$$

将上式代入到(3.66)式可得

$$
\begin{aligned}
&\int_\Omega \overline{\frac{1}{\widetilde{p}_s} \widetilde{V}\, \nabla\cdot(\widetilde{p}_s \widetilde{V}^*)+\nabla_{\widetilde{V}^*} \widetilde{V}} \cdot (\widetilde{p}_s |\widetilde{V}| \widetilde{V}) \mathrm{d}\sigma \mathrm{d}\zeta \\
&\leqslant C\left(\|\widetilde{V}\|_{L^3(\Omega)}^3\left(\|\nabla \widetilde{V}\|_{L^2(\Omega)}^2+\|\widetilde{V}\|_{L^2(\Omega)}^2\right)\right)^{\frac{1}{2}}\left(\int_\Omega |\nabla \widetilde{V}|^2 |\widetilde{V}| \mathrm{d}\sigma \mathrm{d}\zeta\right)^{\frac{1}{2}} \\
&\quad +C\left(\|\widetilde{V}\|_{L^3(\Omega)}^3\left(\|\nabla \widetilde{V}\|_{L^2(\Omega)}^2+\|\widetilde{V}\|_{L^2(\Omega)}^2\right)\right)^{\frac{1}{2}}\left(\int_\Omega |\widetilde{V}|^3 \mathrm{d}\sigma \mathrm{d}\zeta\right)^{\frac{1}{2}} \\
&\leqslant C\left(1+\|\nabla V\|_{L^2(\Omega)}^2\right)\|\widetilde{V}\|_{L^3(\Omega)}^3+\varepsilon \int_\Omega |\nabla \widetilde{V}|^2 |\widetilde{V}| \mathrm{d}\sigma \mathrm{d}\zeta,
\end{aligned} \tag{3.68}
$$

其中，$\varepsilon>0$ 是一个足够小的常数.

此外，易知下式成立

$$
\int_\Omega 2\omega\cos\theta \begin{pmatrix} 0 & -1 \\ 1 & 0 \end{pmatrix} \widetilde{V} \cdot (\widetilde{p}_s |\widetilde{V}| \widetilde{V}) \mathrm{d}\sigma \mathrm{d}\zeta=0. \tag{3.69}
$$

再由 Cauchy-Schwarz 不等式，Hardy 不等式，Gagliardo-Nirenberg-Sobolev 不等式和 Young 不等式，可得

$$
\begin{aligned}
&\left|-R\int_\Omega\left(\int_\zeta^1 \frac{\nabla T'(s)}{s} \mathrm{d}s\right)\cdot(\widetilde{p}_s |\widetilde{V}| \widetilde{V}) \mathrm{d}\sigma \mathrm{d}\zeta\right| \\
&=\left|-R\int_{S^2}\int_0^1 \nabla T'(s)\cdot\left(\frac{1}{s}\int_0^s (\widetilde{p}_s |\widetilde{V}| \widetilde{V}) \mathrm{d}\zeta\right) \mathrm{d}s\, \mathrm{d}\sigma\right| \\
&\leqslant C\|\nabla T'\|_{L^2(\Omega)}\left\|\frac{1}{s}\int_0^s (\widetilde{p}_s |\widetilde{V}| \widetilde{V}) \mathrm{d}\zeta\right\|_{L^2(\Omega)} \\
&\leqslant C\|\nabla T'\|_{L^2(\Omega)}\left\||\widetilde{V}|^2\right\|_{L^2(\Omega)} \\
&\leqslant C\|\nabla T'\|_{L^2(\Omega)}\left\||\widetilde{V}|^{\frac{3}{2}}\right\|_{L^{\frac{8}{3}}(\Omega)}^{\frac{4}{3}}
\end{aligned}
$$

$$
\begin{aligned}
&\leqslant C\|\nabla T'\|_{L^2(\Omega)}\left(\||\tilde{V}|^{\frac{3}{2}}\|_{L^{\frac{4}{3}}(\Omega)}^{\frac{5}{14}}\left(\||\tilde{V}|^{\frac{3}{2}}\|_{L^2(\Omega)}\right.\right.\\
&\quad\left.\left.+\|\nabla(|\tilde{V}|^{\frac{3}{2}})\|_{L^2(\Omega)}+\left\|\frac{\partial(|\tilde{V}|^{\frac{3}{2}})}{\partial\zeta}\right\|_{L^2(\Omega)}\right)^{\frac{9}{14}}\right)^{\frac{4}{3}}\\
&\leqslant C\|\nabla T'\|_{L^2(\Omega)}\left(\||\tilde{V}|^{\frac{3}{2}}\|_{L^2(\Omega)}+\|\nabla(|\tilde{V}|^{\frac{3}{2}})\|_{L^2(\Omega)}^{\frac{3}{2}}+\left\|\frac{\partial(|V|^{\frac{3}{2}})}{\partial\zeta}\right\|_{L^2(\Omega)}\right)^{\frac{6}{7}}\\
&\leqslant C+C\int_\Omega\tilde{p}_s|\tilde{V}|^3\mathrm{d}\sigma\mathrm{d}\zeta+C\|\nabla T'\|_{L^2(\Omega)}^2\\
&\quad+\varepsilon\|\nabla(|\tilde{V}|^{\frac{3}{2}})\|_{L^2(\Omega)}^2+\varepsilon\left\|\frac{\partial(|\tilde{V}|^{\frac{3}{2}})}{\partial\zeta}\right\|_{L^2(\Omega)}^2,
\end{aligned}
\tag{3.70}
$$

$$
\begin{aligned}
&\left|R\int_\Omega\left(\int_0^1\int_\zeta^1\frac{\nabla T'(s)}{s}\mathrm{d}s\mathrm{d}\zeta\right)\cdot(\tilde{p}_s|\tilde{V}|\tilde{V})\mathrm{d}\sigma\mathrm{d}\zeta\right|\\
&=\left|R\int_\Omega\left(\int_0^1\nabla T'(s)\mathrm{d}s\right)\cdot(\tilde{p}_s|\tilde{V}|\tilde{V})\mathrm{d}\sigma\mathrm{d}\zeta\right|\\
&\leqslant C\left\|\int_0^1\nabla T'(s)\mathrm{d}s\right\|_{L^2(\Omega)}\|\tilde{p}_s|\tilde{V}|\tilde{V}\|_{L^2(\Omega)}\\
&\leqslant C\|\nabla T'\|_{L^2(\Omega)}\|\tilde{V}^2\|_{L^2(\Omega)}\\
&\leqslant C+C\int_\Omega\tilde{p}_s|\tilde{V}|^3\mathrm{d}\sigma\mathrm{d}\zeta+C\|\nabla T'\|_{L^2(\Omega)}^2\\
&\quad+\varepsilon\|\nabla(|\tilde{V}|^{\frac{3}{2}})\|_{L^2(\Omega)}^2+\varepsilon\left\|\frac{\partial(|\tilde{V}|^{\frac{3}{2}})}{\partial\zeta}\right\|_{L^2(\Omega)}^2,
\end{aligned}
\tag{3.71}
$$

以及

$$
\begin{aligned}
&\left|-R\int_\Omega\left(\frac{\nabla\tilde{p}_s}{\tilde{p}_s}T'\right)\cdot(\tilde{p}_s|\tilde{V}|\tilde{V})\mathrm{d}\sigma\mathrm{d}\zeta\right|\\
&\quad+\left|R\int_\Omega\left(\frac{\nabla\tilde{p}_s}{\tilde{p}_s}(\int_0^1T'\mathrm{d}\zeta)\right)\cdot(\tilde{p}_s|\tilde{V}|\tilde{V})\mathrm{d}\sigma\mathrm{d}\zeta\right|\\
&\leqslant C\|T'\|_{L^2(\Omega)}\|\tilde{p}_s|\tilde{V}|\tilde{V}\|_{L^2(\Omega)}+C\left\|\int_0^1T'\mathrm{d}\zeta\right\|_{L^2(\Omega)}\|\tilde{p}_s|\tilde{V}|\tilde{V}\|_{L^2(\Omega)}\\
&\leqslant C\|T'\|_{L^2(\Omega)}\|\tilde{V}^2\|_{L^2(\Omega)}\\
&\leqslant C+C\int_\Omega\tilde{p}_s|\tilde{V}|^3\mathrm{d}\sigma\mathrm{d}\zeta+\varepsilon\|\nabla(|\tilde{V}|^{\frac{3}{2}})\|_{L^2(\Omega)}^2+\varepsilon\left\|\frac{\partial(|\tilde{V}|^{\frac{3}{2}})}{\partial\zeta}\right\|_{L^2(\Omega)}^2,
\end{aligned}
\tag{3.72}
$$

由(3.21)式可得

$$k_{s1}\int_{S^2}\tilde{p}_s\left(\left(\frac{g\zeta}{R\tilde{T}}\right)^2(|\tilde{V}|\tilde{V})\right)\cdot(f(|V|)V)\Big|_{\zeta=1}\mathrm{d}\sigma$$

$$=k_{s1}\int_{S^2}\tilde{p}_s\left(\left(\frac{g\zeta}{R\tilde{T}}\right)^2|\tilde{V}|^3f(|V|)\right)\Big|_{\zeta=1}\mathrm{d}\sigma$$

$$+k_{s1}\int_{S^2}p_s\left(\left(\frac{g\zeta}{R\tilde{T}}\right)^2(|\tilde{V}|\tilde{V})\cdot(f(|V|)\bar{V})\right)\Big|_{\zeta=1}\mathrm{d}\sigma,\tag{3.73}$$

则由(3.7)式和 Young 不等式,可得

$$k_{s1}\int_{S^2}\tilde{p}_s\left(\left(\frac{g\zeta}{R\tilde{T}}\right)^2|\tilde{V}|^3f(|V|)\right)\Big|_{\zeta=1}\mathrm{d}\sigma$$

$$\geqslant k_{s1}\int_{S^2}\tilde{p}_s\left(\left(\frac{g\zeta}{R\tilde{T}}\right)^2|\tilde{V}|^{3+\alpha}\right)\Big|_{\zeta=1}\mathrm{d}\sigma$$

$$-k_{s1}\int_{S^2}\tilde{p}_s\left(\left(\frac{g\zeta}{R\tilde{T}}\right)^2|\tilde{V}|^3\right)\Big|_{\zeta=1}|\bar{V}|^{\alpha}\mathrm{d}\sigma,\tag{3.74}$$

和

$$k_{s1}\int_{S^2}\tilde{p}_s\left(\left(\frac{g\zeta}{R\tilde{T}}\right)^2|\tilde{V}|^3\right)\Big|_{\zeta=1}|\bar{V}|^{\alpha}\mathrm{d}\sigma$$

$$\leqslant\varepsilon\int_{S^2}\tilde{p}_s\left(\left(\frac{g\zeta}{R\tilde{T}}\right)^2|\tilde{V}|^{3+\alpha}\right)\Big|_{\zeta=1}\mathrm{d}\sigma+C\int_{S^2}\tilde{p}_s\left(\left(\frac{g\zeta}{R\tilde{T}}\right)^2\right)\Big|_{\zeta=1}|\bar{V}|^{3+\alpha}\mathrm{d}\sigma,\tag{3.75}$$

类似地,可得

$$k_{s1}\int_{S^2}\tilde{p}_s\left(\left(\frac{g\zeta}{R\tilde{T}}\right)^2(|\tilde{V}|\tilde{V})\cdot(f(|V|)\bar{V})\right)\Big|_{\zeta=1}\mathrm{d}\sigma$$

$$\leqslant\varepsilon\int_{S^2}\tilde{p}_s\left(\left(\frac{g\zeta}{R\tilde{T}}\right)^2|\tilde{V}|^{3+\alpha}\right)\Big|_{\zeta=1}\mathrm{d}\sigma+C\int_{S^2}\tilde{p}_s\left(\left(\frac{g\zeta}{RT}\right)^2\right)\Big|_{\zeta=1}|\bar{V}|^{3+\alpha}\mathrm{d}\sigma$$

$$+C\int_{S^2}\tilde{p}_s\left(\left(\frac{g\zeta}{R\tilde{T}}\right)^2\right)\Big|_{\zeta=1}|\bar{V}|^{\frac{3+\alpha}{1+\alpha}}\mathrm{d}\sigma,\tag{3.76}$$

其中,ε>0 是一个足够小的常数.

最后,从(3.7)式和 Young 不等式可得

$$\left|k_{s1}\int_{\Omega}\left(\left(\frac{g\zeta}{R\tilde{T}}\right)^2f(|V|)V\right)\Big|_{\zeta=1}\cdot(\tilde{p}_s|\tilde{V}|\tilde{V})\mathrm{d}\sigma\mathrm{d}\zeta\right|$$

$$\leqslant C\left\|\left(\tilde{p}_s\left(\frac{g\zeta}{R\tilde{T}}\right)^2 f(|V|)V\right)\Big|_{\zeta=1}\right\|_{L^2(S^2)}\||\tilde{V}|\tilde{V}\|_{L^2(\Omega)}$$

$$\leqslant C+C\int_{S^2}\tilde{p}_s\left(\left(\frac{g\zeta}{R\tilde{T}}\right)^2(|\tilde{V}|^{2+2\alpha}+|\bar{V}|^{2+2\alpha})\right)\Big|_{\zeta=1}\mathrm{d}\sigma$$

$$+C\int_\Omega\tilde{p}_s|\tilde{V}|^3\mathrm{d}\sigma\mathrm{d}\zeta+\varepsilon\|\nabla(|\tilde{V}|^{\frac{3}{2}})\|_{L^2(\Omega)}^2+\varepsilon\left\|\frac{\partial(|\tilde{V}|^{\frac{3}{2}})}{\partial\xi}\right\|_{L^2(\Omega)}^2$$

$$\leqslant C+\varepsilon k_{s1}\int_{S^2}\tilde{p}_s\left(\left(\frac{g\zeta}{R\tilde{T}}\right)^2|\tilde{V}|^{3+\alpha}\right)\Big|_{\zeta=1}\mathrm{d}\sigma+C\int_{S^2}\tilde{p}_s\left(\left(\frac{g\zeta}{R\tilde{T}}\right)^2\right)\Big|_{\zeta=1}|\bar{V}|^{2+2\alpha}\mathrm{d}\sigma$$

$$+C\int_\Omega\tilde{p}_s|\tilde{V}|^3\mathrm{d}\sigma\mathrm{d}\zeta+\varepsilon\|\nabla(|\tilde{V}|^{\frac{3}{2}})\|_{L^2(\Omega)}^2+\varepsilon\left\|\frac{\partial(|\tilde{V}|^{\frac{3}{2}})}{\partial\xi}\right\|_{L^2(\Omega)}^2,\tag{3.77}$$

其中，$\varepsilon>0$ 是一个足够小的常数.

则由(3.58)式～(3.60)式，(3.64)式，(3.68)式，(3.69)式～(3.77)式可得

$$\frac{\mathrm{d}}{\mathrm{d}t}\int_\Omega\tilde{p}_s|\tilde{V}|^3\mathrm{d}\sigma\mathrm{d}\zeta+C\int_\Omega|\nabla\tilde{V}|^2|\tilde{V}|\mathrm{d}\sigma\mathrm{d}\zeta$$

$$+C\int_\Omega\left|\frac{\partial\tilde{V}}{\partial\zeta}\right|^2|\tilde{V}|\mathrm{d}\sigma\mathrm{d}\zeta+C\int_{S^2}|\tilde{V}|^{3+\alpha}\Big|_{\zeta=1}\mathrm{d}\sigma$$

$$\leqslant C+C(1+\|\nabla V\|_{L^2(\Omega)}^2)\int_\Omega\tilde{p}_s|\tilde{V}|^3\mathrm{d}\sigma\mathrm{d}\zeta$$

$$+C\|\nabla T'\|_{L^2(\Omega)}^2+C\int_{S^2}|\bar{V}|^{3+\alpha}\mathrm{d}\sigma,\tag{3.78}$$

利用 Gronwall 不等式，(3.33)式和(3.52)式，可得(3.57)式.

引理 3.7 令 $M>0$.在定理 3.1 的假设下，斜压速度场$\tilde{V}$满足

$$\int_\Omega|\tilde{V}|^4\mathrm{d}\sigma\mathrm{d}\zeta+\int_0^t\int_\Omega|\nabla\tilde{V}|^2|\tilde{V}|^2\mathrm{d}\sigma\mathrm{d}\zeta\mathrm{d}\tau+\int_0^t\int_\Omega\left|\frac{\partial\tilde{V}}{\partial\zeta}\right|^2|\tilde{V}|^2\mathrm{d}\sigma\mathrm{d}\zeta\mathrm{d}\tau$$

$$+\int_0^t\int_{S^2}|\tilde{V}|^{4+\alpha}\Big|_{\zeta=1}\mathrm{d}\sigma\mathrm{d}\tau\leqslant C(M),\quad t\in[0,M],\tag{3.79}$$

其中，$C(M)>0$ 是与时间 M 有关的常数.

证明 令(3.29)式与$\tilde{p}_s|\tilde{V}|^2\tilde{V}$在 Ω 上做内积，可得

$$\frac{1}{4}\frac{\mathrm{d}}{\mathrm{d}t}\int_\Omega\tilde{p}_s|\tilde{V}|^4\mathrm{d}\sigma\mathrm{d}\zeta+3\mu_1\int_\Omega|\nabla\tilde{V}|^2|\tilde{V}|^2\mathrm{d}\sigma\mathrm{d}\zeta$$

$$+3\nu_1\int_\Omega\tilde{p}_s\left(\frac{g\zeta}{R\tilde{T}}\right)^2\left|\frac{\partial\tilde{V}}{\partial\zeta}\right|^2|\tilde{V}|^2\mathrm{d}\sigma\mathrm{d}\zeta$$

$$
\begin{aligned}
&+k_{s1}\int_{S^2}\tilde{p}_s\left(\left(\frac{g\zeta}{R\tilde{T}}\right)^2(|\tilde{V}|^2\tilde{V})\cdot(f(|V|)V)\right)\Big|_{\zeta=1}\mathrm{d}\sigma\\
=&-\int_\Omega\left(\nabla_{V^{\sim *}}\tilde{V}-\left(\frac{1}{\tilde{p}_s}\int_0^\zeta\nabla\cdot(\tilde{p}_s\tilde{V}^*)\mathrm{d}s\right)\frac{\partial\tilde{V}}{\partial\zeta}\right)\cdot(\tilde{p}_s|\tilde{V}|^2\tilde{V})\mathrm{d}\sigma\mathrm{d}\zeta\\
&-\int_\Omega\nabla_{V^*-}\tilde{V}\cdot(\tilde{p}_s|\tilde{V}|^2\tilde{V})\mathrm{d}\sigma\mathrm{d}\zeta-\int_\Omega\nabla_{V^{\sim *}}\bar{V}\cdot(\tilde{p}_s|\tilde{V}|^2\tilde{V})\mathrm{d}\sigma\mathrm{d}\zeta\\
&+\int_\Omega\frac{1}{\tilde{p}_s}\tilde{V}\,\nabla\cdot(\tilde{p}_s\bar{\tilde{V}}^*)+\nabla_{V^{\sim *}}\tilde{V}\cdot(\tilde{p}_s|\tilde{V}|^2\tilde{V})\mathrm{d}\sigma\mathrm{d}\zeta\\
&-\int_\Omega 2\omega\cos\theta\begin{pmatrix}0&1\\-1&0\end{pmatrix}\tilde{V}\cdot(\tilde{p}_s|\tilde{V}|^2\tilde{V})\mathrm{d}\sigma\mathrm{d}\zeta\\
&-R\int_\Omega\left(\int_\zeta^1\frac{\nabla T'(s)}{s}\mathrm{d}s\right)\cdot(\tilde{p}_s|\tilde{V}|^2\tilde{V})\mathrm{d}\sigma\mathrm{d}\zeta\\
&+R\int_\Omega\left(\int_0^1\int_\zeta^1\frac{\nabla T'(s)}{s}\mathrm{d}s\mathrm{d}\zeta\right)\cdot(\tilde{p}_s|\tilde{V}|^2\tilde{V})\mathrm{d}\sigma\mathrm{d}\zeta\\
&-R\int_\Omega\left(\frac{\nabla\tilde{p}_s}{\tilde{p}_s}T'\right)\cdot(\tilde{p}_s|\tilde{V}|^2\tilde{V})\mathrm{d}\sigma\mathrm{d}\zeta\\
&+R\int_\Omega\left(\frac{\nabla\tilde{p}_s}{\tilde{p}_s}\left(\int_0^1T'\mathrm{d}\zeta\right)\right)\cdot(\tilde{p}_s|\tilde{V}|^2\tilde{V})\mathrm{d}\sigma\mathrm{d}\zeta\\
&+k_{s1}\int_\Omega\left(\left(\frac{g\zeta}{R\tilde{T}}\right)^2f(|V|)V\right)\Big|_{\zeta=1}\cdot(\tilde{p}_s|\tilde{V}|^2\tilde{V})\mathrm{d}\sigma\mathrm{d}\zeta.
\end{aligned}
\tag{3.80}
$$

类似于(3.59)式和(3.60)式,可得

$$
-\int_\Omega\left(\nabla_{V^{\sim *}}\tilde{V}-\left(\frac{1}{\tilde{p}_s}\int_0^\zeta\nabla\cdot(\tilde{p}_s\tilde{V}^*)\mathrm{d}s\right)\frac{\partial\tilde{V}}{\partial\zeta}\right)\cdot(\tilde{p}_s|\tilde{V}|^2\tilde{V})\mathrm{d}\sigma\mathrm{d}\zeta=0,
\tag{3.81}
$$

$$
-\int_\Omega\nabla_{V^*-}\tilde{V}\cdot(\tilde{p}_s|\tilde{V}|^2\tilde{V})\mathrm{d}\sigma\mathrm{d}\zeta=0.
\tag{3.82}
$$

类似于(3.61)式和(3.62)式,可得

$$
\begin{aligned}
&-\int_\Omega\nabla_{V^{\sim *}}\bar{V}\cdot(\tilde{p}_s|\tilde{V}|^2\tilde{V})\mathrm{d}\sigma\mathrm{d}\zeta\\
=&-\int_\Omega((\tilde{p}_s\tilde{V}^*)\cdot\nabla\bar{V})\cdot(|\tilde{V}|^2\tilde{V})\mathrm{d}\sigma\mathrm{d}\zeta+\int_\Omega\tilde{p}_s\tilde{v}_\lambda\bar{v}_\lambda\tilde{v}_\theta\frac{\cot\theta}{a}|\tilde{V}|^2\mathrm{d}\sigma\mathrm{d}\zeta\\
&-\int_\Omega\tilde{p}_s\tilde{v}_\lambda\bar{v}_\theta\tilde{v}_\lambda\frac{\cot\theta}{a}|\tilde{V}|^2\mathrm{d}\sigma\mathrm{d}\zeta
\end{aligned}
$$

$$=\int_{\Omega}\bar{V}\cdot((\tilde{p}_s\tilde{V}^*)\cdot\nabla(|\tilde{V}|^2\tilde{V}))\mathrm{d}\sigma\mathrm{d}\zeta+\int_{\Omega}\nabla\cdot(\tilde{p}_s\tilde{V}^*)\bar{V}\cdot(|\tilde{V}|^2\tilde{V})\mathrm{d}\sigma\mathrm{d}\zeta$$
$$+\int_{\Omega}\tilde{p}_s\tilde{v}_\lambda\bar{v}_\lambda\tilde{v}_\theta\frac{\cot\theta}{a}|\tilde{V}|^2\mathrm{d}\sigma\mathrm{d}\zeta-\int_{\Omega}\tilde{p}_s\tilde{v}_\lambda\tilde{v}_\theta\bar{v}_\lambda\frac{\cot\theta}{a}|\tilde{V}|^2\mathrm{d}\sigma\mathrm{d}\zeta,\tag{3.83}$$

$$\left|\int_{\Omega}\nabla_{V\sim *}\bar{V}\cdot(\tilde{p}_s|\tilde{V}|^2\tilde{V})\mathrm{d}\sigma\mathrm{d}\zeta\right|$$
$$\leqslant C\int_{S^2}|\bar{V}|\int_0^1|\nabla\tilde{V}||\tilde{V}|^3\mathrm{d}\zeta\mathrm{d}\sigma+C\int_{S^2}|\bar{V}|\int_0^1|\tilde{V}|^4\mathrm{d}\zeta\mathrm{d}\sigma$$
$$\leqslant C\int_{S^2}|\bar{V}|(\int_0^1|\nabla\tilde{V}|^2|\tilde{V}|^2\mathrm{d}\zeta)^{\frac{1}{2}}\left(\int_0^1|\tilde{V}|^4\mathrm{d}\zeta\right)^{\frac{1}{2}}\mathrm{d}\sigma$$
$$+\|\bar{V}\|_{L^2(S^2)}\left(\int_{S^2}\left(\int_0^1|\tilde{V}|^4\mathrm{d}\zeta\right)^2\mathrm{d}\sigma\right)^{\frac{1}{2}}$$
$$\leqslant C\|\bar{V}\|_{L^4(S^2)}\left(\int_{\Omega}|\nabla\tilde{V}|^2|\tilde{V}|^2\mathrm{d}\sigma\mathrm{d}\zeta\right)^{\frac{1}{2}}\left(\int_{S^2}\left(\int_0^1|\tilde{V}|^4\mathrm{d}\zeta\right)^2\mathrm{d}\sigma\right)^{\frac{1}{4}}$$
$$+C\|\bar{V}\|_{L^2(S^2)}\left(\int_{S^2}\left(\int_0^1|\tilde{V}|^4\mathrm{d}\zeta\right)^2\mathrm{d}\sigma\right)^{\frac{1}{2}},\tag{3.84}$$

由 Minkowski 不等式，Hölder 不等式和 Gagliardo-Nirenberg-Sobolev 不等式，可得

$$\left(\int_{S^2}\left(\int_0^1|\tilde{V}|^4\mathrm{d}\zeta\right)^2\mathrm{d}\sigma\right)^{\frac{1}{2}}$$
$$\leqslant\int_0^1\left(\int_{S^2}(|\tilde{V}|^2)^4\mathrm{d}\sigma\right)^{\frac{1}{2}}\mathrm{d}\zeta$$
$$\leqslant C\int_0^1\||\tilde{V}|^2\|_{L^2(S^2)}\||\tilde{V}|^2\|_{H^1(S^2)}\mathrm{d}\zeta$$
$$\leqslant C(\int_0^1\||\tilde{V}|^2\|_{L^2(S^2)}^2\mathrm{d}\zeta)^{\frac{1}{2}}(\int_0^1\||\tilde{V}|^2\|_{H^1(S^2)}^2\mathrm{d}\zeta)^{\frac{1}{2}}$$
$$\leqslant C\|\tilde{V}\|_{L^4(\Omega)}^2\|\nabla(|\tilde{V}|^2)\|_{L^2(\Omega)}+C\|\tilde{V}\|_{L^4(\Omega)}^4,\tag{3.85}$$

将上式代入到(3.74)式可得

$$\left|\int_{\Omega}\nabla_{V\sim *}\bar{V}\cdot(\tilde{p}_s|\tilde{V}|^2\tilde{V})\mathrm{d}\sigma\mathrm{d}\zeta\right|$$
$$\leqslant C\|\bar{V}\|_{L^4(S^2)}(\|\tilde{V}\|_{L^4(\Omega)}\|\nabla(|\tilde{V}|^2)\|_{L^2(\Omega)}^{\frac{3}{2}}+\|\tilde{V}\|_{L^4(\Omega)}^2\|\nabla(|\tilde{V}|^2)\|_{L^2(\Omega)})$$
$$+C\|\bar{V}\|_{L^2(S^2)}(\|\tilde{V}\|_{L^4(\Omega)}^2\|\nabla(|\tilde{V}|^2)\|_{L^2(\Omega)}+C\|\tilde{V}\|_{L^4(\Omega)}^4)$$
$$\leqslant C(1+\|\bar{V}\|_{L^4(S^2)}^4)\|\tilde{V}\|_{L^4(\Omega)}^4+C(1+\|\bar{V}\|_{L^2(S^2)}^2)\|\tilde{V}\|_{L^4(\Omega)}^4+\varepsilon\|\nabla(|\tilde{V}|^2)\|_{L^2(\Omega)}^2$$

$$
\begin{aligned}
&\leqslant C(1+\|\bar{V}\|_{L^2(S^2)}^2\|\nabla\bar{V}\|_{L^2(S^2)}^2)\|\tilde{V}\|_{L^4(\Omega)}^4\\
&\quad +C(1+\|V\|_{L^2(\Omega)}^2)\|\tilde{V}\|_{L^4(\Omega)}^4+\varepsilon\|\nabla(|\tilde{V}|^2)\|_{L^2(\Omega)}^2\\
&\leqslant C(1+\|\nabla V\|_{L^2(\Omega)}^2)\|\tilde{V}\|_{L^4(\Omega)}^4+\varepsilon\|\nabla(|\tilde{V}|^2)\|_{L^2(\Omega)}^2,
\end{aligned}
\tag{3.86}
$$

其中，$\varepsilon>0$ 是一个足够小的常数.

类似于(3.65)式和(3.66)式可得

$$
\begin{aligned}
&\int_\Omega \overline{\frac{1}{\tilde{p}_s}\tilde{V}\,\nabla\cdot(\tilde{p}_s\tilde{V}^*)+\nabla_{V\sim *}\tilde{V}\cdot(\tilde{p}_s|\tilde{V}|^2\tilde{V})}\mathrm{d}\sigma\mathrm{d}\zeta\\
&=\int_\Omega \overline{\tilde{V}\,\nabla\cdot(\tilde{p}_s\tilde{V}^*)+(\tilde{p}_s\tilde{V}^*)\cdot\nabla\tilde{V}\cdot(|\tilde{V}|^2\tilde{V})}\mathrm{d}\sigma\mathrm{d}\zeta\\
&\quad -\int_\Omega\left(\int_0^1\tilde{v}_\lambda\,\tilde{v}_\theta\,\frac{\cot\theta}{a}\mathrm{d}\zeta\right)\tilde{p}_s|\tilde{V}|^2\,\tilde{v}_\theta\mathrm{d}\sigma\mathrm{d}\zeta\\
&\quad +\int_\Omega\left(\int_0^1\tilde{v}_\lambda\,\tilde{v}_\theta\,\frac{\cot\theta}{a}\mathrm{d}\zeta\right)\tilde{p}_s|\tilde{V}|^2\,\tilde{v}_\lambda\mathrm{d}\sigma\mathrm{d}\zeta\\
&=\int_\Omega\left(\int_0^1\tilde{p}_s\,\tilde{v}_\theta^*\,\tilde{V}\mathrm{d}\zeta\right)\cdot\frac{\partial(|\tilde{V}|^2\tilde{V})}{\partial\theta}\mathrm{d}\sigma\mathrm{d}\zeta\\
&\quad +\int_\Omega\left(\int_0^1\tilde{p}_s\,\tilde{v}_\lambda^*\,\tilde{V}\mathrm{d}\zeta\right)\cdot\frac{\partial(|\tilde{V}|^2\tilde{V})}{\partial\lambda}\mathrm{d}\sigma\mathrm{d}\zeta\\
&\quad -\int_\Omega\left(\int_0^1\tilde{v}_\lambda\,\tilde{v}_\theta\,\frac{\cot\theta}{a}\mathrm{d}\zeta\right)\tilde{p}_s|\tilde{V}|^2\,\tilde{v}_\theta\mathrm{d}\sigma\mathrm{d}\zeta\\
&\quad +\int_\Omega\left(\int_0^1\tilde{v}_\lambda\,\tilde{v}_\theta\,\frac{\cot\theta}{a}\mathrm{d}\zeta\right)\tilde{p}_s|\tilde{V}|^2\,\tilde{v}_\lambda\mathrm{d}\sigma\mathrm{d}\zeta,
\end{aligned}
\tag{3.87}
$$

$$
\begin{aligned}
&\left|\int_\Omega \overline{\frac{1}{\tilde{p}_s}\tilde{V}\,\nabla\cdot(\tilde{p}_s\tilde{V}^*)+\nabla_{V\sim *}\tilde{V}\cdot(\tilde{p}_s|\tilde{V}|^2\tilde{V})}\mathrm{d}\sigma\mathrm{d}\zeta\right|\\
&\leqslant C\int_{S^2}\left(\int_0^1|\tilde{V}|^2\mathrm{d}\zeta\right)\left(\int_0^1|\nabla\tilde{V}|\,|\tilde{V}|^2\mathrm{d}\zeta\right)\mathrm{d}\sigma+\int_{S^2}\left(\int_0^1|\tilde{V}|^2\mathrm{d}\zeta\right)\left(\int_0^1|\tilde{V}|^3\mathrm{d}\zeta\right)\mathrm{d}\sigma\\
&\leqslant C\int_{S^2}\left(\int_0^1|\tilde{V}|^2\mathrm{d}\zeta\right)\left(\int_0^1|\tilde{V}|^2\mathrm{d}\zeta\right)^{\frac{1}{2}}\left(\int_0^1|\nabla\tilde{V}|^2|\tilde{V}|^2\mathrm{d}\zeta\right)^{\frac{1}{2}}\mathrm{d}\sigma\\
&\quad +C\int_{S^2}\left(\int_0^1|\tilde{V}|^2\mathrm{d}\zeta\right)\left(\int_0^1|\tilde{V}|^2\mathrm{d}\zeta\right)^{\frac{1}{2}}\left(\int_0^1|\tilde{V}|^4\mathrm{d}\zeta\right)^{\frac{1}{2}}\mathrm{d}\sigma\\
&\leqslant C\left(\int_\Omega\left(\int_0^1|\tilde{V}|^2\mathrm{d}\zeta\right)^3\mathrm{d}\sigma\right)^{\frac{1}{2}}\left(\int_\Omega|\nabla\tilde{V}|^2|\tilde{V}|^2\mathrm{d}\sigma\mathrm{d}\zeta\right)^{\frac{1}{2}}\\
&\quad +C\left(\int_\Omega\left(\int_0^1|\tilde{V}|^2\mathrm{d}\zeta\right)^3\mathrm{d}\sigma\right)^{\frac{1}{2}}\left(\int_\Omega|\tilde{V}|^4\mathrm{d}\sigma\mathrm{d}\zeta\right)^{\frac{1}{2}},
\end{aligned}
\tag{3.88}
$$

再由 Minkowski 不等式，Hölder 不等式和 Gagliardo-Nirenberg-Sobolev 不等式可得

$$
\begin{aligned}
\int_{S^2}\left(\int_0^1|\tilde{V}|^2\mathrm{d}\zeta\right)^3\mathrm{d}\sigma &\leqslant C\left(\int_0^1\left(\int_{S^2}|\tilde{V}|^6\mathrm{d}\sigma\right)^{\frac{1}{3}}\mathrm{d}\zeta\right)^3\\
&\leqslant C\left(\int_0^1\|\tilde{V}\|_{L^4(S^2)}^{\frac{4}{3}}\|\tilde{V}\|_{H^1(S^2)}^{\frac{2}{3}}\mathrm{d}\zeta\right)^3\\
&\leqslant C\left(\int_0^1\|\tilde{V}\|_{L^4(S^2)}^4\mathrm{d}\zeta\right)\left(\int_0^1\|\tilde{V}\|_{H^1(S^2)}\mathrm{d}\zeta\right)^2\\
&\leqslant C\|\tilde{V}\|_{L^4(\Omega)}^4(\|\nabla\tilde{V}\|_{L^2(\Omega)}^2+\|\tilde{V}\|_{L^2(\Omega)}^2),
\end{aligned}
\tag{3.89}
$$

将上式代入到(3.78)式可得

$$
\begin{aligned}
&\int_\Omega \frac{1}{\tilde{p}_s}\tilde{V}\,\nabla\cdot(\tilde{p}_s\tilde{V}^*)+\nabla_{\tilde{V}^*}\tilde{V}\cdot(\tilde{p}_s|\tilde{V}|^2\tilde{V})\mathrm{d}\sigma\mathrm{d}\zeta\\
\leqslant{}& C(\|\tilde{V}\|_{L^4(\Omega)}^4(\|\nabla\tilde{V}\|_{L^2(\Omega)}^2+\|\tilde{V}\|_{L^2(\Omega)}^2))^{\frac{1}{2}}\left(\int_\Omega|\nabla\tilde{V}|^2|\tilde{V}|^2\mathrm{d}\sigma\mathrm{d}\zeta\right)^{\frac{1}{2}}\\
&+C(\|\tilde{V}\|_{L^4(\Omega)}^4(\|\nabla\tilde{V}\|_{L^2(\Omega)}^2+\|\tilde{V}\|_{L^2(\Omega)}^2))^{\frac{1}{2}}\left(\int_\Omega|\tilde{V}|^4\mathrm{d}\sigma\mathrm{d}\zeta\right)^{\frac{1}{2}}\\
\leqslant{}& C(1+\|\nabla V\|_{L^2(\Omega)}^2)\|\tilde{V}\|_{L^4(\Omega)}^4+\varepsilon\int_\Omega|\nabla\tilde{V}|^2|\tilde{V}|^2\mathrm{d}\sigma\mathrm{d}\zeta,
\end{aligned}
\tag{3.90}
$$

其中，$\varepsilon>0$ 是一个足够小的常数.

易得

$$
\int_\Omega 2\omega\cos\theta\begin{pmatrix}0 & -1\\ 1 & 0\end{pmatrix}\tilde{V}\cdot(\tilde{p}_s|\tilde{V}|\tilde{V})\mathrm{d}\sigma\mathrm{d}\zeta=0. \tag{3.91}
$$

由 Cauchy-Schwarz 不等式，Hardy 不等式，Gagliardo-Nirenberg-Sobolev 不等式和 Young 不等式可得

$$
\begin{aligned}
&\left|-R\int_\Omega\left(\int_\zeta^1\frac{\nabla T'(s)}{s}\mathrm{d}s\right)\cdot(\tilde{p}_s|\tilde{V}|^2\tilde{V})\mathrm{d}\sigma\mathrm{d}\zeta\right|\\
={}&\left|-R\int_{S^2}\int_0^1\nabla T'(s)\cdot\left(\frac{1}{s}\int_0^s(\tilde{p}_s|\tilde{V}|^2\tilde{V})\mathrm{d}\zeta\right)\mathrm{d}s\mathrm{d}\sigma\right|\\
\leqslant{}& C\|\nabla T'\|_{L^2(\Omega)}\left\|\frac{1}{s}\int_0^s(\tilde{p}_s|\tilde{V}|\tilde{V})\mathrm{d}\zeta\right\|_{L^2(\Omega)}\\
\leqslant{}& C\|\nabla T'\|_{L^2(\Omega)}\||\tilde{V}|^3\|_{L^2(\Omega)}\\
\leqslant{}& C\|\nabla T'\|_{L^2(\Omega)}\||\tilde{V}|^2\|_{L^3(\Omega)}^{\frac{3}{2}}
\end{aligned}
$$

$$
\begin{aligned}
&\leqslant C\|\nabla T'\|_{L^2(\Omega)}\left(\||\tilde{V}|^2\|_{L^{\frac{3}{2}}(\Omega)}^{\frac{1}{3}}\left(\||\tilde{V}|^2\|_{L^2(\Omega)}\right.\right.\\
&\quad\left.\left.+\|\nabla(|\tilde{V}|^2)\|_{L^2(\Omega)}+\left\|\frac{\partial(|\tilde{V}|^2)}{\partial\zeta}\right\|_{L^2(\Omega)}\right)^{\frac{2}{3}}\right)^{\frac{3}{2}}\\
&\leqslant C(M)\|\nabla T'\|_{L^2(\Omega)}+C\int_\Omega\tilde{p}_s|\tilde{V}|^4\mathrm{d}\sigma\mathrm{d}\zeta\\
&\quad+\varepsilon\|\nabla(|\tilde{V}|^2)\|_{L^2(\Omega)}^2+\varepsilon\left\|\frac{\partial(|\tilde{V}|^2)}{\partial\zeta}\right\|_{L^2(\Omega)}^2,
\end{aligned}
\tag{3.92}
$$

$$
\begin{aligned}
&\left|R\int_\Omega\left(\int_0^1\int_\zeta^1\frac{\nabla T'(s)}{s}\mathrm{d}s\mathrm{d}\zeta\right)\cdot(\tilde{p}_s|\tilde{V}|^2\tilde{V})\mathrm{d}\sigma\mathrm{d}\zeta\right|\\
&=\left|R\int_\Omega\left(\int_0^1\nabla T'(s)\mathrm{d}s\right)\cdot(\tilde{p}_s|\tilde{V}|^2\tilde{V})\mathrm{d}\sigma\mathrm{d}\zeta\right|\\
&\leqslant C\|\nabla T'\|_{L^2(\Omega)}\|\tilde{V}^3\|_{L^2(\Omega)}\\
&\leqslant C(M)\|\nabla T'\|_{L^2(\Omega)}^2+C\int_\Omega\tilde{p}_s|\tilde{V}|^4\mathrm{d}\sigma\mathrm{d}\zeta\\
&\quad+\varepsilon\|\nabla(|\tilde{V}|^2)\|_{L^2(\Omega)}^2+\varepsilon\left\|\frac{\partial(|\tilde{V}|^2)}{\partial\zeta}\right\|_{L^2(\Omega)}^2,
\end{aligned}
\tag{3.93}
$$

和

$$
\begin{aligned}
&\left|-R\int_\Omega\left(\frac{\nabla\tilde{p}_s}{\tilde{p}_s}T'\right)\cdot(\tilde{p}_s|\tilde{V}|^2\tilde{V})\mathrm{d}\sigma\mathrm{d}\zeta\right|\\
&\quad+\left|R\int_\Omega\left(\frac{\nabla\tilde{p}_s}{\tilde{p}_s}\left(\int_0^1T'\mathrm{d}\zeta\right)\right)\cdot(\tilde{p}_s|\tilde{V}|^2\tilde{V})\mathrm{d}\sigma\mathrm{d}\zeta\right|\\
&\leqslant C\|T'\|_{L^2(\Omega)}\|\tilde{p}_s|\tilde{V}|^2\tilde{V}\|_{L^2(\Omega)}+C\left\|\int_0^1T'\mathrm{d}\zeta\right\|_{L^2(\Omega)}\|\tilde{p}_s|\tilde{V}|^2\tilde{V}\|_{L^2(\Omega)}\\
&\leqslant C\|T'\|_{L^2(\Omega)}\|\tilde{V}^3\|_{L^2(\Omega)}\\
&\leqslant C(M)+C\int_\Omega\tilde{p}_s|\tilde{V}|^4\mathrm{d}\sigma\mathrm{d}\zeta+\varepsilon\|\nabla(|\tilde{V}|^2)\|_{L^2(\Omega)}^2+\varepsilon\left\|\frac{\partial(|\tilde{V}|^2)}{\partial\zeta}\right\|_{L^2(\Omega)}^2,
\end{aligned}
\tag{3.94}
$$

由(3.21)式，可得

$$
\begin{aligned}
&k_{s1}\int_{S^2}\tilde{p}_s\left(\left(\frac{g\zeta}{R\tilde{T}}\right)^2(|\tilde{V}|^2\tilde{V})\right)\cdot(f(|V|)V)\Big|_{\zeta=1}\mathrm{d}\sigma\\
&=k_{s1}\int_{S^2}\tilde{p}_s\left(\left(\frac{g\zeta}{R\tilde{T}}\right)^2|\tilde{V}|^4f(|V|)\right)\Big|_{\zeta=1}\mathrm{d}\sigma
\end{aligned}
$$

$$+k_{s1}\int_{S^2} p_s\left(\left(\frac{g\zeta}{R\tilde{T}}\right)^2(|\tilde{V}|^2\tilde{V})\cdot(f(|V|)\bar{V})\right)\bigg|_{\zeta=1}\mathrm{d}\sigma, \tag{3.95}$$

则由(3.7)式和 Young 不等式可得

$$k_{s1}\int_{S^2}\tilde{p}_s\left(\left(\frac{g\zeta}{R\tilde{T}}\right)^2|\tilde{V}|^4 f(|V|)\right)\bigg|_{\zeta=1}\mathrm{d}\sigma$$
$$\geqslant k_{s1}\int_{S^2}\tilde{p}_s\left(\left(\frac{g\zeta}{R\tilde{T}}\right)^2|\tilde{V}|^{4+\alpha}\right)\bigg|_{\zeta=1}\mathrm{d}\sigma-k_{s1}\int_{S^2}\tilde{p}_s\left(\left(\frac{g\zeta}{R\tilde{T}}\right)^2|\tilde{V}|^4\right)\bigg|_{\zeta=1}|\bar{V}|^{\alpha}\mathrm{d}\sigma, \tag{3.96}$$

和

$$k_{s1}\int_{S^2}\tilde{p}_s\left(\left(\frac{g\zeta}{R\tilde{T}}\right)^2|\tilde{V}|^4\right)\bigg|_{\zeta=1}|\bar{V}|^{\alpha}\mathrm{d}\sigma$$
$$\leqslant \varepsilon\int_{S^2}\tilde{p}_s\left(\left(\frac{g\zeta}{R\tilde{T}}\right)^2|\tilde{V}|^{4+\alpha}\right)\bigg|_{\zeta=1}\mathrm{d}\sigma+C\int_{S^2}\tilde{p}_s\left(\left(\frac{g\zeta}{R\tilde{T}}\right)^2\right)\bigg|_{\zeta=1}|\bar{V}|^{4+\alpha}\mathrm{d}\sigma, \tag{3.97}$$

类似地,可得

$$k_{s1}\int_{S^2}\tilde{p}_s\left(\left(\frac{g\zeta}{R\tilde{T}}\right)^2(|\tilde{V}|^2\tilde{V})\cdot(f(|V|)\bar{V})\right)\bigg|_{\zeta=1}\mathrm{d}\sigma$$
$$\leqslant \varepsilon\int_{S^2}\tilde{p}_s\left(\left(\frac{g\zeta}{R\tilde{T}}\right)^2|\tilde{V}|^{4+\alpha}\right)\bigg|_{\zeta=1}\mathrm{d}\sigma+C\int_{S^2}\tilde{p}_s\left(\left(\frac{g\zeta}{R T}\right)^2\right)\bigg|_{\zeta=1}|\bar{V}|^{4+\alpha}\mathrm{d}\sigma$$
$$+C\int_{S^2}\tilde{p}_s\left(\left(\frac{g\zeta}{R\tilde{T}}\right)^2\right)\bigg|_{\zeta=1}|\bar{V}|^{\frac{4+\alpha}{1+\alpha}}\mathrm{d}\sigma, \tag{3.98}$$

其中,$\varepsilon>0$ 是一个足够小的常数.

最后,从(3.97)式和 Young 不等式可得

$$k_{s1}\int_{\Omega}\left(\left(\frac{g\zeta}{R\tilde{T}}\right)^2 f(|V|)V\right)\bigg|_{\zeta=1}\cdot(\tilde{p}_s|\tilde{V}|^2\tilde{V})\mathrm{d}\sigma\mathrm{d}\zeta$$
$$\leqslant C\left\|\left(\tilde{p}_s\left(\frac{g\zeta}{R\tilde{T}}\right)^2 f(|V|)V\right)\bigg|_{\zeta=1}\right\|_{L^2(S^2)}\||\tilde{V}|^2\tilde{V}\|_{L^2(\Omega)}$$
$$\leqslant C+C\int_{S^2}\tilde{p}_s\left(\left(\frac{g\zeta}{R\tilde{T}}\right)^2(|\tilde{V}|^{2+2\alpha}+|\bar{V}|^{2+2\alpha})\right)\bigg|_{\zeta=1}\mathrm{d}\sigma$$
$$+C\int_{\Omega}\tilde{p}_s|\tilde{V}|^4\mathrm{d}\sigma\mathrm{d}\zeta+\varepsilon\|\nabla(|\tilde{V}|^2)\|_{L^2(\Omega)}^2+\varepsilon\left\|\frac{\partial(|\tilde{V}|^2)}{\partial\xi}\right\|_{L^2(\Omega)}^2$$

$$\leqslant C+\varepsilon k_{s1}\int_{S^2}\tilde{p}_s\left(\left(\frac{g\zeta}{R\tilde{T}}\right)^2|\tilde{V}|^{4+\alpha}\right)\Big|_{\zeta=1}\mathrm{d}\sigma+C\int_{S^2}\tilde{p}_s\left(\left(\frac{g\zeta}{R\tilde{T}}\right)^2\right)\Big|_{\zeta=1}|\bar{V}|^{2+2\alpha}\mathrm{d}\sigma$$

$$+C\int_{\Omega}\tilde{p}_s|\tilde{V}|^4\mathrm{d}\sigma\mathrm{d}\zeta+\varepsilon\|\nabla(|\tilde{V}|^2)\|^2_{L^2(\Omega)}+\varepsilon\left\|\frac{\partial(|\tilde{V}|^2)}{\partial\xi}\right\|^2_{L^2(\Omega)},\tag{3.99}$$

其中,$\varepsilon>0$ 是一个足够小的常数.

则由(3.80)式~(3.82)式,(3.86)式,(3.90)式~(3.99)式可得如下估计

$$\frac{\mathrm{d}}{\mathrm{d}t}\int_{\Omega}\tilde{p}_s|\tilde{V}|^4\mathrm{d}\sigma\mathrm{d}\zeta+C\int_{\Omega}|\nabla\tilde{V}|^2|\tilde{V}|^2\mathrm{d}\sigma\mathrm{d}\zeta$$

$$+C\int_{\Omega}\left|\frac{\partial\tilde{V}}{\partial\zeta}\right|^2|\tilde{V}|^2\mathrm{d}\sigma\mathrm{d}\zeta+C\int_{S^2}|\tilde{V}|^{3+\alpha}\Big|_{\zeta=1}\mathrm{d}\sigma$$

$$\leqslant C+C(1+\|\nabla V\|^2_{L^2(\Omega)})\int_{\Omega}\tilde{p}_s|\tilde{V}|^3\mathrm{d}\sigma\mathrm{d}\zeta+C\|\nabla T'\|^2_{L^2(\Omega)}+C\int_{S^2}|\bar{V}|^{3+\alpha}\mathrm{d}\sigma,\tag{3.100}$$

利用 Gronwall 不等式以及(3.33)式和(3.52)式,可得(3.79)式.

3.7　正压速度场的 H^1 估计

引理 3.7　令 $M>0$. 在定理 3.1 的假设下,正压速度场$\bar{V}$满足

$$\int_{S^2}|\nabla\bar{V}|^2\mathrm{d}\sigma+\int_{S^2}\left|\int_0^t\nabla\nabla\cdot(\tilde{p}_s\bar{V})\mathrm{d}\tau\right|^2\mathrm{d}\sigma$$

$$+\int_0^t\int_{S^2}|\Delta\bar{V}|^2\mathrm{d}\sigma\mathrm{d}\tau\leqslant C(M),\quad t\in[0,M],\tag{3.101}$$

其中,$C(M)>0$ 是与时间 M 有关的常数.

证明　将(3.28)式与$\tilde{p}_s\Delta(\tilde{p}_s\bar{V})$在 Ω 上做内积可得

$$\frac{1}{2}\frac{\mathrm{d}}{\mathrm{d}t}\int_{S^2}|\nabla(\tilde{p}_s\bar{V})|^2\mathrm{d}\sigma+\frac{R}{2}\frac{\mathrm{d}}{\mathrm{d}t}\int_{S^2}\tilde{T}_s\left|\int_0^t\nabla\nabla\cdot(\tilde{p}_s\bar{V})\mathrm{d}\tau\right|^2\mathrm{d}\sigma$$

$$+\mu_1\int_{S^2}\tilde{p}_s|\Delta\bar{V}|^2\mathrm{d}\sigma$$

$$=-2\mu_1\int_{S^2}(\nabla\tilde{p}_s\cdot\nabla\bar{V})\cdot\Delta\bar{V}\mathrm{d}\sigma-\mu_1\int_{S^2}\Delta\tilde{p}_s\bar{V}\cdot\Delta\bar{V}\mathrm{d}\sigma$$

$$+\int_{S^2}\nabla_{V^*-\bar{V}}\cdot(\tilde{p}_s\Delta(\tilde{p}_s\bar{V}))\mathrm{d}\sigma$$

$$
\begin{aligned}
&+\int_{S^2}\overline{\frac{1}{\tilde{p}_s}\tilde{V}\nabla\cdot(\tilde{p}_s\tilde{V}^*)+\nabla_{\tilde{V}^*}\tilde{V}}\cdot(\tilde{p}_s\Delta(\tilde{p}_s\bar{V}))\mathrm{d}\sigma\\
&+\int_{S^2}2\omega\cos\theta\begin{pmatrix}0&1\\-1&0\end{pmatrix}\bar{V}\cdot(\tilde{p}_s\Delta(\tilde{p}_s\bar{V}))\mathrm{d}\sigma\\
&+R\int_{S^2}\left(\int_0^1\int_\zeta^1\frac{\nabla T'(s)}{s}\mathrm{d}s\,\mathrm{d}\zeta\right)\cdot(\tilde{p}_s\Delta(\tilde{p}_s\bar{V}))\mathrm{d}\sigma\\
&+R\int_{S^2}\left(\frac{\nabla\tilde{p}_s}{\tilde{p}_s}\int_0^1T'\mathrm{d}\zeta\right)\cdot(\tilde{p}_s\Delta(\tilde{p}_s\bar{V}))\mathrm{d}\sigma\\
&+R\int_{S^2}\frac{\tilde{T}_s}{\tilde{p}_s}\left(\int_0^t\nabla\cdot(\tilde{p}_s\bar{V})\mathrm{d}\tau\right)\nabla\tilde{p}_s\cdot\Delta(\tilde{p}_s\bar{V})\mathrm{d}\sigma\\
&-R\int_{S^2}\left(\int_0^t\nabla\cdot(\tilde{p}_s\bar{V})\mathrm{d}\tau\right)\nabla\tilde{T}_s\cdot(\nabla\nabla\cdot(\tilde{p}_s\bar{V}))\mathrm{d}\sigma\\
&+k_{s1}\int_{S^2}\left(\left(\frac{g\zeta}{R\tilde{T}}\right)^2f(|V|)V\right)\bigg|_{\zeta=1}\cdot(\tilde{p}_s\Delta(\tilde{p}_s\bar{V}))\mathrm{d}\sigma,
\end{aligned}
\tag{3.102}
$$

这里用到了下式

$$
\begin{aligned}
&-\int_{S^2}\nabla\left(\frac{R\tilde{T}_s}{\tilde{p}_s}\int_0^t\nabla\cdot(\tilde{p}_s\bar{V})\mathrm{d}\tau\right)\cdot(\tilde{p}_s\Delta(\tilde{p}_s\bar{V}))\mathrm{d}\sigma\\
={}&R\int_{S^2}\frac{\tilde{T}_s}{\tilde{p}_s}\left(\int_0^t\nabla\cdot(\tilde{p}_s\bar{V})\mathrm{d}\tau\right)\nabla\tilde{p}_s\cdot\Delta(\tilde{p}_s\bar{V})\mathrm{d}\sigma\\
&+R\int_{S^2}\tilde{T}_s\left(\int_0^t\nabla\cdot(\tilde{p}_s\bar{V})\mathrm{d}\tau\right)\nabla\cdot\Delta(\tilde{p}_s\bar{V})\mathrm{d}\sigma\\
={}&R\int_{S^2}\frac{\tilde{T}_s}{\tilde{p}_s}\left(\int_0^t\nabla\cdot(\tilde{p}_s\bar{V})\mathrm{d}\tau\right)\nabla\tilde{p}_s\cdot\Delta(\tilde{p}_s\bar{V})\mathrm{d}\sigma\\
&-R\int_{S^2}\tilde{T}_s\left(\int_0^t\nabla\nabla\cdot(\tilde{p}_s\bar{V})\mathrm{d}\tau\right)\cdot(\nabla\nabla\cdot(\tilde{p}_s\bar{V}))\mathrm{d}\sigma\\
&-R\int_{S^2}\left(\int_0^t\nabla\cdot(\tilde{p}_s\bar{V})\mathrm{d}\tau\right)\nabla\tilde{T}_s\cdot(\nabla\nabla\cdot(\tilde{p}_s\bar{V}))\mathrm{d}\sigma\\
={}&R\int_{S^2}\frac{\tilde{T}_s}{\tilde{p}_s}\left(\int_0^t\nabla\cdot(\tilde{p}_s\bar{V})\mathrm{d}\tau\right)\nabla\tilde{p}_s\cdot\Delta(\tilde{p}_s\bar{V})\mathrm{d}\sigma\\
&-\frac{R}{2}\frac{\mathrm{d}}{\mathrm{d}t}\int_{S^2}\tilde{T}_s\left|\int_0^t\nabla\nabla\cdot(\tilde{p}_s\bar{V})\mathrm{d}\tau\right|^2\mathrm{d}\sigma\\
&-R\int_{S^2}\left(\int_0^t\nabla\cdot(\tilde{p}_s\bar{V})\mathrm{d}\tau\right)\nabla\tilde{T}_s\cdot(\nabla\nabla\cdot(\tilde{p}_s\bar{V}))\mathrm{d}\sigma.
\end{aligned}
\tag{3.103}
$$

利用(3.5)式和(3.33)式,可得

$$\begin{aligned}
&\left|2\int_{S^2}(\nabla\tilde{p}_s\cdot\nabla\bar{V})\cdot\Delta\bar{V}\mathrm{d}\sigma\right|+\left|\int_{S^2}\Delta\tilde{p}_s\bar{V}\cdot\Delta\bar{V}\mathrm{d}\sigma\right|\\
&\leqslant C\int_{S^2}|\bar{V}|^2\mathrm{d}\sigma+C\int_{S^2}\left|\nabla\bar{V}\right|^2\mathrm{d}\sigma+\varepsilon\int_{S^2}\left|\Delta\bar{V}\right|^2\mathrm{d}\sigma\\
&\leqslant C+C\int_{\Omega}|\nabla V|^2\mathrm{d}\sigma\mathrm{d}\zeta+\varepsilon\int_{S^2}|\Delta\bar{V}|^2\mathrm{d}\sigma,
\end{aligned}\tag{3.104}$$

其中,ε>0 是一个足够小的常数.

由(3.27)式可得

$$\begin{aligned}
&\left|\int_{S^2}\nabla\bar{V}^*\bar{V}\cdot(\tilde{p}_s\Delta(\tilde{p}_s\bar{V}))\mathrm{d}\sigma\right|\\
&\leqslant C\|\bar{V}^*\|_{L^4(S^2)}\|\nabla\bar{V}\|_{L^4(S^2)}\|\Delta(\tilde{p}_s\bar{V})\|_{L^2(S^2)}\\
&\quad+\|\bar{V}\|_{L^4(S^2)}^2\|\Delta(\tilde{p}_s\bar{V})\|_{L^2(S^2)}\\
&\leqslant C\|\bar{V}\|_{L^2(S^2)}^{\frac{1}{2}}(\|\bar{V}\|_{L^2(S^2)}^{\frac{1}{2}}+\|\nabla\bar{V}\|_{L^2(S^2)}^{\frac{1}{2}})\|\nabla\bar{V}\|_{L^2(S^2)}^{\frac{1}{2}}(\|\nabla\bar{V}\|_{L^2(S^2)}^{\frac{1}{2}}\\
&\quad+\|\Delta\bar{V}\|_{L^2(S^2)}^{\frac{1}{2}})\cdot(\|\Delta\bar{V}\|_{L^2(S^2)}+\|\nabla\bar{V}\|_{L^2(S^2)}+\|\bar{V}\|_{L^2(S^2)})\\
&\quad+\|\bar{V}\|_{L^2(S^2)}(\|\bar{V}\|_{L^2(S^2)}+\|\nabla\bar{V}\|_{L^2(S^2)})(\|\Delta\bar{V}\|_{L^2(S^2)}\\
&\quad+\|\nabla\bar{V}\|_{L^2(S^2)}+\|\bar{V}\|_{L^2(S^2)})\\
&\leqslant C+C(1+\|\nabla V\|_{L^2(\Omega)}^2)\|\nabla\bar{V}\|_{L^2(S^2)}^2+\varepsilon\|\Delta\bar{V}\|_{L^2(S^2)}^2,
\end{aligned}\tag{3.105}$$

其中,ε>0 是一个足够小的常数.

由(3.26)式,(3.33)式和(3.79)式可得

$$\begin{aligned}
&\overline{\int_{S^2}\frac{1}{\tilde{p}_s}\tilde{V}\nabla\cdot(\tilde{p}_s\tilde{V}^*)+\nabla_{V\sim *}\tilde{V}\cdot(\tilde{p}_s\Delta(\tilde{p}_s\bar{V}))\mathrm{d}\sigma}\\
&\leqslant C\left(\int_{S^2}\left(\int_0^1|\nabla\tilde{V}||\tilde{V}|\mathrm{d}\zeta\right)^2\mathrm{d}\sigma\right)^{\frac{1}{2}}\left(\int_{S^2}|\Delta(\tilde{p}_s\bar{V})|^2\mathrm{d}\sigma\right)^{\frac{1}{2}}\\
&\quad+C\left(\int_{S^2}\left(\int_0^1|\tilde{V}|^2\mathrm{d}\zeta\right)^2\mathrm{d}\sigma\right)^{\frac{1}{2}}\left(\int_{S^2}|\Delta(\tilde{p}_s\bar{V})|^2\mathrm{d}\sigma\right)^{\frac{1}{2}}\\
&\leqslant C\int_{\Omega}|\nabla\tilde{V}|^2|\tilde{V}|^2\mathrm{d}\sigma\mathrm{d}\zeta+C\int_{\Omega}|\tilde{V}|^4\mathrm{d}\sigma\mathrm{d}\zeta\\
&\quad+C\int_{S^2}|\bar{V}|^2\mathrm{d}\sigma+C\int_{S^2}|\nabla\bar{V}|^2\mathrm{d}\sigma+\varepsilon\int_{S^2}|\Delta\bar{V}|^2\mathrm{d}\sigma\\
&\leqslant C(M)+C\int_{\Omega}|\nabla\tilde{V}|^2|\tilde{V}|^2\mathrm{d}\sigma\mathrm{d}\zeta
\end{aligned}$$

$$+C\int_{\Omega}|\nabla V|^2\mathrm{d}\sigma\mathrm{d}\zeta+\varepsilon\int_{S^2}|\Delta\bar{V}|^2\mathrm{d}\sigma,\tag{3.106}$$

其中,$\varepsilon>0$ 是一个足够小的常数.

通过直接计算可得

$$\int_{S^2}2\omega\cos\theta\begin{pmatrix}0&-1\\1&0\end{pmatrix}\bar{V}\cdot(\tilde{p}_s\Delta(\tilde{p}_s\bar{V}))\mathrm{d}\sigma=0.\tag{3.107}$$

由(3.33)式可得

$$\begin{aligned}&\left|R\int_{S^2}\left(\int_0^1\int_{\zeta}^1\frac{\nabla T'(s)}{s}\mathrm{d}s\mathrm{d}\zeta\right)\cdot(\tilde{p}_s\Delta(\tilde{p}_s\bar{V}))\mathrm{d}\sigma\right|\\&=\left|R\int_{S^2}\left(\int_0^1\nabla T'(s)\mathrm{d}s\right)\cdot(\tilde{p}_s\Delta(\tilde{p}_s\bar{V}))\mathrm{d}\sigma\right|\\&\leqslant C+C\|\nabla T'\|_{L^2(\Omega)}^2+C\|\nabla V\|_{L^2(\Omega)}^2+\varepsilon\|\Delta\bar{V}\|_{L^2(S^2)}^2,\end{aligned}\tag{3.108}$$

$$\begin{aligned}&\left|R\int_{S^2}\left(\frac{\nabla\tilde{p}_s}{\tilde{p}_s}\int_0^1T'\mathrm{d}\zeta\right)\cdot(\tilde{p}_s\Delta(\tilde{p}_s\bar{V}))\mathrm{d}\sigma\right|\\&\leqslant C+C\|\nabla V\|_{L^2(\Omega)}^2+\varepsilon\|\Delta\bar{V}\|_{L^2(S^2)}^2,\end{aligned}\tag{3.109}$$

$$\begin{aligned}&\left|R\int_{S^2}\frac{\tilde{T}_s}{\tilde{p}_s}\left(\int_0^t\nabla\cdot(\tilde{p}_s\bar{V})\mathrm{d}\tau\right)\nabla\tilde{p}_s\cdot\Delta(\tilde{p}_s\bar{V})\mathrm{d}\sigma\right|\\&+\left|R\int_{S^2}\left(\int_0^t\nabla\cdot(\tilde{p}_s\bar{V})\mathrm{d}\tau\right)\nabla\tilde{T}_s\cdot(\nabla\nabla\cdot(\tilde{p}_s\bar{V}))\mathrm{d}\sigma\right|\\&\leqslant C\left(\int_{S^2}\left(\int_0^t\nabla\cdot(\tilde{p}_s\bar{V})\mathrm{d}\tau\right)^2\mathrm{d}\sigma\right)^{\frac{1}{2}}\left(\int_{S^2}|\Delta(\tilde{p}_s\bar{V})|^2\mathrm{d}\sigma\right)^{\frac{1}{2}}\\&\leqslant C+C\|\nabla V\|_{L^2(\Omega)}^2+\varepsilon\|\Delta\bar{V}\|_{L^2(S^2)}^2,\end{aligned}\tag{3.110}$$

由(3.7)式可得

$$\begin{aligned}&\left|k_{s1}\int_{S^2}\left(\left(\frac{g\zeta}{R\tilde{T}}\right)^2f(|V|)V\right)\Big|_{\zeta=1}\cdot(\tilde{p}_s\Delta(\tilde{p}_s\bar{V}))\mathrm{d}\sigma\right|\\&\leqslant C+C\int_{S^2}|\tilde{V}|^{2+2\alpha}\Big|_{\zeta=1}\mathrm{d}\sigma+C\int_{S^2}|\bar{V}|^{2+2\alpha}\mathrm{d}\sigma+C\|\nabla V\|_{L^2(\Omega)}^2+\varepsilon\|\Delta\bar{V}\|_{L^2(S^2)}^2,\end{aligned}\tag{3.111}$$

其中,$\varepsilon>0$ 是一个足够小的常数.

则由(3.92)式~(3.101)式,选择足够小的 ε,可以得到如下估计

$$\begin{aligned}&\frac{1}{2}\frac{\mathrm{d}}{\mathrm{d}t}\int_{S^2}|\nabla(\tilde{p}_s\bar{V})|^2\mathrm{d}\sigma+\frac{R}{2}\frac{\mathrm{d}}{\mathrm{d}t}\int_{S^2}\tilde{T}_s\left|\int_0^t\nabla\nabla\cdot(\tilde{p}_s\bar{V})\mathrm{d}\tau\right|^2\mathrm{d}\sigma\\&+C\int_{S^2}|\Delta\bar{V}|^2\mathrm{d}\sigma\end{aligned}$$

$$\leqslant C+C(1+\|\nabla V\|_{L^2(\Omega)}^2)\int_{S^2}|\nabla(\tilde{p}_s\bar{V})|^2\mathrm{d}\sigma+C\int_\Omega|\nabla V|^2\mathrm{d}\sigma\mathrm{d}\zeta$$
$$+C\int_\Omega|\nabla\tilde{V}|^2|\tilde{V}|^2\mathrm{d}\sigma\mathrm{d}\zeta+C\int_\Omega|\nabla T'|^2\mathrm{d}\sigma\mathrm{d}\zeta$$
$$+C\int_{S^2}|\tilde{V}|^{2+2\alpha}|_{\zeta=1}\mathrm{d}\sigma+C\int_{S^2}|\bar{V}|^{2+2\alpha}\mathrm{d}\sigma, \tag{3.112}$$

再由(3.33)式,(3.42)式,(3.69)式和 Gronwall 不等式可得(3.91)式.

注 3.8　由(3.91)式,采用注 4.2 中同样的方法,可得对任意 $\gamma\in(2,+\infty)$,

$$\nabla\bar{V}\in L^\gamma(0,M;(L^\gamma(S^2))^2). \tag{3.113}$$

3.8　速度场和温度偏差的 H^1 估计

本节将分别给出速度场和温度偏差的一阶正则性估计.

引理 3.9　令 $M>0$.在定理 3.1 的假设下,速度场 V 满足

$$\int_\Omega|V_\zeta|^2\mathrm{d}\sigma\mathrm{d}\zeta+\int_0^t\int_\Omega|\nabla V_\zeta|^2\mathrm{d}\sigma\mathrm{d}\zeta\mathrm{d}\tau+\int_0^t\int_\Omega|V_{\zeta\zeta}|^2\mathrm{d}\sigma\mathrm{d}\zeta\mathrm{d}\tau$$
$$+\int_{S^2}(f(|V|)|\nabla V|^2)\Big|_{\zeta=1}\mathrm{d}\sigma+\int_{S^2}\left(\frac{f'(|V|)}{|V|}|V\cdot\nabla V|^2\right)\Big|_{\zeta=1}\mathrm{d}\sigma$$
$$\leqslant C(M),t\in[0,M], \tag{3.114}$$

其中,$C(M)>0$ 是依赖于时间 M 的常数.

证明　对方程组$(1.84)_1$关于 ζ 求导,可得

$$\frac{\partial V_\zeta}{\partial t}-\frac{\mu_1}{\tilde{p}_s}\Delta V_\zeta-\nu_1\frac{\partial}{\partial\zeta}\left(\left(\frac{g\zeta}{R\tilde{T}}\right)^2V_{\zeta\zeta}\right)+\nabla_{V^*}V_\zeta+\dot{\zeta}^*V_{\zeta\zeta}+\nabla_{V_\zeta^*}V$$
$$-\frac{1}{\tilde{p}_s}\nabla\cdot(\tilde{p}_sV^*)V_\zeta+2\omega\cos\theta\begin{pmatrix}0&-1\\1&0\end{pmatrix}V_\zeta+R\frac{\partial}{\partial\zeta}\left(\int_\zeta^1\frac{\nabla T'(s)}{s}\mathrm{d}s\right)+RT'_\zeta\frac{\nabla\tilde{p}_s}{\tilde{p}_s}$$
$$=\nu_1\frac{\partial}{\partial\zeta}\left(\frac{\partial}{\partial\zeta}\left(\frac{g\zeta}{R\tilde{T}}\right)^2V_\zeta\right), \tag{3.115}$$

其中,

$$\nabla_{V^*}V_\zeta=\Big(v_\theta^*\frac{\partial v_{\theta\zeta}}{\partial\theta}+\frac{v_\lambda^*}{\sin\theta}\frac{\partial v_{\theta\zeta}}{\partial\lambda}-v_\lambda v_{\lambda\zeta}\frac{\cot\theta}{a},$$

$$v_{\theta}^{*}\frac{\partial v_{\lambda\zeta}}{\partial\theta}+\frac{v_{\lambda}^{*}}{\sin\theta}\frac{\partial v_{\lambda\zeta}}{\partial\lambda}+v_{\lambda}v_{\theta\zeta}\frac{\cot\theta}{a}\bigg),\tag{3.116}$$

$$\nabla_{V_{\zeta}^{*}}V=\Big(v_{\theta\zeta}^{*}\frac{\partial v_{\theta}}{\partial\theta}+\frac{v_{\lambda\zeta}^{*}}{\sin\theta}\frac{\partial v_{\theta}}{\partial\lambda}-v_{\lambda\zeta}v_{\lambda}\frac{\cot\theta}{a},$$
$$v_{\theta\zeta}^{*}\frac{\partial v_{\lambda}}{\partial\theta}+\frac{v_{\lambda\zeta}^{*}}{\sin\theta}\frac{\partial v_{\lambda}}{\partial\lambda}+v_{\lambda\zeta}v_{\theta}\frac{\cot\theta}{a}\Big).\tag{3.117}$$

将(3.105)式与$\tilde{p}_sV_\zeta$ 在Ω 上做内积,可得

$$\begin{aligned}&\frac{1}{2}\frac{\mathrm{d}}{\mathrm{d}t}\int_{\Omega}\tilde{p}_{s}|V_{\zeta}|^{2}\mathrm{d}\sigma\mathrm{d}\zeta+\mu_{1}\int_{\Omega}|\nabla V_{\zeta}|^{2}\mathrm{d}\sigma\mathrm{d}\zeta+\nu_{1}\int_{\Omega}\tilde{p}_{s}\left(\frac{g\zeta}{R\tilde{T}}\right)^{2}|V_{\zeta\zeta}|^{2}\mathrm{d}\sigma\mathrm{d}\zeta\\
&=-\int_{\Omega}(\nabla_{V^{*}}V_{\zeta}+\dot{\zeta}^{*}V_{\zeta\zeta})\cdot(\tilde{p}_{s}V_{\zeta})\mathrm{d}\sigma\mathrm{d}\zeta\\
&\quad-\int_{\Omega}\left(\nabla_{V_{\zeta}^{*}}V-\frac{1}{\tilde{p}_{s}}\nabla\cdot(\tilde{p}_{s}V^{*})V_{\zeta}\right)\cdot(\tilde{p}_{s}V_{\zeta})\mathrm{d}\sigma\mathrm{d}\zeta\\
&\quad-\int_{\Omega}2\omega\cos\theta\begin{pmatrix}0&-1\\1&0\end{pmatrix}V_{\zeta}\cdot(\tilde{p}_{s}V_{\zeta})\mathrm{d}\sigma\mathrm{d}\zeta\\
&\quad-R\int_{\Omega}\frac{\partial}{\partial\zeta}\left(\int_{\zeta}^{1}\frac{\nabla T'(s)}{s}\mathrm{d}s\right)\cdot(\tilde{p}_{s}V_{\zeta})\mathrm{d}\sigma\mathrm{d}\zeta\\
&\quad-R\int_{\Omega}T'_{\zeta}\nabla\tilde{p}_{s}\cdot V_{\zeta}\mathrm{d}\sigma\mathrm{d}\zeta+\nu_{1}\int_{\Omega}\frac{\partial}{\partial\zeta}\left(\frac{\partial}{\partial\zeta}\left(\left(\frac{g\zeta}{R\tilde{T}}\right)^{2}\right)V_{\zeta}\right)\cdot(\tilde{p}_{s}V_{\zeta})\mathrm{d}\sigma\mathrm{d}\zeta\\
&\quad+\nu_{1}\int_{S^{2}}\tilde{p}_{s}V_{\zeta}\Big|_{\zeta=1}\cdot\left(\left(\frac{g\zeta}{R\tilde{T}}\right)^{2}V_{\zeta\zeta}\right)\Big|_{\zeta=1}\mathrm{d}\sigma.\end{aligned}\tag{3.118}$$

类似于(3.49)式可得

$$-\int_{\Omega}(\nabla_{V^{*}}V_{\zeta}+\dot{\zeta}^{*}V_{\zeta\zeta})\cdot(\tilde{p}_{s}V_{\zeta})\mathrm{d}\sigma\mathrm{d}\zeta=0.\tag{3.119}$$

由(3.33)式,(3.79)式,(3.101)式,$V_\zeta^*=V_\zeta$,Gagliardo-Nirenberg-Sobolev 不等式和 Young 不等式可得

$$\begin{aligned}&-\int_{\Omega}\left(\nabla_{V_{\zeta}^{*}}V-\frac{1}{\tilde{p}_{s}}\nabla\cdot(\tilde{p}_{s}V^{*})V_{\zeta}\right)\cdot(\tilde{p}_{s}V_{\zeta})\mathrm{d}\sigma\mathrm{d}\zeta\Big|\\
&\leqslant C\int_{\Omega}|V||V_{\zeta}|^{2}\mathrm{d}\sigma\zeta+C\int_{\Omega}|V||V_{\zeta}||\nabla V_{\zeta}|\mathrm{d}\sigma\mathrm{d}\zeta\\
&\leqslant C\|V\|_{L^{2}(\Omega)}\|V_{\zeta}\|_{L^{4}(\Omega)}^{2}+C\|V\|_{L^{4}(\Omega)}\|V_{\zeta}\|_{L^{4}(\Omega)}\|\nabla V_{\zeta}\|_{L^{2}(\Omega)}\\
&\leqslant C\|V\|_{L^{2}(\Omega)}\|V_{\zeta}\|_{L^{2}(\Omega)}^{\frac{1}{2}}(\|V_{\zeta}\|_{L^{2}(\Omega)}+\|\nabla V_{\zeta}\|_{L^{2}(\Omega)}+\|V_{\zeta\zeta}\|_{L^{2}(\Omega)})^{\frac{3}{2}}\\
&\quad+C\|V\|_{L^{4}(\Omega)}\|V_{\zeta}\|_{L^{2}(\Omega)}^{\frac{1}{4}}(\|V_{\zeta}\|_{L^{2}(\Omega)}+\|\nabla V_{\zeta}\|_{L^{2}(\Omega)}+\|V_{\zeta\zeta}\|_{L^{2}(\Omega)})^{\frac{3}{4}}\|\nabla V_{\zeta}\|_{L^{2}(\Omega)}\end{aligned}$$

$$
\begin{aligned}
&\leqslant C\|V\|_{L^2(\Omega)}\|V_\zeta\|_{L^2(\Omega)}^{\frac{1}{2}}(\|V_\zeta\|_{L^2(\Omega)}+\|\nabla V_\zeta\|_{L^2(\Omega)}+\|V_{\zeta\zeta}\|_{L^2(\Omega)})^{\frac{3}{2}}\\
&\quad +C\|V\|_{L^4(\Omega)}\|V_\zeta\|_{L^2(\Omega)}^{\frac{1}{4}}(\|V_\zeta\|_{L^2(\Omega)}+\|\nabla V_\zeta\|_{L^2(\Omega)}+\|V_{\zeta\zeta}\|_{L^2(\Omega)})^{\frac{7}{4}}\\
&\leqslant C(1+\|V\|_{L^2(\Omega)}^4+\|V\|_{L^4(\Omega)}^8)\|V_\zeta\|_{L^2(\Omega)}^2+\varepsilon\|\nabla V_\zeta\|_{L^2(\Omega)}^2+\varepsilon\|V_{\zeta\zeta}\|_{L^2(\Omega)}^2\\
&\leqslant C(1+\|\tilde{V}\|_{L^4(\Omega)}^8+\|\bar{V}\|_{H^1(\Omega)}^8)\|V_\zeta\|_{L^2(\Omega)}^2+\varepsilon\|\nabla V_\zeta\|_{L^2(\Omega)}^2+\varepsilon\|V_{\zeta\zeta}\|_{L^2(\Omega)}^2\\
&\leqslant C(M)\|V_\zeta\|_{L^2(\Omega)}^2+\varepsilon\|\nabla V_\zeta\|_{L^2(\Omega)}^2+\varepsilon\|V_{\zeta\zeta}\|_{L^2(\Omega)}^2,
\end{aligned}
\tag{3.120}
$$

其中,$\varepsilon>0$ 是一个足够小的常数.

通过直接计算可得

$$
-\int_\Omega 2\omega\cos\theta\begin{pmatrix}0 & -1\\ 1 & 0\end{pmatrix}V_\zeta\cdot(\tilde{p}_sV_\zeta)\,\mathrm{d}\sigma\mathrm{d}\zeta=0. \tag{3.121}
$$

由 Hardy 不等式和 Young 不等式,可得

$$
\begin{aligned}
&\left|-R\int_\Omega\frac{\partial}{\partial\zeta}\left(\int_\zeta^1\frac{\nabla T'(s)}{s}\mathrm{d}s\right)\cdot(\tilde{p}_sV_\zeta)\,\mathrm{d}\sigma\mathrm{d}\zeta\right|\\
&=\left|R\int_\Omega\int_\zeta^1\frac{\nabla T'(s)}{s}\mathrm{d}s\cdot(\tilde{p}_sV_{\zeta\zeta})\,\mathrm{d}\sigma\mathrm{d}\zeta\right|\\
&=\left|R\int_{S^2}\int_0^1\nabla T'(s)\cdot\left(\frac{1}{s}\int_0^s(\tilde{p}_sV_{\zeta\zeta})\,\mathrm{d}\zeta\right)\mathrm{d}s\,\mathrm{d}\sigma\right|\\
&\leqslant C\|\nabla T'\|_{L^2(\Omega)}^2+\varepsilon\|V_{\zeta\zeta}\|_{L^2(\Omega)}^2,
\end{aligned}
\tag{3.122}
$$

$$
\left|-R\int_\Omega T'_\zeta\,\nabla\tilde{p}_s\cdot V_\zeta\,\mathrm{d}\sigma\mathrm{d}\zeta\right\|\leqslant C\|T'_\zeta\|_{L^2(\Omega)}^2+C\|V_\zeta\|_{L^2(\Omega)}^2, \tag{3.123}
$$

和

$$
\begin{aligned}
&\left|\nu_1\int_\Omega\frac{\partial}{\partial\zeta}\left(\frac{\partial}{\partial\zeta}\left(\left(\frac{g\zeta}{R\tilde{T}}\right)^2\right)V_\zeta\right)\cdot(\tilde{p}_sV_\zeta)\,\mathrm{d}\sigma\mathrm{d}\zeta\right|\\
&=\left|\ \nu_1\int_{S^2}\left(\frac{\partial}{\partial\zeta}\left(\left(\frac{g\zeta}{R\tilde{T}}\right)^2\right)V_\zeta\cdot(\tilde{p}_sV_\zeta)\right)\right|_{\zeta=1}\mathrm{d}\sigma\\
&\quad-\nu_1\int_\Omega\frac{\partial}{\partial\zeta}\left(\left(\frac{g\zeta}{R\tilde{T}}\right)^2\right)V_\zeta\cdot(\tilde{p}_sV_{\zeta\zeta})\,\mathrm{d}\sigma\mathrm{d}\zeta\ \Big|\\
&=\left|\frac{k_{s1}^2}{\nu_1}\int_{S^2}\left(\frac{\partial}{\partial\zeta}\left(\left(\frac{g\zeta}{R\tilde{T}}\right)^2\right)\tilde{p}_s(f(|V|)|V|)^2)\right|_{\zeta=1}\mathrm{d}\sigma\\
&\quad-\nu_1\int_\Omega\frac{\partial}{\partial\zeta}\left(\left(\frac{g\zeta}{R\tilde{T}}\right)^2\right)V_\zeta\cdot(\tilde{p}_sV_{\zeta\zeta})\,\mathrm{d}\sigma\mathrm{d}\zeta\ \Big|
\end{aligned}
$$

$$\leqslant C\int_{S^2}|\widetilde{V}|^{2+2\alpha}\Big|_{\zeta=1}\mathrm{d}\sigma+C\int_{S^2}|\bar{V}|^{2+2\alpha}\mathrm{d}\sigma+C\|V_\zeta\|^2_{L^2(\Omega)}+\varepsilon\|V_{\zeta\zeta}\|^2_{L^2(\Omega)},\tag{3.124}$$

其中,$\varepsilon>0$ 是一个足够小的常数.

由(1.87)$_1$式和边界条件可得

$$\begin{aligned}
&\nu_1\int_{S^2}\widetilde{p}_sV_\zeta\Big|_{\zeta=1}\cdot\left(\left(\frac{g\zeta}{R\,\widetilde{T}}\right)^2V_{\zeta\zeta}\right)\Big|_{\zeta=1}\mathrm{d}\sigma\\
=&-\frac{k_{s1}}{\nu_1}\int_{S^2}\widetilde{p}_s(f(|V|)V)\Big|_{\zeta=1}\cdot\left(\frac{\partial V|_{\zeta=1}}{\partial t}+(V^*\cdot\nabla)V\right)\Big|_{\zeta=1}\\
&+\left(2\omega\cos\theta+\frac{\cot\theta}{a}v_\lambda\Big|_{\zeta=1}\right)\begin{pmatrix}0&-1\\1&0\end{pmatrix}V\Big|_{\zeta=1}+R\frac{\nabla\widetilde{p}_s}{\widetilde{p}_s}T'\Big|_{\zeta=1}\\
&-\nabla\left(\frac{R\,\widetilde{T}_s}{\widetilde{p}_s}\int_0^t\nabla\cdot(\widetilde{p}_s\bar{V})\mathrm{d}\tau\right)-\frac{\mu_1}{\widetilde{p}_s}\Delta V\Big|_{\zeta=1}-\nu_1\left(\frac{\partial}{\partial\zeta}\left(\frac{g\zeta}{R\,\widetilde{T}}\right)^2\right)\Big|_{\zeta=1}V_\zeta\Big|_{\zeta=1}\Bigg)\mathrm{d}\sigma\\
=&-\frac{k_{s1}}{2\nu_1}\frac{\mathrm{d}}{\mathrm{d}t}\int_{S^2}\widetilde{p}_sF(|V|)\Big|_{\zeta=1}\mathrm{d}\sigma-\frac{k_{s1}\mu_1}{\nu_1}\int_{S^2}(f(|V|)|\nabla V|^2)\Big|_{\zeta=1}\mathrm{d}\sigma\\
&-\frac{k_{s1}\mu_1}{\nu_1}\int_{S^2}\left(\frac{f'(|V|)}{|V|}|V\cdot\nabla V|^2\right)\Big|_{\zeta=1}\mathrm{d}\sigma\\
&-\frac{k_{s1}}{\nu_1}\int_{S^2}\widetilde{p}_s(f(|V|)V)\Big|_{\zeta=1}\cdot(V^*\cdot\nabla)V\Big|_{\zeta=1}\mathrm{d}\sigma\\
&-\frac{k_{s1}}{\nu_1}\int_{S^2}\widetilde{p}_s(f(|V|)V)\Big|_{\zeta=1}\cdot\left(\left(2\omega\cos\theta+\frac{\cot\theta}{a}v_\lambda\Big|_{\zeta=1}\right)\begin{pmatrix}0&-1\\1&0\end{pmatrix}V\Big|_{\zeta=1}\right)\mathrm{d}\sigma\\
&-\frac{k_{s1}R}{\nu_1}\int_{S^2}(f(|V|)V)\Big|_{\zeta=1}\cdot\nabla\widetilde{p}_sT'\Big|_{\zeta=1}\mathrm{d}\sigma\\
&+\frac{k_{s1}}{\nu_1}\int_{S^2}\widetilde{p}_s(f(|V|)V)\Big|_{\zeta=1}\cdot\nabla\left(\frac{R\,\widetilde{T}_s}{\widetilde{p}_s}\int_0^t\nabla\cdot(\widetilde{p}_s\bar{V})\mathrm{d}\tau\right)\mathrm{d}\sigma\\
&-\frac{k_{s1}^2}{\nu_1}\int_{S^2}\widetilde{p}_s\left(\frac{\partial}{\partial\zeta}\left(\frac{g\zeta}{R\,\widetilde{T}}\right)^2\right)\Big|_{\zeta=1}(|f(|V|)V|^2)\Big|_{\zeta=1}\mathrm{d}\sigma,
\end{aligned}\tag{3.125}$$

其中,定义

$$F(|V|)=\int_0^{|V|^2}f(\eta^{\frac{1}{2}})\mathrm{d}\eta.\tag{3.126}$$

由(3.33)式,可得

$$\left|\frac{k_{s1}}{\nu_1}\int_{S^2}p_s(f(|V|)V)\Big|_{\zeta=1}\cdot(V^*\cdot\nabla)V\Big|_{\zeta=1}\mathrm{d}\sigma\right|$$

$$\leqslant C\int_{S^2}|V|^4\Big|_{\zeta=1}\mathrm{d}\sigma+C\int_{S^2}|V|^{4+\alpha}\Big|_{\zeta=1}\mathrm{d}\sigma+\varepsilon\int_{S^2}(f(|V|)|\nabla V|^2)\Big|_{\zeta=1}\mathrm{d}\sigma$$

$$\leqslant C+C\int_{S^2}|\tilde{V}|^{4+\alpha}\Big|_{\zeta=1}\mathrm{d}\sigma+C\int_{S^2}|\bar{V}|^{4+\alpha}\mathrm{d}\sigma+\varepsilon\int_{S^2}(f(|V|)|\nabla V|^2)\Big|_{\zeta=1}\mathrm{d}\sigma,\tag{3.127}$$

$$\left|\frac{k_{s1}}{\nu_1}\int_{S^2}p_s(f(|V|)V)|_{\zeta=1}\cdot\left(\left(2\omega\cos\theta+\frac{\cot\theta}{a}v_\lambda\Big|_{\zeta=1}\right)\begin{pmatrix}0&-1\\1&0\end{pmatrix}V\Big|_{\zeta=1}\right)\mathrm{d}\sigma\right|$$

$$\leqslant C\int_{S^2}V^2\Big|_{\zeta=1}\mathrm{d}\sigma+C\int_{S^2}V^3\Big|_{\zeta=1}\mathrm{d}\sigma+C\int_{S^2}V^{2+\alpha}\Big|_{\zeta=1}\mathrm{d}\sigma+C\int_{S^2}V^{3+\alpha}\Big|_{\zeta=1}\mathrm{d}\sigma$$

$$\leqslant C+C\int_{S^2}|\tilde{V}|^{3+\alpha}\Big|_{\zeta=1}\mathrm{d}\sigma+C\int_{S^2}|\bar{V}|^{3+\alpha}\mathrm{d}\sigma,\tag{3.128}$$

$$\left|\frac{k_{s1}R}{\nu_1}\int_{S^2}(f(|V|)V)\Big|_{\zeta=1}\cdot\nabla\tilde{p}_sT'\Big|_{\zeta=1}\mathrm{d}\sigma\right|$$

$$\leqslant C\int_{S^2}|V|^{2+2\alpha}\Big|_{\zeta=1}\mathrm{d}\sigma+C\int_{S^2}T'^2\Big|_{\zeta=1}\mathrm{d}\sigma$$

$$\leqslant C\int_{S^2}|\tilde{V}|^{2+2\alpha}\Big|_{\zeta=1}\mathrm{d}\sigma+C\int_{S^2}|\bar{V}|^{2+2\alpha}\mathrm{d}\sigma+C\int_{S^2}T'^2\Big|_{\zeta=1}\mathrm{d}\sigma,\tag{3.129}$$

$$\left|\frac{k_{s1}}{\nu_1}\int_{S^2}\tilde{p}_s(f(|V|)V)\Big|_{\zeta=1}\cdot\nabla\left(\frac{R\tilde{T}_s}{\tilde{p}_s}\int_0^t\nabla\cdot(\tilde{p}_s\bar{V})\mathrm{d}\tau\right)\mathrm{d}\sigma\right|$$

$$=\left|-\frac{k_{s1}}{\nu_1}\int_{S^2}\tilde{p}_s\nabla\cdot(f(|V|)V)\Big|_{\zeta=1}\left(\frac{R\tilde{T}_s}{\tilde{p}_s}\int_0^t\nabla\cdot(\tilde{p}_s\bar{V})\mathrm{d}\tau\right)\mathrm{d}\sigma\right.$$

$$\left.-\frac{k_{s1}}{\nu_1}\int_{S^2}\nabla\tilde{p}_s\cdot(f(|V|)V)\Big|_{\zeta=1}\left(\frac{R\tilde{T}}{\tilde{p}_s}\int_0^t\nabla\cdot(\tilde{p}_s\bar{V})\mathrm{d}\tau\right)\mathrm{d}\sigma\right|$$

$$\leqslant C+C\int_{S^2}|V|^{2\alpha}\Big|_{\zeta=1}\mathrm{d}\sigma+\varepsilon\int_{S^2}(f(|V|)|\nabla V|^2)\Big|_{\zeta=1}\mathrm{d}\sigma$$

$$+C\int_0^t\int_{S^2}(|\bar{V}|^4+|\nabla\bar{V}|^4)\mathrm{d}\sigma\mathrm{d}\tau+C\int_{S^2}(|V|^2+|V|^{2+2\alpha})\Big|_{\zeta=1}\mathrm{d}\sigma$$

$$+C\int_0^t\int_{S^2}(|\bar{V}|^2+|\nabla\bar{V}|^2)\mathrm{d}\sigma\mathrm{d}\tau$$

$$\leqslant C(M)+C\int_{S^2}\tilde{V}^{2+2\alpha}\Big|_{\zeta=1}\mathrm{d}\sigma+C\int_{S^2}\bar{V}^{2+2\alpha}\mathrm{d}\sigma$$

$$+\varepsilon\int_{S^2}(f(|V|)|\nabla V|^2)\Big|_{\zeta=1}\mathrm{d}\sigma$$

$$+C\int_0^t\int_{S^2}(|\bar{V}|^4+|\nabla\bar{V}|^4)\mathrm{d}\sigma\mathrm{d}\tau,\tag{3.130}$$

和

$$\left|\frac{k_{s1}^2}{\nu_1}\int_{S^2}\tilde{p}_s\left(\frac{\partial}{\partial\zeta}\left(\frac{g\zeta}{R\tilde{T}}\right)^2\right)\bigg|_{\zeta=1}(|f(|V|)V|^2)\bigg|_{\zeta=1}\mathrm{d}\sigma\right|$$
$$\leqslant C+C\int_{S^2}\tilde{V}^{2+2\alpha}\bigg|_{\zeta=1}\mathrm{d}\sigma+C\int_{S^2}\bar{V}^{2+2\alpha}\mathrm{d}\sigma, \tag{3.131}$$

其中，$\varepsilon>0$ 是一个足够小的常数.

综合(3.118)式～(3.131)式可得

$$\begin{aligned}&\frac{\mathrm{d}}{\mathrm{d}t}\int_\Omega\tilde{p}_s|V_\zeta|^2\mathrm{d}\sigma\mathrm{d}\zeta+\frac{k_{s1}}{2\nu_1}\frac{\mathrm{d}}{\mathrm{d}t}\int_{S^2}\tilde{p}_sF(|V|)\bigg|_{\zeta=1}\mathrm{d}\sigma+C\int_\Omega|\nabla V_\zeta|^2\mathrm{d}\sigma\mathrm{d}\zeta\\&+C\int_\Omega|V_{\zeta\zeta}|^2\mathrm{d}\sigma\mathrm{d}\zeta+C\int_{S^2}(f(|V|)|\nabla V)^2)\bigg|_{\zeta=1}\mathrm{d}\sigma\\&+C\int_{S^2}\left(\frac{f'(|V|)}{|V|}|V\cdot\nabla V|^2\right)\bigg|_{\zeta=1}\mathrm{d}\sigma\\ \leqslant\ &C(M)+C\int_\Omega\tilde{p}_s|V_\zeta|^2\mathrm{d}\sigma\mathrm{d}\zeta+C\int_\Omega|\nabla T'|^2\mathrm{d}\sigma\mathrm{d}\zeta\\&+C\int_\Omega|T'_\zeta|^2\sigma\mathrm{d}\zeta+C\int_0^t\int_{S^2}(|\bar{V}|^4+|\nabla\bar{V}|^4)\mathrm{d}\sigma\mathrm{d}\tau\\&+C\int_{S^2}|\tilde{V}|^{4+\alpha}\bigg|_{\zeta=1}\mathrm{d}\sigma+C\int_{S^2}|\bar{V}|^{4+\alpha}\mathrm{d}\sigma+C\int_{S^2}T'^2\bigg|_{\zeta=1}\mathrm{d}\sigma,\end{aligned}\tag{3.132}$$

由(3.33)式，(3.79)式，(3.113)式和 Gronwall 不等式可得(3.114)式.

引理 3.10 令 $M>0$.在定理 2.1 的假设下，温度偏差 T' 满足

$$\begin{aligned}&\int_\Omega T'^2_\zeta\mathrm{d}\sigma\mathrm{d}\zeta+\int_{S^2}T'\bigg|^2_{\zeta=1}\mathrm{d}\sigma+\int_0^t\int_\Omega|\nabla T'_\zeta|^2\mathrm{d}\sigma\mathrm{d}\zeta\mathrm{d}\tau+\int_0^t\int_\Omega T'^2_{\zeta\zeta}\mathrm{d}\sigma\mathrm{d}\zeta\mathrm{d}\tau\\&+\int_0^t\int_{S^2}|\nabla T'|^2\bigg|_{\zeta=1}\mathrm{d}\sigma\mathrm{d}\tau\leqslant C(M),\quad t\in[0,M],\end{aligned}\tag{3.133}$$

其中，$C(M)>0$ 是依赖于时间 M 的常数.

证明 对方程组$(1.87)_2$式关于 ζ 求导可得

$$\begin{aligned}&\frac{R}{c_0^2}\frac{\partial T'_\zeta}{\partial t}-\frac{R\mu_2}{c_pc_0^2}\frac{1}{\tilde{p}_s}\Delta T'_\zeta-\frac{R\nu_2}{c_pc_0^2}\frac{\partial}{\partial\zeta}\left(\left(\frac{g\zeta}{R\tilde{T}}\right)^2T'_{\zeta\zeta}\right)\\&+\frac{R}{c_0^2}((V^*\cdot\nabla)T'_\zeta+\dot{\zeta}^*T'_{\zeta\zeta})\\&+\frac{R}{c_0^2}\left((V^*_\zeta\cdot\nabla)T'-\frac{1}{\tilde{p}_s}\nabla\cdot(\tilde{p}_sV^*)T'_\zeta\right)\end{aligned}$$

$$+\frac{\partial}{\partial\zeta}\left(\frac{R}{\tilde{p}_s\zeta}\int_0^\zeta \nabla\cdot(\tilde{p}_s V)\mathrm{d}s\right)-\frac{R}{\tilde{p}_s}\nabla\tilde{p}_s\cdot V_\zeta$$
$$=\frac{R\nu_2}{c_p c_0^2}\frac{\partial}{\partial\zeta}\left(\frac{\partial}{\partial\zeta}\left(\left(\frac{g\zeta}{R\tilde{T}}\right)^2\right)T'_\zeta\right)+\frac{R\Psi_\zeta}{c_p c_0^2}. \tag{3.134}$$

再将(3.134)式与$\tilde{p}_s T'_\zeta$ 相乘,并在 Ω 上积分可得

$$\frac{R}{2c_0^2}\frac{\mathrm{d}}{\mathrm{d}t}\int_\Omega \tilde{p}_s T'^2_\zeta \mathrm{d}\sigma\mathrm{d}\zeta+\frac{R\mu_2}{c_p c_0^2}\int_\Omega |\nabla T'_\zeta|^2\mathrm{d}\sigma\mathrm{d}\zeta+\frac{R\nu_2}{c_p c_0^2}\int_\Omega \tilde{p}_s\left(\frac{g\zeta}{R\tilde{T}}\right)^2 T'^2_{\zeta\zeta}\mathrm{d}\sigma\mathrm{d}\zeta$$
$$=-\frac{R}{c_0^2}\int_\Omega((V^*\cdot\nabla)T'_\zeta+\dot{\zeta}^* T'_{\zeta\zeta})\tilde{p}_s T'_\zeta\mathrm{d}\sigma\mathrm{d}\zeta$$
$$-\frac{R}{c_0^2}\int_\Omega((V^*_\zeta\cdot\nabla)T'-\frac{1}{\tilde{p}_s}\nabla\cdot(\tilde{p}_s V^*)T'_\zeta)\tilde{p}_s T'_\zeta\mathrm{d}\sigma\mathrm{d}\zeta$$
$$-R\int_\Omega\frac{\partial}{\partial\zeta}\left(\frac{1}{\tilde{p}_s\zeta}\int_0^\zeta\nabla\cdot(\tilde{p}_s V)\mathrm{d}s\right)\tilde{p}_s T'_\zeta\mathrm{d}\sigma\mathrm{d}\zeta+R\int_\Omega T'_\zeta\nabla\tilde{p}_s\cdot V_\zeta\mathrm{d}\sigma\mathrm{d}\zeta$$
$$+\frac{R\nu_2}{c_p c_0^2}\int_\Omega\frac{\partial}{\partial\zeta}\left(\frac{\partial}{\partial\zeta}\left(\left(\frac{g\zeta}{R\tilde{T}}\right)^2\right)T'_\zeta\right)\tilde{p}_s T'_\zeta\mathrm{d}\sigma\mathrm{d}\zeta+\frac{R}{c_p c_0^2}\int_\Omega\tilde{p}_s\Psi_\zeta T'_\zeta\mathrm{d}\sigma\mathrm{d}\zeta$$
$$+\frac{R\nu_2}{c_p c_0^2}\int_{S^2}\tilde{p}_s T'_\zeta\Big|_{\zeta=1}\left(\left(\frac{g\zeta}{R\tilde{T}}\right)^2 T'_{\zeta\zeta}\right)\Big|_{\zeta=1}\mathrm{d}\sigma. \tag{3.135}$$

类似于(3.59)式,可得

$$-\frac{R}{c_0^2}\int_\Omega((V^*\cdot\nabla)T'_\zeta+\dot{\zeta}^* T'_{\zeta\zeta})\tilde{p}_s T'_\zeta\mathrm{d}\sigma\mathrm{d}\zeta=0. \tag{3.136}$$

由(3.33)式,(3.50)式,(3.79)式,(3.101)式,(3.114)式,Gagliardo-Nirenberg-Sobolev 不等式,Young 不等式和 $V^*_\zeta=V_\zeta$,可得

$$\left|-\frac{R}{c_0^2}\int_\Omega\left((V^*_\zeta\cdot\nabla)T'-\frac{1}{\tilde{p}_s}\nabla\cdot(\tilde{p}_s V^*)T'_\zeta\right)\tilde{p}_s T'_\zeta\mathrm{d}\sigma\mathrm{d}\zeta\right|$$
$$\leqslant C\int_\Omega((|V_\zeta|+|\nabla V_\zeta|)|T'||T'_\zeta|+|V_\zeta||T'||\nabla T'_\zeta|$$
$$+|V||T'_\zeta||\nabla T'_\zeta|)\mathrm{d}\sigma\mathrm{d}\zeta$$
$$\leqslant C\|V_\zeta\|^2_{L^2(\Omega)}+C\|\nabla V_\zeta\|^2_{L^2(\Omega)}+C\|T'\|^2_{L^4(\Omega)}\|T'_\zeta\|^2_{L^4(\Omega)}$$
$$+C\|V_\zeta\|^2_{L^4(\Omega)}\|T'\|^2_{L^4(\Omega)}+C\|V\|^2_{L^4(\Omega)}\|T'_\zeta\|^2_{L^4(\Omega)}+\varepsilon\|\nabla T'_\zeta\|^2_{L^2(\Omega)}$$
$$\leqslant C\|V_\zeta\|^2_{L^2(\Omega)}+C\|\nabla V_\zeta\|^2_{L^2(\Omega)}$$
$$+C\|T'\|^2_{L^4(\Omega)}\|T'_\zeta\|^{\frac{1}{2}}_{L^2(\Omega)}(\|T'_\zeta\|_{L^2(\Omega)}+\|\nabla T'_\zeta\|_{L^2(\Omega)}+\|T'_{\zeta\zeta}\|_{L^2(\Omega)})^{\frac{3}{2}}$$
$$+C\|V_\zeta\|^{\frac{1}{2}}_{L^2(\Omega)}(\|V_\zeta\|_{L^2(\Omega)}+\|\nabla V_\zeta\|_{L^2(\Omega)}+\|V_{\zeta\zeta}\|_{L^2(\Omega)})^{\frac{3}{2}}\|T'\|^2_{L^4(\Omega)}$$

$$
\begin{aligned}
&+C\|V\|_{L^4(\Omega)}^2\|T'_\zeta\|_{L^2(\Omega)}^{\frac{1}{2}}(\|T'_\zeta\|_{L^2(\Omega)}+\|\nabla T'_\zeta\|_{L^2(\Omega)}\\
&+\|T'_{\zeta\zeta}\|_{L^2(\Omega)})^{\frac{3}{2}}+\varepsilon\|\nabla T'_\zeta\|_{L^2(\Omega)}^2\\
\leqslant\ & C\|V_\zeta\|_{L^2(\Omega)}^2+C\|\nabla V_\zeta\|_{L^2(\Omega)}^2+C\|V_{\zeta\zeta}\|_{L^2(\Omega)}^2+C(1+\|T'\|_{L^4(\Omega)}^8\\
&+\|V\|_{L^4(\Omega)}^8)\|T'_\zeta\|_{L^2(\Omega)}^2+C\|T'\|_{L^4(\Omega)}^8\|V_\zeta\|_{L^2(\Omega)}^2\\
&+\varepsilon C(\|\nabla T'_\zeta\|_{L^2(\Omega)}^2+\|T'_{\zeta\zeta}\|_{L^2(\Omega)}^2)\\
\leqslant\ & C(M)+C(M)\|T'_\zeta\|_{L^2(\Omega)}^2+C\|\nabla V_\zeta\|_{L^2(\Omega)}^2+C\|V_{\zeta\zeta}\|_{L^2(\Omega)}^2\\
&+\varepsilon C(\|\nabla T'_\zeta\|_{L^2(\Omega)}^2+\|T'_{\zeta\zeta}\|_{L^2(\Omega)}^2),
\end{aligned}
\tag{3.137}
$$

其中,$\varepsilon>0$ 是一个足够小的常数.

由 Hardy 不等式可得

$$
\begin{aligned}
&\left|-R\int_\Omega \frac{\partial}{\partial\zeta}\left(\frac{1}{\tilde{p}_s\zeta}\int_0^\zeta \nabla\cdot(\tilde{p}_sV)\mathrm{d}s\right)\tilde{p}_sT'_\zeta\mathrm{d}\sigma\mathrm{d}\zeta\right|\\
=&\left|\frac{k_{s2}}{R\nu_2}\int_{S^2}\left(\int_0^1 \nabla\cdot(\tilde{p}_sV)\mathrm{d}s\right)T'\Big|_{\zeta=1}\mathrm{d}\sigma\right.\\
&\left.+R\int_\Omega\left(\frac{1}{\zeta}\int_0^\zeta \nabla\cdot(\tilde{p}_sV)\mathrm{d}s\right)T'_{\zeta\zeta}\mathrm{d}\sigma\mathrm{d}\zeta\right|\\
\leqslant\ & C\|V\|_{L^2(\Omega)}^2+C\|\nabla V\|_{L^2(\Omega)}^2+C\|T'|_{\zeta=1}\|_{L^2(S^2)}^2\\
&+C\left\|\frac{1}{\zeta}\int_0^\zeta \nabla\cdot(\tilde{p}_sV)\mathrm{d}s\right\|_{L^2(\Omega)}^2+\varepsilon\|T'_{\zeta\zeta}\|_{L^2(\Omega)}^2\\
\leqslant\ & C+C\|\nabla V\|_{L^2(\Omega)}^2+C\|T'|_{\zeta=1}\|_{L^2(S^2)}^2+\varepsilon\|T'_{\zeta\zeta}\|_{L^2(\Omega)}^2,
\end{aligned}
\tag{3.138}
$$

其中,$\varepsilon>0$ 是一个足够小的常数.

利用(3.114)式可得

$$
\begin{aligned}
\left|R\int_\Omega T'_\zeta\nabla\tilde{p}_s\cdot V_\zeta\mathrm{d}\sigma\mathrm{d}\zeta\right|&\leqslant C\|T'_\zeta\|_{L^2(\Omega)}^2+C\|V_\zeta\|_{L^2(\Omega)}^2\\
&\leqslant C\|T'_\zeta\|_{L^2(\Omega)}^2+C(M),
\end{aligned}
\tag{3.139}
$$

$$
\begin{aligned}
&\left|\frac{R\nu_2}{c_pc_0^2}\int_\Omega\frac{\partial}{\partial\zeta}\left(\frac{\partial}{\partial\zeta}\left(\left(\frac{g\zeta}{R\tilde{T}}\right)^2\right)T'_\zeta\right)\tilde{p}_sT'_\zeta\mathrm{d}\sigma\mathrm{d}\zeta\right|\\
=&\left|\frac{Rk_{s2}^2}{c_pc_0^2\nu_2}\int_{S^2}\tilde{p}_s\frac{\partial}{\partial\zeta}\left(\left(\frac{g\zeta}{R\tilde{T}}\right)^2\right)\Big|_{\zeta=1}T'^2\Big|_{\zeta=1}\mathrm{d}\sigma\right.\\
&\left.-\frac{R\nu_2}{c_pc_0^2}\int_\Omega\tilde{p}_s\frac{\partial}{\partial\zeta}\left(\left(\frac{g\zeta}{R\tilde{T}}\right)^2\right)T'_\zeta T'_{\zeta\zeta}\mathrm{d}\sigma\mathrm{d}\zeta\right|
\end{aligned}
$$

$$\leqslant C\left\|T'\Big|_{\zeta=1}\right\|_{L^2(S^2)}^2 + C\|T'_\zeta\|_{L^2(\Omega)}^2 + \varepsilon\|T'_{\zeta\zeta}\|_{L^2(\Omega)}^2, \tag{3.140}$$

其中，$\varepsilon>0$ 是一个足够小的常数.

$$\left|\frac{R}{c_p c_0^2}\int_\Omega \tilde{p}_s \Psi_\zeta T'_\zeta \mathrm{d}\sigma\mathrm{d}\zeta\right| \leqslant C\|\Psi_\zeta\|_{L^2(\Omega)}^2 + C\|T'_\zeta\|_{L^2(\Omega)}^2. \tag{3.141}$$

由 $(1.87)_2$ 式和边界条件可得

$$\begin{aligned}
&\frac{R\nu_2}{c_p c_0^2}\int_{S^2} \tilde{p}_s T'_\zeta\Big|_{\zeta=1}\left(\left(\frac{g\zeta}{R\tilde{T}}\right)^2 T'_\zeta\right)\Big|_{\zeta=1}\mathrm{d}\sigma\\
&=-\frac{k_{s2}}{\nu_2}\int_{S^2} \tilde{p}_s T'\Big|_{\zeta=1}\left(\frac{R}{c_0^2}\frac{\partial T'|_{\zeta=1}}{\partial t}+\frac{R}{c_0^2}(V^*\cdot\nabla)T'|_{\zeta=1}+\frac{R}{\tilde{p}_s}\int_0^1\nabla\cdot(\tilde{p}_s V)\mathrm{d}s\right.\\
&\quad-\frac{R}{\tilde{p}_s}\nabla\tilde{p}_s\cdot V|_{\zeta=1}-\frac{R}{c_p c_0^2}\frac{\mu_2}{\tilde{p}_s}\Delta T'|_{\zeta=1}\\
&\quad\left.-\frac{R\nu_2}{c_p c_0^2}\frac{\partial}{\partial\zeta}\left(\left(\frac{g\zeta}{R\tilde{T}}\right)^2\right)\Big|_{\zeta=1}T'_\zeta\Big|_{\zeta=1}-\frac{R}{c_p c_0^2}\Psi\Big|_{\zeta=1}\right)\mathrm{d}\sigma\\
&=-\frac{k_{s2}R}{2c_0^2\nu_2}\frac{\mathrm{d}}{\mathrm{d}t}\int_{S^2}\tilde{p}_s T'^2\Big|_{\zeta=1}\mathrm{d}\sigma-\frac{k_{s2}R\mu_2}{c_p c_0^2\nu_2}\int_{S^2}|\nabla T'|^2\Big|_{\zeta=1}\mathrm{d}\sigma\\
&\quad-\frac{k_{s2}R}{c_0^2\nu_2}\int_{S^2}\tilde{p}_s T'\Big|_{\zeta=1}(V^*\cdot\nabla)T'\Big|_{\zeta=1}\mathrm{d}\sigma\\
&\quad-\frac{k_{s2}R}{\nu_2}\int_{S^2}T'\Big|_{\zeta=1}\left(\int_0^1\nabla\cdot(\tilde{p}_s V)\mathrm{d}\zeta\right)\mathrm{d}\sigma+\frac{k_{s2}R}{\nu_2}\int_{S^2}T'\Big|_{\zeta=1}\nabla\tilde{p}_s\cdot V\Big|_{\zeta=1}\mathrm{d}\sigma\\
&\quad-\frac{Rk_{s2}^2}{c_p c_0^2\nu_2}\int_{S^2}\tilde{p}_s\frac{\partial}{\partial\zeta}\left(\left(\frac{g\zeta}{R\tilde{T}}\right)^2\right)\Big|_{\zeta=1}T'^2\Big|_{\zeta=1}\mathrm{d}\sigma+\frac{k_{s2}R}{c_p c_0^2\nu_2}\int_{S^2}\tilde{p}_s T'\Big|_{\zeta=1}\Psi\Big|_{\zeta=1}\mathrm{d}\sigma.
\end{aligned}\tag{3.142}$$

由(3.33)式和(3.104)式可得

$$\begin{aligned}
&\left|-\frac{k_{s2}R}{c_0^2\nu_2}\int_{S^2}\tilde{p}_s T'\Big|_{\zeta=1}(V^*\cdot\nabla)T'\Big|_{\zeta=1}\mathrm{d}\sigma\right|\\
&=\left|\frac{k_{s2}R}{2c_0^2\nu_2}\int_{S^2}T'^2\Big|_{\zeta=1}\nabla\cdot(\tilde{p}_s V^*)\Big|_{\zeta=1}\mathrm{d}\sigma\right|\\
&\leqslant C\int_{S^2}T'^2\Big|_{\zeta=1}\left(\int_0^1|\nabla\cdot(\tilde{p}_s V^*)|\mathrm{d}\zeta+\int_0^1|\nabla\cdot(\tilde{p}_s V_\zeta^*)|\mathrm{d}\zeta\right)\mathrm{d}\sigma\\
&\leqslant C\|T'|_{\zeta=1}\|_{L^4(S^2)}^4+C\|V\|_{L^2(\Omega)}^2+C\|\nabla V\|_{L^2(\Omega)}^2+C\|V_\zeta\|_{L^2(\Omega)}^2+C\|\nabla V_\zeta\|_{L^2(\Omega)}^2\\
&\leqslant C(M)+C\|T'|_{\zeta=1}\|_{L^4(S^2)}^4+C\|\nabla V\|_{L^2(\Omega)}^2+C\|\nabla V_\zeta\|_{L^2(\Omega)}^2,
\end{aligned}\tag{3.143}$$

$$\left|-\frac{k_{s2}R}{\nu_2}\int_{S^2}T'\Big|_{\zeta=1}\left(\int_0^1\nabla\cdot(\tilde{p}_s V)\mathrm{d}\zeta\right)\mathrm{d}\sigma\right|$$

$$\leqslant C + C\|T'|_{\zeta=1}\|^2_{L^2(S^2)} + C\|\nabla V\|^2_{L^2(\Omega)}, \tag{3.144}$$

$$\left|\frac{k_{s2}R}{\nu_2}\int_{S^2} T'\Big|_{\zeta=1} \nabla\tilde{p}_s \cdot V\Big|_{\zeta=1} \mathrm{d}\sigma\right|$$
$$\leqslant C\left|\int_{S^2}\Big|T'\Big|_{\zeta=1}\Big|\left(\int_0^1|V|\mathrm{d}\zeta + \int_0^1|V_\zeta|\mathrm{d}\zeta\right)\mathrm{d}\sigma\right|$$
$$\leqslant C(M) + C\|T'|_{\zeta=1}\|^2_{L^2(S^2)}, \tag{3.145}$$

$$\left|-\frac{Rk_{s2}^2}{c_p c_0^2 \nu_2}\int_{S^2}\tilde{p}_s \frac{\partial}{\partial\zeta}\left(\left(\frac{g\zeta}{R\tilde{T}}\right)^2\right)\Big|_{\zeta=1} T'\Big|^2_{\zeta=1}\mathrm{d}\sigma\right|$$
$$\leqslant C\|T'|_{\zeta=1}\|^2_{L^2(S^2)}, \tag{3.146}$$

$$\left|\frac{k_{s2}R}{c_p c_0^2 \nu_2}\int_{S^2}\tilde{p}_s T'\Big|_{\zeta=1}\Psi\Big|_{\zeta=1}\mathrm{d}\sigma\right|$$
$$\leqslant C\left|\int_{S^2}|T'|_{\zeta=1}\Big\}\left(\int_0^1|\Psi|\mathrm{d}\zeta + \int_0^1|\Psi_\zeta|\mathrm{d}\zeta\right)\mathrm{d}\sigma\right|$$
$$\leqslant C\|T'|_{\zeta=1}\|^2_{L^2(S^2)} + C\|\Psi\|^2_{L^2(\Omega)} + C\|\Psi_\zeta\|^2_{L^2(\Omega)}. \tag{3.147}$$

由(3.135)式～(3.147)式可得

$$\frac{\mathrm{d}}{\mathrm{d}t}\left(\int_\Omega \tilde{p}_s T'^2_\zeta \mathrm{d}\sigma\mathrm{d}\zeta + \frac{k_{s2}}{\nu_2}\int_{S^2}\tilde{p}_s T'^2\Big|_{\zeta=1}\mathrm{d}\sigma\right)$$
$$+ C\int_\Omega|\nabla T'_\zeta|^2\mathrm{d}\sigma\mathrm{d}\zeta + C\int_\Omega T'^2_{\zeta\zeta}\mathrm{d}\sigma\mathrm{d}\zeta + C\int_{S^2}|\nabla T'|^2\Big|_{\zeta=1}\mathrm{d}\sigma$$
$$\leqslant C(M) + C(M)\left(\int_\Omega \tilde{p}_s T'^2_\zeta \mathrm{d}\sigma\mathrm{d}\zeta + \frac{k_{s2}}{\nu_2}\int_{S^2}\tilde{p}_s T'^2\Big|_{\zeta=1}\mathrm{d}\sigma\right) + C\|\nabla V\|^2_{L^2(\Omega)}$$
$$+ C\|\nabla V_\zeta\|^2_{L^2(\Omega)} + C\|T'|_{\zeta=1}\|^4_{L^4(S^2)} + C\|\Psi\|^2_{L^2(\Omega)} + C\|\Psi_\zeta\|^2_{L^2(\Omega)}, \tag{3.148}$$

由(3.33)式,(3.40)式,(3.114)式和 Gronwall 不等式可得(3.133)式.

引理 3.11 令 $M>0$. 在定理 3.1 的假设下,速度 V 满足

$$\int_\Omega|\nabla(\tilde{p}_s V)|^2\mathrm{d}\sigma\mathrm{d}\zeta + \int_{S^2}\left(\int_0^t \nabla\nabla\cdot(\tilde{p}_s\bar{V})\mathrm{d}\tau\right)^2\mathrm{d}\sigma + \int_0^t\int_\Omega|\Delta V|^2\mathrm{d}\sigma\mathrm{d}\zeta\mathrm{d}\tau$$
$$+ \int_0^t\int_\Omega|\nabla V_\zeta|^2\mathrm{d}\sigma\mathrm{d}\zeta\mathrm{d}\tau + \int_{S^2}\left(f(|V|)|\nabla(\tilde{p}_s V)|^2\right)\Big|_{\zeta=1}\mathrm{d}\sigma$$
$$+ \int_{S^2}\left(\frac{f'(|V|)}{|V|}|V\cdot\nabla(\tilde{p}_s V)|^2\right)\Big|_{\zeta=1}\mathrm{d}\sigma \leqslant C(M), \quad t\in[0,M], \tag{3.149}$$

其中,$C(M)>0$ 是依赖于时间 M 的常数.

证明 令方程$(1.84)_1$式与$\tilde{p}_s\Delta(\tilde{p}_s V)$在 Ω 上做内积,可得

$$\frac{1}{2}\frac{\mathrm{d}}{\mathrm{d}t}\int_\Omega|\nabla(\tilde{p}_s V)|^2\mathrm{d}\sigma\mathrm{d}\zeta + \frac{R}{2}\frac{\mathrm{d}}{\mathrm{d}t}\int_{S^2}\tilde{T}_s\left(\int_0^t\nabla\nabla\cdot(\tilde{p}_s\bar{V})\mathrm{d}\tau\right)^2\mathrm{d}\sigma$$

$$
\begin{aligned}
&+\mu_1\int_\Omega \tilde{p}_s|\Delta V|^2 \mathrm{d}\sigma\mathrm{d}\zeta+\nu_1\int_\Omega\left(\frac{g\zeta}{R\tilde{T}}\right)^2|\nabla(\tilde{p}_s V_\zeta)|^2\mathrm{d}\sigma\mathrm{d}\zeta\\
&+k_{s1}\int_{S^2}\left(\left(\frac{g\zeta}{R\tilde{T}}\right)^2\frac{\partial}{\partial\theta}(\tilde{p}_s f(|V|)V)\cdot\frac{\partial}{\partial\theta}(\tilde{p}_s V)\right)\bigg|_{\zeta=1}\mathrm{d}\sigma\\
&+k_{s1}\int_{S^2}\left(\left(\frac{g\zeta}{R\tilde{T}}\right)^2\frac{\partial}{\partial\lambda}(\tilde{p}_s f(|V|)V)\cdot\frac{\partial}{\partial\lambda}(\tilde{p}_s V)\right)\bigg|_{\zeta=1}\mathrm{d}\sigma\\
=&-2\int_\Omega(\nabla\tilde{p}_s\cdot\nabla V)\cdot\Delta V\mathrm{d}\sigma\mathrm{d}\zeta-\int_\Omega\Delta\tilde{p}_s V\cdot\Delta V\mathrm{d}\sigma\mathrm{d}\zeta\\
&+\int_\Omega\nabla_{V^*}V\cdot(\tilde{p}_s\Delta(\tilde{p}_s V))\mathrm{d}\sigma\mathrm{d}\zeta+\int_\Omega\dot{\zeta}^*V_\zeta\cdot(\tilde{p}_s\Delta(\tilde{p}_s V))\mathrm{d}\sigma\mathrm{d}\zeta\\
&+\int_\Omega 2\omega\cos\theta\begin{pmatrix}0&1\\-1&0\end{pmatrix}V\cdot(\tilde{p}_s\Delta(\tilde{p}_s V))\mathrm{d}\sigma\mathrm{d}\zeta\\
&+R\int_\Omega\left(\int_\zeta^1\frac{\nabla T'(s)}{s}\mathrm{d}s\right)\cdot(\tilde{p}_s\Delta(\tilde{p}_s V)\Big)\mathrm{d}\sigma\mathrm{d}\zeta+R\int_\Omega T'\nabla\tilde{p}_s\cdot\Delta(\tilde{p}_s V)\mathrm{d}\sigma\mathrm{d}\zeta\\
&+R\int_{S^2}\frac{\tilde{T}_s}{\tilde{p}_s}\left(\int_0^t\nabla\cdot(\tilde{p}_s\bar{V})\mathrm{d}\tau\right)\nabla\tilde{p}_s\cdot\Delta(\tilde{p}_s\bar{V})\mathrm{d}\sigma\\
&-R\int_{S^2}\left(\int_0^t\nabla\cdot(\tilde{p}_s\bar{V})\mathrm{d}\tau\right)\nabla\tilde{T}_s\cdot(\nabla\nabla\cdot(\tilde{p}_s\bar{V}))\mathrm{d}\sigma.
\end{aligned}
\tag{3.150}
$$

由 Young 不等式,可得

$$
\begin{aligned}
&\left|2\int_\Omega(\nabla\tilde{p}_s\cdot\nabla V)\cdot\Delta V\mathrm{d}\sigma\mathrm{d}\zeta\right|+\left|\int_\Omega\Delta\tilde{p}_s V\cdot\Delta V\mathrm{d}\sigma\mathrm{d}\zeta\right|\\
\leqslant&\ C\|\nabla V\|_{L^2(\Omega)}^2+\varepsilon\|\Delta V\|_{L^2(\Omega)}^2,
\end{aligned}
\tag{3.151}
$$

其中,$\varepsilon>0$ 是一个足够小的常数.

由(3.20)式,(3.33)式,(3.79)式和(3.101)式,可得

$$
\begin{aligned}
&\left|\int_\Omega\nabla_{V^*}V\cdot(\tilde{p}_s\Delta(\tilde{p}_s V))\mathrm{d}\sigma\mathrm{d}\zeta\right|\\
\leqslant&\ C\int_\Omega|V^*||\nabla V||\Delta(\tilde{p}_s V)|\mathrm{d}\sigma\mathrm{d}\zeta+C\int_\Omega|V|^2|\Delta(\tilde{p}_s V)|\mathrm{d}\sigma\mathrm{d}\zeta\\
\leqslant&\ C\int_\Omega|V|^2|\nabla V|^2\mathrm{d}\sigma\mathrm{d}\zeta+C\|V\|_{L^4(\Omega)}^4+\varepsilon\|\Delta(\tilde{p}_s V)\|_{L^2(\Omega)}^2\\
\leqslant&\ C\|V\|_{L^4(\Omega)}^2\|\nabla V\|_{L^4(\Omega)}^2+C\|V\|_{L^4(\Omega)}^4+\varepsilon\|\Delta(\tilde{p}_s V)\|_{L^2(\Omega)}^2\\
\leqslant&\ C\|V\|_{L^4(\Omega)}^2\|\nabla V\|_{L^2(\Omega)}^{\frac{1}{2}}(\|\nabla V\|_{L^2(\Omega)}+\|\Delta V\|_{L^2(\Omega)}+\|\nabla V_\zeta\|_{L^2(\Omega)})^{\frac{3}{2}}\\
&+C\|V\|_{L^4(\Omega)}^4+\varepsilon\|\Delta(\tilde{p}_s V)\|_{L^2(\Omega)}^2
\end{aligned}
$$

$$
\begin{aligned}
&\leqslant C\|V\|_{L^4(\Omega)}^8\|\nabla V\|_{L^2(\Omega)}^2+C\|V\|_{L^4(\Omega)}^4+C\|V\|_{L^2(\Omega)}^2+C\|\nabla V\|C_{L^2(\Omega)}^2 \\
&\quad+\varepsilon C\|\Delta V\|_{L^2(\Omega)}^2+\varepsilon\|\nabla V_\zeta\|_{L^2(\Omega)}^2 \\
&\leqslant C+C(\|\widetilde{V}\|_{L^4(\Omega)}^8+\|\bar{V}\|_{H^1(S^2)}^8)\|\nabla V\|_{L^2(\Omega)}^2+C(\|\widetilde{V}\|_{L^4(\Omega)}^4+\|\bar{V}\|_{H^1(S^2)}^4) \\
&\quad+C\|\nabla V\|_{L^2(\Omega)}^2+\varepsilon C\|\Delta V\|_{L^2(\Omega)}^2+\varepsilon\|\nabla V_\zeta\|_{L^2(\Omega)}^2 \\
&\leqslant C(M)+C(M)\|\nabla V\|_{L^2(\Omega)}^2+\varepsilon C\|\Delta V\|_{L^2(\Omega)}^2+\varepsilon\|\nabla V_\zeta\|_{L^2(\Omega)}^2,
\end{aligned}
\tag{3.152}
$$

其中,$\varepsilon>0$ 是一个足够小的常数.

由

$$
\dot{\zeta}^*=-\widetilde{p}_s^{-1}\int_0^\zeta\nabla\cdot(\widetilde{p}_sV^*)\mathrm{d}s,
$$

(3.114)式,Hölder 不等式,Gagliardo-Nirenberg-Sobolev 不等式和 Minkowski 不等式,可得

$$
\begin{aligned}
&\left|\int_\Omega\dot{\zeta}^*V_\zeta\cdot(\widetilde{p}_s\Delta(\widetilde{p}_sV))\mathrm{d}\sigma\mathrm{d}\zeta\right| \\
&\leqslant C\int_{S^2}\left(\int_0^1\left(\int_0^\zeta|\nabla\cdot(\widetilde{p}_sV^*)|\mathrm{d}s\right)|V_\zeta||\Delta(\widetilde{p}_sV)|\mathrm{d}\zeta\right)\mathrm{d}\sigma \\
&\leqslant C\int_{S^2}\left(\int_0^1|\nabla\cdot(\widetilde{p}_sV^*)|^2\mathrm{d}\zeta\right)\left(\int_0^1|V_\zeta|^2\mathrm{d}\zeta\right)\mathrm{d}\sigma+\varepsilon\|\Delta(\widetilde{p}_sV)\|_{L^2(\Omega)}^2 \\
&\leqslant C\left(\int_{S^2}\left(\int_0^1|\nabla\cdot(\widetilde{p}_sV^*)|^2\mathrm{d}\zeta\right)^2\mathrm{d}\sigma\right)^{\frac{1}{2}}\left(\int_{S^2}\left(\int_0^1|V_\zeta|^2\mathrm{d}\zeta\right)2\mathrm{d}\sigma\right)^{\frac{1}{2}} \\
&\quad+\varepsilon\|\Delta(\widetilde{p}_sV)\|_{L^2(\Omega)}^2 \\
&\leqslant C\left(\int_0^1\left(\int_{S^2}|\nabla\cdot(\widetilde{p}_sV^*)|^4\mathrm{d}\sigma\right)^{\frac{1}{2}}\mathrm{d}\zeta\right)\left(\int_0^1\left(\int_{S^2}|V_\zeta|^4\mathrm{d}\sigma\right)^{\frac{1}{2}}\mathrm{d}\zeta\right) \\
&\quad+\varepsilon\|\Delta(\widetilde{p}_sV)\|_{L^2(\Omega)}^2 \\
&\leqslant C\left(\int_0^1\|\nabla\cdot(\widetilde{p}_sV^*)\|_{L^2(S^2)}\|\nabla\cdot(\widetilde{p}_sV^*)\|_{H^1(S^2)}\mathrm{d}\zeta\right) \\
&\quad\cdot\left(\int_0^1\|V_\zeta\|_{L^2(S^2)}\|V_\zeta\|_{H^1(S^2)}\mathrm{d}\zeta\right)+\varepsilon\|\Delta(\widetilde{p}_sV)\|_{L^2(\Omega)}^2 \\
&\leqslant C\|\nabla\cdot(\widetilde{p}_sV)\|_{L^2(\Omega)}(\|\nabla\cdot(\widetilde{p}_sV)\|_{L^2(\Omega)}+\|\Delta(\widetilde{p}_sV)\|_{L^2(\Omega)})\|V_\zeta\|_{L^2(\Omega)} \\
&\quad\cdot(\|V_\zeta\|_{L^2(\Omega)}+\|\nabla V_\zeta\|_{L^2(\Omega)})+\varepsilon\|\Delta(\widetilde{p}_sV)\|_{L^2(\Omega)}^2 \\
&\leqslant C+C(M)\|\nabla V_\zeta\|_{L^2(\Omega)}^2\|\nabla(\widetilde{p}_sV)\|_{L^2(\Omega)}^2+C\|\nabla V\|_{L^2(\Omega)}^2+\varepsilon C\|\Delta V\|_{L^2(\Omega)}^2,
\end{aligned}
\tag{3.153}
$$

其中,$\varepsilon>0$ 是一个足够小的常数.

类似于(3.107)式，计算可得

$$\int_{\Omega} 2\omega\cos\theta\begin{pmatrix}0 & 1\\ -1 & 0\end{pmatrix}V\cdot(\tilde{p}_s\Delta(\tilde{p}_sV))\mathrm{d}\sigma\mathrm{d}\zeta=0. \tag{3.154}$$

由 Hardy 不等式和 Young 不等式，可得

$$\begin{aligned}
&\left|R\int_{\Omega}\left(\int_{\zeta}^{1}\frac{\nabla T'(s)}{s}\mathrm{d}s\right)\cdot(\tilde{p}_s\Delta(\tilde{p}_sV)\right)\mathrm{d}\sigma\mathrm{d}\zeta\right|\\
&=\left|R\int_{S^2}\int_0^1\nabla T'(s)\cdot\left(\frac{1}{s}\int_0^s\tilde{p}_s\Delta(\tilde{p}_sV)\mathrm{d}\zeta\right)\mathrm{d}s\,\mathrm{d}\sigma\right|\\
&\leqslant C\|\nabla T'\|_{L^2(\Omega)}\|\Delta(\tilde{p}_sV)\|_{L^2(\Omega)}\\
&\leqslant C+C\|\nabla T'\|_{L^2(\Omega)}^2+C\|\nabla V\|_{L^2(\Omega)}^2+\varepsilon C\|\Delta V\|_{L^2(\Omega)}^2,
\end{aligned} \tag{3.155}$$

$$\begin{aligned}
&\left|R\int_{\Omega}T'\,\nabla\tilde{p}_s\cdot\Delta(\tilde{p}_sV)\mathrm{d}\sigma\mathrm{d}\zeta\right|\\
&+\left|R\int_{S^2}\frac{\tilde{T}_s}{\tilde{p}_s}\left(\int_0^t\nabla\cdot(\tilde{p}_s\bar{V})\mathrm{d}\tau\right)\nabla\tilde{p}_s\cdot\Delta(\tilde{p}_s\bar{V})\mathrm{d}\sigma\right|\\
&+\left|R\int_{S^2}\left(\int_0^t\nabla\cdot(\tilde{p}_s\bar{V})\mathrm{d}\tau\right)\nabla\tilde{T}_s\cdot(\nabla\nabla\cdot(\tilde{p}_s\bar{V}))\,\mathrm{d}\sigma\right|\\
&\leqslant C\int_{\Omega}T'^2\mathrm{d}\sigma\mathrm{d}\zeta+C\int_{S^2}\left(\int_0^t\nabla\cdot(\tilde{p}_s\bar{V})\mathrm{d}\tau\right)^2\mathrm{d}\sigma\\
&\quad+\varepsilon\|\Delta(\tilde{p}_sV)\|_{L^2(\Omega)}^2+\varepsilon\|\Delta(\tilde{p}_s\bar{V})\|_{L^2(\Omega)}^2\\
&\leqslant C+C\|\nabla V\|_{L^2(\Omega)}^2+\varepsilon C\|\Delta V\|_{L^2(\Omega)}^2.
\end{aligned} \tag{3.156}$$

最后可得，

$$\begin{aligned}
&k_{s1}\int_{S^2}\left(\left(\frac{g\zeta}{R\tilde{T}}\right)^2\frac{\partial}{\partial\theta}(\tilde{p}_sf(|V|)V)\cdot\frac{\partial}{\partial\theta}(\tilde{p}_sV)\right)\Big|_{\zeta=1}\mathrm{d}\sigma\\
&+k_{s1}\int_{S^2}\left(\left(\frac{g\zeta}{R\tilde{T}}\right)^2\frac{\partial}{\partial\lambda}(\tilde{p}_sf(|V|)V)\cdot\frac{\partial}{\partial\lambda}(\tilde{p}_sV)\right)\Big|_{\zeta=1}\mathrm{d}\sigma\\
&=k_{s1}\int_{S^2}\left(\left(\frac{g\zeta}{R\tilde{T}}\right)^2f(|V|)|\nabla(\tilde{p}_sV)|^2\right)\Big|_{\zeta=1}\mathrm{d}\sigma\\
&+k_{s1}\int_{S^2}\left(\left(\frac{g\zeta}{R\tilde{T}}\right)^2\frac{f'(|V|)}{|V|}|V\cdot\nabla(\tilde{p}_sV)|^2\right)\Big|_{\zeta=1}\mathrm{d}\sigma\\
&-k_{s1}\int_{S^2}\left(\left(\frac{g\zeta}{R\tilde{T}}\right)^2\frac{f'(|V|)}{|V|}(V\cdot(V\otimes\nabla\tilde{p}_s))\cdot(V\cdot\nabla(\tilde{p}_sV))\right)\Big|_{\zeta=1}\mathrm{d}\sigma,
\end{aligned} \tag{3.157}$$

而

$$\left|k_{s1}\int_{S^2}\left(\left(\frac{g\zeta}{R\tilde{T}}\right)^2\frac{f'(|V|)}{|V|}(V\cdot(V\otimes\nabla\tilde{p}_s))\cdot(V\cdot\nabla(\tilde{p}_sV))\right)\bigg|_{\zeta=1}\mathrm{d}\sigma\right|$$

$$\leqslant C\int_{S^2}V^{2+\alpha}\bigg|_{\zeta=1}\mathrm{d}\sigma+\varepsilon\int_{S^2}\left(\left(\frac{g\zeta}{R\tilde{T}}\right)^2 f(|V|)|\nabla(\tilde{p}_sV)|^2\right)\bigg|_{\zeta=1}\mathrm{d}\sigma$$

$$\leqslant C\int_{S^2}\tilde{V}^{2+\alpha}\bigg|_{\zeta=1}\mathrm{d}\sigma+C\int_{S^2}\bar{V}^{2+\alpha}\mathrm{d}\sigma+\varepsilon\int_{S^2}\left(\left(\frac{g\zeta}{R\tilde{T}}\right)^2 f(|V|)|\nabla(\tilde{p}_sV)|^2\right)\bigg|_{\zeta=1}\mathrm{d}\sigma,\tag{3.158}$$

其中，$\varepsilon>0$ 是一个足够小的常数.由(3.150)式～(3.158)式可得

$$\begin{aligned}&\frac{\mathrm{d}}{\mathrm{d}t}\int_{\Omega}|\nabla(\tilde{p}_sV)|^2\mathrm{d}\sigma\mathrm{d}\zeta+R\frac{\mathrm{d}}{\mathrm{d}t}\int_{S^2}\tilde{T}_s\left(\int_0^t\nabla\nabla\cdot(\tilde{p}_s\bar{V})\mathrm{d}\tau\right)^2\mathrm{d}\sigma\\&+C\int_{\Omega}|\Delta V|^2\mathrm{d}\sigma\mathrm{d}\zeta+C\int_{\Omega}|\nabla V_\zeta|^2\mathrm{d}\sigma\mathrm{d}\zeta\\&+C\int_{S^2}\left(\left(\frac{g\zeta}{R\tilde{T}}\right)^2 f(|V|)|\nabla(\tilde{p}_sV)|^2\right)\bigg|_{\zeta=1}\mathrm{d}\sigma\\&+C\int_{S^2}\left(\left(\frac{g\zeta}{R\tilde{T}}\right)^2\frac{f'(|V|)}{|V|}|V\cdot\nabla(\tilde{p}_sV)|^2\right)\bigg|_{\zeta=1}\mathrm{d}\sigma\\\leqslant\ &C+C(M)\|\nabla V_\zeta\|^2_{L^2(\Omega)}\|\nabla(\tilde{p}_sV)\|^2_{L^2(\Omega)}+C\|\nabla V\|^2_{L^2(\Omega)}+C\|\nabla T'\|^2_{L^2(\Omega)}\\&+C\int_{S^2}\tilde{V}^{2+\alpha}\bigg|_{\zeta=1}\mathrm{d}\sigma+C\int_{S^2}\bar{V}^{2+\alpha}\mathrm{d}\sigma,\end{aligned}\tag{3.159}$$

由(3.33)式，(3.79)式，(3.114)式和 Gronwall 不等式可得(3.149)式.

引理 3.12 令 $M>0$. 在定理 3.1 的假设下，温度偏差 T'满足

$$\begin{aligned}&\int_{\Omega}|\nabla T'|^2\mathrm{d}\sigma\mathrm{d}\zeta+\int_0^t\int_{\Omega}|\Delta T'|^2\mathrm{d}\sigma\mathrm{d}\zeta\mathrm{d}\tau+\int_0^t\int_{\Omega}|\nabla T'_\zeta|^2\mathrm{d}\sigma\mathrm{d}\zeta\mathrm{d}\tau\\&+\int_0^t\int_{S^2}|\nabla T'|^3\bigg|_{\zeta=1}\mathrm{d}\sigma\mathrm{d}\tau\leqslant C(M),t\in[0,M],\end{aligned}\tag{3.160}$$

其中，$C(M)>0$ 是依赖于时间 M 的常数.

证明 将方程$(1.87)_2$式与 $\Delta T'$在 Ω 上做内积，

$$\frac{R}{2c_0^2}\frac{\mathrm{d}}{\mathrm{d}t}\int_{\Omega}|\nabla T'|^2\mathrm{d}\sigma\mathrm{d}\zeta+\frac{R\mu_2}{c_pc_0^2}\int_{\Omega}\frac{1}{\tilde{p}_s}|\Delta T'|^2\mathrm{d}\sigma\mathrm{d}\zeta$$

$$+\frac{R\nu_2}{c_pc_0^2}\int_{\Omega}\left(\frac{g\zeta}{R\tilde{T}}\right)^2|\nabla T'_\zeta|^2\mathrm{d}\sigma\mathrm{d}\zeta+\frac{R\nu_2k_{s2}}{c_pc_0^2}\int_{S^2}\left(\left(\frac{g\zeta}{R\tilde{T}}\right)^2|\nabla T'|^2\right)\bigg|_{\zeta=1}\mathrm{d}\sigma$$

$$=\frac{R}{c_0^2}\int_\Omega (V^* \cdot \nabla)T'\Delta T'\mathrm{d}\sigma\mathrm{d}\zeta+\frac{R}{c_0^2}\int_\Omega \dot{\zeta}^* T'_\zeta\Delta T'\mathrm{d}\sigma\mathrm{d}\zeta$$

$$-R\int_\Omega \frac{1}{\tilde{p}_s}(\nabla\tilde{p}_s\cdot V)\Delta T'\mathrm{d}\sigma\mathrm{d}\zeta+R\int_\Omega \frac{1}{\tilde{p}_s\zeta}\left(\int_0^\zeta \nabla\cdot(\tilde{p}_s V)\mathrm{d}s\right)\Delta T'\mathrm{d}\sigma\mathrm{d}\zeta$$

$$-\frac{R}{c_p c_0^2}\int_\Omega \Psi\Delta T'\mathrm{d}\sigma\mathrm{d}\zeta. \tag{3.161}$$

由(3.33)式和(3.101)式，可得

$$\left|\frac{R}{c_0^2}\int_\Omega (V^* \cdot \nabla)T'\Delta T'\mathrm{d}\sigma\mathrm{d}\zeta\right|$$

$$\leqslant C\int_\Omega |V^*|^2|\nabla T'|^2\mathrm{d}\sigma\mathrm{d}\zeta+\varepsilon\|\Delta T'\|_{L^2(\Omega)}^2$$

$$\leqslant C\|V\|_{L^4(\Omega)}^2\|\nabla T'\|_{L^4(\Omega)}^2+\varepsilon\|\Delta T'\|_{L^2(\Omega)}^2$$

$$\leqslant C\|V\|_{L^4(\Omega)}^2\|\nabla T'\|_{L^2(\Omega)}^{\frac{1}{2}}(\|\nabla T'\|_{L^2(\Omega)}+\|\Delta T'\|_{L^2(\Omega)}$$

$$+\|\nabla T'_\zeta\|_{L^2(\Omega)})\ \frac{3}{2}+\varepsilon\|\Delta T'\|_{L^2(\Omega)}^2$$

$$\leqslant C(1+\|V\|_{L^4(\Omega)}^8)\|\nabla T'\|_{L^2(\Omega)}^2+\varepsilon C\|\Delta T'\|_{L^2(\Omega)}^2+\varepsilon\|\nabla T'_\zeta\|_{L^2(\Omega)}^2$$

$$\leqslant C(M)\|\nabla T'\|_{L^2(\Omega)}^2+\varepsilon C\|\Delta T'\|_{L^2(\Omega)}^2+\varepsilon\|\nabla T'_\zeta\|_{L^2(\Omega)}^2, \tag{3.162}$$

其中，$\varepsilon>0$ 是一个足够小的常数.

由(3.33)式，(3.149)式和(3.160)式，可得

$$\left|\frac{R}{c_0^2}\int_\Omega \dot{\zeta}^* T'_\zeta\Delta T'\mathrm{d}\sigma\mathrm{d}\zeta\right|$$

$$\leqslant C\int_{S^2}\left(\int_0^1\left(\int_0^\zeta|\nabla\cdot(\tilde{p}_s V^*)|\mathrm{d}s\right)|T'_\zeta||\Delta T'|\mathrm{d}\zeta\right)\mathrm{d}\sigma$$

$$\leqslant C\int_{S^2}\left(\int_0^1|\nabla\cdot(\tilde{p}_s V^*)|^2\mathrm{d}\zeta\right)\left(\int_0^1|T'_\zeta|^2\mathrm{d}\zeta\right)\mathrm{d}\sigma+\varepsilon\|\Delta T'\|_{L^2(\Omega)}^2$$

$$\leqslant C\left(\int_{S^2}\left(\int_0^1|\nabla\cdot(\tilde{p}_s V^*)|^2\mathrm{d}\zeta\right)^2\mathrm{d}\sigma\right)^{\frac{1}{2}}\left(\int_{S^2}\left(\int_0^1|T'_\zeta|^2\mathrm{d}\zeta\right)^2\mathrm{d}\sigma\right)^{\frac{1}{2}}+\varepsilon\|\Delta T'\|_{L^2(\Omega)}^2$$

$$\leqslant C\left(\int_0^1\left(\int_{S^2}|\nabla\cdot(\tilde{p}_s V^*)|^4\mathrm{d}\sigma\right)^{\frac{1}{2}}\mathrm{d}\zeta\right)\left(\int_0^1\left(\int_{S^2}|T'_\zeta|^4\mathrm{d}\sigma\right)^{\frac{1}{2}}\mathrm{d}\zeta\right)+\varepsilon\|\Delta T'\|_{L^2(\Omega)}^2$$

$$\leqslant C\left(\int_0^1\|\nabla\cdot(\tilde{p}_s V^*)\|_{L^2(S^2)}\|\nabla\cdot(\tilde{p}_s V^*)\|_{H^1(S^2)}\mathrm{d}\zeta\right)\left(\int_0^1\|T'_\zeta\|_{L^2(S^2)}\|T'_\zeta\|_{H^1(S^2)}\mathrm{d}\zeta\right)$$

$$+\varepsilon\|\Delta T'\|_{L^2(\Omega)}^2$$

$$\leqslant C\|\nabla\cdot(\tilde{p}_s V)\|_{L^2(\Omega)}(\|\nabla\cdot(\tilde{p}_s V)\|_{L^2(\Omega)}+\|\Delta(\tilde{p}_s V)\|_{L^2(\Omega)})\|T'_\zeta\|_{L^2(\Omega)}$$

$$\cdot(\|T'_\zeta\|_{L^2(\Omega)}+\|\nabla T'_\zeta\|_{L^2(\Omega)})+\varepsilon\|\Delta T'\|^2_{L^2(\Omega)}$$
$$\leqslant C(M)+C(M)\|\Delta V\|^2_{L^2(\Omega)}+\varepsilon\|\Delta T'\|^2_{L^2(\Omega)}+\varepsilon\|\nabla T'_\zeta\|^2_{L^2(\Omega)},\tag{3.163}$$

其中,$\varepsilon>0$ 是一个足够小的常数.

由(3.33)式,(3.149)式,Hardy 不等式和 Young 不等式,可得

$$\left|R\int_\Omega\frac{1}{\tilde{p}_s\zeta}\left(\int_0^\zeta\nabla\cdot(\tilde{p}_sV)\mathrm{d}s\right)\Delta T'\mathrm{d}\sigma\mathrm{d}\zeta\right|$$
$$\leqslant C\|\nabla\cdot(\tilde{p}_sV)\mathrm{d}s\|_{L^2(\Omega)}\|\Delta T'\|_{L^2(\Omega)}\leqslant C(M)+\varepsilon\|\Delta T'\|^2_{L^2(\Omega)},\tag{3.164}$$

$$\left|R\int_\Omega\frac{1}{\tilde{p}_s}(\nabla\tilde{p}_s\cdot V)\Delta T'\mathrm{d}\sigma\mathrm{d}\zeta\right|+\left|\frac{R}{c_pc_0^2}\int_\Omega\Psi\Delta T'\mathrm{d}\sigma\mathrm{d}\zeta\right|$$
$$\leqslant C(M)+C\|\Psi\|^2_{L^2(\Omega)}+\varepsilon\|\Delta T'\|^2_{L^2(\Omega)},\tag{3.165}$$

其中,$\varepsilon>0$ 是一个足够小的常数.

由(3.161)式~(3.165)式,可得

$$\frac{\mathrm{d}}{\mathrm{d}t}\int_\Omega|\nabla T'|^2\mathrm{d}\sigma\mathrm{d}\zeta+C\int_\Omega|\Delta T'|^2\mathrm{d}\sigma\mathrm{d}\zeta$$
$$+C\int_\Omega|\nabla T'_\zeta|^2\mathrm{d}\sigma\mathrm{d}\zeta+C\int_{S^2}|\nabla T'|^2\Big|_{\zeta=1}\mathrm{d}\sigma$$
$$\leqslant C(M)+C(M)\|\nabla T'\|^2_{L^2(\Omega)}+C\|\Delta V\|^2_{L^2(\Omega)}+C\|\Psi\|^2_{L^2(\Omega)},\tag{3.166}$$

由(3.33)式,(3.133)式,(3.149)式和 Gronwall 不等式可得(3.160)式.

3.9 定理证明

3.9.1 定理 3.1 的证明

利用参考文献[13,36]中证明局部强解存在性的方法,可得存在一个时间 M^*,使得在区间$[0,M^*]$上大气动力学方程组的初边值问题(1.87)式存在强解 U,再利用反证法可证明整体强解的存在性,即假设如果 $M^*<+\infty$,则有

$$\lim_{t\to M^{*-}}\sup\|U\|_{H^1(\Omega)}=+\infty,\tag{3.167}$$

但这与(3.33)式,(3.114)式,(3.133)式和(3.160)式是矛盾的,于是就证明了整体强解的存在性.

接下来,证明整体强解的唯一性,令(V_1,T'_1)和(V_2,T'_2)是大气动力学方程组的初边值问题(1.84)式在区间$[0,M^*]$上的两个整体强解,对应的初值分

别为(V_{01},T'_{01})和(V_{02},T'_{02}).定义 $V=V_1-V_2$，$T'=T'_1-T'_2$，则 V,T'满足如下方程组：

$$\begin{cases}\dfrac{\partial V}{\partial t}-\dfrac{\mu_1}{\widetilde{p}_s}\Delta V-\nu_1\dfrac{\partial}{\partial\zeta}\left(\left(\dfrac{g\zeta}{R\widetilde{T}}\right)^2\dfrac{\partial V}{\partial\zeta}\right)+\nabla_{V_1^*}V+\nabla_{V^*}V_2\\ \quad-\dfrac{1}{\widetilde{p}_s}\left(\displaystyle\int_0^\zeta\nabla\cdot(\widetilde{p}_sV_1^*)\mathrm{d}s\right)\dfrac{\partial V}{\partial\zeta}-\dfrac{1}{\widetilde{p}_s}\left(\displaystyle\int_0^\zeta\nabla\cdot(\widetilde{p}_sV^*)\mathrm{d}s\right)\dfrac{\partial V_2}{\partial\zeta}\\ \quad+2\omega\cos\theta\begin{pmatrix}0&1\\-1&0\end{pmatrix}V+R\displaystyle\int_\zeta^1\dfrac{\nabla T'(s)}{s}\mathrm{d}s+RT'\dfrac{\nabla\widetilde{p}_s}{\widetilde{p}_s}\\ \quad-\nabla\left(\dfrac{R\widetilde{T}_s}{\widetilde{p}_s}\displaystyle\int_0^t\nabla\cdot(\widetilde{p}_s\bar{V})\mathrm{d}\tau\right)=0,\\ \dfrac{R}{c_0^2}\dfrac{\partial T'}{\partial t}-\dfrac{R\mu_2}{c_pc_0^2}\dfrac{1}{\widetilde{p}_s}\Delta T'-\dfrac{R\nu_2}{c_pc_0^2}\dfrac{\partial}{\partial\zeta}\left(\left(\dfrac{g\zeta}{R\widetilde{T}}\right)^2\dfrac{\partial T'}{\partial\zeta}\right)\\ \quad+\dfrac{R}{c_0^2}(V_1^*\cdot\nabla)T'+\dfrac{R}{c_0^2}(V^*\cdot\nabla)T'_2\\ \quad-\dfrac{R}{c_0^2}\dfrac{1}{\widetilde{p}_s}\left(\displaystyle\int_0^\zeta\nabla\cdot(\widetilde{p}_sV_1^*)\mathrm{d}s\right)\dfrac{\partial T'}{\partial\zeta}-\dfrac{R}{c_0^2}\dfrac{1}{\widetilde{p}_s}\left(\displaystyle\int_0^\zeta\nabla\cdot(\widetilde{p}_sV^*)\mathrm{d}s\right)\dfrac{\partial T'_2}{\partial\zeta}\\ \quad+\dfrac{R}{\widetilde{p}_s\zeta}\displaystyle\int_0^\zeta\nabla\cdot(\widetilde{p}_sV)\mathrm{d}s\\ \quad-\dfrac{R}{\widetilde{p}_s}\nabla\widetilde{p}_s\cdot V=0,\\ (V|_{t=0},T'|_{t=0})=(V_{01}-V_{02},T'_{01}-T'_{02}),\\ (V,T')(\theta,\lambda,p)=(V,T')(\theta+\pi,\lambda,\zeta)=(V,T')(\theta,\lambda+2\pi,\zeta),\\ \dfrac{\partial V}{\partial\zeta}\Big|_{\zeta=0}=0,\quad\dfrac{\partial T'}{\partial\zeta}\Big|_{\zeta=0}=0,\\ \quad\left(\nu_1\dfrac{\partial V}{\partial\zeta}+k_{s1}(f(|V_1|)V_1-f(|V_2|)V_2)\right)\Big|_{\zeta=1}=0,\\ \left(\nu_2\dfrac{\partial T'}{\partial\zeta}+k_{s2}T'\right)\Big|_{\zeta=1}=0.\end{cases}\tag{3.168}$$

令方程组$(4.2)_1$式与$\widetilde{p}_sV$ 在Ω 上做内积,可得

$$\frac{1}{2}\frac{\mathrm{d}}{\mathrm{d}t}\int_\Omega\widetilde{p}_s|V|^2\mathrm{d}\sigma\mathrm{d}\zeta+\mu_1\int_\Omega|\nabla V|^2\mathrm{d}\sigma\mathrm{d}\zeta+\nu_1\int_\Omega\widetilde{p}_sp_s\left(\frac{g\zeta}{R\widetilde{T}}\right)^2\left|\frac{\partial V}{\partial\zeta}\right|^2\mathrm{d}\sigma\mathrm{d}\zeta$$

$$+k_{s1}\int_{S^2}\widetilde{p}_sp_s\left(\left(\frac{g\zeta}{R\widetilde{T}}\right)^2(f(|V_1|)V_1-f(|V_2|)V_2)\cdot(V_1-V_2)\right)\Big|_{\zeta=1}\mathrm{d}\sigma$$

$$=-\int_{\Omega}\left(\nabla_{V_1^*}V-\frac{1}{\widetilde{p}_s}\left(\int_0^{\zeta}\nabla\cdot(\widetilde{p}_sV_1^*)\mathrm{d}s\right)\frac{\partial V}{\partial\zeta}\right)\cdot(\widetilde{p}_sV)\mathrm{d}\sigma\mathrm{d}\zeta$$

$$-\int_{\Omega}\nabla_{V^*}V_2\cdot(\widetilde{p}_sV)\mathrm{d}\sigma\mathrm{d}\zeta+\int_{\Omega}\left(\frac{1}{\widetilde{p}_s}\left(\int_0^{\zeta}\nabla\cdot(\widetilde{p}_sV^*)\mathrm{d}s\right)\frac{\partial V_2}{\partial\zeta}\right)\cdot(\widetilde{p}_sV)\mathrm{d}\sigma\mathrm{d}\zeta$$

$$-\int_{\Omega}2\omega\cos\theta\begin{pmatrix}0&1\\-1&0\end{pmatrix}V\cdot(\widetilde{p}_sV)\mathrm{d}\sigma\mathrm{d}\zeta-R\int_{\Omega}\left(\int_{\zeta}^{1}\frac{\nabla T'(s)}{s}\mathrm{d}s\right)\cdot(\widetilde{p}_sV)\mathrm{d}\sigma\mathrm{d}\zeta$$

$$-R\int_{\Omega}T'\,\nabla\widetilde{p}_s\cdot V\mathrm{d}\sigma\mathrm{d}\zeta+R\int_{\Omega}\nabla\left(\frac{\widetilde{T}_s}{\widetilde{p}_s}\int_0^{t}\nabla\cdot(\widetilde{p}_s\bar{V})\mathrm{d}\tau\right)\cdot(\widetilde{p}_sV)\mathrm{d}\sigma\mathrm{d}\zeta,\tag{3.169}$$

再由(3.33)式,(3.114)式和(3.169)式,可得

$$-\int_{\Omega}\left(\nabla_{V_1^*}V-\frac{1}{\widetilde{p}_s}\left(\int_0^{\zeta}\nabla\cdot(\widetilde{p}_sV_1^*)\mathrm{d}s\right)\frac{\partial V}{\partial\zeta}\right)\cdot(\widetilde{p}_sV)\mathrm{d}\sigma\mathrm{d}\zeta=0,\tag{3.170}$$

$$\begin{aligned}&\left|-\int_{\Omega}\nabla_{V^*}V_2\cdot(\widetilde{p}_sV)\mathrm{d}\sigma\mathrm{d}\zeta\right|\\
&\leqslant C\int_{\Omega}|V|^2|V_2|\mathrm{d}\sigma\mathrm{d}\zeta+C\int_{\Omega}|V|^2|\nabla V_2|\mathrm{d}\sigma\mathrm{d}\zeta\\
&\leqslant C\|V\|_{L^4(\Omega)}^2\|V_2\|_{L^2(\Omega)}+C\|V\|_{L^4(\Omega)}^2\|\nabla V_2\|_{L^2(\Omega)}\\
&\leqslant C\|V\|_{L^2(\Omega)}^{\frac{1}{2}}(\|V\|_{L^2(\Omega)}+\|\nabla V\|_{L^2(\Omega)}+\|V_\zeta\|_{L^2(\Omega)})^{\frac{3}{2}}\|V_2\|_{L^2(\Omega)}\\
&\quad+C\|V\|_{L^2(\Omega)}^{\frac{1}{2}}(\|V\|_{L^2(\Omega)}+\|\nabla V\|_{L^2(\Omega)}+\|V_\zeta\|_{L^2(\Omega)})^{\frac{3}{2}}\|\nabla V_2\|_{L^2(\Omega)}\\
&\leqslant C(1+\|V_2\|_{L^2(\Omega)}^4+\|\nabla V_2\|_{L^2(\Omega)}^4)\|V\|_{L^2(\Omega)}^2+\varepsilon\|\nabla V\|_{L^2(\Omega)}^2+\varepsilon\|V_\zeta\|_{L^2(\Omega)}^2\\
&\leqslant C(M)\|V\|_{L^2(\Omega)}^2+\varepsilon\|\nabla V\|_{L^2(\Omega)}^2+\varepsilon\|V_\zeta\|_{L^2(\Omega)}^2,\end{aligned}\tag{3.171}$$

$$\begin{aligned}&\left|\int_{\Omega}(\frac{1}{\widetilde{p}_s}\left(\int_0^{\zeta}\nabla\cdot(\widetilde{p}_sV^*)\mathrm{d}s)\frac{\partial V_2}{\partial\zeta}\right)\cdot(\widetilde{p}_sV)\mathrm{d}\sigma\mathrm{d}\zeta\right|\\
&\leqslant C\int_{S^2}\left(\int_0^1(|V|^2+|\nabla V|^2)\mathrm{d}\zeta\right)^{\frac{1}{2}}\left(\int_0^1|V_{2\zeta}|^2\mathrm{d}\zeta\right)^{\frac{1}{2}}\left(\int_0^1|V|^2\mathrm{d}\zeta\right)^{\frac{1}{2}}\mathrm{d}\sigma\\
&\leqslant C(\|V\|_{L^2(\Omega)}+\|\nabla V\|_{L^2(\Omega)})\left(\int_{S^2}\left(\int_0^1|V_{2\zeta}|^2\mathrm{d}\zeta\right)^2\mathrm{d}\sigma\right)^{\frac{1}{4}}\left(\int_{S^2}\left(\int_0^1|V|^2\mathrm{d}\zeta\right)^2\mathrm{d}\sigma\right)^{\frac{1}{4}}\\
&\leqslant C(\|V\|_{L^2(\Omega)}+\|\nabla V\|_{L^2(\Omega)})\left(\int_0^1\left(\int_{S^2}|V_{2\zeta}|^4\mathrm{d}\sigma\right)^{\frac{1}{2}}\mathrm{d}\zeta\right)^{\frac{1}{2}}\left(\int_0^1\left(\int_{S^2}|V|^4\mathrm{d}\sigma\right)^{\frac{1}{2}}\mathrm{d}\zeta\right)^{\frac{1}{2}}\\
&\leqslant C(\|V\|_{L^2(\Omega)}+\|\nabla V\|_{L^2(\Omega)})\left(\int_0^1\|V_{2\zeta}\|_{L^2(S^2)}\|V_{2\zeta}\|_{H^1(S^2)}\mathrm{d}\zeta\right)^{\frac{1}{2}}\\
&\quad\cdot\left(\int_0^1\|V\|_{L^2(S^2)}\|V\|_{H^1(S^2)}\mathrm{d}\zeta\right)^{\frac{1}{2}}\end{aligned}$$

$$\leqslant C(\|V\|_{L^2(\Omega)}+\|\nabla V\|_{L^2(\Omega)})\|V_{2\zeta}\|_{L^2(\Omega)}^{\frac{1}{2}}(\|V_{2\zeta}\|_{L^2(\Omega)}^{\frac{1}{2}}+\|\nabla V_{2\zeta}\|_{L^2(\Omega)}^{\frac{1}{2}})$$
$$\cdot\|V\|_{L^2(\Omega)}^{\frac{1}{2}}(\|V\|_{L^2(\Omega)}^{\frac{1}{2}}+\|\nabla V\|_{L^2(\Omega)}^{\frac{1}{2}})$$
$$\leqslant C(M)(1+\|\nabla V_{2\zeta}\|_{L^2(\Omega)}^2)\|V\|_{L^2(\Omega)}^2+\varepsilon\|\nabla V\|_{L^2(\Omega)}^2, \tag{3.172}$$

其中,$\varepsilon>0$ 是一个足够小的常数.

还可得

$$-\int_\Omega 2\omega\cos\theta\begin{pmatrix}0 & 1\\ -1 & 0\end{pmatrix}V\cdot(\tilde{p}_sV)\mathrm{d}\sigma\mathrm{d}\zeta=0, \tag{3.173}$$

$$\begin{aligned}&-R\int_\Omega\left(\int_\zeta^1\frac{\nabla T'(s)}{s}\mathrm{d}s\right)\cdot(\tilde{p}_sV)\mathrm{d}\sigma\mathrm{d}\zeta\\ &=-R\int_{S^2}\int_0^1\nabla T'(s)\cdot\left(\frac{1}{s}\int_0^s(\tilde{p}_sV(\zeta))\mathrm{d}\zeta\right)\mathrm{d}s\mathrm{d}\sigma\\ &=R\int_\Omega T'\left(\frac{1}{\zeta}\int_0^\zeta\nabla\cdot(\tilde{p}_sV)\mathrm{d}s\right)\mathrm{d}\sigma\mathrm{d}\zeta,\end{aligned} \tag{3.174}$$

$$\left|-R\int_\Omega T'\,\nabla\tilde{p}_s\cdot V\mathrm{d}\sigma\mathrm{d}\zeta\right|\leqslant C\|T'\|_{L^2(\Omega)}^2+C\|V\|_{L^2(\Omega)}^2, \tag{3.175}$$

$$\begin{aligned}&R\int_\Omega\nabla\left(\frac{\tilde{T}_s}{\tilde{p}_s}\int_0^t\nabla\cdot(\tilde{p}_s\bar{V})\mathrm{d}\tau\right)\cdot(\tilde{p}_sV)\mathrm{d}\sigma\mathrm{d}\zeta\\ &=-R\int_\Omega\frac{\tilde{T}_s}{\tilde{p}_s}\left(\int_0^t\nabla\cdot(\tilde{p}_s\bar{V})\mathrm{d}\tau\right)\nabla\cdot(\tilde{p}_sV)\mathrm{d}\sigma\mathrm{d}\zeta\\ &=-R\int_{S^2}\frac{\tilde{T}_s}{\tilde{p}_s}\left(\int_0^t\nabla\cdot(\tilde{p}_s\bar{V})\mathrm{d}\tau\right)\nabla\cdot(\tilde{p}_s\bar{V})\mathrm{d}\sigma\mathrm{d}\zeta\\ &=-\frac{R}{2}\frac{\mathrm{d}}{\mathrm{d}t}\int_{S^2}\frac{\tilde{T}_s}{\tilde{p}_s}\left(\int_0^t\nabla\cdot(\tilde{p}_s\bar{V})\mathrm{d}\tau\right)^2\mathrm{d}\sigma\mathrm{d}\zeta.\end{aligned} \tag{3.176}$$

由(3.170)～(3.176)式,可得

$$\begin{aligned}&\frac{1}{2}\frac{\mathrm{d}}{\mathrm{d}t}\int_\Omega\tilde{p}_s|V|^2\mathrm{d}\sigma\mathrm{d}\zeta+\frac{R}{2}\frac{\mathrm{d}}{\mathrm{d}t}\int_{S^2}\frac{\tilde{T}_s}{\tilde{p}_s}\left(\int_0^t\nabla\cdot(\tilde{p}_s\bar{V})\mathrm{d}\tau\right)^2\mathrm{d}\sigma\mathrm{d}\zeta\\ &+\mu_1\int_\Omega|\nabla V|^2\mathrm{d}\sigma\mathrm{d}\zeta+\nu_1\int_\Omega\tilde{p}_s\left(\frac{g\zeta}{R\tilde{T}}\right)^2\left|\frac{\partial V}{\partial\zeta}\right|^2\mathrm{d}\sigma\mathrm{d}\zeta\\ &+k_{s1}\int_{S^2}\tilde{p}_s\left(\left(\frac{g\zeta}{R\tilde{T}}\right)^2(f(|V_1|)V_1-f(|V_2|)V_2)\cdot(V_1-V_2)\right)\Big|_{\zeta=1}\mathrm{d}\sigma\\ \leqslant{}& C(M)(1+\|\nabla V_{2\zeta}\|_{L^2(\Omega)}^2)\|V\|_{L^2(\Omega)}^2+C\|T'\|_{L^2(\Omega)}^2\end{aligned}$$

$$+R\int_{\Omega}T'\left(\frac{1}{\zeta}\int_0^{\zeta}\nabla\cdot(\tilde{p}_sV)\mathrm{d}s\right)\mathrm{d}\sigma\mathrm{d}\zeta+\varepsilon\|\nabla V\|_{L^2(\Omega)}^2+\varepsilon\|V_{\zeta}\|_{L^2(\Omega)}^2. \tag{3.177}$$

将$(3.158)_2$式与$\tilde{p}_sT'$相乘可得

$$\begin{aligned}
&\frac{R}{2c_0^2}\frac{\mathrm{d}}{\mathrm{d}t}\int_O\tilde{p}_sT'^2\mathrm{d}\sigma\mathrm{d}\zeta+\frac{R\mu_2}{c_pc_0^2}\int_O|\nabla T'|^2\mathrm{d}\sigma\mathrm{d}\zeta\\
&+\frac{R\nu_2}{c_pc_0^2}\int_O\tilde{p}_s\left(\frac{g\zeta}{R\tilde{T}}\right)^2\left|\frac{\partial T'}{\partial\zeta}\right|^2\mathrm{d}\sigma\mathrm{d}\zeta+\frac{k_{s2}R}{c_pc_0^2}\int_{S^2}\tilde{p}_s\left(\left(\frac{g\zeta}{R\tilde{T}}\right)^2T'^2\right)\bigg|_{\zeta=1}\mathrm{d}\sigma\\
=&-\frac{R}{c_0^2}\int_O\left((V_1^*\cdot\nabla)T'-\frac{1}{\tilde{p}_s}\left(\int_0^{\zeta}\nabla\cdot(\tilde{p}_sV_1^*)\mathrm{d}s\right)\frac{\partial T'}{\partial\zeta}\right)\tilde{p}_sT'\mathrm{d}\sigma\mathrm{d}\zeta\\
&-\frac{R}{c_0^2}\int_O(V^*\cdot\nabla)T'_2\,\tilde{p}_sT'\mathrm{d}\sigma\mathrm{d}\zeta+\frac{R}{c_0^2}\int_O\frac{1}{\tilde{p}_s}\left(\int_0^{\zeta}\nabla\cdot(\tilde{p}_sV^*)\mathrm{d}s\right)\frac{\partial T'_2}{\partial\zeta}\tilde{p}_sT'\mathrm{d}\sigma\mathrm{d}\zeta\\
&-R\int_OT'\left(\frac{1}{\zeta}\int_0^{\zeta}\nabla\cdot(\tilde{p}_sV)\mathrm{d}s\right)\mathrm{d}\sigma\mathrm{d}\zeta+R\int_O\nabla\tilde{p}_s\cdot VT'\mathrm{d}\sigma,
\end{aligned} \tag{3.178}$$

由(3.3)式，(3.133)式，(3.149)式和(3.160)式，可得

$$-\frac{R}{c_0^2}\int_{\Omega}\left((V_1^*\cdot\nabla)T'-\frac{1}{\tilde{p}_s}\left(\int_0^{\zeta}\nabla\cdot(\tilde{p}_sV_1^*\mathrm{d}s)\right)\frac{\partial T'}{\partial\zeta}\right)\tilde{p}_sT'\mathrm{d}\sigma\mathrm{d}\zeta=0, \tag{3.179}$$

$$\begin{aligned}
&\left|\frac{R}{c_0^2}\int_{\Omega}(V^*\cdot\nabla)T'_2\,\tilde{p}_sT'\mathrm{d}\sigma\mathrm{d}\zeta\right|\\
\leqslant&C\int_{\Omega}|V||T'||\nabla T'_2|\mathrm{d}\sigma\mathrm{d}\zeta\\
\leqslant&C\|V\|_{L^4(\Omega)}\|T'\|_{L^4(\Omega)}\|\nabla T'_2\|_{L^2(\Omega)}\\
\leqslant&C\|V\|_{L^2(\Omega)}^{\frac{1}{4}}(\|V\|_{L^2(\Omega)}+\|\nabla V\|_{L^2(\Omega)}+\|V_{\zeta}\|_{L^2(\Omega)})^{\frac{3}{4}}\\
\leqslant&C\|V\|_{L^2(\Omega)}^{\frac{1}{4}}(\|V\|_{L^2(\Omega)}+\|\nabla V\|_{L^2(\Omega)}+\|V_{\zeta}\|_{L^2(\Omega)})^{\frac{3}{4}}\\
&\cdot\|T'\|_{L^2(\Omega)}^{\frac{1}{4}}(\|T'\|_{L^2(\Omega)}+\|\nabla T'\|_{L^2(\Omega)}+\|T'_{\zeta}\|_{L^2(\Omega)})^{\frac{3}{4}}\|\nabla T'_2\|_{L^2(\Omega)}\\
\leqslant&C\|V\|_{L^2(\Omega)}^2+C(1+\|\nabla T'_2\|_{L^2(\Omega)}^8)\|T'\|_{L^2(\Omega)}^2+\varepsilon\|\nabla V\|_{L^2(\Omega)}^2\\
&+\varepsilon\|V_{\zeta}\|_{L^2(\Omega)}^2+\varepsilon\|\nabla T'\|_{L^2(\Omega)}^2+\varepsilon\|T'_{\zeta}\|_{L^2(\Omega)}^2\\
\leqslant&C\|V\|_{L^2(\Omega)}^2+C(M)\|T'\|_{L^2(\Omega)}^2+\varepsilon\|\nabla V\|_{L^2(\Omega)}^2+\varepsilon\|V_{\zeta}\|_{L^2(\Omega)}^2\\
&+\varepsilon\|\nabla T'\|_{L^2(\Omega)}^2+\varepsilon\|T'_{\zeta}\|_{L^2(\Omega)}^2,
\end{aligned} \tag{3.180}$$

$$\left|\frac{R}{c_0^2}\int_\Omega \frac{1}{\tilde{p}_s}\left(\int_0^\zeta \nabla\cdot(\tilde{p}_s V^*)\mathrm{d}s\right)\frac{\partial T'_2}{\partial\zeta}\tilde{p}_s T'\mathrm{d}\sigma\mathrm{d}\zeta\right|$$

$$\leqslant C\int_{S^2}\left(\int_0^1(|V|^2+|\nabla V|^2)\mathrm{d}\zeta\right)^{\frac{1}{2}}\left(\int_0^1|T'_{2\zeta}|^2\mathrm{d}\zeta\right)^{\frac{1}{2}}\left(\int_0^1|T'|^2\mathrm{d}\zeta\right)^{\frac{1}{2}}\mathrm{d}\sigma$$

$$\leqslant C(\|V\|_{L^2(\Omega)}+\|\nabla V\|_{L^2(\Omega)})\left(\int_{S^2}\left(\int_0^1|T'_{2\zeta}|^2\mathrm{d}\zeta\right)^2\mathrm{d}\sigma\right)^{\frac{1}{4}}\left(\int_{S^2}\left(\int_0^1|T'|^2\mathrm{d}\zeta\right)^2\mathrm{d}\sigma\right)^{\frac{1}{4}}$$

$$\leqslant C(\|V\|_{L^2(\Omega)}+\|\nabla V\|_{L^2(\Omega)})\left(\int_0^1\left(\int_{S^2}|T'_{2\zeta}|^4\mathrm{d}\sigma\right)^{\frac{1}{2}}\mathrm{d}\zeta\right)^{\frac{1}{2}}\left(\int_0^1\left(\int_{S^2}|T'|^4\mathrm{d}\sigma\right)^{\frac{1}{2}}\mathrm{d}\zeta\right)^{\frac{1}{2}}$$

$$\leqslant C(\|V\|_{L^2(\Omega)}+\|\nabla V\|_{L^2(\Omega)})\left(\int_0^1\|T'_{2\zeta}\|_{L^2(S^2)}\|T'_{2\zeta}\|_{H^1(S^2)}\mathrm{d}\zeta\right)^{\frac{1}{2}}$$

$$\cdot\left(\int_0^1\|T'\|_{L^2(S^2)}\|T'\|_{H^1(S^2)}\mathrm{d}\zeta\right)^{\frac{1}{2}}$$

$$\leqslant C(\|V\|_{L^2(\Omega)}+\|\nabla V\|_{L^2(\Omega)})\|T'_{2\zeta}\|_{L^2(\Omega)}^{\frac{1}{2}}(\|T'_{2\zeta}\|_{L^2(\Omega)}^{\frac{1}{2}}+\|\nabla T'_{2\zeta}\|_{L^2(\Omega)}^{\frac{1}{2}})$$

$$\cdot\|T'\|_{L^2(\Omega)}^{\frac{1}{2}}(\|T'\|_{L^2(\Omega)}^{\frac{1}{2}}+\|\nabla T'\|_{L^2(\Omega)}^{\frac{1}{2}})$$

$$\leqslant C(M)(1+\|\nabla T'_{2\zeta}\|_{L^2(\Omega)}^2)\|T'\|_{L^2(\Omega)}^2$$

$$+C\|V\|_{L^2(\Omega)}^2+\varepsilon\|\nabla V\|_{L^2(\Omega)}^2+\varepsilon\|\nabla T'\|_{L^2(\Omega)}^2, \tag{3.181}$$

$$\left|R\int_\Omega \nabla\tilde{p}_s\cdot VT'\mathrm{d}\sigma\right|\leqslant C\|V\|_{L^2(\Omega)}^2+C\|T'\|_{L^2(\Omega)}^2. \tag{3.182}$$

由(3.179)式～(3.182)式，可得

$$\frac{R}{c_0^2}\frac{\mathrm{d}}{\mathrm{d}t}\int_\Omega \tilde{p}_s T'^2\mathrm{d}\sigma\mathrm{d}\zeta+\frac{R\mu_2}{c_p c_0^2}\int_\Omega|\nabla T'|^2\mathrm{d}\sigma\mathrm{d}\zeta$$

$$+\frac{R\nu_2}{c_p c_0^2}\int_\Omega \tilde{p}_s\left(\frac{g\zeta}{R\tilde{T}}\right)^2\left(\frac{g\zeta}{R\tilde{T}}\right)^2\mathrm{d}\sigma\mathrm{d}\zeta+\frac{k_{s2}R}{c_p c_0^2}\int_{S^2}\tilde{p}_s\left(\left(\frac{g\zeta}{R\tilde{T}}\right)^2 T'^2\right)\Big|_{\zeta=1}\mathrm{d}\sigma$$

$$\leqslant C\|V\|_{L^2(\Omega)}^2+C(M)(1+\|\nabla T'_{2\zeta}\|_{L^2(\Omega)}^2)\|T'\|_{L^2(\Omega)}^2$$

$$-R\int_\Omega T'\left(\frac{1}{\zeta}\int_0^\zeta\nabla\cdot(\tilde{p}_s V)\mathrm{d}s\right)\mathrm{d}\sigma\mathrm{d}\zeta$$

$$+\varepsilon\|\nabla V\|_{L^2(\Omega)}^2+\varepsilon\|V_\zeta\|_{L^2(\Omega)}^2+\varepsilon\|\nabla T'\|_{L^2(\Omega)}^2+\varepsilon\|T'_\zeta\|_{L^2(\Omega)}^2. \tag{3.183}$$

综合(3.177)式和(3.183)式可得

$$\frac{\mathrm{d}}{\mathrm{d}t}\int_\Omega\tilde{p}_s|V|^2\mathrm{d}\sigma\mathrm{d}\zeta+\frac{\mathrm{d}}{\mathrm{d}t}\int_\Omega\tilde{p}_s T'^2\mathrm{d}\sigma\mathrm{d}\zeta+R\frac{\mathrm{d}}{\mathrm{d}t}\int_{S^2}\frac{\tilde{T}_s}{\tilde{p}_s}\left(\int_0^t\nabla\cdot(\tilde{p}_s\bar{V})\mathrm{d}\tau\right)^2\mathrm{d}\sigma\mathrm{d}\zeta$$

$$+C\int_\Omega|\nabla V|^2\mathrm{d}\sigma\mathrm{d}\zeta+C\int_\Omega\left|\frac{\partial V}{\partial\zeta}\right|^2\mathrm{d}\sigma\mathrm{d}\zeta+C\int_\Omega|\nabla T'|^2\mathrm{d}\sigma\mathrm{d}\zeta+C\int_\Omega\left|\frac{\partial T'}{\partial\zeta}\right|^2\mathrm{d}\sigma\mathrm{d}\zeta$$

$$
\begin{aligned}
&+C\int_{S^2}\tilde{p}_s\left(\left(\frac{g\zeta}{R\tilde{T}}\right)^2(f(|V_1|)V_1-f(|V_2|)V_2)\cdot(V_1-V_2)\right)\Big|_{\zeta=1}\mathrm{d}\sigma\\
&+C\int_{S^2}T'^2\Big|_{\zeta=1}\mathrm{d}\sigma\\
\leqslant{}&C(M)(1+\|\nabla V_{2\zeta}\|^2_{L^2(\Omega)})\int_\Omega\tilde{p}_s|V|^2\mathrm{d}\sigma\mathrm{d}\zeta\\
&+C(M)(1+\|\nabla T'_{2\zeta}\|^2_{L^2(\Omega)})\int_\Omega\tilde{p}_sT'^2\mathrm{d}\sigma\mathrm{d}\zeta,
\end{aligned}
\tag{3.184}
$$

再利用 Gronwall 不等式,可证强解的唯一性.

接下来,采用类似于文献[10]中的方法,可以证明整体吸引子的存在性.由引理 3.1～引理 3.11,可得 $U\in L^\infty(0,\infty;V)$,即为

$$
\|U(t)\|_{L^\infty(0,\infty;V)}\leqslant C(\|U_0\|_V,\|\Psi\|_{L^2(0,\infty;L^2(\Omega))},\|\Psi_\zeta\|_{L^2(0,\infty;L^2(\Omega))}),
\tag{3.185}
$$

这里,$0\leqslant t<+\infty$,且 C 是一个与 $\|U_0\|_V$,$\|\Psi\|_{L^2(0,\infty;L^2(\Omega))}$,$\|\Psi_\zeta\|_{L^2(0,\infty;L^2(\Omega))}$ 有关的正常数.

定义与系统(2.4)式相关的半群 $\{S(t)\}_{t\geqslant0}$ 如下:

$$
S(t):V\to V,\ S(t)U_0=U(t).
\tag{3.186}
$$

由引理 3.1～引理 3.12,可得半群 $\{S(t)\}_{t\geqslant0}$ 在空间 V 中存在一个有界吸收集 B_ρ,即对任意 $U_0\in V$,则存在足够大的时间 t_0,当 $t\geqslant t_0$ 时,有

$$
S(t)U_0\in B_\rho,
\tag{3.187}
$$

其中,$B_\rho:=\{U;U\in V,\ \|U\|_V\leqslant\rho\}$,而 ρ 是与 $\|\Psi\|_{L^2(0,\infty;L^2(\Omega))}$ 和 $\|\Psi_\zeta\|_{L^2(0,\infty;L^2(\Omega))}$ 有关的常数.

3.9.2 定理 3.2 的证明

证明 为证明定理 3.2,采用类似于文献[10]中的方法还可以证明如下性质.

性质 3.1 对于任意 $t\geqslant0$,映射 $S(t)$ 从 V 到 V 是弱连续的.

由全局吸引子的存在性和性质 3.1,结合文献[37]中的定理 1.1 可证定理 3.2.此处省略详细的证明过程.

第 4 章　湿大气动力学方程组整体强解的存在唯一性

4.1　主要结论

本章研究了曾庆存院士[62]提出的湿大气动力学方程组，证明了考虑水汽相变过程的大气动力学方程组初边值问题整体强解的存在唯一性.这一结论由连汝续和马洁琼[22]所证明.首先介绍考虑水汽相变过程的湿大气动力学方程组如下：

$$
\begin{cases}
\dfrac{\partial V}{\partial t}+(V^{*}\cdot\nabla)V+\dot{\zeta}^{*}\dfrac{\partial V}{\partial\zeta}+\left(2\omega\cos\theta+\dfrac{\cot\theta}{a}v_{\lambda}\right)\begin{pmatrix}0&-1\\1&0\end{pmatrix}V\\
\qquad+R\nabla\displaystyle\int_{\zeta}^{1}\dfrac{T'(s)}{s}\mathrm{d}s=-RT'\dfrac{\nabla\tilde{p}_s}{\tilde{p}_s}+\nabla\left(\dfrac{R\tilde{T}_s}{\tilde{p}_s}\displaystyle\int_0^t\nabla\cdot(\tilde{p}_s\bar{V})\,\mathrm{d}\tau\right)\\
\qquad+\dfrac{\mu_1}{\tilde{p}_s}\Delta V+\nu_1\dfrac{\partial}{\partial\zeta}\left(\left(\dfrac{g\zeta}{R\tilde{T}}\right)^2\dfrac{\partial V}{\partial\zeta}\right),\\
c_p\left(\dfrac{\partial T'}{\partial t}+(V^{*}\cdot\nabla)T'+\dot{\zeta}^{*}\dfrac{\partial T'}{\partial\zeta}\right)-\dfrac{c_pc_0^2}{\tilde{p}_s\zeta}\left(\tilde{p}_s\dot{\zeta}+\zeta\left(\dfrac{\partial p'_s}{\partial t}+\nabla\tilde{p}_s\cdot V\right)\right)\\
\quad=\dfrac{\mu_2}{\tilde{p}_s}\Delta T'+\nu_2\dfrac{\partial}{\partial\zeta}\left(\left(\dfrac{g\zeta}{R\tilde{T}}\right)^2\dfrac{\partial T'}{\partial\zeta}\right)+\dfrac{\mathrm{d}Q}{\mathrm{d}t},\\
\dfrac{\partial q}{\partial t}+(V^{*}\cdot\nabla)q+\dot{\zeta}^{*}\dfrac{\partial q}{\partial\zeta}=\dfrac{\mu_3}{\tilde{p}_s}\Delta q+\nu_3\dfrac{\partial}{\partial\zeta}\left(\left(\dfrac{g\zeta}{R\tilde{T}}\right)^2\dfrac{\partial q}{\partial\zeta}\right)+F_q,\\
\dfrac{\partial m_w}{\partial t}+(V^{*}\cdot\nabla)m_w+\dot{\zeta}^{*}\dfrac{\partial m_w}{\partial\zeta}=\dfrac{\mu_4}{\tilde{p}_s}\Delta m_w\\
\qquad+\nu_4\dfrac{\partial}{\partial\zeta}\left(\left(\dfrac{g\zeta}{R\tilde{T}}\right)^2\dfrac{\partial m_w}{\partial\zeta}\right)-F_q+P_r.
\end{cases}
\tag{4.1}
$$

该方程组与(1.84)式相比多了两个方程,其中 q 和 m_w 分别是比湿和液态水含量,$\tilde{p}_s(\theta,\lambda,t)$ 是 (θ,λ,t) 的函数,$\mu_i,\nu_i(i=1,2,3,4)$ 是耗散系数,$\mathrm{d}Q/\mathrm{d}t$ 为单位时间内单位质量空气从外界得到的热量,是由辐射加热 H_1 及水汽相变所导致的潜热加热 H_2 两部分组成.下面给出具体的表达式:

$$\frac{\mathrm{d}Q}{\mathrm{d}t}=H_1+H_2. \tag{4.2}$$

简单起见,H_1 取为牛顿冷却.

$$H_1=-\kappa_a T', \tag{4.3}$$

其中,κ_a 是一个正常数.H_2 表示水汽相变过程所带来的热量输送,给出如下的形式:

$$H_2=-LF_q, \tag{4.4}$$

其中,L 为相变潜热;

$$F_q=\delta_{21}\delta_{22}\left(L\dot{\zeta}\frac{W(T)}{\zeta}\right), \tag{4.5}$$

表示冷却和蒸发过程所导致的比湿的变化,δ_{21} 及 δ_{22} 有如下形式:

$$\begin{cases}\delta_{21}=\delta_1(q-q_m)=\begin{cases}1, & q>q_m,\\ 0, & q\leqslant q_m,\end{cases}\\ \delta_{22}=\delta_2(m_w)=\begin{cases}1, & m_w>0,\\ 0, & m_w\leqslant 0,\end{cases}\end{cases} \tag{4.6}$$

其中,q_m 是饱和水汽压,$W(T)$是全局 Lipschitz 有界函数

$$W(T)=q_m T\left(\frac{RL-c_pR_vT}{c_pR_vT^2+L^2q_m}\right), \tag{4.7}$$

其中,R_v 是水汽的气体常数,P_r 是降水率,给出如下形式:

$$P_r=h_1(F_q)=h_1\left(\delta_{21}\delta_{22}L\dot{\zeta}\frac{W(T)}{\zeta}\right), \tag{4.8}$$

这里

$$h_1(x)=\begin{cases}\alpha x-\beta, & x<0,\\ 0, & x>0,\end{cases} \tag{4.9}$$

其中,$0<\alpha<1,\beta>0$.湿大气方程组初边值问的研究区域也为

$$\begin{aligned}\Omega\times[0,M]:&=S^2\times[0,1]\times[0,M]\\ &=[0,\pi]\times[0,2\pi]\times[0,1]\times[0,M],M>0.\end{aligned}$$

接下来给出湿大气动力学方程组的边界条件如下:所有函数关于 θ 均以 π 为周期,关于 λ 均以 2π 为周期,且满足

$$
\begin{cases}
\left.\dfrac{\partial V}{\partial \zeta}\right|_{\zeta=0}=\left.\dfrac{\partial T'}{\partial \zeta}\right|_{\zeta=0}=\left.\dfrac{\partial q}{\partial \zeta}\right|_{\zeta=0}=\left.\dfrac{\partial m_w}{\partial \zeta}\right|_{\zeta=0}=\dot{\zeta}\,|_{\zeta=0}=0, \\
\left.\left(\nu_1\dfrac{\partial V}{\partial \zeta}+k_{s1}f(|V|)V\right)\right|_{\zeta=1}=0,\quad \left.\left(\nu_2\dfrac{\partial T'}{\partial \zeta}+k_{s2}T'\right)\right|_{\zeta=1}=0, \\
\left.\left(\nu_3\dfrac{\partial q}{\partial \zeta}+k_{s3}f(|V_{10}|)(q-q_m^*)\right)\right|_{\zeta=1}=0,\quad \left.\dfrac{\partial m_w}{\partial \zeta}\right|_{\zeta=1}=0, \\
\dot{\zeta}\,|_{\zeta=1}=0,\quad \Phi'|_{\zeta=1}=\dfrac{R\tilde{T}_s}{\tilde{p}_s}p'_s(\theta,\lambda,t),
\end{cases}
\tag{4.10}
$$

其中,q_m^* 地球表面给定的水汽混合比,$V_{10}(\theta,\lambda)$是地球表面 $10-m$ 风速,k_{s1},k_{s2}以及 k_{s3}是正常数.

定义未知函数$U:=(V,T',q,m_w)^{\mathrm{T}}$,类似地,可以将(4.1)式简化为

$$
\begin{cases}
\dfrac{\partial V}{\partial t}+(V^*\cdot\nabla)V+\dot{\zeta}^*\dfrac{\partial V}{\partial \zeta}+\left(2\omega\cos\theta+\dfrac{\cot\theta}{a}v_\lambda\right)\begin{pmatrix}0 & -1\\ 1 & 0\end{pmatrix}V+R\nabla\displaystyle\int_\zeta^1\dfrac{T'(s)}{s}\mathrm{d}s \\
\quad=-RT'\dfrac{\nabla\tilde{p}_s}{\tilde{p}_s}+\nabla\left(\dfrac{R\tilde{T}_s}{\tilde{p}_s}\displaystyle\int_0^t\nabla\cdot(\tilde{p}_s\bar{V})\mathrm{d}\tau\right)+\dfrac{\mu_1}{\tilde{p}_s}\Delta V+\nu_1\dfrac{\partial}{\partial\zeta}\left(\left(\dfrac{g\zeta}{R\tilde{T}}\right)^2\dfrac{\partial V}{\partial\zeta}\right), \\
c_p\left(\dfrac{\partial T'}{\partial t}+(V^*\cdot\nabla)T'+\dot{\zeta}^*\dfrac{\partial T'}{\partial\zeta}\right)-\dfrac{c_pc_0^2}{\tilde{p}_s\zeta}\left(\tilde{p}_s\dot{\zeta}+\zeta\left(\dfrac{\partial p'_s}{\partial t}+\nabla\tilde{p}_s\cdot V\right)\right) \\
\quad=\dfrac{\mu_2}{\tilde{p}_s}\Delta T'+\nu_2\dfrac{\partial}{\partial\zeta}\left(\left(\dfrac{g\zeta}{R\tilde{T}}\right)^2\dfrac{\partial T'}{\partial\zeta}\right)+\dfrac{\mathrm{d}Q}{\mathrm{d}t}, \\
\dfrac{\partial q}{\partial t}+(V^*\cdot\nabla)q+\dot{\zeta}^*\dfrac{\partial q}{\partial\zeta}=\dfrac{\mu_3}{\tilde{p}_s}\Delta q+\nu_3\dfrac{\partial}{\partial\zeta}\left(\left(\dfrac{g\zeta}{R\tilde{T}}\right)^2\dfrac{\partial q}{\partial\zeta}\right)+F_q, \\
\dfrac{\partial m_w}{\partial t}+(V^*\cdot\nabla)m_w+\dot{\zeta}^*\dfrac{\partial m_w}{\partial\zeta}=\dfrac{\mu_4}{\tilde{p}_s}\Delta m_w+\nu_4\dfrac{\partial}{\partial\zeta}\left(\left(\dfrac{g\zeta}{R\tilde{T}}\right)^2\dfrac{\partial m_w}{\partial\zeta}\right)-F_q+P_r,
\end{cases}
\tag{4.11}
$$

并有如下边界条件：

$$
\begin{cases}
\left.\dfrac{\partial V}{\partial \zeta}\right|_{\zeta=0}=\left.\dfrac{\partial T'}{\partial \zeta}\right|_{\zeta=0}=\left.\dfrac{\partial q}{\partial \zeta}\right|_{\zeta=0}=\left.\dfrac{\partial m_w}{\partial \zeta}\right|_{\zeta=0}=\dot{\zeta}\,|_{\zeta=0}=0, \\
\left.\left(\nu_1\dfrac{\partial V}{\partial \zeta}+k_{s1}f(|V|)V\right)\right|_{\zeta=1}=0,\quad \left.\left(\nu_2\dfrac{\partial T'}{\partial \zeta}+k_{s2}T'\right)\right|_{\zeta=1}=0, \\
\left.\left(\nu_3\dfrac{\partial q}{\partial \zeta}+k_{s3}f(|V_{10}|)(q-q_m^*)\right)\right|_{\zeta=1}=0,\quad \left.\dfrac{\partial m_w}{\partial \zeta}\right|_{\zeta=1}=0, \\
\dot{\zeta}\,|_{\zeta=1}=0,\quad \Phi'|_{\zeta=1}=\dfrac{R\tilde{T}_s}{\tilde{p}_s}p'_s(\theta,\lambda,t).
\end{cases}
\tag{4.12}
$$

下面给出本章的主要结果：

定理 4.1 对于任意的 $M>0$，假设以下条件成立：

$$\tilde{T}(\zeta)\in C^1(0,1),\tilde{T}(\zeta)\geqslant 0,\tilde{T}'(\zeta)\geqslant 0,\lim_{\zeta\to 0}\frac{\zeta}{\tilde{T}(\zeta)}:=T_0>0,\tag{4.13}$$

$$\begin{aligned}&\tilde{T}_s(\theta,\lambda),\tilde{p}_s(\theta,\lambda,t),\\&\tilde{p}_s^{-1}(\theta,\lambda,t)\in W^{1,\infty}([0,M];W^{1,\infty}([0,\pi]\times[0,2\pi])),\end{aligned}\tag{4.14}$$

$$V_{10}(\theta,\lambda),V_{10}^{-1}(\theta,\lambda)\in L^\infty([0,\pi]\times[0,2\pi]),\tag{4.15}$$

$$q_m(\theta,\lambda)\in L^\infty([0,\pi]\times[0,2\pi]),q_m^*(\theta,\lambda)\in W^{1,\infty}([0,\pi]\times[0,2\pi]),\tag{4.16}$$

$$f(s)\in C(\mathbb{R}^+),C_1s^\alpha\leqslant f(s)\leqslant C_2(1+s^\alpha),0\leqslant\alpha<1,\tag{4.17}$$

$$\begin{aligned}&|W(s_1)-W(s_2)|\leqslant C_3|s_1-s_2|,\\&\forall s_1,s_2\in R,|W(s)|\leqslant C_4,\forall s\in R,\end{aligned}\tag{4.18}$$

其中，$W(s)$是全局 Lipschitz 有界函数，T_0,C_1,C_2,C_3 及 C_4 都是正常数.

令 $U_0=(v_{\theta 0},v_{\lambda 0},T'_0,q_0,m_{w0})\in H^1(\Omega)$，则对给定 $M>0$，湿大气动力学方程组初边值问题(4.11)式～(4.12)式在区间$[0,M]$上存在唯一的整体强解 U，并且整体强解 U 满足

$$\begin{cases}V\in C([0,M];V_1)\cap L^2(0,M;(H^2(\Omega))^2),\\T'\in C([0,M];V_2)\cap L^2(0,M;H^2(\Omega)),\\q\in C([0,M];V_3)\cap L^2(0,M;H^2(\Omega)),\\m_w\in C([0,M];V_4)\cap L^2(0,M;H^2(\Omega)).\end{cases}\tag{4.19}$$

4.2 准备工作

引理 4.1 令 $V\in\bar{V}_1,T'\in\bar{V}_2,q\in\bar{V}_3$及 $m_w\in\bar{V}_4$，那么对于 $n=1,2,3$ 下列等式成立：

$$\begin{aligned}&\int_\Omega\left(\tilde{p}_sV^*\cdot\nabla V-\left(\int_0^\zeta\nabla\cdot(\tilde{p}_sV^*)+\zeta\frac{\partial\tilde{p}_s}{\partial t}\right)\frac{\partial V}{\partial\zeta}\right)\cdot V\mathrm{d}\sigma\mathrm{d}\zeta\\&=\frac{1}{2}\int_\Omega\frac{\partial\tilde{p}_s}{\partial t}V^2\mathrm{d}\sigma\mathrm{d}\zeta,\end{aligned}\tag{4.20}$$

$$\int_\Omega\left(\tilde{p}_sV^*\cdot\nabla T'-\left(\int_0^\zeta\nabla\cdot(\tilde{p}_sV^*)+\zeta\frac{\partial\tilde{p}_s}{\partial t}\right)\frac{\partial T'}{\partial\zeta}\right)T'^n\mathrm{d}\sigma\mathrm{d}\zeta$$

$$=\frac{1}{2}\int_{\Omega}\frac{\partial\tilde{p}_s}{\partial t}T'^2\mathrm{d}\sigma\mathrm{d}\zeta,\tag{4.21}$$

$$\int_{\Omega}\left(\tilde{p}_sV^*\cdot\nabla q-\left(\int_0^{\zeta}\nabla\cdot(\tilde{p}_sV^*)+\zeta\frac{\partial\tilde{p}_s}{\partial t}\right)\frac{\partial q}{\partial\zeta}\right)q\,\mathrm{d}\sigma\mathrm{d}\zeta$$
$$=\frac{1}{2}\int_{\Omega}\frac{\partial\tilde{p}_s}{\partial t}q^2\mathrm{d}\sigma\mathrm{d}\zeta,\tag{4.22}$$

$$\int_{\Omega}\left(\tilde{p}_sV^*\cdot\nabla m_w-\left(\int_0^{\zeta}\nabla\cdot(\tilde{p}_sV^*)+\zeta\frac{\partial\tilde{p}_s}{\partial t}\right)\frac{\partial m_w}{\partial\zeta}\right)m_w\mathrm{d}\sigma\mathrm{d}\zeta$$
$$=\frac{1}{2}\int_{\Omega}\frac{\partial\tilde{p}_s}{\partial t}m_w^2\mathrm{d}\sigma\mathrm{d}\zeta,\tag{4.23}$$

4.3　基本能量估计

首先给出基本能量估计：

引理 4.2　假设定理 4.1 的条件成立，则对于任意给定的常数 $M>0$ 使得 U 满足

$$\begin{aligned}&\|V\|_{L^2(\Omega)}^2+\|T'\|_{L^2(\Omega)}^2+\|q\|_{L^2(\Omega)}^2+\|m_w\|_{L^2(\Omega)}^2\\&+\left\|\int_0^t\nabla\cdot(\tilde{p}_s\bar{V})\mathrm{d}\tau\right\|_{L^2(\Omega)}^2\\&+\int_0^t\|U\|_{H^1(\Omega)}^2\mathrm{d}\tau+\int_0^t\|T'\|_{L^2(\Omega)}^2\mathrm{d}\tau+\int_0^t\int_{S^2}f(|V|)|V|^2\Big|_{\zeta=1}\mathrm{d}\sigma\mathrm{d}\tau\\&+\int_0^t\int_{S^2}T'^2\Big|_{\zeta=1}\mathrm{d}\sigma\mathrm{d}\tau+\int_0^t\int_{S^2}f(|V_{10}|)q^2\Big|_{\zeta=1}\mathrm{d}\sigma\mathrm{d}\tau\leqslant C(M),\end{aligned}\tag{4.24}$$

其中，$C(M)>0$ 是一个依赖时间 M 的常数.

证明　将系统$(4.11)_1$式与$\tilde{p}_sU$ 在 Ω 上做 L^2 内积，并利用边界条件可得

$$\begin{aligned}&\frac{1}{2}\frac{\mathrm{d}}{\mathrm{d}t}\int_{\Omega}\tilde{p}_s\left(V^2+\frac{R}{c_0^2}T'^2+q^2+m_w^2\right)\mathrm{d}\sigma\mathrm{d}\zeta+\frac{\mathrm{d}}{\mathrm{d}t}\int_{S^2}\frac{R\tilde{T}_s}{\tilde{p}_s}\left(\int_0\nabla\cdot(\tilde{p}_s\bar{V})\mathrm{d}\tau\right)2\mathrm{d}\sigma\\&+\mu_1\int_{\Omega}|\nabla V|^2\mathrm{d}\sigma\mathrm{d}\zeta+\frac{\mu_2R}{c_pc_0^2}\int_{\Omega}|\nabla T'|^2\mathrm{d}\sigma\mathrm{d}\zeta+\mu_3\int_{\Omega}|\nabla q|^2\mathrm{d}\sigma\mathrm{d}\zeta\\&+\mu_4\int_{\Omega}|\nabla m_w|^2\mathrm{d}\sigma\mathrm{d}\zeta+\nu_1\int_{\Omega}\tilde{p}_s\left(\frac{g\zeta}{R\tilde{T}}\right)^2\left(\frac{g\zeta}{R\tilde{T}}\right)^2\mathrm{d}\sigma\mathrm{d}\zeta\\&+\frac{\nu_2R}{c_pc_0^2}\int_{\Omega}\tilde{p}_s\left(\frac{g\zeta}{R\tilde{T}}\right)^2\left(\frac{g\zeta}{R\tilde{T}}\right)^2\mathrm{d}\sigma\mathrm{d}\zeta+\nu_3\int_{\Omega}\tilde{p}_s\left(\frac{g\zeta}{R\tilde{T}}\right)^2\left(\frac{g\zeta}{R\tilde{T}}\right)^2\mathrm{d}\sigma\mathrm{d}\zeta\end{aligned}$$

$$+\nu_4\int_\Omega \tilde{p}_s\left(\frac{g\zeta}{R\tilde{T}}\right)^2\left(\frac{g\zeta}{R\tilde{T}}\right)^2\mathrm{d}\sigma\mathrm{d}\zeta+k_{s1}\int_{S^2}\tilde{p}_s\left(\frac{g\zeta}{R\tilde{T}}\right)^2 f(|V|)|V|^2\Big|_{\zeta=1}\mathrm{d}\sigma$$

$$+\frac{k_{s2}R}{c_p c_0^2}\int_{S^2}\tilde{p}_s\left(\frac{g\zeta}{R\tilde{T}}\right)^2 T'^2\Big|_{\zeta=1}\mathrm{d}\sigma+\int_\Omega\frac{R\tilde{p}_s}{c_p c_0^2}\kappa_a T'^2\mathrm{d}\sigma\mathrm{d}\zeta$$

$$+k_{s3}\int_{S^2}f(|V_{10}|)\left(\frac{g\zeta}{R\tilde{T}}\right)^2(q-q_m^*)q\Big|_{\zeta=1}\mathrm{d}\sigma$$

$$=\frac{1}{2}\int_\Omega\frac{\mathrm{d}\tilde{p}_s}{\mathrm{d}t}\left(V^2+\frac{R}{c_0^2}T'^2+q^2+m_w^2\right)\mathrm{d}\sigma\mathrm{d}\zeta-\int_\Omega\frac{R\tilde{p}_s}{c_p c_0^2}\delta_{21}\delta_{22}\dot{\zeta}\frac{W(T)}{\zeta}T'\mathrm{d}\sigma\mathrm{d}\zeta$$

$$+\int_\Omega\tilde{p}_s q\delta_{21}\delta_{22}\dot{\zeta}\frac{W(T)}{\zeta}\mathrm{d}\sigma\mathrm{d}\zeta-\int_\Omega\tilde{p}_s m_w\delta_{21}\delta_{22}\dot{\zeta}\frac{W(T)}{\zeta}\mathrm{d}\sigma\mathrm{d}\zeta$$

$$+\int_\Omega\tilde{p}_s m_w h_1\left(\delta_{21}\delta_{22}\dot{\zeta}\frac{W(T)}{\zeta}\right)\mathrm{d}\sigma\mathrm{d}\zeta. \tag{4.25}$$

利用 Young 不等式，Hardy 不等式和 Hölder 不等式，可以得到

$$\begin{aligned}&\left|\int_\Omega\delta_{21}\delta_{22}\dot{\zeta}\frac{W(T)}{\zeta}T'\mathrm{d}\sigma\mathrm{d}\zeta\right|\\
&\leqslant C\int_\Omega T'^2\mathrm{d}\sigma\mathrm{d}\zeta+\varepsilon\int_\Omega|\nabla\cdot(\tilde{p}_s\bar{V})|^2\mathrm{d}\sigma\mathrm{d}\zeta\\
&\quad+\varepsilon\int_\Omega\left(\frac{1}{\zeta}\int_0^\zeta\nabla\cdot(\tilde{p}_s V)\,\mathrm{d}s\right)^2\mathrm{d}\sigma\mathrm{d}\zeta\\
&\leqslant C\int_\Omega T'^2\mathrm{d}\sigma\mathrm{d}\zeta+C\int_\Omega|V|^2\mathrm{d}\sigma\mathrm{d}\zeta+\varepsilon C\int_\Omega|\nabla V|^2\mathrm{d}\sigma\mathrm{d}\zeta,\end{aligned} \tag{4.26}$$

$$\begin{aligned}&\left|\int_\Omega\tilde{p}_s q\delta_{21}\delta_{22}\dot{\zeta}\frac{W(T)}{\zeta}\mathrm{d}\sigma\mathrm{d}\zeta\right|\\
&\leqslant C\int_\Omega q^2\mathrm{d}\sigma\mathrm{d}\zeta+\varepsilon\int_\Omega|\nabla\cdot(\tilde{p}_s\bar{V})|^2\mathrm{d}\sigma\mathrm{d}\zeta\\
&\quad+\varepsilon\int_\Omega\left(\frac{1}{\zeta}\int_0^\zeta\nabla\cdot(\tilde{p}_s V)\,\mathrm{d}s\right)^2\mathrm{d}\sigma\mathrm{d}\zeta\\
&\leqslant C\int_\Omega q^2\mathrm{d}\sigma\mathrm{d}\zeta+C\int_\Omega|V|^2\mathrm{d}\sigma\mathrm{d}\zeta+\varepsilon C\int_\Omega|\nabla V|^2\mathrm{d}\sigma\mathrm{d}\zeta,\end{aligned} \tag{4.27}$$

$$\begin{aligned}&\left|\int_\Omega\tilde{p}_s m_w\delta_{21}\delta_{22}\dot{\zeta}\frac{W(T)}{\zeta}\mathrm{d}\sigma\mathrm{d}\zeta\right|\\
&\leqslant C\int_\Omega m_w^2\mathrm{d}\sigma\mathrm{d}\zeta+\varepsilon\int_\Omega|\nabla\cdot(\tilde{p}_s\bar{V})|^2\mathrm{d}\sigma\mathrm{d}\zeta+\varepsilon\int_\Omega\left(\frac{1}{\zeta}\int_0^\zeta\nabla\cdot(\tilde{p}_s V)\,\mathrm{d}s\right)^2\mathrm{d}\sigma\mathrm{d}\zeta\\
&\leqslant C\int_\Omega m_w^2\mathrm{d}\sigma\mathrm{d}\zeta+C\int_\Omega|V|^2\mathrm{d}\sigma\mathrm{d}\zeta+\varepsilon C\int_\Omega|\nabla V|^2\mathrm{d}\sigma\mathrm{d}\zeta,\end{aligned} \tag{4.28}$$

$$\left|\int_{\Omega}\tilde{p}_s m_w h_1\left(\delta_{21}\delta_{22}\,\dot{\zeta}\,\frac{W(T)}{\zeta}\right)\mathrm{d}\sigma\mathrm{d}\zeta\right|$$
$$\leqslant C\int_{\Omega}m_w^2\mathrm{d}\sigma\mathrm{d}\zeta+\varepsilon\int_{\Omega}|\nabla\cdot(\tilde{p}_s\bar{V})|^2\mathrm{d}\sigma\mathrm{d}\zeta+\varepsilon\int_{\Omega}\left(\frac{1}{\zeta}\int_0^{\zeta}\nabla\cdot(\tilde{p}_sV)\,\mathrm{d}s\right)^2\mathrm{d}\sigma\mathrm{d}\zeta$$
$$\leqslant C\int_{\Omega}m_w^2\mathrm{d}\sigma\mathrm{d}\zeta+C\int_{\Omega}|V|^2\mathrm{d}\sigma\mathrm{d}\zeta+\varepsilon C\int_{\Omega}|\nabla V|^2\mathrm{d}\sigma\mathrm{d}\zeta,\tag{4.29}$$

$$\left|\int_{S^2}\tilde{p}_s\left(f(|V_{10}|)\left(\frac{g\zeta}{R\tilde{T}}\right)^2 q_m^* q\,\bigg|_{\zeta=1}\right)\mathrm{d}\sigma\right|\leqslant C+\varepsilon\int_{S^2}f(|V_{10}|)\,q^2|_{\zeta=1}\mathrm{d}\sigma,\tag{4.30}$$

其中，$C>0$ 是一个不依赖于时间 M 的常数.

利用(4.26)式～(4.30)式和 Young 不等式，可以推出

$$\frac{\mathrm{d}}{\mathrm{d}t}\int_{\Omega}\tilde{p}_s\left(V^2+\frac{R}{c_0^2}T'^2+q^2+m_w^2\right)\mathrm{d}\sigma\mathrm{d}\zeta+\frac{\mathrm{d}}{\mathrm{d}t}\int_{S^2}\frac{R\tilde{T}_s}{\tilde{p}_s}\left(\int_0^t\nabla\cdot(\tilde{p}_s\bar{V})\mathrm{d}\tau\right)^2\mathrm{d}\sigma$$
$$+C\|U\|_{H^1(\Omega)}^2+\int_0^t\|T'\|_{L^2(\Omega)}^2\mathrm{d}\tau+C\int_{S^2}f(|V|)|V|^2|_{\zeta=1}\mathrm{d}\sigma$$
$$+C\int_{S^2}T'^2|_{\zeta=1}\mathrm{d}\sigma+\int_{S^2}f(|V_{10}|)q^2|_{\zeta=1}\mathrm{d}\sigma$$
$$\leqslant C(M)+\int_{\Omega}\tilde{p}_s(V^2+\frac{R}{c_0^2}T'^2+q^2+m_w^2)\mathrm{d}\sigma\mathrm{d}\zeta,\tag{4.31}$$

再利用 Gronwall 不等式，(4.24)式得证.

4.4　速度场和温度偏差的 H^1 估计

类似地，利用文献[21]中类似的方法将速度场 V 分解为正压速度场 $\bar{V}$ 和斜压速度场 $\tilde{V}$，并给出正压速度场 $\bar{V}$ 和斜压速度场 $\tilde{V}$ 所满足的方程如下：

$$\frac{\partial\bar{V}}{\partial t}+\nabla_{\bar{V}^*}\bar{V}+\overline{\frac{1}{\tilde{p}_s}\tilde{V}\,\nabla\cdot(\tilde{p}_s\tilde{V}^*)+\nabla_{\tilde{V}^*}\tilde{V}}+2\omega\cos\theta\begin{pmatrix}0&-1\\1&0\end{pmatrix}\bar{V}$$
$$+R\int_0^1\int_{\zeta}^1\frac{\nabla T'(s)}{s}\mathrm{d}s\,\mathrm{d}\zeta+R\,\frac{\nabla\tilde{p}_s}{\tilde{p}_s}\int_0^1T'\mathrm{d}\zeta-\nabla\left(\frac{R\tilde{T}_s}{\tilde{p}_s}\int_0^t\nabla\cdot(\tilde{p}_s\bar{V})\,\mathrm{d}\tau\right)$$

$$=\frac{\mu_1}{\tilde{p}_s}\Delta\bar{V}-k_{s1}\left(\left(\frac{g\zeta}{R\tilde{T}}\right)^2 f(|V|)V\right)\bigg|_{\zeta=1},\tag{4.32}$$

和

$$\frac{\partial\tilde{V}}{\partial t}+\nabla_{V^{\sim*}}\tilde{V}-\left(\frac{1}{\tilde{p}_s}\int_0^{\zeta}\nabla\cdot(\tilde{p}_s\tilde{V}^*)\mathrm{d}s\right)\frac{\partial\tilde{V}}{\partial\zeta}+\nabla_{V^{*-}}\tilde{V}+\nabla_{V^{\sim*}}\bar{V}$$
$$-\frac{1}{\tilde{p}_s}\tilde{V}\nabla\cdot(\tilde{p}_s\bar{\tilde{V}}^*)+\nabla_{V^{\sim*}}\tilde{V}+2\omega\cos\theta\begin{pmatrix}0&-1\\1&0\end{pmatrix}\tilde{V}+R\int_{\zeta}^{1}\frac{\nabla T'(s)}{s}\mathrm{d}s$$
$$-R\int_0^1\int_{\zeta}^1\frac{\nabla T'(s)}{s}\mathrm{d}s\mathrm{d}\zeta+R\frac{\nabla\tilde{p}_s}{\tilde{p}_s}T'-R\frac{\nabla\tilde{p}_s}{\tilde{p}_s}\int_0^1 T'\mathrm{d}\zeta$$
$$-k_{s1}\left(\left(\frac{g\zeta}{R\tilde{T}}\right)^2 f(|V|)V\right)\bigg|_{\zeta=1}$$
$$=\frac{\mu_1}{\tilde{p}_s}\Delta\tilde{V}+\nu_1\frac{\partial}{\partial\zeta}\left(\left(\frac{g\zeta}{R\tilde{T}}\right)^2\frac{\partial\tilde{V}}{\partial\zeta}\right),\tag{4.33}$$

并给出斜压速度场$\tilde{V}$所满足的边界条件：

$$\frac{\partial\tilde{V}}{\partial\zeta}\bigg|_{\zeta=0}=0,\quad\left(\nu_1\frac{\partial\tilde{V}}{\partial\zeta}+k_{s1}f(|V|)V\right)\bigg|_{\zeta=1}=0.\tag{4.34}$$

注 4.1 利用文献[21]类似的结果，可以得到湿大气动力学方程组初边值问题中的速度场 V 和温度偏差 T' 满足如下估计：

$$\int_{\Omega}|\tilde{V}|^4\mathrm{d}\sigma\mathrm{d}\zeta+\int_0^t\int_{\Omega}|\nabla\tilde{V}|^2|\tilde{V}|^2\mathrm{d}\sigma\mathrm{d}\zeta\mathrm{d}\tau$$
$$+\int_0^t\int_{\Omega}\left|\frac{\partial\tilde{V}}{\partial\zeta}\right|^2|\tilde{V}|^2\mathrm{d}\sigma\mathrm{d}\zeta\mathrm{d}\tau+\int_0^t\int_{S^2}|\tilde{V}|^{4+\alpha}\bigg|_{\zeta=1}\mathrm{d}\sigma\mathrm{d}\tau\leqslant C(M),\tag{4.35}$$

$$\int_{S^2}|\nabla\bar{V}|^2\mathrm{d}\sigma+\int_{S^2}\left|\int_0^t\nabla\nabla\cdot(\tilde{p}_s\bar{V})\mathrm{d}\tau\right|^2\mathrm{d}\sigma+\int_0^t\int_{S^2}|\Delta\bar{V}|^2\mathrm{d}\sigma\mathrm{d}\tau\leqslant C(M),\tag{4.36}$$

$$\int_{\Omega}|V_{\zeta}|^2\mathrm{d}\sigma\mathrm{d}\zeta+\int_0^t\int_{\Omega}|\nabla V_{\zeta}|^2\mathrm{d}\sigma\mathrm{d}\zeta\mathrm{d}\tau+\int_0^t\int_{\Omega}|V_{\zeta\zeta}|^2\mathrm{d}\sigma\mathrm{d}\zeta\mathrm{d}\tau$$
$$+\int_{S^2}(f(|V|)|\nabla V|^2)\bigg|_{\zeta=1}\mathrm{d}\sigma+\int_{S^2}\left(\frac{f'(|V|)}{|V|}\left|V\cdot\nabla V\right|^2\right)\bigg|_{\zeta=1}\mathrm{d}\sigma\leqslant C(M),\tag{4.37}$$

$$\int_{\Omega}T'^2_{\zeta}\mathrm{d}\sigma\mathrm{d}\zeta+\int_{S^2}T'\Big|^2_{\zeta=1}\mathrm{d}\sigma+\int_0^t\int_{\Omega}\left|\nabla T'_{\zeta}\right|^2\mathrm{d}\sigma\mathrm{d}\zeta\mathrm{d}\tau+\int_0^t\int_{\Omega}T'^2_{\zeta\zeta}\mathrm{d}\sigma\mathrm{d}\zeta\mathrm{d}\tau$$

$$+\int_0^t\int_{S^2}|\nabla T'|^2\Big|_{\zeta=1}\mathrm{d}\sigma\mathrm{d}\tau\leqslant C(M),\tag{4.38}$$

$$\begin{aligned}&\int_\Omega|\nabla(\tilde{p}_sV)|^2\mathrm{d}\sigma\mathrm{d}\zeta+\int_{S^2}(\nabla\nabla\cdot(\tilde{p}_s\bar{V})\,\mathrm{d}\tau)^2\mathrm{d}\sigma+\int_0^t\int_\Omega|\Delta V|^2\mathrm{d}\sigma\mathrm{d}\zeta\mathrm{d}\tau\\&+\int_0^t\int_\Omega|\nabla V_\zeta|^2\mathrm{d}\sigma\mathrm{d}\zeta\mathrm{d}\tau+\int_{S^2}(f(|V|)\,|\nabla(\tilde{p}_sV)|^2)|_{\zeta=1}\mathrm{d}\sigma\\&+\int_{S^2}\left(\frac{f(|V|)}{|V|}|V\cdot\nabla(\tilde{p}_sV)|^2\right)\Big|_{\zeta=1}\mathrm{d}\sigma\leqslant C(M),\end{aligned}\tag{4.39}$$

$$\begin{aligned}&\int_\Omega|\nabla T'|^2\mathrm{d}\sigma\mathrm{d}\zeta+\int_0^t\int_\Omega|\Delta T'|^2\mathrm{d}\sigma\mathrm{d}\zeta\mathrm{d}\tau+\int_0^t\int_\Omega|\nabla T'_\zeta|^2\mathrm{d}\sigma\mathrm{d}\zeta\mathrm{d}\tau\\&+\int_0^t\int_{S^2}|\nabla T'|^2\Big|_{\zeta=1}\mathrm{d}\sigma\mathrm{d}\tau\leqslant C(M).\end{aligned}\tag{4.40}$$

这里省略了证明的细节.下面再给出比湿 q,液态水含量 m_w 的先验估计：

4.5　比湿和液体含水量的 L^3 估计

引理 4.3　假设定理 4.1 的条件成立,则对于任意给定的常数 $M>0$,对于比湿 q 有如下估计

$$\begin{aligned}&\int_\Omega|q|^3\mathrm{d}\sigma\mathrm{d}\zeta+\int_0^t\int_\Omega|\nabla q|^2|q|\mathrm{d}\sigma\mathrm{d}\xi\mathrm{d}\tau+\int_0^t\int_\Omega\left|\frac{\partial q}{\partial\zeta}\right|^2|q|\mathrm{d}\sigma\mathrm{d}\xi\mathrm{d}\tau\\&+\int_0^t\int_{S^2}f(|V_{10}|)\,|q|^3\Big|_{\zeta=1}\mathrm{d}\sigma\mathrm{d}\tau\leqslant C(M),\quad t\in[0,M],\end{aligned}\tag{4.41}$$

其中,$C(M)>0$ 是一个依赖时间 M 的常数.

证明　将系统$(4.11)_3$式与$\tilde{p}_s|q|q$ 在 Ω 上做 L^2 内积,可以得到

$$\begin{aligned}&\frac{1}{3}\frac{\mathrm{d}}{\mathrm{d}t}\int_\Omega\tilde{p}_s|q|^3\mathrm{d}\sigma\mathrm{d}\zeta+2\mu_3\int_\Omega|\nabla q|^2|q|\mathrm{d}\sigma\mathrm{d}\zeta\\&+2\nu_3\int_\Omega\tilde{p}_s\left|\frac{\partial q}{\partial\zeta}\right|^2|q|\mathrm{d}\sigma\mathrm{d}\zeta\\&+k_{s3}\int_{S^2}\tilde{p}_s\left(\left(\frac{g\zeta}{R\tilde{T}}\right)^2f(|V_{10}|)\,|q|^3\right)\Big|_{\zeta=1}\mathrm{d}\sigma\\=&\frac{1}{3}\int_\Omega\frac{\mathrm{d}\tilde{p}_s}{\mathrm{d}t}|q|^3\mathrm{d}\sigma\mathrm{d}\zeta-\int_\Omega\left((V^*\cdot\nabla)q+\dot{\zeta}^*\frac{\partial q}{\partial\zeta}\right)\tilde{p}_s|q|q\mathrm{d}\sigma\mathrm{d}\zeta\\&+\int_{S^2}\tilde{p}_s\left(\left(\frac{g\zeta}{R\tilde{T}}\right)^2f(|V_{10}|)q_m^*|q|q\right)\Big|_{\zeta=1}\mathrm{d}\sigma\end{aligned}$$

$$+\int_{\Omega}\tilde{p}_s\delta_{21}\delta_{22}\,\dot{\zeta}\,\frac{W(T)}{\zeta}|q|q\mathrm{d}\sigma\mathrm{d}\zeta. \tag{4.42}$$

利用(4.24)式,Cauchy-Schwarz 不等式,Hardy 不等式,Gagliardo-Nirenberg-Sobolev 不等式和 Young 不等式,可以得到

$$\int_{\Omega}((V^*\cdot\nabla)q+\dot{\zeta}^*\frac{\partial q}{\partial\zeta})\,\tilde{p}_s|q|q\mathrm{d}\sigma\mathrm{d}\zeta=0, \tag{4.43}$$

$$\left|\int_0^t\int_{S^2}\tilde{p}_s\left(\left(\frac{g\zeta}{R\tilde{T}}\right)^2 f(|V_{10}|)q_m^*|q|q\right)\Bigg|_{\zeta=1}\mathrm{d}\sigma\mathrm{d}\tau\right|\leqslant C(M), \tag{4.44}$$

$$\begin{aligned}
&\left|\int_{\Omega}\nabla\cdot(\tilde{p}_s\bar{V})(W(T)|q|q)\mathrm{d}\sigma\mathrm{d}\zeta\right|\\
\leqslant{}&C\|q\|_{L^4(\Omega)}^4+C\|V\|_{L^2(\Omega)}^2+C\|\nabla V\|_{L^2(\Omega)}^2\\
\leqslant{}&C(M)+C\|q^{\frac{3}{2}}\|_{L^{\frac{8}{3}}(\Omega)}^{\frac{8}{3}}\\
\leqslant{}&C(M)+C\left(\|q^{\frac{3}{2}}\|_{L^{\frac{4}{3}}(\Omega)}^{\frac{5}{14}}\left(\|q^{\frac{3}{2}}\|_{L^2(\Omega)}+\|\nabla(q^{\frac{3}{2}})\|_{L^2(\Omega)}+\left\|\frac{\partial(q^{\frac{3}{2}})}{\partial\zeta}\right\|_{L^2(\Omega)}\right)^{\frac{9}{14}}\right)^{\frac{8}{3}}\\
\leqslant{}&C(M)+C\left(\|q^{\frac{3}{2}}\|_{L^2(\Omega)}+\|\nabla(q^{\frac{3}{2}})\|_{L^2(\Omega)}+\left\|\frac{\partial(q^{\frac{3}{2}})}{\partial\zeta}\right\|_{L^2(\Omega)}\right)^{\frac{12}{7}}\\
\leqslant{}&C(M)+C\int_{\Omega}\tilde{p}_s|q|^3\mathrm{d}\sigma\mathrm{d}\zeta+C(\|V\|_{L^2(\Omega)}^2+\|\nabla V\|_{L^2(\Omega)}^2)\\
&+\frac{2\varepsilon}{9}\left(\|\nabla(q^{\frac{3}{2}})\|_{L^2(\Omega)}+\left\|\frac{\partial(q^{\frac{3}{2}})}{\partial\zeta}\right\|_{L^2(\Omega)}\right)^2\\
\leqslant{}&C(M)+C\int_{\Omega}\tilde{p}_s|q|^3\mathrm{d}\sigma\mathrm{d}\zeta+\varepsilon\int_{\Omega}|\nabla q|^2|q|\mathrm{d}\sigma\mathrm{d}\zeta+\varepsilon\int_{\Omega}\left|\frac{\partial q}{\partial\zeta}\right|^2|q|\mathrm{d}\sigma\mathrm{d}\zeta,
\end{aligned} \tag{4.45}$$

$$\begin{aligned}
&\left|\int_{\Omega}\delta_{21}\delta_{22}\left(\frac{1}{\zeta}\int_0^{\zeta}\nabla\cdot(\tilde{p}_sV)\,\mathrm{d}s\right)|q|q\mathrm{d}\sigma\mathrm{d}\zeta\right|\\
\leqslant{}&C\left\|\frac{1}{\zeta}\int_0^{\zeta}\nabla\cdot(\tilde{p}_sV)\,\mathrm{d}s\right\|_{L^2(\Omega)}^2+\|q\|_{L^4(\Omega)}^4\\
\leqslant{}&C(M)+C\int_{\Omega}\tilde{p}_s|q|^3\mathrm{d}\sigma\mathrm{d}\zeta+\varepsilon\int_{\Omega}|\nabla q|^2|q|\mathrm{d}\sigma\mathrm{d}\zeta+\varepsilon\int_{\Omega}\left|\frac{\partial q}{\partial\zeta}\right|^2|q|\mathrm{d}\sigma\mathrm{d}\zeta,
\end{aligned} \tag{4.46}$$

$$\begin{aligned}
&\left|\int_{\Omega}\tilde{p}_s\delta_{21}\delta_{22}\,\dot{\zeta}\,\frac{W(T)}{\zeta}|q|q\mathrm{d}\sigma\mathrm{d}\zeta\right|\\
\leqslant{}&C\left|\int_{\Omega}\nabla\cdot(\tilde{p}_s\bar{V})W(T)|q|q\mathrm{d}\sigma\mathrm{d}\zeta\right|
\end{aligned}$$

$$+C\left|\int_{\Omega}\left(\frac{1}{\zeta}\int_{0}^{\zeta}\nabla\cdot(\tilde{p}_{s}V)\,\mathrm{d}s\right)W(T)\,|q|q\,\mathrm{d}\sigma\mathrm{d}\zeta\right|$$

$$\leqslant C(M)+C\int_{\Omega}\tilde{p}_{s}\,|q|^{3}\mathrm{d}\sigma\mathrm{d}\zeta+\varepsilon\int_{\Omega}|\nabla q|^{2}|q|\,\mathrm{d}\sigma\mathrm{d}\zeta+\varepsilon\int_{\Omega}\left|\frac{\partial q}{\partial\zeta}\right|^{2}|q|\,\mathrm{d}\sigma\mathrm{d}\zeta, \tag{4.47}$$

其中,$C(M)>0$ 表示一个不依赖时间 M 的常数,并且取 $\varepsilon>0$ 是一个足够小的常数使得下式成立:

$$\frac{\mathrm{d}}{\mathrm{d}t}\int_{\Omega}\tilde{p}_{s}\,|q|^{3}\mathrm{d}\sigma\mathrm{d}\zeta+C\int_{\Omega}|\nabla q|^{2}|q|\,\mathrm{d}\sigma\mathrm{d}\zeta+C\int_{\Omega}\left|\frac{\partial q}{\partial\zeta}\right|^{2}|q|\,\mathrm{d}\sigma\mathrm{d}\zeta$$
$$+C\int_{S^2}f(|V_{10}|)\,|q|^{3}\Big|_{\zeta=1}\mathrm{d}\sigma\leqslant C(M)+C\int_{\Omega}\tilde{p}_{s}\,|q|^{3}\mathrm{d}\sigma\mathrm{d}\zeta, \tag{4.48}$$

再利用 Gronwall 不等式,可得(4.41)式.

引理 4.4　假设定理 4.1 的条件成立,则对于任意给定的常数 $M>0$,对于含水量 m_w 有如下估计

$$\int_{\Omega}|m_{w}|^{3}\mathrm{d}\sigma\mathrm{d}\zeta+\int_{0}^{t}\int_{\Omega}|\nabla m_{w}|^{2}|m_{w}|\,\mathrm{d}\sigma\mathrm{d}\xi\mathrm{d}\tau$$
$$+\int_{0}^{t}\int_{\Omega}\left|\frac{\partial m_{w}}{\partial\zeta}\right|^{2}|m_{w}|\,\mathrm{d}\sigma\mathrm{d}\xi\mathrm{d}\tau\leqslant C(M),\quad t\in[0,M], \tag{4.49}$$

其中,$C(M)>0$ 是一个依赖时间 M 的常数.

证明　将系统$(4.11)_4$式与$\tilde{p}_s|m_w|m_w$ 在 Ω 上做 L^2 内积,可以得到

$$\frac{1}{3}\frac{\mathrm{d}}{\mathrm{d}t}\int_{\Omega}\tilde{p}_{s}|m_{w}|^{3}\mathrm{d}\sigma\mathrm{d}\zeta+2\mu_{3}\int_{\Omega}|\nabla m_{w}|^{2}|m_{w}|\,\mathrm{d}\sigma\mathrm{d}\zeta$$
$$+2\nu_{4}\int_{\Omega}\tilde{p}_{s}\left|\frac{\partial m_{w}}{\partial\zeta}\right|^{2}|m_{w}|\,\mathrm{d}\sigma\mathrm{d}\zeta$$
$$=\frac{1}{3}\int_{\Omega}\frac{\mathrm{d}\tilde{p}_{s}}{\mathrm{d}t}|m_{w}|^{3}\mathrm{d}\sigma\mathrm{d}\zeta-\int_{\Omega}\left((V^{*}\cdot\nabla)m_{w}+\dot{\zeta}^{*}\frac{\partial m_{w}}{\partial\zeta}\right)\tilde{p}_{s}|m_{w}|m_{w}\mathrm{d}\sigma\mathrm{d}\zeta$$
$$+\int_{\Omega}\tilde{p}_{s}\delta_{21}\delta_{22}\dot{\zeta}\frac{W(T)}{\zeta}|m_{w}|m_{w}\mathrm{d}\sigma\mathrm{d}\zeta$$
$$+\int_{\Omega}\tilde{p}_{s}h_{1}\left(\delta_{21}\delta_{22}\dot{\zeta}\frac{W(T)}{\zeta}\right)|m_{w}|m_{w}\mathrm{d}\sigma\mathrm{d}\zeta. \tag{4.50}$$

由于 Cauchy-Schwarz 不等式,Hardy 不等式,Gagliardo-Nirenberg-Sobolev 不等式和 Young 不等式,可得

$$\int_{\Omega}\left((V^{*}\cdot\nabla)m_{w}+\dot{\zeta}^{*}\frac{\partial m_{w}}{\partial\zeta}\right)\tilde{p}_{s}|m_{w}|m_{w}\mathrm{d}\sigma\mathrm{d}\zeta=0, \tag{4.51}$$

$$
\begin{aligned}
&\left|\int_\Omega \nabla\cdot(\tilde{p}_s\bar{V})W(T)|m_w|m_w\mathrm{d}\sigma\mathrm{d}\zeta\right| \\
&\leqslant C\|m_w\|_{L^4(\Omega)}^4+C(\|V\|_{L^2(\Omega)}^2+\|\nabla V\|_{L^2(\Omega)}^2) \\
&\leqslant C(M)+C\|m_w^{\frac{3}{2}}\|_{L^{\frac{8}{3}}(\Omega)}^{\frac{8}{3}} \\
&\leqslant C(M)+C\left(\|m_w^{\frac{3}{2}}\|_{L^{\frac{4}{3}}(\Omega)}^{\frac{5}{14}}\left(\|m_w^{\frac{3}{2}}\|_{L^2(\Omega)}+\|\nabla(m_w^{\frac{3}{2}})\|_{L^2(\Omega)}+\left\|\frac{\partial(m_w^{\frac{3}{2}})}{\partial\zeta}\right\|_{L^2(\Omega)}\right)^{\frac{9}{14}}\right)^{\frac{8}{3}} \\
&\leqslant C(M)+C\left(\|m_w^{\frac{3}{2}}\|_{L^2(\Omega)}+\|\nabla(m_w^{\frac{3}{2}})\|_{L^2(\Omega)}+\left\|\frac{\partial(m_w^{\frac{3}{2}})}{\partial\zeta}\right\|_{L^2(\Omega)}\right)^{\frac{12}{7}} \\
&\leqslant C(M)+C\int_\Omega \tilde{p}_s|m_w|^3\mathrm{d}\sigma\mathrm{d}\zeta+\frac{2\varepsilon}{9}\left(\|\nabla(m_w)\|_{L^2(\Omega)}+\left\|\frac{\partial(m_w^{\frac{3}{2}})}{\partial\zeta}\right\|_{L^2(\Omega)}\right)^2 \\
&\leqslant C(M)+C\int_\Omega \tilde{p}_s|m_w|^3\mathrm{d}\sigma\mathrm{d}\zeta+\varepsilon\int_\Omega|\nabla m_w|^2|m_w|\mathrm{d}\sigma\mathrm{d}\zeta \\
&\quad+\varepsilon\int_\Omega\left|\frac{\partial m_w}{\partial\zeta}\right|^2|m_w|\mathrm{d}\sigma\mathrm{d}\zeta,
\end{aligned}
\tag{4.52}
$$

$$
\begin{aligned}
&\left|\int_\Omega \delta_{21}\delta_{22}\left(\frac{1}{\zeta}\int_0^\zeta\nabla\cdot(\tilde{p}_sV)\,\mathrm{d}s\right)|m_w|m_w\mathrm{d}\sigma\mathrm{d}\zeta\right| \\
&\leqslant C\left\|\frac{1}{\zeta}\int_0^\zeta\nabla\cdot(\tilde{p}_sV)\,\mathrm{d}s\right\|_{L^2(\Omega)}^2+\|m_w\|_{L^4(\Omega)}^4 \\
&\leqslant C(M)+C\int_\Omega\tilde{p}_s\ |m_w|^3\mathrm{d}\sigma\mathrm{d}\zeta+\varepsilon\int_\Omega|\nabla m_w|^2|m_w|\mathrm{d}\sigma\mathrm{d}\zeta \\
&\quad+\varepsilon\int_\Omega\left|\frac{\partial m_w}{\partial\zeta}\right|^2|m_w|\mathrm{d}\sigma\mathrm{d}\zeta,
\end{aligned}
\tag{4.53}
$$

$$
\begin{aligned}
&\left|\int_\Omega\tilde{p}_s\delta_{21}\delta_{22}\,\dot{\zeta}\,\frac{W(T)}{\zeta}|m_w|m_w\mathrm{d}\sigma\mathrm{d}\zeta\right| \\
&\leqslant C+C\left|\int_\Omega\left(\frac{1}{\zeta}\int_0^\zeta\nabla\cdot(\tilde{p}_sV)\mathrm{d}s\right)W(T)|m_w|m_w\mathrm{d}\sigma\mathrm{d}\zeta\right| \\
&\leqslant C(M)+C\int_\Omega\tilde{p}_s\ |m_w|^3\mathrm{d}\sigma\mathrm{d}\zeta+\varepsilon\int_\Omega|\nabla m_w|^2|m_w|\mathrm{d}\sigma\mathrm{d}\zeta \\
&\quad+\varepsilon\int_\Omega\left|\frac{\partial m_w}{\partial\zeta}\right|^2|m_w|\mathrm{d}\sigma\mathrm{d}\zeta,
\end{aligned}
\tag{4.54}
$$

其中,$C(M)>0$ 表示一个不依赖时间 M 的常数,并且取 $\varepsilon>0$ 是一个足够小的常数使得下式成立:

$$\frac{\mathrm{d}}{\mathrm{d}t}\int_{\Omega}\widetilde{p}_s\,|m_w|^3\mathrm{d}\sigma\mathrm{d}\zeta+C\int_{\Omega}|\nabla m_w|^2|m_w|\mathrm{d}\sigma\mathrm{d}\zeta+C\int_{\Omega}\left|\frac{\partial m_w}{\partial\zeta}\right|^2|m_w|\mathrm{d}\sigma\mathrm{d}\zeta$$
$$\leqslant C(M)+C\int_{\Omega}\widetilde{p}_s|m_w|^3\mathrm{d}\sigma\mathrm{d}\zeta,\tag{4.55}$$

再利用 Gronwall 不等式,(4.49)式得证.

4.6　比湿和液体含水量的 L^4 估计

引理 4.5　假设定理 4.1 的条件成立,则对于任意给定的常数 $M>0$,对于比湿 q 有如下估计

$$\int_{\Omega}q^4\mathrm{d}\sigma\mathrm{d}\zeta+\int_0^t\int_{\Omega}|\nabla q|^2q^2\mathrm{d}\sigma\mathrm{d}\xi\mathrm{d}\tau+\int_0^t\int_{\Omega}\left|\frac{\partial q}{\partial\zeta}\right|^2q^2\mathrm{d}\sigma\mathrm{d}\xi\mathrm{d}\tau$$
$$+\int_0^t\int_{S^2}f(|V_{10}|)q^4\Big|_{\zeta=1}\mathrm{d}\sigma\mathrm{d}\tau\leqslant C(M),\quad t\in[0,M],\tag{4.56}$$

其中,$C(M)>0$ 是一个依赖时间 M 的常数.

证明　将方程$(4.11)_3$式与$\widetilde{p}_sq^3$ 在 Ω 上做 L^2 内积,可得

$$\frac{1}{4}\frac{\mathrm{d}}{\mathrm{d}t}\int_{\Omega}\widetilde{p}_sq^4\mathrm{d}\sigma\mathrm{d}\zeta+3\mu_3\int_{\Omega}|\nabla q|^2q^2\mathrm{d}\sigma\mathrm{d}\zeta+3\nu_3\int_{\Omega}\widetilde{p}_s\left|\frac{\partial q}{\partial\zeta}\right|^2q^2\mathrm{d}\sigma\mathrm{d}\zeta$$
$$+\int_{S^2}\widetilde{p}_s\left(f(|V_{10}|)\left(\frac{g\zeta}{R\widetilde{T}}\right)^2q^4\right)\Bigg|_{\zeta=1}\mathrm{d}\sigma$$
$$=\frac{1}{4}\int_{\Omega}\frac{\mathrm{d}\widetilde{p}_s}{\mathrm{d}t}q^4\mathrm{d}\sigma\mathrm{d}\zeta-\int_{\Omega}\left((V^*\cdot\nabla)q+\dot{\zeta}^*\frac{\partial q}{\partial\zeta}\right)\widetilde{p}_sq^3\mathrm{d}\sigma\mathrm{d}\zeta$$
$$+\int_{S^2}\widetilde{p}_s\left(\left(\frac{g\zeta}{R\widetilde{T}}\right)^2f(|V_{10}|)q_m^*q^3\right)\Bigg|_{\zeta=1}\mathrm{d}\sigma+\int_{\Omega}\widetilde{p}_s\delta_{21}\delta_{22}\,\dot{\zeta}\,\frac{W(T)}{\zeta}q^3\mathrm{d}\sigma\mathrm{d}\zeta.\tag{4.57}$$

利用(4.24)式,Cauchy-Schwarz 不等式,Hardy 不等式,Gagliardo-Nirenberg-Sobolev 不等式和 Young 不等式,可得

$$\int_{\Omega}\left((V^*\cdot\nabla)q+\dot{\zeta}^*\frac{\partial q}{\partial\zeta}\right)\widetilde{p}_sq^3\mathrm{d}\sigma\mathrm{d}\zeta=0,\tag{4.58}$$

$$\left|\int_0^t\int_{S^2}\widetilde{p}_s\left(\frac{g\zeta}{R\widetilde{T}}\right)^2f(|V_{10}|)q_m^*q^3\Bigg|_{\zeta=1}\mathrm{d}\sigma\mathrm{d}\tau\right|\leqslant C(M),\tag{4.59}$$

$$\left|\int_{\Omega}\nabla\cdot(\widetilde{p}_s\bar{V})W(T)q^3\mathrm{d}\sigma\mathrm{d}\zeta\right|$$
$$\leqslant C\|q\|_{L^6(\Omega)}^3(\|V\|_{L^2(\Omega)}+\|\nabla V\|_{L^2(\Omega)})$$
$$\leqslant C(M)\left(\|q^2\|_{L^{\frac{3}{2}}(\Omega)}^{\frac{1}{3}}\left(\|q^2\|_{L^2(\Omega)}+\|\nabla(q^2)\|_{L^2(\Omega)}+\left\|\frac{\partial q^2}{\partial\zeta}\right\|_{L^2(\Omega)}\right)^{\frac{2}{3}}\right)^{\frac{3}{2}}$$

$$\leqslant C(M)\left(\|q^2\|_{L^2(\Omega)}+\|\nabla(q^2)\|_{L^2(\Omega)}+\left\|\frac{\partial q^2}{\partial\zeta}\right\|_{L^2(\Omega)}\right)$$

$$\leqslant C(M)+C\int_\Omega \tilde{p}_s q^4\mathrm{d}\sigma\mathrm{d}\zeta+\varepsilon\int_\Omega|\nabla q|^2q^2\mathrm{d}\sigma\mathrm{d}\zeta+\varepsilon\int_\Omega\left|\frac{\partial q}{\partial\zeta}\right|^2q^2\mathrm{d}\sigma\mathrm{d}\zeta,\tag{4.60}$$

$$\left|\int_\Omega\left(\frac{1}{\zeta}\int_0^\zeta\nabla\cdot(\tilde{p}_sV)\mathrm{d}s\right)W(T)q^3\mathrm{d}\sigma\mathrm{d}\zeta\right|$$

$$\leqslant C\left(\int_\Omega\left(\int_0^\zeta\nabla\cdot(\tilde{p}_sV)\mathrm{d}s\right)^2\mathrm{d}\sigma\mathrm{d}\zeta\right)^{\frac{1}{2}}\left(\int_\Omega q^6\mathrm{d}\sigma\mathrm{d}\zeta\right)^{\frac{1}{2}}$$

$$\leqslant C(M)\left(\int_\Omega|\nabla\cdot(\tilde{p}_sV)|^2\mathrm{d}\sigma\mathrm{d}\zeta\right)^{\frac{1}{2}}\left(\|q^2\|_{L^2(\Omega)}+\|\nabla(q^2)\|_{L^2(\Omega)}+\left\|\frac{\partial q^2}{\partial\zeta}\right\|_{L^2(\Omega)}\right)$$

$$\leqslant C(M)+C\int_\Omega \tilde{p}_s q^4\mathrm{d}\sigma\mathrm{d}\zeta+\varepsilon\int_\Omega|\nabla q|^2q^2\mathrm{d}\sigma\mathrm{d}\zeta+\varepsilon\int_\Omega\left|\frac{\partial q}{\partial\zeta}\right|^2q^2\mathrm{d}\sigma\mathrm{d}\zeta,\tag{4.61}$$

$$\left|\int_\Omega\tilde{p}_s\delta_{21}\delta_{22}\,\dot{\zeta}\,\frac{W(T)}{\zeta}q^3\mathrm{d}\sigma\mathrm{d}\zeta\right|$$

$$\leqslant C(M)+C\int_\Omega \tilde{p}_s q^4\mathrm{d}\sigma\mathrm{d}\zeta+\varepsilon\int_\Omega|\nabla q|^2q^2\mathrm{d}\sigma\mathrm{d}\zeta+\varepsilon\int_\Omega\left|\frac{\partial q}{\partial\zeta}\right|^2q^2\mathrm{d}\sigma\mathrm{d}\zeta,\tag{4.62}$$

其中,$C(M)>0$ 是一个依赖于时间 M 的常数,并且取充分小的 $\varepsilon>0$ 可以得到

$$\frac{\mathrm{d}}{\mathrm{d}t}\int_\Omega\tilde{p}_sq^4\mathrm{d}\sigma\mathrm{d}\zeta+C\int_\Omega|\nabla q|^2q^2\mathrm{d}\sigma\mathrm{d}\zeta+C\int_\Omega\left|\frac{\partial q}{\partial\zeta}\right|^2q^2\mathrm{d}\sigma\mathrm{d}\zeta$$
$$+C\int_{S^2}f(|V_{10}|)q^4\Big|_{\zeta=1}\mathrm{d}\sigma\leqslant C(M)+C\int_\Omega\tilde{p}_sq^4\mathrm{d}\sigma\mathrm{d}\zeta,\tag{4.63}$$

应用 Gronwall 不等式,可得出(4.56)式.

引理 4.6 假设定理 4.1 的条件成立,则对于任意给定的常数 $M>0$,对于含水量 m_w 有如下估计

$$\int_\Omega m_w^4\mathrm{d}\sigma\mathrm{d}\zeta+\int_0^t\int_\Omega|\nabla m_w|^2m_w^2\mathrm{d}\sigma\mathrm{d}\xi\mathrm{d}\tau$$
$$+\int_0^t\int_\Omega\left|\frac{\partial m_w}{\partial\zeta}\right|^2m_w^2\mathrm{d}\sigma\mathrm{d}\xi\mathrm{d}\tau\leqslant C(M),\quad t\in[0,M],\tag{4.64}$$

其中,$C(M)>0$ 是一个依赖时间 M 的常数.

证明 将方程$(4.11)_4$式与$\tilde{p}_sm_w^3$ 在 Ω 上做 L^2 内积,可以得到

$$\frac{1}{4}\frac{\mathrm{d}}{\mathrm{d}t}\int_\Omega\tilde{p}_sm_w^4\mathrm{d}\sigma\mathrm{d}\zeta+3\mu_4\int_\Omega|\nabla m_w|^2m_w^2\mathrm{d}\sigma\mathrm{d}\zeta$$

$$+3\nu_4\int_\Omega \tilde{p}_s\left|\frac{\partial m_w}{\partial\zeta}\right|^2 m_w^2\,\mathrm{d}\sigma\mathrm{d}\zeta+\int_{S^2}\tilde{p}_s\left(\left(\frac{g\zeta}{R\tilde{T}}\right)^2 m_w^4\right)\Big|_{\zeta=1}\mathrm{d}\sigma$$

$$=\frac{1}{4}\int_\Omega\frac{\mathrm{d}\tilde{p}_s}{\mathrm{d}t}m_w^4\,\mathrm{d}\sigma\mathrm{d}\zeta-\int_\Omega\left((V^*\cdot\nabla)m_w+\dot{\zeta}^*\frac{\partial m_w}{\partial\zeta}\right)\tilde{p}_s m_w^3\,\mathrm{d}\sigma\mathrm{d}\zeta$$

$$+\int_\Omega\tilde{p}_s\delta_{21}\delta_{22}\,\dot{\zeta}\,\frac{W(T)}{\zeta}m_w^3\,\mathrm{d}\sigma\mathrm{d}\zeta+\int_\Omega\tilde{p}_s h_1\left(\delta_{21}\delta_{22}\,\dot{\zeta}\,\frac{W(T)}{\zeta}\right)m_w^3\,\mathrm{d}\sigma\mathrm{d}\zeta. \tag{4.65}$$

利用(4.24)式，Cauchy-Schwarz 不等式，Hardy 不等式，Gagliardo-Nirenberg-Sobolev 不等式和 Young 不等式，可得

$$\int_\Omega\left((V^*\cdot\nabla)m_w+\dot{\zeta}^*\frac{\partial m_w}{\partial\zeta}\right)\tilde{p}_s m_w^3\,\mathrm{d}\sigma\mathrm{d}\zeta=0. \tag{4.66}$$

$$\begin{aligned}&\left|\int_\Omega\nabla\cdot(\tilde{p}_s\bar{V})W(T)m_w^3\,\mathrm{d}\sigma\mathrm{d}\zeta\right|\\
&\leqslant C(M)\|m_w\|_{L^6(\Omega)}^3(\|V\|_{L^2(\Omega)}+\|\nabla V\|_{L^2(\Omega)})\\
&\leqslant C(M)\left(\|m_w^2\|_{L^{\frac{3}{2}}(\Omega)}^{\frac{1}{3}}\left(\|m_w^2\|_{L^2(\Omega)}+\|\nabla(m_w^2)\|_{L^2(\Omega)}+\left\|\frac{\partial m_w^2}{\partial\zeta}\right\|_{L^2(\Omega)}\right)^{\frac{2}{3}}\right)^{\frac{3}{2}}\\
&\leqslant C(M)\left(\|m_w^2\|_{L^2(\Omega)}+\|\nabla(m_w^2)\|_{L^2(\Omega)}+\left\|\frac{\partial m_w^2}{\partial\zeta}\right\|_{L^2(\Omega)}\right)\\
&\leqslant C(M)+C\int_\Omega\tilde{p}_s m_w^4\,\mathrm{d}\sigma\mathrm{d}\zeta+\varepsilon\int_\Omega|\nabla m_w|^2 m_w^2\,\mathrm{d}\sigma\mathrm{d}\zeta+\varepsilon\int_\Omega\left|\frac{\partial m_w}{\partial\zeta}\right|^2 m_w^2\,\mathrm{d}\sigma\mathrm{d}\zeta,\end{aligned} \tag{4.67}$$

$$\begin{aligned}&\left|\int_\Omega\left(\frac{1}{\zeta}\int_0^\zeta\nabla\cdot(\tilde{p}_s V)\mathrm{d}s\right)W(T)m_w^3\,\mathrm{d}\sigma\mathrm{d}\zeta\right|\\
&\leqslant C\left\|\frac{1}{\zeta}\int_0^\zeta\nabla\cdot(\tilde{p}_s V)\,\mathrm{d}s\right\|_{L^2(\Omega)}\left(\int_\Omega\mathrm{d}\sigma\mathrm{d}\zeta\right)^{\frac{1}{2}}\\
&\leqslant C(M)\left(\|m_w^2\|_{L^2(\Omega)}+\|\nabla m_w^2\|_{L^2(\Omega)}+\left\|\frac{\partial m_w^2}{\partial\zeta}\right\|_{L^2(\Omega)}\right)\\
&\leqslant C(M)+C\int_\Omega\tilde{p}_s m_w^4\,\mathrm{d}\sigma\mathrm{d}\zeta+\varepsilon\int_\Omega|\nabla m_w|^2 m_w^2\,\mathrm{d}\sigma\mathrm{d}\zeta+\varepsilon\int_\Omega\left|\frac{\partial m_w}{\partial\zeta}\right|^2 m_w^2\,\mathrm{d}\sigma\mathrm{d}\zeta,\end{aligned} \tag{4.68}$$

$$\begin{aligned}&\left|\int_\Omega\tilde{p}_s\delta_{21}\delta_{22}\,\dot{\zeta}\,\frac{W(T)}{\zeta}m_w^3\,\mathrm{d}\sigma\mathrm{d}\zeta\right|\\
&\leqslant C(M)+C\int_\Omega\tilde{p}_s m_w^4\,\mathrm{d}\sigma\mathrm{d}\zeta+\varepsilon\int_\Omega|\nabla m_w|^2 m_w^2\,\mathrm{d}\sigma\mathrm{d}\zeta\\
&\quad+\varepsilon\int_\Omega\left|\frac{\partial m_w}{\partial\zeta}\right|^2 m_w^2\,\mathrm{d}\sigma\mathrm{d}\zeta,\end{aligned} \tag{4.69}$$

其中,$C(M)>0$ 是一个依赖于时间 M 的常数,并且取 $\varepsilon>0$ 是一个足够小的常数使得下式成立

$$\frac{\mathrm{d}}{\mathrm{d}t}\int_\Omega \tilde{p}_s m_w^4 \mathrm{d}\sigma\mathrm{d}\zeta + C\int_\Omega |\nabla m_w|^2 m_w^2 \mathrm{d}\sigma\mathrm{d}\zeta$$
$$+C\int_\Omega \left|\frac{\partial m_w}{\partial\zeta}\right|^2 m_w^2 \mathrm{d}\sigma\mathrm{d}\zeta \leqslant C(M) + C\int_\Omega \tilde{p}_s m_w^4 \mathrm{d}\sigma\mathrm{d}\zeta, \tag{4.70}$$

应用 Gronwall 不等式,可以推断出(4.64)式.

4.7 比湿和液体含水量的 H^1 估计

引理 4.7 假设定理 4.1 的条件成立,则对于任意给定的常数 $M>0$,对于比湿 q 有如下估计

$$\int_\Omega q_\zeta^2 \mathrm{d}\sigma\mathrm{d}\zeta + \int_0^t\int_\Omega |\nabla q_\zeta|^2 \mathrm{d}\sigma\mathrm{d}\zeta\mathrm{d}\tau + \int_0^t\int_\Omega q_{\zeta\zeta}^2 \mathrm{d}\sigma\mathrm{d}\zeta\mathrm{d}\tau + \int_{S^2} q^2\Big|_{\zeta=1}\mathrm{d}\sigma$$
$$+\int_0^t\int_{S^2} |\nabla q|^2\Big|_{\zeta=1}\mathrm{d}\sigma\mathrm{d}\tau \leqslant C(M),\quad t\in[0,M], \tag{4.71}$$

其中,$C(M)>0$ 是一个依赖时间 M 的常数.

证明 将方程$(4.11)_3$式关于 ζ 求导,可以得到

$$\frac{\partial q_\zeta}{\partial t} - \mu_3\frac{1}{\tilde{p}_s}\Delta q_\zeta - \nu_3\frac{\partial}{\partial\zeta}\left(\left(\frac{g\zeta}{R\tilde{T}}\right)^2 q_{\zeta\zeta}\right) + ((V^*\cdot\nabla)q_\zeta + \dot{\zeta}^* q_{\zeta\zeta})$$
$$+\left((V_\zeta^*\cdot\nabla)q - \frac{1}{\tilde{p}_s}\nabla\cdot(\tilde{p}_s V^*)q_\zeta\right)$$
$$=\nu_3\frac{\partial}{\partial\zeta}\left(\frac{\partial}{\partial\zeta}\left(\left(\frac{g\zeta}{R\tilde{T}}\right)^2\right)q_\zeta\right) + \frac{\partial}{\partial\zeta}\left(\delta_{21}\delta_{22}\dot{\zeta}\frac{W(T)}{\zeta}\right). \tag{4.72}$$

再将方程(4.72)式与 $\tilde{p}_s q_\zeta$ 在 Ω 上做 L^2 内积,可得

$$\frac{1}{2}\frac{\mathrm{d}}{\mathrm{d}t}\int_\Omega \tilde{p}_s q_\zeta^2 \mathrm{d}\sigma\mathrm{d}\zeta + \mu_3\int_\Omega |\nabla q_\zeta|^2 \mathrm{d}\sigma\mathrm{d}\zeta + \nu_3\int_\Omega \tilde{p}_s\left(\frac{g\zeta}{R\tilde{T}}\right)^2 q_{\zeta\zeta}^2 \mathrm{d}\sigma\mathrm{d}\zeta$$
$$=\int_\Omega \frac{\mathrm{d}\tilde{p}_s}{\mathrm{d}t} q_\zeta^2 \mathrm{d}\sigma\mathrm{d}\zeta - \int_\Omega ((V^*\cdot\nabla)q_\zeta + \dot{\zeta}^* q_{\zeta\zeta})\tilde{p}_s q_\zeta \mathrm{d}\sigma\mathrm{d}\zeta$$
$$-\int_\Omega\left((V_\zeta^*\cdot\nabla)q - \frac{1}{\tilde{p}_s}\nabla\cdot(\tilde{p}_s V^*)q_\zeta - \frac{1}{\tilde{p}_s}\frac{\partial\tilde{p}_s}{\partial t}\zeta q_\zeta\right)\tilde{p}_s q_\zeta \mathrm{d}\sigma\mathrm{d}\zeta$$

$$+\nu_3\int_\Omega \frac{\partial}{\partial\zeta}\left(\frac{\partial}{\partial\zeta}\left(\left(\frac{g\zeta}{R\widetilde{T}}\right)^2\right)q_\zeta\right)\widetilde{p}_s q_\zeta \mathrm{d}\sigma\mathrm{d}\zeta$$

$$+\nu_3\int_{S^2}\widetilde{p}_s q_\zeta\Big|_{\zeta=1}\left(\left(\frac{g\zeta}{R\widetilde{T}}\right)^2 q_{\zeta\zeta}\right)\Big|_{\zeta=1}\mathrm{d}\sigma+\int_\Omega\frac{\partial}{\partial\zeta}\left(\delta_{21}\delta_{22}\dot{\zeta}\frac{W(T)}{\zeta}\right)\widetilde{p}_s q_\zeta \mathrm{d}\sigma\mathrm{d}\zeta. \tag{4.73}$$

同理可得

$$-\int_\Omega((V^*\cdot\nabla)q_\zeta+\dot{\zeta}^* q_{\zeta\zeta})\,\widetilde{p}_s q_\zeta\mathrm{d}\sigma\mathrm{d}\zeta=0. \tag{4.74}$$

根据(4.24)式,(4.35)～(4.37)式,(4.56)式,Gagliardo-Nirenberg-Sobolev 不等式,Young 不等式以及 $V_\zeta^*=V_\zeta$,可以得到

$$\begin{aligned}
&\left|-\int_\Omega\left((V_\zeta^*\cdot\nabla)q-\frac{1}{\widetilde{p}_s}\nabla\cdot(\widetilde{p}_s V^*)q_\zeta-\frac{1}{\widetilde{p}_s}\frac{\partial\widetilde{p}_s}{\partial t}q_\zeta\right)\widetilde{p}_s q_\zeta\mathrm{d}\sigma\mathrm{d}\zeta\right|\\
\leqslant\ & C\int_\Omega((|V_\zeta|+|\nabla V_\zeta|)|q||q_\zeta|+|V_\zeta||q||\nabla q_\zeta|\\
&+|V||T'_\zeta||\nabla q_\zeta|)\mathrm{d}\sigma\mathrm{d}\zeta+C(M)\|q_\zeta\|_{L^2(\Omega)}^2\\
\leqslant\ & C\|V_\zeta\|_{L^2(\Omega)}^2+C\|\nabla V_\zeta\|_{L^2(\Omega)}^2+C\|q\|_{L^4(\Omega)}^2\|q_\zeta\|_{L^4(\Omega)}^2+C\|V_\zeta\|_{L^4(\Omega)}^2\|q\|_{L^4(\Omega)}^2\\
&+C(M)\|q_\zeta\|_{L^2(\Omega)}^2+C\|V\|_{L^4(\Omega)}^2\|q_\zeta\|_{L^4(\Omega)}^2+\varepsilon\|\nabla T'_\zeta\|_{L^2(\Omega)}^2\\
\leqslant\ & C\|V_\zeta\|_{L^2(\Omega)}^2+C\|\nabla V_\zeta\|_{L^2(\Omega)}^2+C\|q\|_{L^4(\Omega)}^2\|q_\zeta\|_{L^2(\Omega)}^{\frac{1}{2}}\\
&\cdot(\|q_\zeta\|_{L^2(\Omega)}+\|\nabla q_\zeta\|_{L^2(\Omega)}+\|q_{\zeta\zeta}\|_{L^2(\Omega)})^{\frac{3}{2}}\\
&+C\|V_\zeta\|_{L^2(\Omega)}^{\frac{1}{2}}(\|V_\zeta\|_{L^2(\Omega)}+\|\nabla V_\zeta\|_{L^2(\Omega)}+\|V_{\zeta\zeta}\|_{L^2(\Omega)})^{\frac{3}{2}}\|q\|_{L^4(\Omega)}^2\\
&+C\|V\|_{L^4(\Omega)}^2\|q_\zeta\|_{L^2(\Omega)}^{\frac{1}{2}}\cdot(\|q_\zeta\|_{L^2(\Omega)}+\|\nabla q_\zeta\|_{L^2(\Omega)}+\|q_{\zeta\zeta}\|_{L^2(\Omega)})^{\frac{3}{2}}\\
&+\varepsilon\|\nabla q_\zeta\|_{L^2(\Omega)}^2+C(M)\|q_\zeta\|_{L^2(\Omega)}^2\\
\leqslant\ & C\|V_\zeta\|_{L^2(\Omega)}^2+C\|\nabla V_\zeta\|_{L^2(\Omega)}^2+C\|V_{\zeta\zeta}\|_{L^2(\Omega)}^2\\
&+C(1+\|q\|_{L^4(\Omega)}^8+\|V\|_{L^4(\Omega)}^8)\|q_\zeta\|_{L^2(\Omega)}^2\\
&+C\|q\|_{L^4(\Omega)}^8\|V_\zeta\|_{L^2(\Omega)}^2+\varepsilon C(\|\nabla q_\zeta\|_{L^2(\Omega)}^2+\|q_{\zeta\zeta}\|_{L^2(\Omega)}^2)+C(M)\|q_\zeta\|_{L^2(\Omega)}^2\\
\leqslant\ & C(M)+C(M)\|q_\zeta\|_{L^2(\Omega)}^2+C\|\nabla V_\zeta\|_{L^2(\Omega)}^2+C\|V_{\zeta\zeta}\|_{L^2(\Omega)}^2\\
&+\varepsilon C(\|\nabla q_\zeta\|_{L^2(\Omega)}^2+\|q_{\zeta\zeta}\|_{L^2(\Omega)}^2),
\end{aligned} \tag{4.75}$$

其中,$\varepsilon>0$ 是一个足够小的常数.再由 Hardy 不等式,可得

$$\left|-\int_\Omega\frac{\partial}{\partial\zeta}\left(\frac{1}{\widetilde{p}_s\zeta}\int_0^\zeta\nabla\cdot(\widetilde{p}_s V)\mathrm{d}s\right)\widetilde{p}_s q_\zeta\mathrm{d}\sigma\mathrm{d}\zeta\right|$$

$$
\begin{aligned}
&= \left| \frac{k_{s2}}{R\nu_2} \int_{S^2} \left(\int_0^1 \nabla \cdot (\tilde{p}_s V) \mathrm{d}s \right) q \Big|_{\zeta=1} \mathrm{d}\sigma + R \int_\Omega \left(\frac{1}{\zeta} \int_0^\zeta \nabla \cdot (\tilde{p}_s V) \mathrm{d}s \right) q_{\zeta\zeta} \mathrm{d}\sigma \mathrm{d}\zeta \right| \\
&\leqslant C(M) + C \| q|_{\zeta=1} \|_{L^2(S^2)}^2 + C \left\| \frac{1}{\zeta} \int_0^\zeta \nabla \cdot (\tilde{p}_s V) \mathrm{d}s \right\|_{L^2(\Omega)}^2 + \varepsilon \| q_{\zeta\zeta} \|_{L^2(\Omega)}^2 \\
&\leqslant C(M) + C \| q|_{\zeta=1} \|_{L^2(S^2)}^2 + \varepsilon \| q_{\zeta\zeta} \|_{L^2(\Omega)}^2,
\end{aligned}
\tag{4.76}
$$

其中,$\varepsilon>0$ 是一个足够小的常数.利用(4.76)式,即得

$$
\left| \int_\Omega \frac{\partial}{\partial \zeta} \left(\delta_{21} \delta_{22} \dot{\zeta} \frac{W(T)}{\zeta} \right) \tilde{p}_s q_\zeta \mathrm{d}\sigma \mathrm{d}\zeta \right| \leqslant C(M) + C \| q|_{\zeta=1} \|_{L^2(S^2)}^2 + \varepsilon \| q_{\zeta\zeta} \|_{L^2(\Omega)}^2 .
\tag{4.77}
$$

应用方程$(4.11)_3$式及边界条件,可以得到

$$
\begin{aligned}
&\nu_3 \int_{S^2} \tilde{p}_s q_\zeta \Big|_{\zeta=1} \left(\left(\frac{g\zeta}{R\tilde{T}} \right)^2 q_{\zeta\zeta} \right) \Big|_{\zeta=1} \mathrm{d}\sigma \\
&= \frac{k_{s3}}{\nu_3} \int_{S^2} \tilde{p}_s f(|V_{10}|)(q_m^* - q) \Big|_{\zeta=1} \left(\frac{\partial q|_{\zeta=1}}{\partial t} + (V^* \cdot \nabla) q \Big|_{\zeta=1} - \frac{\mu_3}{\tilde{p}_s} \Delta q \Big|_{\zeta=1} \right. \\
&\quad - \nu_3 \frac{\partial}{\partial \zeta} \left(\left(\frac{g\zeta}{R\tilde{T}} \right)^2 \right) \Big|_{\zeta=1} q_\zeta \Big|_{\zeta=1} \\
&\quad \left. - \delta_{21}\delta_{22} W(T) \left(\int_0^1 \nabla \cdot (\tilde{p}_s V) \mathrm{d}s + \nabla \cdot (\tilde{p}_s \bar{V}) \right) \right) \mathrm{d}\sigma \\
&= - \frac{k_{s3}}{2\nu_3} \frac{\mathrm{d}}{\mathrm{d}t} \int_{S^2} \tilde{p}_s f(|V_{10}|) q^2 \Big|_{\zeta=1} \mathrm{d}\sigma + \frac{k_{s3}}{2\nu_3} \int_{S^2} \frac{\mathrm{d}\tilde{p}_s}{\mathrm{d}t} f(|V_{10}|) q^2 \Big|_{\zeta=1} \mathrm{d}\sigma \\
&\quad - \frac{k_{s3}\mu_3}{\nu_3} \int_{S^2} |\nabla q|^2 \Big|_{\zeta=1} \mathrm{d}\sigma - \frac{k_{s3}}{\nu_3} \int_{S^2} \tilde{p}_s f(|V_{10}|) \Big|_{\zeta=1} (V^* \cdot \nabla) q \Big|_{\zeta=1} \mathrm{d}\sigma \\
&\quad + \frac{k_{s3}}{\nu_3} \int_{S^2} f(|V_{10}|) q \Big|_{\zeta=1} (\delta_{21}\delta_{22} W(T) \int_0^1 \nabla \cdot (\tilde{p}_s V) \mathrm{d}\zeta) \mathrm{d}\sigma \\
&\quad - \frac{k_{s3}}{\nu_3} \int_{S^2} f(|V_{10}|) q \Big|_{\zeta=1} \delta_{21}\delta_{22} W(T) \nabla \cdot (\tilde{p}_s \bar{V}) \mathrm{d}\sigma \\
&\quad - \frac{k_{s3}^2}{\nu_3} \int_{S^2} \tilde{p}_s \frac{\partial}{\partial \zeta} \left(\left(\frac{g\zeta}{R\tilde{T}} \right)^2 \right) \Big|_{\zeta=1} f(|V_{10}|) q^2 \Big|_{\zeta=1} \mathrm{d}\sigma \\
&\quad + \frac{k_{s3}}{\nu_3} \int_{S^2} \tilde{p}_s f(|V_{10}|) q_m^* (\frac{\partial q|_{\zeta=1}}{\partial t} + (V^* \cdot \nabla) q \Big|_{\zeta=1} - \frac{\mu_3}{\tilde{p}_s} \Delta q \Big|_{\zeta=1} \\
&\quad - \nu_3 \frac{\partial}{\partial \zeta} \left(\frac{g\zeta}{R\tilde{T}} \right)^2 \Big|_{\zeta=1} q_\zeta \Big|_{\zeta=1} \\
&\quad - \delta_{21}\delta_{22} W(T) (\int_0^1 \nabla \cdot (\tilde{p}_s V) \mathrm{d}s + \nabla \cdot (\tilde{p}_s \bar{V}))) \mathrm{d}\sigma .
\end{aligned}
\tag{4.78}
$$

利用(4.24)式及(4.37)式，可得

$$\left|\frac{k_{s3}}{2\nu_3}\int_0^t\int_{S^2}\frac{\mathrm{d}\tilde{p}_s}{\mathrm{d}t}f(|V_{10}|)q^2\Big|_{\zeta=1}\mathrm{d}\sigma\right|\leqslant C(M),\tag{4.79}$$

$$\begin{aligned}&\left|\frac{k_{s3}}{\nu_3}\int_{S^2}\tilde{p}_sf(|V_{10}|)q\Big|_{\zeta=1}(V^*\cdot\nabla)q\Big|_{\zeta=1}\mathrm{d}\sigma\right|\\ =&\left|\frac{k_{s3}}{\nu_3}\int_{S^2}f(|V_{10}|)q^2\Big|_{\zeta=1}\nabla\cdot(\tilde{p}_sV^*)|_{\zeta=1}\mathrm{d}\sigma\right|\\ \leqslant& C\int_{S^2}q^2\Big|_{\zeta=1}\left(\int_0^1|\nabla\cdot(\tilde{p}_sV^*)|\mathrm{d}\zeta+\int_0^1|\nabla\cdot(\tilde{p}_sV_\zeta^*)|\mathrm{d}\zeta\right)\mathrm{d}\sigma\\ \leqslant& C(M)+C\|q|_{\zeta=1}\|_{L^4(S^2)}^4+C\|V_\zeta\|_{L^2(\Omega)}^2+C\|\nabla V_\zeta\|_{L^2(\Omega)}^2\\ \leqslant& C(M)+C\|q|_{\zeta=1}\|_{L^4(S^2)}^4+C\|\nabla V_\zeta\|_{L^2(\Omega)}^2,\end{aligned}\tag{4.80}$$

$$\begin{aligned}&\left|\delta_{21}\delta_{22}\frac{k_{s3}}{\nu_3}\int_{S^2}f(|V_{10}|)q\Big|_{\zeta=1}(W(T)\int_0^1\nabla\cdot(\tilde{p}_sV)\mathrm{d}\zeta)\mathrm{d}\sigma\right|\\ \leqslant& C(M)+C\|q|_{\zeta=1}\|_{L^2(S^2)}^2,\end{aligned}\tag{4.81}$$

$$\begin{aligned}&\left|-\frac{k_{s3}}{\nu_3}\delta_{21}\delta_{22}\int_{S^2}f(|V_{10}|)q|_{\zeta=1}W(T)\,\nabla\cdot(\tilde{p}_s\bar{V})\mathrm{d}\sigma\right|\\ \leqslant& C(M)+C\|q|_{\zeta=1}\|_{L^2(S^2)}^2,\end{aligned}\tag{4.82}$$

$$\begin{aligned}&\left|-\frac{k_{s3}^2}{\nu_3}\int_{S^2}\tilde{p}_s\frac{\partial}{\partial\zeta}\left(\left(\frac{g\zeta}{R\tilde{T}}\right)^2\right)\Big|_{\zeta=1}f(|V_{10}|)q^2\Big|_{\zeta=1}\mathrm{d}\sigma\right|\\ \leqslant& C\left\|q\Big|_{\zeta=1}\right\|_{L^2(S^2)}^2,\end{aligned}\tag{4.83}$$

$$\begin{aligned}&\Bigg|\frac{k_{s3}}{\nu_3}\int_{S^2}\tilde{p}_sf(|V_{10}|)q_m^*\Big(\frac{\partial q|_{\zeta=1}}{\partial t}+(V^*\cdot\nabla)q\Big|_{\zeta=1}-\frac{\mu_3}{\tilde{p}_s}\Delta q\Big|_{\zeta=1}\\ &-\nu_3\frac{\partial}{\partial\zeta}\left(\left(\frac{g\zeta}{R\tilde{T}}\right)^2\right)\Big|_{\zeta=1}q_\zeta\Big|_{\zeta=1}\\ &-\delta_{21}\delta_{22}W(T)\left(\int_0^1\nabla\cdot(\tilde{p}_sV)\mathrm{d}s+\nabla\cdot(\tilde{p}_s\bar{V})\right)\mathrm{d}\sigma\Bigg|\\ \leqslant& C(M)+\varepsilon\|\nabla q|_{\zeta=1}\|_{L^2(S^2)}^2+C\|q|_{\zeta=1}\|_{L^2(S^2)}^2,\end{aligned}\tag{4.84}$$

这里利用了如下的事实：

$$\begin{aligned}&\left|\frac{k_{s3}}{\nu_3}\int_0^t\int_{S^2}\tilde{p}_sf(|V_{10}|)q_m^*\frac{\partial q|_{\zeta=1}}{\partial t}\mathrm{d}\sigma\mathrm{d}\tau\right|\\ =&\left|\frac{k_{s3}}{\nu_3}\int_{S^2}\tilde{p}_sf(|V_{10}|)q_m^*q\Big|_{\zeta=1}\mathrm{d}\sigma-\frac{k_{s3}}{\nu_3}\int_{S^2}\tilde{p}_{s0}f(|V_{10}|)q_m^*q_0\Big|_{\zeta=1}\mathrm{d}\sigma\right.\end{aligned}$$

$$-\frac{k_{s3}}{\nu_3}\int_0^t\int_{S^2}\frac{\partial\tilde{p}_s}{\partial t}f(|V_{10}|)q_m^*q|_{\zeta=1}\mathrm{d}\sigma\mathrm{d}\tau\Bigg|$$
$$\leqslant C(M)+C(M)\|q|_{\zeta=1}\|_{L^2(S^2)}^2. \tag{4.85}$$

应用(4.74)式～(4.84)式,可以得到

$$\frac{1}{2}\frac{\mathrm{d}}{\mathrm{d}t}\left(\int_\Omega\tilde{p}_s q_\zeta^2\mathrm{d}\sigma\mathrm{d}\zeta+\frac{k_{s3}}{\nu_3}\int_{S^2}\tilde{p}_s q^2\Big|_{\zeta=1}\mathrm{d}\sigma\right)$$
$$+C\int_\Omega|\nabla q_\zeta|^2\mathrm{d}\sigma\mathrm{d}\zeta+C\int_\Omega q_{\zeta\zeta}^2\mathrm{d}\sigma\mathrm{d}\zeta+C\int_{S^2}|\nabla q|^2\Big|_{\zeta=1}\mathrm{d}\sigma$$
$$\leqslant C(M)+C(M)\left(\int_\Omega\tilde{p}_s q_\zeta^2\mathrm{d}\sigma\mathrm{d}\zeta+\frac{k_{s3}}{\nu_3}\int_{S^2}\tilde{p}_s q^2\Big|_{\zeta=1}\mathrm{d}\sigma\right)$$
$$+C\|\nabla V_\zeta\|_{L^2(\Omega)}^2+C\|q|_{\zeta=1}\|_{L^4(S^2)}^4, \tag{4.86}$$

结合(4.24)式,(4.35)式,(4.56)式和 Gronwall 不等式,(4.71)式得以证明.

引理 4.8 假设定理 4.1 的条件成立,则对于任意给定的常数 $M>0$,对于含水量 m_w 有

$$\int_\Omega m_{w\zeta}^2\mathrm{d}\sigma\mathrm{d}\zeta+\int_0^t\int_\Omega|\nabla m_{w\zeta}|^2\mathrm{d}\sigma\mathrm{d}\zeta\mathrm{d}\tau+\int_0^t\int_\Omega m_{w\zeta\zeta}^2\mathrm{d}\sigma\mathrm{d}\zeta\mathrm{d}\tau\leqslant C(M),t\in[0,M], \tag{4.87}$$

其中,$C(M)>0$ 是一个依赖时间 M 的常数.

证明 将方程$(4.11)_4$式关于 ζ 求导,可以得到

$$\frac{\partial m_{w\zeta}}{\partial t}-\mu_4\frac{1}{\tilde{p}_s}\Delta m_{w\zeta}-\nu_4\frac{\partial}{\partial\zeta}\left(\left(\frac{g\zeta}{R\tilde{T}}\right)^2 m_{w\zeta\zeta}\right)+((V^*\cdot\nabla)m_{w\zeta}+\dot{\zeta}^*m_{w\zeta\zeta})$$
$$+\left((V_\zeta^*\cdot\nabla)m_w-\frac{1}{\tilde{p}_s}\nabla\cdot(\tilde{p}_sV^*)m_{w\zeta}\right)$$
$$=\nu_4\frac{\partial}{\partial\zeta}\left(\frac{\partial}{\partial\zeta}\left(\left(\frac{g\zeta}{R\tilde{T}}\right)^2\right)m_{w\zeta}\right)-\frac{\partial}{\partial\zeta}\left(\delta_{21}\delta_{22}\dot{\zeta}\frac{W(T)}{\zeta}\right)$$
$$+\frac{\partial}{\partial\zeta}\left(h_1\left(\delta_{21}\delta_{22}\dot{\zeta}\frac{W(T)}{\zeta}\right)\right). \tag{4.88}$$

将方程(4.88)式与$\tilde{p}_sm_{w\zeta}$在Ω上做L^2内积,可以得到

$$\frac{1}{2}\frac{\mathrm{d}}{\mathrm{d}t}\int_\Omega\tilde{p}_sm_{w\zeta}^2\mathrm{d}\sigma\mathrm{d}\zeta+\mu_4\int_\Omega|\nabla m_{w\zeta}|^2\mathrm{d}\sigma\mathrm{d}\zeta+\nu_4\int_\Omega\tilde{p}_s\left(\frac{g\zeta}{R\tilde{T}}\right)^2m_{w\zeta\zeta}^2\mathrm{d}\sigma\mathrm{d}\zeta$$
$$=\int_\Omega\frac{\mathrm{d}\tilde{p}_s}{\mathrm{d}t}m_{w\zeta}^2\mathrm{d}\sigma\mathrm{d}\zeta-\int_\Omega((V^*\cdot\nabla)m_{w\zeta}+\zeta^*m_{w\zeta\zeta})\tilde{p}_sm_{w\zeta}\mathrm{d}\sigma\mathrm{d}\zeta$$

$$
\begin{aligned}
&-\int_{\Omega}\left((V_{\zeta}^{*}\cdot\nabla)m_{w}-\frac{1}{\tilde{p}_{s}}\nabla\cdot(\tilde{p}_{s}V^{*})m_{w\zeta}\right)\tilde{p}_{s}m_{w\zeta}\mathrm{d}\sigma\mathrm{d}\zeta\\
&+\nu_{4}\int_{\Omega}\frac{\partial}{\partial\zeta}\left(\frac{\partial}{\partial\zeta}\left(\left(\frac{g\zeta}{R\tilde{T}}\right)^{2}\right)m_{w\zeta}\right)\tilde{p}_{s}m_{w\zeta}\mathrm{d}\sigma\mathrm{d}\zeta\\
&+\int_{\Omega}\frac{\partial}{\partial\zeta}\left(h_{1}\left(\delta_{21}\delta_{22}\dot{\zeta}\frac{W(T)}{\zeta}\right)\right)\tilde{p}_{s}m_{w\zeta}\mathrm{d}\sigma\mathrm{d}\zeta\\
&-\int_{\Omega}\frac{\partial}{\partial\zeta}\left(\delta_{21}\delta_{22}\dot{\zeta}\frac{W(T)}{\zeta}\right)\tilde{p}_{s}m_{w\zeta}\mathrm{d}\sigma\mathrm{d}\zeta.
\end{aligned}
\tag{4.89}
$$

容易验证$(V^{*},\dot{\zeta}^{*})$满足

$$
-\int_{\Omega}((V^{*}\cdot\nabla)m_{w\zeta}+\dot{\zeta}^{*}m_{w\zeta\zeta})\tilde{p}_{s}m_{w\zeta}\mathrm{d}\sigma\mathrm{d}\zeta=0.\tag{4.90}
$$

利用(4.24)式，(4.35)式～(4.37)式，(4.64)式，Gagliardo-Nirenberg-Sobolev 不等式，Young 不等式和 $V_{\zeta}^{*}=V_{\zeta}$，可以推出

$$
\begin{aligned}
&\left|-\int_{\Omega}\left((V_{\zeta}^{*}\cdot\nabla)m_{w}-\frac{1}{\tilde{p}_{s}}\nabla\cdot(\tilde{p}_{s}V^{*})m_{w\zeta}\right)\tilde{p}_{s}m_{w\zeta}\mathrm{d}\sigma\mathrm{d}\zeta\right|\\
\leqslant{}&C\int_{\Omega}((|V_{\zeta}|+|\nabla V_{\zeta}|)|m_{w}||m_{w\zeta}|+|V_{\zeta}||m_{w}||\nabla m_{w\zeta}|\\
&+|V||m_{w\zeta}||\nabla m_{w\zeta}|)\mathrm{d}\sigma\mathrm{d}\zeta\\
\leqslant{}&C\|V_{\zeta}\|_{L^{2}(\Omega)}^{2}+C\|\nabla V_{\zeta}\|_{L^{2}(\Omega)}^{2}+C\|m_{w}\|_{L^{4}(\Omega)}^{2}\|m_{w\zeta}\|_{L^{4}(\Omega)}^{2}\\
&+C\|V_{\zeta}\|_{L^{4}(\Omega)}^{2}\|m_{w}\|_{L^{4}(\Omega)}^{2}+C\|V\|_{L^{4}(\Omega)}^{2}\|m_{w\zeta}\|_{L^{4}(\Omega)}^{2}+\varepsilon\|\nabla m_{w\zeta}\|_{L^{2}(\Omega)}^{2}\\
\leqslant{}&C\|V_{\zeta}\|_{L^{2}(\Omega)}^{2}+C\|\nabla V_{\zeta}\|_{L^{2}(\Omega)}^{2}+C\|m_{w}\|_{L^{4}(\Omega)}^{2}\|m_{w\zeta}\|_{L^{2}(\Omega)}^{\frac{1}{2}}\\
&\cdot(\|m_{w\zeta}\|_{L^{2}(\Omega)}+\|\nabla m_{w\zeta}\|_{L^{2}(\Omega)}+\|m_{w\zeta\zeta}\|_{L^{2}(\Omega)})\frac{3}{2}\\
&+C\|V_{\zeta}\|_{L^{2}(\Omega)}^{\frac{1}{2}}(\|V_{\zeta}\|_{L^{2}(\Omega)}+\|\nabla V_{\zeta}\|_{L^{2}(\Omega)}+\|V_{\zeta\zeta}\|_{L^{2}(\Omega)})\frac{3}{2}\|m_{w}\|_{L^{4}(\Omega)}^{2}\\
&+C\|V\|_{L^{4}(\Omega)}^{2}\|m_{w\zeta}\|_{L^{2}(\Omega)}^{\frac{1}{2}}(\|m_{w\zeta}\|_{L^{2}(\Omega)}+\|\nabla m_{w\zeta}\|_{L^{2}(\Omega)}\\
&+\|m_{w\zeta\zeta}\|_{L^{2}(\Omega)})^{\frac{3}{2}}+\varepsilon\|\nabla m_{w\zeta}\|_{L^{2}(\Omega)}^{2}\\
\leqslant{}&C\|V_{\zeta}\|_{L^{2}(\Omega)}^{2}+C\|\nabla V_{\zeta}\|_{L^{2}(\Omega)}^{2}+C\|V_{\zeta\zeta}\|_{L^{2}(\Omega)}^{2}\\
&+C(1+\|m_{w}\|_{L^{4}(\Omega)}^{8}+\|V\|_{L^{4}(\Omega)}^{8})\|m_{w\zeta}\|_{L^{2}(\Omega)}^{2}\\
&+C\|m_{w}\|_{L^{4}(\Omega)}^{8}\|V_{\zeta}\|_{L^{2}(\Omega)}^{2}+\varepsilon C(\|\nabla m_{w\zeta}\|_{L^{2}(\Omega)}^{2}+\|m_{w\zeta\zeta}\|_{L^{2}(\Omega)}^{2})\\
\leqslant{}&C(M)+C(M)\|m_{w\zeta}\|_{L^{2}(\Omega)}^{2}+C\|\nabla V_{\zeta}\|_{L^{2}(\Omega)}^{2}+C\|V_{\zeta\zeta}\|_{L^{2}(\Omega)}^{2}\\
&+\varepsilon C(\|\nabla m_{w\zeta}\|_{L^{2}(\Omega)}^{2}+\|m_{w\zeta\zeta}\|_{L^{2}(\Omega)}^{2}),
\end{aligned}
\tag{4.91}
$$

其中,ε>0 是一个足够小的常数.根据(4.24)式,Young 不等式和 Hardy 不等式,可以得到

$$\begin{aligned}&\left|-\int_\Omega \frac{\partial}{\partial\zeta}\left(\delta_{21}\delta_{22}\frac{1}{\tilde{p}_s\zeta}\int_0^\zeta \nabla\cdot(\tilde{p}_sV)\,\mathrm{d}s\right)\tilde{p}_s m_{w\zeta}\,\mathrm{d}\sigma\mathrm{d}\zeta\right|\\&=\left|\int_\Omega \delta_{21}\delta_{22}\left(\frac{1}{\zeta}\int_0^\zeta \nabla\cdot(\tilde{p}_sV)\,\mathrm{d}s\right)m_{w\zeta\zeta}\,\mathrm{d}\sigma\mathrm{d}\zeta\right|\\&\leqslant C\left\|\frac{1}{\zeta}\int_0^\zeta \nabla\cdot(\tilde{p}_sV)\,\mathrm{d}s\right\|_{L^2(\Omega)}^2+\varepsilon\|m_{w\zeta\zeta}\|_{L^2(\Omega)}^2\\&\leqslant C(M)+\varepsilon\|m_{w\zeta\zeta}\|_{L^2(\Omega)}^2,\end{aligned}\tag{4.92}$$

$$\left|\int_\Omega \nabla\cdot(\tilde{p}_s\bar{V})\,\delta_{21}\delta_{22}W(T)m_{w\zeta\zeta}\,\mathrm{d}\sigma\mathrm{d}\zeta\right|\leqslant C(M)+\varepsilon\|m_{w\zeta\zeta}\|_{L^2(\Omega)}^2.\tag{4.93}$$

因此可得

$$\left|-\int_\Omega \frac{\partial}{\partial\zeta}\left(\delta_{21}\delta_{22}\,\dot{\zeta}\,\frac{W(T)}{\zeta}\right)\tilde{p}_s m_{w\zeta}\,\mathrm{d}\sigma\mathrm{d}\zeta\right|\leqslant C(M)+\varepsilon\|m_{w\zeta\zeta}\|_{L^2(\Omega)}^2,\tag{4.94}$$

其中,ε>0 是一个足够小的常数.利用(4.90)式~(4.94)式,可以得到

$$\begin{aligned}&\frac{\mathrm{d}}{\mathrm{d}t}\int_\Omega \tilde{p}_s m_{w\zeta}^2\,\mathrm{d}\sigma\mathrm{d}\zeta+C\int_\Omega |\nabla m_{w\zeta}|^2\,\mathrm{d}\sigma\mathrm{d}\zeta+C\int_\Omega m_{w\zeta\zeta}^2\,\mathrm{d}\sigma\mathrm{d}\zeta\\&\leqslant C(M)+C(M)\|m_{w\zeta}\|_{L^2(\Omega)}^2+C\|\nabla V_\zeta\|_{L^2(\Omega)}^2+C\|V_{\zeta\zeta}\|_{L^2(\Omega)}^2\\&\quad+\varepsilon C\left(\|\nabla m_{w\zeta}\|_{L^2(\Omega)}^2+\|m_{w\zeta\zeta}\|_{L^2(\Omega)}^2\right),\end{aligned}\tag{4.95}$$

结合(4.24)式,(4.41)式和 Gronwall 不等式,从而得到(4.87)式.

引理 4.9 假设定理 4.1 的条件成立,则对于任意给定的常数 $M>0$,对于比湿 q 有如下估计

$$\begin{aligned}&\int_\Omega |\nabla q|^2\,\mathrm{d}\sigma\mathrm{d}\zeta+\int_0^t\int_\Omega |\Delta q|^2\,\mathrm{d}\sigma\mathrm{d}\zeta\mathrm{d}\tau+\int_0^t\int_\Omega |\nabla q_\zeta|^2\,\mathrm{d}\sigma\mathrm{d}\zeta\mathrm{d}\tau\\&+\int_0^t\int_{S^2} |\nabla q|^2\Big|_{\zeta=1}\,\mathrm{d}\sigma\mathrm{d}\tau\leqslant C(M),\quad t\in[0,M],\end{aligned}\tag{4.96}$$

其中,$C(M)>0$ 是一个依赖时间 M 的常数.

证明 将方程$(4.11)_3$式与 Δq 在 Ω 上做 L^2 内积,可以得到

$$\begin{aligned}&\frac{1}{2}\frac{\mathrm{d}}{\mathrm{d}t}\int_\Omega |\nabla q|^2\,\mathrm{d}\sigma\mathrm{d}\zeta+\mu_3\int_\Omega \frac{1}{\tilde{p}_s}|\Delta q|^2\,\mathrm{d}\sigma\mathrm{d}\zeta+\nu_3\int_\Omega\left(\frac{g\zeta}{R\tilde{T}}\right)^2|\nabla q_\zeta|^2\,\mathrm{d}\sigma\mathrm{d}\zeta\\&+\nu_3 k_{s3}\int_{S^2}\left(\left(\frac{g\zeta}{R\tilde{T}}\right)^2 f(|V_{10}|)|\nabla q|^2\right)\Big|_{\zeta=1}\,\mathrm{d}\sigma\\&=\int_\Omega (V^*\cdot\nabla)q\Delta q\,\mathrm{d}\sigma\mathrm{d}\zeta+\int_\Omega \dot{\zeta}^* q_\zeta\Delta q\,\mathrm{d}\sigma\mathrm{d}\zeta+\int_\Omega\left(\delta_{21}\delta_{22}\frac{\zeta}{}W(T)\right)\tilde{p}_s\Delta q\,\mathrm{d}\sigma\mathrm{d}\zeta\end{aligned}$$

$$+\int_{S^2}\left(\frac{g\zeta}{R\widetilde{T}}f(|V_{10}|)q_m^*\Delta q\right)\Big|_{\zeta=1}\mathrm{d}\sigma.$$

(4.97)

利用(4.24)式及(4.36)式,可以得到

$$\left|\int_\Omega (V^*\cdot\nabla)q\Delta q\,\mathrm{d}\sigma\mathrm{d}\zeta\right|$$
$$\leqslant C\|V^*\nabla q\|_{L^2(\Omega)}^2+\varepsilon\|\Delta q\|_{L^2(\Omega)}^2$$
$$\leqslant C\|V\|_{L^4(\Omega)}^2\|\nabla q\|_{L^4(\Omega)}^2+\varepsilon\|\Delta q\|_{L^2(\Omega)}^2$$
$$\leqslant C\|V\|_{L^4(\Omega)}^2\|\nabla q\|_{L^2(\Omega)}^{\frac{1}{2}}(\|\nabla q\|_{L^2(\Omega)}+\|\Delta q\|_{L^2(\Omega)}+\|\nabla q_\zeta\|_{L^2(\Omega)})^{\frac{3}{2}}+\varepsilon\|\Delta q\|_{L^2(\Omega)}^2$$
$$\leqslant C(1+\|V\|_{L^4(\Omega)}^8)\|\nabla q\|_{L^2(\Omega)}^2+\varepsilon C\|\Delta q\|_{L^2(\Omega)}^2+\varepsilon\|\nabla q_\zeta\|_{L^2(\Omega)}^2$$
$$\leqslant C(M)\|\nabla q\|_{L^2(\Omega)}^2+\varepsilon C\|\Delta q\|_{L^2(\Omega)}^2+\varepsilon\|\nabla q_\zeta\|_{L^2(\Omega)}^2,$$

(4.98)

其中,$\varepsilon>0$ 是一个足够小的常数.利用(4.24)式,(4.37)式及(4.87)式,可得

$$\left|\int_\Omega \dot{\zeta}^* q_\zeta\Delta q\,\mathrm{d}\sigma\mathrm{d}\zeta\right|$$
$$\leqslant C\int_{S^2}\left(\int_0^1\left(\int_0^\zeta|\nabla\cdot(\widetilde{p}_sV^*)|\mathrm{d}s+\left|\frac{\partial\widetilde{p}_s}{\partial t}\right|\right)|q_\zeta||\Delta q|\mathrm{d}\zeta\right)\mathrm{d}\sigma$$
$$\leqslant C\int_{S^2}\left(\int_0^1|\nabla\cdot(\widetilde{p}_sV^*)|^2\mathrm{d}\zeta+C(M)\right)\left(\int_0^1|q_\zeta|^2\mathrm{d}\zeta\right)\mathrm{d}\sigma+\varepsilon\|\Delta q\|_{L^2(\Omega)}^2$$
$$\leqslant C\left(\int_{S^2}\left(\int_0^1|\nabla\cdot(\widetilde{p}_sV^*)|^2\mathrm{d}\zeta+C(M)\right)^2\mathrm{d}\sigma\right)^{\frac{1}{2}}\left(\int_{S^2}\left(\int_0^1|q_\zeta|^2\mathrm{d}\zeta\right)^2\mathrm{d}\sigma\right)^{\frac{1}{2}}$$
$$+\varepsilon\|\Delta q\|_{L^2(\Omega)}^2$$
$$\leqslant C\left(\int_0^1\left(\int_{S^2}|\nabla\cdot(\widetilde{p}_sV^*)|^4\mathrm{d}\sigma+C(M)\right)^{\frac{1}{2}}\mathrm{d}\zeta\right)\left(\int_0^1\left(\int_{S^2}|q_\zeta|^4\mathrm{d}\sigma\right)^{\frac{1}{2}}\mathrm{d}\zeta\right)$$
$$+\varepsilon\|\Delta q\|_{L^2(\Omega)}^2$$
$$\leqslant C\left(\int_0^1\|\nabla\cdot(\widetilde{p}_sV^*)\|_{L^2(S^2)}\|\nabla\cdot(\widetilde{p}_sV^*)\|_{H^1(S^2)}\mathrm{d}\zeta+C(M)\right)$$
$$\cdot\left(\int_0^1\|q_\zeta\|_{L^2(S^2)}\|q_\zeta\|_{H^1(S^2)}\mathrm{d}\zeta\right)+\varepsilon\|\Delta q\|_{L^2(\Omega)}^2$$
$$\leqslant C(\|\nabla\cdot(\widetilde{p}_sV)\|_{L^2(\Omega)}+C(M))(\|\nabla\cdot(\widetilde{p}_sV)\|_{L^2(\Omega)}+\|\Delta(\widetilde{p}_sV)\|_{L^2(\Omega)})$$
$$\cdot\|q_\zeta\|_{L^2(\Omega)}(\|q_\zeta\|_{L^2(\Omega)}+\|\nabla q_\zeta\|_{L^2(\Omega)})+\varepsilon\|\Delta q\|_{L^2(\Omega)}^2$$
$$\leqslant C(M)+C(M)\|\Delta V\|_{L^2(\Omega)}^2+\varepsilon\|\Delta q\|_{L^2(\Omega)}^2+\varepsilon\|\nabla q_\zeta\|_{L^2(\Omega)}^2,$$

(4.99)

其中,$\varepsilon>0$ 是一个足够小的常数.应用(4.24)式,(4.87)式,Hardy 不等式和 Young 不等式,可得

$$\left|R\int_\Omega \frac{1}{\tilde{p}_s\zeta}\left(\int_0^\zeta \nabla\cdot(\tilde{p}_sV)\,\mathrm{d}s\right)\Delta q\,\mathrm{d}\sigma\mathrm{d}\zeta\right|$$
$$\leqslant C\|\nabla\cdot(\tilde{p}_sV)\,\mathrm{d}s\|_{L^2(\Omega)}\|\Delta q\|_{L^2(\Omega)}\leqslant C(M)+\varepsilon\|\Delta q\|^2_{L^2(\Omega)},\tag{4.100}$$

$$\left|\int_\Omega \frac{1}{\tilde{p}_s}\nabla\cdot(\tilde{p}_s\bar{V})\,\Delta q\,\mathrm{d}\sigma\mathrm{d}\zeta\right|\leqslant C(M)+\varepsilon\|\Delta q\|^2_{L^2(\Omega)},\tag{4.101}$$

$$\left|\int_{S^2}\frac{g\zeta}{R\tilde{T}}f(|V_{10}|)q_m^*\Delta q\Big|_{\zeta=1}\mathrm{d}\sigma\right|\leqslant C(M)+\varepsilon\|\nabla q|_{\zeta=1}\|^2_{L^2(S^2)},\tag{4.102}$$

$$\left|\int_\Omega \delta_{21}\delta_{22}\frac{\zeta}{}W(T)\,\tilde{p}_s\Delta q\,\mathrm{d}\sigma\mathrm{d}\zeta\right|\leqslant C(M)+\varepsilon\|\Delta q\|^2_{L^2(\Omega)},\tag{4.103}$$

其中,$\varepsilon>0$ 是一个足够小的常数.利用(4.98)式~(4.103)式,可得

$$\frac{\mathrm{d}}{\mathrm{d}t}\int_\Omega|\nabla q|^2\mathrm{d}\sigma\mathrm{d}\zeta+C\int_\Omega|\Delta q|^2\mathrm{d}\sigma\mathrm{d}\zeta+C\int_\Omega|\nabla q_\zeta|^2\mathrm{d}\sigma\mathrm{d}\zeta$$
$$+C\int_{S^2}|\nabla q|^2\Big|_{\zeta=1}\mathrm{d}\sigma$$
$$\leqslant C(M)+C(M)\|\nabla q\|^2_{L^2(\Omega)}+C\|\Delta V\|^2_{L^2(\Omega)},\tag{4.104}$$

结合(4.24)式,(4.37)式,(4.87)式,和 Gronwall 不等式,(4.96)式得证.

引理 4.10 假设定理 4.1 的条件成立,则对于任意给定的常数 $M>0$,对于含水量 m_w 有如下估计

$$\int_\Omega|\nabla m_w|^2\mathrm{d}\sigma\mathrm{d}\zeta+\int_0^t\int_\Omega|\Delta m_w|^2\mathrm{d}\sigma\mathrm{d}\zeta\mathrm{d}\tau$$
$$+\int_0^t\int_\Omega|\nabla m_{w\zeta}|^2\mathrm{d}\sigma\mathrm{d}\zeta\mathrm{d}\tau\leqslant C(M),\quad t\in[0,M],\tag{4.105}$$

其中,$C(M)>0$ 是一个依赖时间 M 的常数.

证明 将方程$(4.11)_4$式与 Δm_w 在 Ω 上做 L^2 内积,可推断出

$$\frac{1}{2}\frac{\mathrm{d}}{\mathrm{d}t}\int_\Omega|\nabla m_w|^2\mathrm{d}\sigma\mathrm{d}\zeta+\mu_4\int_\Omega\frac{1}{\tilde{p}_s}|\Delta m_w|^2\mathrm{d}\sigma\mathrm{d}\zeta+\nu_4\int_\Omega\left(\frac{g\zeta}{R\tilde{T}}\right)^2|\nabla m_{w\zeta}|^2\mathrm{d}\sigma\mathrm{d}\zeta$$
$$=\int_\Omega(V^*\cdot\nabla)\,m_w\Delta m_w\mathrm{d}\sigma\mathrm{d}\zeta+\int_\Omega\dot{\zeta}^*m_w\Delta m_w\mathrm{d}\sigma\mathrm{d}\zeta$$

$$+\int_\Omega h_1\left(\delta_{21}\delta_{22}\,\dot{\zeta}\,\frac{W(T)}{\zeta}\right)\tilde{p}_s\Delta m_w\,\mathrm{d}\sigma\mathrm{d}\zeta-\int_\Omega\delta_{21}\delta_{22}\,\dot{\zeta}\,\frac{W(T)}{\zeta}\,\tilde{p}_s\Delta m_w\,\mathrm{d}\sigma\mathrm{d}\zeta. \tag{4.106}$$

根据(4.24)式和(4.35)式,可得

$$\begin{aligned}
&\left|\int_\Omega (V^*\cdot\nabla)m_w\Delta m_w\,\mathrm{d}\sigma\mathrm{d}\zeta\right|\\
\leqslant{}& C\int_\Omega |V^*|^2\,|\nabla m_w|^2\mathrm{d}\sigma\mathrm{d}\zeta+\varepsilon\|\Delta m_w\|_{L^2(\Omega)}^2\\
\leqslant{}& C\|V\|_{L^4(\Omega)}^2\|\nabla m_w\|_{L^4(\Omega)}^2+\varepsilon\|\Delta m_w\|_{L^2(\Omega)}^2\\
\leqslant{}& C\|V\|_{L^4(\Omega)}^2\|\nabla m_w\|_{L^2(\Omega)}^{\frac{1}{2}}(\|\nabla m_w\|_{L^2(\Omega)}+\|\Delta m_w\|_{L^2(\Omega)}\\
&+\|\nabla m_{w\zeta}\|_{L^2(\Omega)})^{\frac{3}{2}}+\varepsilon\|\Delta m_w\|_{L^2(\Omega)}^2\\
\leqslant{}& C(1+\|V\|_{L^4(\Omega)}^8)\|\nabla m_w\|_{L^2(\Omega)}^2+\varepsilon C\|\Delta m_w\|_{L^2(\Omega)}^2+\varepsilon\|\nabla m_w\|_{L^2(\Omega)}^2\\
\leqslant{}& C(M)\|\nabla m_w\|_{L^2(\Omega)}^2+\varepsilon C\|\Delta m_w\|_{L^2(\Omega)}^2+\varepsilon\|\nabla m_w\|_{L^2(\Omega)}^2,
\end{aligned} \tag{4.107}$$

其中,$\varepsilon>0$ 是一个足够小的常数.根据(4.24)式,(4.39)式和(4.87)式,可以得到

$$\begin{aligned}
&\left|\frac{R}{c_0^2}\int_\Omega \dot{\zeta}^*\,m_{w\zeta}\Delta m_w\,\mathrm{d}\sigma\mathrm{d}\zeta\right|\\
\leqslant{}& C\int_{S^2}\left(\int_0^1\left(\int_0^\zeta|\nabla\cdot(\tilde{p}_sV^*)|\,\mathrm{d}s+\left|\frac{\partial\tilde{p}_s}{\partial t}\right|\right)|m_{w\zeta}|\,|\Delta m_w|\,\mathrm{d}\zeta\right)\mathrm{d}\sigma\\
\leqslant{}& C\int_{S^2}\left(\int_0^1|\nabla\cdot(\tilde{p}_sV^*)|^2\mathrm{d}\zeta+C(M)\right)\left(\int_0^1|m_{w\zeta}|^2\mathrm{d}\zeta\right)\mathrm{d}\sigma+\varepsilon\|\Delta m_w\|_{L^2(\Omega)}^2\\
\leqslant{}& C\left(\int_{S^2}\left(\int_0^1|\nabla\cdot(\tilde{p}_sV^*)|^2\mathrm{d}\zeta+C(M)\right)^2\mathrm{d}\sigma\right)^{\frac{1}{2}}\left(\int_{S^2}\left(\int_0^1|m_{w\zeta}|^2\mathrm{d}\zeta\right)^2\mathrm{d}\sigma\right)^{\frac{1}{2}}\\
&+\varepsilon\|\Delta m_w\|_{L^2(\Omega)}^2\\
\leqslant{}& C\left(\int_0^1\left(\int_{S^2}|\nabla\cdot(\tilde{p}_sV^*)|^4\mathrm{d}\sigma+C(M)\right)^{\frac{1}{2}}\mathrm{d}\zeta\right)\left(\int_0^1\left(\int_{S^2}|m_{w\zeta}|^4\mathrm{d}\sigma\right)^{\frac{1}{2}}\mathrm{d}\zeta\right)\\
&+\varepsilon\|\Delta m_w\|_{L^2(\Omega)}^2\\
\leqslant{}& C\left(\int_0^1\|\nabla\cdot(\tilde{p}_sV^*)\|_{L^2(S^2)}\|\nabla\cdot(\tilde{p}_sV^*)\|_{H^1(S^2)}\mathrm{d}\zeta+C(M)\right)\\
&\cdot\left(\int_0^1\|m_{w\zeta}\|_{L^2(S^2)}\|m_{w\zeta}\|_{H^1(S^2)}\mathrm{d}\zeta\right)+\varepsilon\|\Delta m_w\|_{L^2(\Omega)}^2\\
\leqslant{}& C\|\nabla\cdot(\tilde{p}_sV)\|_{L^2(\Omega)}(\|\nabla\cdot(\tilde{p}_sV)\|_{L^2(\Omega)}+\|\Delta(\tilde{p}_sV)\|_{L^2(\Omega)})
\end{aligned}$$

$$\cdot \|m_{w\zeta}\|_{L^2(\Omega)}(\|m_{w\zeta}\|_{L^2(\Omega)}+\|\nabla m_{w\zeta}\|_{L^2(\Omega)})+\varepsilon\|\Delta m_w\|_{L^2(\Omega)}^2$$

$$\leqslant C(M)+C(M)\|\Delta V\|_{L^2(\Omega)}^2+\varepsilon\|\Delta m_w\|_{L^2(\Omega)}^2+\varepsilon\|\nabla m_{w\zeta}\|_{L^2(\Omega)}^2, \tag{4.108}$$

其中,$\varepsilon>0$ 是一个足够小的常数.利用(4.36)式,Cauchy-Schwarz 不等式,Hardy不等式和 Young 不等式,可以得到

$$\left|\int_\Omega \delta_{21}\delta_{22}\ \nabla\cdot(\tilde{p}_s\bar{V})W(T)\Delta m_w \mathrm{d}\sigma\mathrm{d}\zeta+\int_\Omega \tilde{p}_s\delta_{21}\delta_{22}\ \dot{\zeta}\frac{W(T)}{\zeta}\Delta m_w \mathrm{d}\sigma\mathrm{d}\zeta\right.$$

$$\left.+\int_\Omega\left(\delta_{21}\delta_{22}\frac{1}{\zeta}\int_0^\zeta \nabla\cdot(\tilde{p}_s V)\,\mathrm{d}s\right)W(T)\Delta m_w \mathrm{d}\sigma\mathrm{d}\zeta\right|\leqslant C(M)+\varepsilon\|\Delta m_w\|_{L^2(\Omega)}^2, \tag{4.109}$$

其中,$C(M)>0$ 是一个依赖时间 M 的常数并且取充分小的 $\varepsilon>0$,可以得到

$$\frac{\mathrm{d}}{\mathrm{d}t}\int_\Omega |\nabla m_w|^2\mathrm{d}\sigma\mathrm{d}\zeta+C\int_\Omega |\Delta m_w|^2\mathrm{d}\sigma\mathrm{d}\zeta+C\int_\Omega |\nabla m_{w\zeta}|^2\mathrm{d}\sigma\mathrm{d}\zeta$$

$$\leqslant C(M)+C(M)\|\Delta V\|_{L^2(\Omega)}^2+C(M)\|\nabla m_w\|_{L^2(\Omega)}^2, \tag{4.110}$$

再根据 Gronwall 不等式,可以得到(4.105)式.

4.8 定理证明

采用类似于定理 3.1 的证明方法,根据估计(4.24)式,(4.37)式~(4.40)式,(4.71)式,(4.87)式,(4.96)式,(4.105)式,并利用连续性方法可将强解的局部存在延拓为整体存在.从而,解的整体存在性得到证明.

下面证明整体强解的唯一性,假设(V_1,T'_1,q_1,m_{w1})和(V_2,T'_2,q_2,m_{w2})是系统(4.11)式在区间$[0,M]$有相同初值$(V_{01},T'_{01},q_{01},m_{w01})$的两个解.定义$V=V_1-V_2$,$T'=T'_1-T'_2$,$q=q_1-q_2$,$m_w=m_{w1}-m_{w2}$那么$(V,T',q,m_w)$满足以下的系统:

$$
\left\{
\begin{aligned}
&\frac{\partial V}{\partial t}-\frac{\mu_1}{\tilde{p}_s}\Delta V-\nu_1\frac{\partial}{\partial \zeta}\left(\left(\frac{g\zeta}{R\tilde{T}}\right)^2\frac{\partial V}{\partial \zeta}\right)+\nabla_{V_1^*}V+\nabla_{V^*}V_2\\
&\quad-\frac{1}{\tilde{p}_s}\left(\int_0^\zeta \nabla\cdot(\tilde{p}_sV_1^*)\mathrm{d}s+\frac{\partial \tilde{p}_s}{\partial t}\zeta\right)\frac{\partial V}{\partial \zeta}\\
&\quad-\frac{1}{\tilde{p}_s}\left(\int_0^\zeta \nabla\cdot(\tilde{p}_sV^*)\mathrm{d}s\right)\frac{\partial V_2}{\partial \zeta}+2\omega\cos\theta\begin{pmatrix}0&1\\-1&0\end{pmatrix}V\\
&\quad+R\int_\zeta^1\frac{\nabla T'(s)}{s}\mathrm{d}s+RT'\frac{\nabla\tilde{p}_s}{\tilde{p}_s}\\
&\quad-\nabla\left(\frac{R\tilde{T}_s}{\tilde{p}_s}\int_0^t\nabla\cdot(\tilde{p}_s\bar{V})\mathrm{d}\tau\right)=0,\\
&\frac{R}{c_0^2}\frac{\partial T'}{\partial t}-\frac{R\mu_2}{c_pc_0^2}\frac{1}{\tilde{p}_s}\Delta T'-\frac{R\nu_2}{c_pc_0^2}\frac{\partial}{\partial \zeta}\left(\left(\frac{g\zeta}{R\tilde{T}}\right)^2\frac{\partial T'}{\partial \zeta}\right)+\frac{R}{c_0^2}(V_1^*\cdot\nabla)T'\\
&\quad+\frac{R}{c_0^2}(V^*\cdot\nabla)T'_2\\
&\quad-\frac{R}{c_0^2}\frac{1}{\tilde{p}_s}\left(\int_0^\zeta\nabla\cdot(\tilde{p}_sV_1^*)\mathrm{d}s\right)\frac{\partial T'}{\partial \zeta}-\frac{R}{c_0^2}\frac{1}{\tilde{p}_s}\left(\int_0^\zeta\nabla\cdot(\tilde{p}_sV^*)\mathrm{d}s\right)\frac{\partial T'_2}{\partial \zeta}\\
&\quad+\frac{R}{\tilde{p}_s\zeta}\int_0^\zeta\nabla\cdot(\tilde{p}_sV)\mathrm{d}s-\frac{R}{\tilde{p}_s}\nabla\tilde{p}_s\cdot V=0,\\
&\frac{\partial q}{\partial t}-\mu_3\frac{1}{\tilde{p}_s}\Delta q-\nu_3\frac{\partial}{\partial \zeta}\left(\left(\frac{g\zeta}{R\tilde{T}}\right)^2\frac{\partial q}{\partial \zeta}\right)+(V_1^*\cdot\nabla)q+(V^*\cdot\nabla)q_2\\
&\quad-\frac{1}{\tilde{p}_s}\left(\int_0^\zeta\nabla\cdot(\tilde{p}_sV_1^*)\mathrm{d}s\right)\frac{\partial q}{\partial \zeta}-\frac{1}{\tilde{p}_s}\left(\int_0^\zeta\nabla\cdot(\tilde{p}_sV^*)\mathrm{d}s\right)\frac{\partial q_2}{\partial \zeta}\\
&\quad-\frac{\delta_{21}\delta_{22}}{\tilde{p}_s\zeta}\int_0^\zeta\nabla\cdot(\tilde{p}_sV)\mathrm{d}sW(T)+\frac{\delta_{21}\delta_{22}}{\tilde{p}_s}\nabla\cdot(\tilde{p}_s\bar{V})W(T)=0,\\
&\frac{\partial m_w}{\partial t}-\mu_4\frac{1}{\tilde{p}_s}\Delta m_w-\nu_4\frac{\partial}{\partial \zeta}\left(\left(\frac{g\zeta}{R\tilde{T}}\right)^2\frac{\partial m_w}{\partial \zeta}\right)+(V_1^*\cdot\nabla)m_w+(V^*\cdot\nabla)q_2\\
&\quad-\frac{1}{\tilde{p}_s}\left(\int_0^\zeta\nabla\cdot(\tilde{p}_sV_1^*)\mathrm{d}s\right)\frac{\partial m_w}{\partial \zeta}-\frac{1}{\tilde{p}_s}\left(\int_0^\zeta\nabla\cdot(\tilde{p}_sV^*)\mathrm{d}s\right)\frac{\partial m_{w2}}{\partial \zeta}\\
&\quad-\frac{\delta_{21}\delta_{22}}{\tilde{p}_s\zeta}\int_0^\zeta\nabla\cdot(\tilde{p}_sV)\mathrm{d}sW(T)+\frac{\delta_{21}\delta_{22}}{\tilde{p}_s}\nabla\cdot(\tilde{p}_s\bar{V})W(T)\\
&\quad-h_1\left(\frac{\delta_{21}\delta_{22}}{\tilde{p}_s\zeta}\int_0^\zeta\nabla\cdot(\tilde{p}_sV)\mathrm{d}sW(T)-\frac{\delta_{21}\delta_{22}}{\tilde{p}_s}\nabla\cdot(\tilde{p}_s\bar{V})W(T)\right)=0,
\end{aligned}
\right.
\tag{4.111}
$$

系统(4.111)式所满足的初边值条件如下：

$$\begin{cases}(V|_{t=0}, T'|_{t=0}, q|_{t=0}, m_w|_{t=0}) = (V_{01}-V_{02}, \\ \qquad T'_{01}-T'_{02}, q_{01}-q_{02}, m_{w01}-m_{w02}), \\ (V, T', q, m_w)(\theta,\lambda,\zeta) = (V, T', q, m_w) \\ \qquad (\theta+\pi,\lambda,\zeta) = (V, T', q, m_w)(\theta,\lambda+2\pi,\zeta), \\ \left.\dfrac{\partial V}{\partial \zeta}\right|_{\zeta=0}=0, \left.\dfrac{\partial T'}{\partial \zeta}\right|_{\zeta=0}=0, \left.\dfrac{\partial q}{\partial \zeta}\right|_{\zeta=0}=0, \left.\dfrac{\partial m_w}{\partial \zeta}\right|_{\zeta=0}=0, \\ \left.\left(\nu_1\dfrac{\partial V}{\partial \zeta}+k_{s1}(f(|V_1|)V_1-f(|V_2|)V_2)\right)\right|_{\zeta=1}=0, \\ \left.\left(\nu_2\dfrac{\partial T'}{\partial \zeta}+k_{s2}T'\right)\right|_{\zeta=1}=0, \left.\left(\nu_3\dfrac{\partial q}{\partial \zeta}+k_{s3}f(|V_{10}|)q\right)\right|_{\zeta=1}=0, \left.\dfrac{\partial m_w}{\partial \zeta}\right|_{\zeta=1}=0.\end{cases} \tag{4.112}$$

利用文献[21]中类似的方法，可得

$$\begin{aligned}&\frac{1}{2}\frac{\mathrm{d}}{\mathrm{d}t}\int_\Omega \tilde{p}_s|V|^2\mathrm{d}\sigma\mathrm{d}\zeta+\frac{R}{2}\frac{\mathrm{d}}{\mathrm{d}t}\int_{S^2}\frac{\tilde{T}_s}{\tilde{p}_s}(\int_0\nabla\cdot(\tilde{p}_s\bar{V})\mathrm{d}\tau)2\mathrm{d}\sigma\mathrm{d}\zeta \\ &+\mu_1\int_\Omega|\nabla V|^2\mathrm{d}\sigma\mathrm{d}\zeta+\nu_1\int_\Omega\tilde{p}_s\left(\frac{g\zeta}{R\tilde{T}}\right)^2\left|\frac{\partial V}{\partial\zeta}\right|^2\mathrm{d}\sigma\mathrm{d}\zeta \\ &+k_{s1}\int_{S^2}\tilde{p}_s\left(\left(\frac{g\zeta}{R\tilde{T}}\right)^2(f(|V_1|)V_1-f(|V_2|)V_2)\cdot(V_1-V_2)\right)\Big|_{\zeta=1}\mathrm{d}\sigma \\ \leqslant\ & C(M)(1+\|\nabla V_{2\zeta}\|^2_{L^2(\Omega)})\|V\|^2_{L^2(\Omega)}+C\|T'\|^2_{L^2(\Omega)} \\ &+R\int_\Omega T'\left(\frac{1}{\zeta}\int_0^\zeta\nabla\cdot(\tilde{p}_sV)\mathrm{d}s\right)\mathrm{d}\sigma\mathrm{d}\zeta+\varepsilon\|\nabla V\|^2_{L^2(\Omega)}+\varepsilon\|V_\zeta\|^2_{L^2(\Omega)},\end{aligned} \tag{4.113}$$

并且

$$\begin{aligned}&\frac{R}{c_0^2}\frac{\mathrm{d}}{\mathrm{d}t}\int_\Omega\tilde{p}_sT'^2\mathrm{d}\sigma\mathrm{d}\zeta+\frac{R\mu_2}{c_pc_0^2}\int_\Omega|\nabla T'|^2\mathrm{d}\sigma\mathrm{d}\zeta \\ &+\frac{R\nu_2}{c_pc_0^2}\int_\Omega\tilde{p}_s\left(\frac{g\zeta}{R\tilde{T}}\right)^2\left(\frac{g\zeta}{R\tilde{T}}\right)^2\mathrm{d}\sigma\mathrm{d}\zeta+\frac{k_{s2}R}{c_pc_0^2}\int_{S^2}\tilde{p}_s\left(\left(\frac{g\zeta}{R\tilde{T}}\right)^2T'^2\right)\Big|_{\zeta=1}\mathrm{d}\sigma \\ \leqslant\ & C\|V\|^2_{L^2(\Omega)}+C(M)(1+\|\nabla T'_{2\zeta}\|^2_{L^2(\Omega)})\|T'\|^2_{L^2(\Omega)} \\ &-R\int_\Omega T'\left(\frac{1}{\zeta}\int_0^\zeta\nabla\cdot(\tilde{p}_sV)\mathrm{d}s\right)\mathrm{d}\sigma\mathrm{d}\zeta \\ &+\varepsilon\|\nabla V\|^2_{L^2(\Omega)}+\varepsilon\|V_\zeta\|^2_{L^2(\Omega)}+\varepsilon\|\nabla T'\|^2_{L^2(\Omega)}+\varepsilon\|T'_\zeta\|^2_{L^2(\Omega)}.\end{aligned} \tag{4.114}$$

将方程$(4.111)_3$式与$\tilde{p}_s q$ 在Ω 上做L^2 内积,可以得到

$$\frac{1}{2}\frac{\mathrm{d}}{\mathrm{d}t}\int_\Omega \tilde{p}_s q^2 \mathrm{d}\sigma\mathrm{d}\zeta+\mu_3\int_\Omega |\nabla q|^2\mathrm{d}\sigma\mathrm{d}\zeta+\nu_3\int_\Omega \tilde{p}_s\left(\frac{g\zeta}{R\tilde{T}}\right)^2\left|\frac{\partial q}{\partial \zeta}\right|^2\mathrm{d}\sigma\mathrm{d}\zeta$$

$$+k_{s3}\int_{S^2}\tilde{p}_s\left(\left(\frac{g\zeta}{R\tilde{T}}\right)^2 f(|V_{10}|)q^2\right)\Big|_{\zeta=1}\mathrm{d}\sigma$$

$$=\frac{1}{2}\int_\Omega \frac{\mathrm{d}\tilde{p}_s}{\mathrm{d}t}q^2\mathrm{d}\sigma\mathrm{d}\zeta-\int_\Omega\left(\tilde{p}_s V_1^* \cdot\nabla q-\left(\int_0^\zeta \nabla\cdot(\tilde{p}_s V_1^*)-\frac{\partial \tilde{p}_s}{\partial t}\zeta\right)\frac{\partial q}{\partial \zeta}\right)q\mathrm{d}\sigma\mathrm{d}\zeta$$

$$-\int_\Omega (V^*\cdot\nabla)q_2\,\tilde{p}_s q\mathrm{d}\sigma\mathrm{d}\zeta+\int_\Omega\left(\int_0^\zeta \nabla\cdot(\tilde{p}_s V^*)\mathrm{d}s\right)\frac{\partial q_2}{\partial\zeta}q\mathrm{d}\sigma\mathrm{d}\zeta$$

$$-\int_\Omega \delta_{21}\delta_{22}\left(\frac{1}{\zeta}\int_0^\zeta \nabla\cdot(\tilde{p}_s V)\mathrm{d}s\right)W(T)q\mathrm{d}\sigma\mathrm{d}\zeta+\int_\Omega \delta_{21}\delta_{22}\,\nabla\cdot(\tilde{p}_s\bar{V})W(T)q\mathrm{d}\sigma\mathrm{d}\zeta. \tag{4.115}$$

利用(4.24)式,(4.35)式～(4.37)式和(4.56)式,可以得到

$$-\int_\Omega\left(V_1^*\cdot\nabla q-\left(\frac{1}{\tilde{p}_s}\int_0^\zeta \nabla\cdot(\tilde{p}_s V_1^*)-\frac{\partial\tilde{p}_s}{\partial t}\zeta\right)\frac{\partial q}{\partial\zeta}\right)\tilde{p}_s q\mathrm{d}\sigma\mathrm{d}\zeta=0, \tag{4.116}$$

$$\begin{aligned}
&\left|\int_\Omega (V^*\cdot\nabla)q_2\,\tilde{p}_s q\mathrm{d}\sigma\mathrm{d}\zeta\right|\\
&\leqslant C\int_\Omega |V||q||\nabla q_2|\mathrm{d}\sigma\mathrm{d}\zeta\leqslant C\|V\|_{L^4(\Omega)}\|q\|_{L^4(\Omega)}\|\nabla q_2\|_{L^2(\Omega)}\\
&\leqslant C\|V\|_{L^2(\Omega)}^{\frac{1}{4}}(\|V\|_{L^2(\Omega)}+\|\nabla V\|_{L^2(\Omega)}+\|V_\zeta\|_{L^2(\Omega)})\frac{3}{4}\\
&\quad\cdot\|q\|_{L^2(\Omega)}^{\frac{1}{4}}(\|q\|_{L^2(\Omega)}+\|\nabla q\|_{L^2(\Omega)}+\|q_\zeta\|_{L^2(\Omega)})\frac{3}{4}\|\nabla q_2\|_{L^2(\Omega)}\\
&\leqslant C\|V\|_{L^2(\Omega)}^2+C(1+\|\nabla q_2\|_{L^2(\Omega)}^8)\|q\|_{L^2(\Omega)}^2+\varepsilon\|\nabla V\|_{L^2(\Omega)}^2\\
&\quad+\varepsilon\|V_\zeta\|_{L^2(\Omega)}^2+\varepsilon\|\nabla q\|_{L^2(\Omega)}^2+\varepsilon\|q_\zeta\|_{L^2(\Omega)}^2\\
&\leqslant C\|V\|_{L^2(\Omega)}^2+C(M)\|q\|_{L^2(\Omega)}^2+\varepsilon\|\nabla V\|_{L^2(\Omega)}^2\\
&\quad+\varepsilon\|V_\zeta\|_{L^2(\Omega)}^2+\varepsilon\|\nabla q\|_{L^2(\Omega)}^2+\varepsilon\|q_\zeta\|_{L^2(\Omega)}^2,
\end{aligned} \tag{4.117}$$

$$\begin{aligned}
&\left|\int_\Omega\left(\int_0^\zeta \nabla\cdot(\tilde{p}_s V^*)\mathrm{d}s\right)\frac{\partial q_2}{\partial\zeta}\mathrm{d}\sigma\mathrm{d}\zeta\right|\\
&\leqslant C\int_{S^2}\left(\int_0^1(|V|^2+|\nabla V|^2)\mathrm{d}\zeta\right)^{\frac{1}{2}}\left(\int_0^1|q_{2\zeta}|^2\mathrm{d}\zeta\right)^{\frac{1}{2}}\left(\int_0^1|q|^2\mathrm{d}\zeta\right)^{\frac{1}{2}}\mathrm{d}\sigma\\
&\leqslant C(\|V\|_{L^2(\Omega)}+\|\nabla V\|_{L^2(\Omega)})\left(\int_{S^2}\left(\int_0^1|q_{2\zeta}|^2\mathrm{d}\zeta\right)^2\mathrm{d}\sigma\right)^{\frac{1}{4}}\left(\int_{S^2}\left(\int_0^1|q|^2\mathrm{d}\zeta\right)^2\mathrm{d}\sigma\right)^{\frac{1}{4}}
\end{aligned}$$

$$\leqslant C(\|V\|_{L^2(\Omega)}+\|\nabla V\|_{L^2(\Omega)})\left(\int_0^1\left(\int_{S^2}|q_{2\zeta}|^4\mathrm{d}\sigma\right)^{\frac{1}{2}}\mathrm{d}\zeta\right)^{\frac{1}{2}}\left(\int_0^1\left(\int_{S^2}|q|^4\mathrm{d}\sigma\right)^{\frac{1}{2}}\mathrm{d}\zeta\right)^{\frac{1}{2}}$$

$$\leqslant C(\|V\|_{L^2(\Omega)}+\|\nabla V\|_{L^2(\Omega)})\left(\int_0^1\|q_{2\zeta}\|_{L^2(S^2)}\|q_{2\zeta}\|_{H^1(S^2)}\mathrm{d}\zeta\right)^{\frac{1}{2}}$$

$$\cdot\left(\int_0^1\|q\|_{L^2(S^2)}\|q\|_{H^1(S^2)}\mathrm{d}\zeta\right)^{\frac{1}{2}}$$

$$\leqslant C(\|V\|_{L^2(\Omega)}+\|\nabla V\|_{L^2(\Omega)})\|q_{2\zeta}\|_{L^2(\Omega)}^{\frac{1}{2}}(\|q_{2\zeta}\|_{L^2(\Omega)}^{\frac{1}{2}}+\|\nabla q_{2\zeta}\|_{L^2(\Omega)}^{\frac{1}{2}})$$

$$\cdot\|q\|_{L^2(\Omega)}^{\frac{1}{2}}(\|q\|_{L^2(\Omega)}^{\frac{1}{2}}+\|\nabla q\|_{L^2(\Omega)}^{\frac{1}{2}})$$

$$\leqslant C(M)(1+\|\nabla q_{2\zeta}\|_{L^2(\Omega)}^2)\|q\|_{L^2(\Omega)}^2+C\|V\|_{L^2(\Omega)}^2+\varepsilon\|\nabla V\|_{L^2(\Omega)}^2+\varepsilon\|\nabla q\|_{L^2(\Omega)}^2,\tag{4.118}$$

$$\left|\int_\Omega\delta_{21}\delta_{22}\nabla\cdot(\tilde{p}_s\bar{V})W(T)q\,\mathrm{d}\sigma\mathrm{d}\zeta\right|$$
$$\leqslant C+C\|V\|_{L^2(\Omega)}^2+C\|\nabla V\|_{L^2(\Omega)}^2+C\|q\|_{L^2(\Omega)}^2,\tag{4.119}$$

$$\left|\int_\Omega\delta_{21}\delta_{22}\left(\frac{1}{\zeta}\int_0^\zeta\nabla\cdot(\tilde{p}_sV)\,\mathrm{d}s\right)W(T)q\,\mathrm{d}\sigma\mathrm{d}\zeta\right|$$
$$\leqslant C+C\|V\|_{L^2(\Omega)}^2+C\|\nabla V\|_{L^2(\Omega)}^2+C\|q\|_{L^2(\Omega)}^2.\tag{4.120}$$

利用(4.116)式～(4.120)式,可得

$$\frac{\mathrm{d}}{\mathrm{d}t}\int_\Omega\tilde{p}_sq^2\mathrm{d}\sigma\mathrm{d}\zeta+\mu_3\int_\Omega|\nabla q|^2\mathrm{d}\sigma\mathrm{d}\zeta+\nu_3\int_\Omega\tilde{p}_s\left(\frac{g\zeta}{R\tilde{T}}\right)^2\left(\frac{g\zeta}{R\tilde{T}}\right)^2\mathrm{d}\sigma\mathrm{d}\zeta$$

$$+k_{s3}\int_{S^2}\tilde{p}_s\left(f(|V_{10}|)\left(\frac{g\zeta}{R\tilde{T}}\right)^2q^2\right)\bigg|_{\zeta=1}\mathrm{d}\sigma$$

$$\leqslant C\|V\|_{L^2(\Omega)}^2+C(M)(1+\|\nabla q_{2\zeta}\|_{L^2(\Omega)}^2)\|q\|_{L^2(\Omega)}^2+\varepsilon\|\nabla V\|_{L^2(\Omega)}^2+\varepsilon\|V_\zeta\|_{L^2(\Omega)}^2$$

$$+\varepsilon\|\nabla q\|_{L^2(\Omega)}^2+\varepsilon\|q_\zeta\|_{L^2(\Omega)}^2.\tag{4.121}$$

同样地,将方程$(4.111)_4$式与$\tilde{p}_sm_w$ 在Ω 上做L^2 内积,可以得到

$$\frac{1}{2}\frac{\mathrm{d}}{\mathrm{d}t}\int_\Omega\tilde{p}_sm_w^2\mathrm{d}\sigma\mathrm{d}\zeta+\mu_4\int_\Omega|\nabla m_w|^2\mathrm{d}\sigma\mathrm{d}\zeta+\nu_4\int_\Omega\tilde{p}_s\left(\frac{g\zeta}{R\tilde{T}}\right)^2\left|\frac{\partial m_w}{\partial\zeta}\right|^2\mathrm{d}\sigma\mathrm{d}\zeta$$

$$=\frac{1}{2}\int_\Omega\frac{\mathrm{d}\tilde{p}_s}{\mathrm{d}t}m_w^2\mathrm{d}\sigma\mathrm{d}\zeta\int_\Omega-\left(\tilde{p}_s(V_1^*\cdot\nabla)m_w\right.$$

$$\left.-\left(\int_0^\zeta\nabla\cdot(\tilde{p}_sV_1^*)-\frac{\partial\tilde{p}_s}{\partial t}\zeta\right)\frac{\partial m_w}{\partial\zeta}\right)m_w\mathrm{d}\sigma\mathrm{d}\zeta$$

$$-\int_\Omega(V^*\cdot\nabla)m_{w2}\tilde{p}_sm_w\mathrm{d}\sigma\mathrm{d}\zeta+\int_\Omega\frac{1}{\tilde{p}_s}\left(\int_0^\zeta\nabla\cdot(\tilde{p}_sV^*)\mathrm{d}s\right)\frac{\partial m_{w2}}{\partial\zeta}\tilde{p}_sm_w\mathrm{d}\sigma\mathrm{d}\zeta$$

$$-\int_{\Omega}\delta_{21}\delta_{22}\left(\frac{1}{\zeta}\int_{0}^{\zeta}\nabla\cdot(\tilde{p}_s V)\mathrm{d}s\right)W(T)m_w\mathrm{d}\sigma\mathrm{d}\zeta+\int_{\Omega}\delta_{21}\delta_{22}\ \nabla(\tilde{p}_s\cdot\bar{V})W(T)m_w\mathrm{d}\sigma\mathrm{d}\zeta$$
$$-\int_{\Omega}\delta_{21}\delta_{22}h_1\left(\left(\left(\frac{1}{\zeta}\int_{0}^{\zeta}\nabla\cdot(\tilde{p}_s V)\mathrm{d}s\right)+\nabla\cdot(\tilde{p}_s\bar{V})\right)W(T)\right)m_w\mathrm{d}\sigma\mathrm{d}\zeta,$$

(4.122)

根据(4.24)式,(4.35)式—(4.37)式和(4.64)式,可得

$$\int_{\Omega}-\left(\tilde{p}_s(V_1^*\cdot\nabla)m_w-\left(\int_0^{\zeta}\nabla\cdot(\tilde{p}_sV_1^*)-\frac{\partial\tilde{p}_s}{\partial t}\zeta\right)\frac{\partial m_w}{\partial\zeta}\right)m_w\mathrm{d}\sigma\mathrm{d}\zeta=0,$$

(4.123)

$$\begin{aligned}&\left|\int_{\Omega}(V^*\cdot\nabla)m_{w2}\ \tilde{p}_s m_w\mathrm{d}\sigma\mathrm{d}\zeta\right|\\
&\leqslant C\int_{\Omega}|V||\ |m_w|\nabla m_{w2}|\mathrm{d}\sigma\mathrm{d}\zeta\\
&\leqslant C\|V\|_{L^4(\Omega)}\|m_w\|_{L^4(\Omega)}\|\nabla m_{w2}\|_{L^2(\Omega)}\\
&\leqslant C\|V\|_{L^2(\Omega)}^{\frac14}(\|V\|_{L^2(\Omega)}+\|\nabla V\|_{L^2(\Omega)}+\|V_\zeta\|_{L^2(\Omega)})\frac{3}{4}\\
&\quad\cdot\|m_w\|_{L^2(\Omega)}^{\frac14}(\|m_w\|_{L^2(\Omega)}+\|\nabla m_w\|_{L^2(\Omega)}+\|m_{w\zeta}\|_{L^2(\Omega)})^{\frac34}\|\nabla m_{w2}\|_{L^2(\Omega)}\\
&\leqslant C\|V\|_{L^2(\Omega)}^2+C(1+\|\nabla m_{w2}\|_{L^2(\Omega)}^8)\|m_w\|_{L^2(\Omega)}^2+\varepsilon\|\nabla V\|_{L^2(\Omega)}^2+\varepsilon\|V_\zeta\|_{L^2(\Omega)}^2\\
&\quad+\varepsilon\|\nabla m_w\|_{L^2(\Omega)}^2+\varepsilon\|m_{w\zeta}\|_{L^2(\Omega)}^2\\
&\leqslant C\|V\|_{L^2(\Omega)}^2+C(M)\|m_w\|_{L^2(\Omega)}^2+\varepsilon\|\nabla V\|_{L^2(\Omega)}^2\\
&\quad+\varepsilon\|V_\zeta\|_{L^2(\Omega)}^2+\varepsilon\|\nabla m_w\|_{L^2(\Omega)}^2+\varepsilon\|m_{w\zeta}\|_{L^2(\Omega)}^2,\end{aligned}$$

(4.124)

$$\begin{aligned}&\left|\int_{\Omega}\left(\int_0^{\zeta}\nabla\cdot(\tilde{p}_sV^*)\mathrm{d}s\right)\frac{\partial m_{w2}}{\partial\zeta}\mathrm{d}\sigma\mathrm{d}\zeta\right|\\
&\leqslant C\int_{S^2}\left(\int_0^1(|V|^2+|\nabla V|^2)\mathrm{d}\zeta\right)^{\frac12}\left(\int_0^1|m_{w2\zeta}|^2\mathrm{d}\zeta\right)^{\frac12}\left(\int_0^1|m_w|^2\mathrm{d}\zeta\right)^{\frac12}\mathrm{d}\sigma\\
&\leqslant C(\|V\|_{L^2(\Omega)}+\|\nabla V\|_{L^2(\Omega)})\left(\int_{S^2}\left(\int_0^1|m_{w2\zeta}|^2\mathrm{d}\zeta\right)^2\mathrm{d}\sigma\right)^{\frac14}\left(\int_{S^2}\left(\int_0^1|m_w|^2\mathrm{d}\zeta\right)^2\mathrm{d}\sigma\right)^{\frac14}\\
&\leqslant C(\|V\|_{L^2(\Omega)}+\|\nabla V\|_{L^2(\Omega)})\left(\int_0^1\left(\int_{S^2}|m_{w2\zeta}|^4\mathrm{d}\sigma\right)^{\frac12}\mathrm{d}\zeta\right)^{\frac12}\left(\int_0^1\left(\int_{S^2}|m_w|^4\mathrm{d}\sigma\right)^{\frac12}\mathrm{d}\zeta\right)^{\frac12}\\
&\leqslant C(\|V\|_{L^2(\Omega)}+\|\nabla V\|_{L^2(\Omega)})\left(\int_0^1\|m_{w2\zeta}\|_{L^2(S^2)}\|m_{w2\zeta}\|_{H^1(S^2)}\mathrm{d}\zeta\right)^{\frac12}\\
&\quad\cdot\left(\int_0^1\|m_w\|_{L^2(S^2)}\|m_w\|_{H^1(S^2)}\mathrm{d}\zeta\right)^{\frac12}\\
&\leqslant C(\|V\|_{L^2(\Omega)}+\|\nabla V\|_{L^2(\Omega)})\|m_{w2\zeta}\|_{L^2(\Omega)}^{\frac12}(\|m_{w2\zeta}\|_{L^2(\Omega)}^{\frac12}+\|\nabla m_{w2\zeta}\|_{L^2(\Omega)}^{\frac12})\end{aligned}$$

$$\cdot \|m_w\|_{L^2(\Omega)}^{\frac{1}{2}}(\|m_w\|_{L^2(\Omega)}^{\frac{1}{2}} + \|\nabla m_w\|_{L^2(\Omega)}^{\frac{1}{2}})$$
$$\leqslant C(M)(1 + \|\nabla m_{w2\zeta}\|_{L^2(\Omega)}^2)\|m_w\|_{L^2(\Omega)}^2$$
$$+ C\|V\|_{L^2(\Omega)}^2 + \varepsilon\|\nabla V\|_{L^2(\Omega)}^2 + \varepsilon\|\nabla m_w\|_{L^2(\Omega)}^2, \tag{4.125}$$

$$\left|\int_\Omega \delta_{21}\delta_{22}\ \nabla\cdot(\tilde{p}_s\bar{V})W(T)m_w \mathrm{d}\sigma\mathrm{d}\zeta\right|$$
$$\leqslant C + C\|V\|_{L^2(\Omega)}^2 + C\|\nabla V\|_{L^2(\Omega)}^2 + C\|m_w\|_{L^2(\Omega)}^2, \tag{4.126}$$

$$\left|\int_\Omega \delta_{21}\delta_{22}\left(\frac{1}{\zeta}\int_0^\zeta \nabla\cdot(\tilde{p}_s V)\,\mathrm{d}s\right)W(T)m_w \mathrm{d}\sigma\mathrm{d}\zeta\right|$$
$$\leqslant C + C\|V\|_{L^2(\Omega)}^2 + C\|\nabla V\|_{L^2(\Omega)}^2 + C\|m_w\|_{L^2(\Omega)}^2. \tag{4.127}$$

由于(4.123)式～(4.127)式，推断出

$$\frac{\mathrm{d}}{\mathrm{d}t}\int_\Omega \tilde{p}_s m_w^2 \mathrm{d}\sigma\mathrm{d}\zeta + C\int_\Omega |\nabla m_w|^2 \mathrm{d}\sigma\mathrm{d}\zeta + C\int_\Omega\left(\frac{g\zeta}{R\tilde{T}}\right)^2 \mathrm{d}\sigma\mathrm{d}\zeta$$
$$\leqslant C(M) + C(M)(1 + \|\nabla m_{w2\zeta}\|_{L^2(\Omega)}^2)\|m_w\|_{L^2(\Omega)}^2 + \varepsilon\|\nabla V\|_{L^2(\Omega)}^2$$
$$+ \varepsilon\|V_\zeta\|_{L^2(\Omega)}^2 + \varepsilon\|\nabla m_w\|_{L^2(\Omega)}^2 + \varepsilon\|m_{w\zeta}\|_{L^2(\Omega)}^2. \tag{4.128}$$

将(4.113)式，(4.114)式，(4.121)式及(4.128)式结合即得

$$\frac{\mathrm{d}}{\mathrm{d}t}\int_\Omega \tilde{p}_s(|V|^2 + T'^2 + q^2 + m_w^2) + R\frac{\mathrm{d}}{\mathrm{d}t}\int_{S^2}\frac{\tilde{T}_s}{\tilde{p}_s}(\int_0^t \nabla\cdot(\tilde{p}_s\bar{V})\mathrm{d}\tau)^2 \mathrm{d}\sigma\mathrm{d}\zeta$$
$$+ C\|\nabla V\|_{L^2(\Omega)}^2 + C\left\|\frac{\partial V}{\partial\zeta}\right\|_{L^2(\Omega)}^2 + C\|\nabla T'\|_{L^2(\Omega)}^2 + C\left\|\frac{\partial T'}{\partial\zeta}\right\|_{L^2(\Omega)}^2$$
$$+ C\|\nabla q\|_{L^2(\Omega)}^2 + C\left\|\frac{\partial q}{\partial\zeta}\right\|_{L^2(\Omega)}^2 + C\|\nabla m_w\|_{L^2(\Omega)}^2 + C\left\|\frac{\partial m_w}{\partial\zeta}\right\|_{L^2(\Omega)}^2$$
$$+ C\int_{S^2}((f(|V_1|)V_1 - f(|V_2|)V_2)\cdot(V_1 - V_2))\Big|_{\zeta=1}\mathrm{d}\sigma$$
$$+ C\int_{S^2} T'^2\Big|_{\zeta=1}\mathrm{d}\sigma + C\int_{S^2} q^2\Big|_{\zeta=1}\mathrm{d}\sigma$$
$$\leqslant C(M)(1 + \|\nabla V_{2\zeta}\|_{L^2(\Omega)}^2 + \|\nabla T'_{2\zeta}\|_{L^2(\Omega)}^2$$
$$+ \|\nabla q_{2\zeta}\|_{L^2(\Omega)}^2 + \|\nabla m_{w2\zeta}\|_{L^2(\Omega)}^2)$$
$$\cdot\int_\Omega \tilde{p}_s(|V|^2 + T'^2 + q^2 + m_w^2)\mathrm{d}\sigma\mathrm{d}\zeta, \tag{4.129}$$

利用 Gronwall 不等式再结合初值为零，强解的唯一性得到证明.

第 5 章　海洋动力学方程组整体强解的存在唯一性

5.1　主要结论

本章给出海洋动力学方程组的初边值问题(1.95)式整体强解的存在唯一性. 首先给出如下整体强解存在性定理:

定理 5.1　对任意的时间 $M>0$,假设如下条件成立:

$$\tilde{h}(\theta,\lambda),\tilde{h}^{-1}(\theta,\lambda)\in W^{2,\infty}(O_S), \tag{5.1}$$

$$h^*(\theta,\lambda,t),h^{*\,-1}(\theta,\lambda,t)\in W^{1,\infty}([0,M];W^{1,\infty}(O_S)), \tag{5.2}$$

$$V_{10}(\theta,\lambda),V_{10}^{-1}(\theta,\lambda)\in L^{\infty}(O_S), \tag{5.3}$$

$$\tilde{\rho}_{so}(\theta,\lambda),\tilde{\rho}_{so}^{\ -1}(\theta,\lambda)\in W^{1,\infty}(O_S), \tag{5.4}$$

$$\Psi(\theta,\lambda,\zeta,t),\Psi_{\zeta}(\theta,\lambda,\zeta,t)\in L^2(0,M;L^2(O_s)), \tag{5.5}$$

并且

$$f(s)\in C^1(\mathbb{R}^+),f'(s)\geqslant 0,C_1s^{\alpha}\leqslant f(s)\leqslant C_2(1+s^{\alpha}),0\leqslant\alpha<1, \tag{5.6}$$

其中,C_1, C_2 是正常数.令 $U_0=(V_0,T'_0,S'_0,z'_{so0})^{\mathrm{T}}=(\dot{U}_0,z'_{so0})\in H^1(O_S)$, 则海洋动力学方程组的初边值问题(1.95)式在区间$[0,M]$上存在唯一的整体强解,并且满足正则性

$$\begin{cases}\dot{U}\in C([0,M];H^1(O))\cap L^2([0,M];(H^2(O_S))),\\ z'_{so}\in C([0,M];H^2(O_S))\cap L^2([0,M];H^3(O_S)).\end{cases} \tag{5.7}$$

注 5.1　如果将海洋动力学方程组(1.95)式中的海表高度偏差量方程中的耗散项去掉,即为

$$\frac{\partial z'_{so}}{\partial t}+\nabla\cdot(h^*\bar{V})=0, \tag{5.8}$$

利用类似的方法也可以证明整体强解的存在唯一性，本书不再给出具体的证明过程.

5.2 准备工作

为了证明海洋动力学方程组的初边值问题(1.95)式整体强解的存在唯一性，首先给出如下有用的引理：

引理 5.1 令 $V\in\bar{V}_1, T'\in\bar{V}_2, S'\in\bar{V}_3$，那么对于 $n=1,2,3$，下式成立：

$$\int_O\left(h^*V^*\cdot\nabla V+\left(-\int_{-1}^{\zeta}\nabla\cdot(h^*V^*)-\kappa_0^*\frac{\partial h^*}{\partial t}(1+\zeta)\right)\frac{\partial V}{\partial\zeta}\right)\cdot V\mathrm{d}\sigma\mathrm{d}\zeta=\frac{1}{2}\int_O\frac{\partial h^*}{\partial t}V^2\mathrm{d}\sigma\mathrm{d}\zeta,\tag{5.9}$$

$$\int_O\left(h^*V^*\cdot\nabla T'+\left(-\int_{-1}^{\zeta}\nabla\cdot(h^*V^*)-\kappa_0^*\frac{\partial h^*}{\partial t}(1+\zeta)\right)\frac{\partial T'}{\partial\zeta}\right)T'^n\mathrm{d}\sigma\mathrm{d}\zeta=\frac{1}{2}\int_O\frac{\partial h^*}{\partial t}T'^2\mathrm{d}\sigma\mathrm{d}\zeta,\tag{5.10}$$

$$\int_O\left(h^*V^*\cdot\nabla S'+\left(-\int_{-1}^{\zeta}\nabla\cdot(h^*V^*)-\kappa_0^*\frac{\partial h^*}{\partial t}(1+\zeta)\right)\frac{\partial S'}{\partial\zeta}\right)S'^n\mathrm{d}\sigma\mathrm{d}\zeta=\frac{1}{2}\int_O\frac{\partial h^*}{\partial t}S'^2\mathrm{d}\sigma\mathrm{d}\zeta,\tag{5.11}$$

$$\begin{aligned}&\int_O\Big(\nabla\int_{\zeta}^{0}(-\alpha_T T'(s)+\alpha_S S'(s))\,\mathrm{d}s\cdot(h^*V)\\&\quad+\int_{-1}^{\zeta}\nabla\cdot(h^*V)(s)\,\mathrm{d}s\,(-\alpha_T T'+\alpha_S S')\Big)\mathrm{d}\sigma\mathrm{d}\zeta=0.\end{aligned}\tag{5.12}$$

5.3 正压海水速度场和斜压海水速度场方程

接下来，将建立海洋动力学方程组(1.95)式强解的先验估计.采用类似于第 3 章里的正斜压分解法，可以给出正压海水速度场 $\bar{V}$ 和斜压海水速度场 $\tilde{V}$ 的

方程.首先,对方程$(1.95)_1$式关于ζ从-1到0积分,并利用边界条件,可得

$$\frac{\partial \bar{V}}{\partial t}+\int_{-1}^{0}\left(\nabla_{V^*}V-\left(-\frac{1}{h^*}\int_{-1}^{\zeta}\nabla\cdot(h^*V^*)\mathrm{d}s-\frac{\kappa_0^*}{h^*}\frac{\partial h^*}{\partial t}(1+\zeta)\right)\frac{\partial V}{\partial\zeta}\right)\mathrm{d}\zeta$$
$$+2\omega\cos\theta\begin{pmatrix}0&-1\\1&0\end{pmatrix}\bar{V}-\frac{g}{\rho_0}\nabla(\kappa_0\tilde{\rho}_{so}z'_{so})$$
$$+\int_{-1}^{0}g\,\nabla(h^*\int_{\zeta}^{0}(-\alpha_T T'+\alpha_S S')\mathrm{d}s)\mathrm{d}\zeta$$
$$+\int_{-1}^{0}g(-\alpha_T T'+\alpha_S S')((1+\zeta)\nabla z'_{so}+\zeta\,\nabla\tilde{h})\mathrm{d}\zeta$$
$$+k_{s1}(\frac{1}{\tilde{h}^2}f(|V|)V)|_{\zeta=0}=\frac{1}{h^*}\nabla\cdot(\tilde{h}k_{zof}\nabla\bar{V}),\tag{5.13}$$

再由$\tilde{V}=V-\bar{V}$,可得

$$\tilde{V}^*=V^*-\bar{V}^*=V-\bar{V}=\tilde{V},\quad \bar{V}^*=\bar{V}^*,\tag{5.14}$$

$$\bar{\tilde{V}}=0,\quad \overline{\tilde{V}^*}=0,\quad \nabla\cdot(h^*\bar{V}^*)=-\kappa_0\frac{\partial h^*}{\partial t},\tag{5.15}$$

进而可得

$$-\frac{1}{h^*}\int_{-1}^{0}\left(\int_{-1}^{\zeta}\nabla\cdot(h^*V^*)\mathrm{d}s\right)\frac{\partial V}{\partial\zeta}\mathrm{d}\zeta$$
$$=\frac{\kappa_0}{h^*}\frac{\partial h^*}{\partial t}V\Big|_{\zeta=0}+\frac{1}{h^*}\int_{-1}^{0}V\,\nabla\cdot(h^*V^*)\mathrm{d}\zeta$$
$$=\frac{\kappa_0}{h^*}\frac{\partial h^*}{\partial t}V\Big|_{\zeta=0}-\frac{\kappa_0}{h^*}\frac{\partial h^*}{\partial t}\bar{V}+\frac{1}{h^*}\int_{-1}^{0}\tilde{V}\,\nabla\cdot(h^*\tilde{V}^*)\mathrm{d}\zeta,\tag{5.16}$$

$$-\frac{\kappa_0}{h^*}\frac{\partial h^*}{\partial t}\int_{-1}^{0}(1+\zeta)\frac{\partial V}{\partial\zeta}\mathrm{d}\zeta=-\frac{\kappa_0}{h^*}\frac{\partial h^*}{\partial t}V\Big|_{\zeta=0}+\frac{\kappa_0}{h^*}\frac{\partial h^*}{\partial t}\bar{V},\tag{5.17}$$

以及

$$\int_{-1}^{0}\nabla_{V^*}V\mathrm{d}\zeta=\int_{-1}^{0}\nabla_{\tilde{V}^*}\tilde{V}\mathrm{d}\zeta+\nabla_{\bar{V}^*}\bar{V},\tag{5.18}$$

这里$\nabla_{\tilde{V}^*}\tilde{V}:=\tilde{V}^*\cdot\nabla\tilde{V}+a^{-1}\cot\theta\,\tilde{v}_\lambda\tilde{V}^\perp$,$\nabla_{\bar{V}^*}\bar{V}:=\bar{V}^*\cdot\nabla\bar{V}+a^{-1}\cot\theta\,\bar{v}_\lambda\bar{V}^\perp$.

将(5.14)式~(5.18)式代入(5.13)式中可得正压海水速度场$\bar{V}$的方程

$$\frac{\partial\bar{V}}{\partial t}+\nabla_{\bar{V}^*}\bar{V}+\overline{\frac{1}{h^*}\tilde{V}\,\nabla\cdot(h^*\tilde{V}^*)+\nabla_{\tilde{V}^*}\tilde{V}}+2\omega\cos\theta\begin{pmatrix}0&-1\\1&0\end{pmatrix}\bar{V}$$
$$-\frac{g}{\rho_0}\nabla(\kappa_0\tilde{\rho}_{so}z'_{so})+\int_{-1}^{0}g\,\nabla\left(h^*\int_{\zeta}^{0}(-\alpha_T T'+\alpha_S S')\mathrm{d}s\right)\mathrm{d}\zeta$$

$$+\int_{-1}^{0} g(-\alpha_T T' + \alpha_S S')((1+\zeta)\nabla z'_{so} + \zeta \nabla \tilde{h})d\zeta$$

$$+k_{s1}\left(\frac{1}{\tilde{h}^2} f(|V|)V\right)\Big|_{\zeta=0} = \frac{k_{hof}}{h^*}\nabla\cdot(\tilde{h}\nabla\bar{V}),$$

(5.19)

将$(1.95)_1$式和上述方程作差可得斜压海水速度场$\tilde{V}$的方程：

$$\frac{\partial \tilde{V}}{\partial t} + \nabla_{V^{\sim *}}\tilde{V} - \left(\frac{1}{h^*}\int_{-1}^{\zeta}\nabla\cdot(h^*\tilde{V}^*)ds\right)\frac{\partial \tilde{V}}{\partial \zeta} + \nabla_{V^{*-}}\tilde{V} + \nabla_{V^{\sim *}}\bar{V}$$

$$-\overline{\frac{1}{h^*}\tilde{V}\nabla\cdot(h^*\tilde{V}^*) + \nabla_{V^{\sim *}}\tilde{V}} + 2\omega\cos\theta\begin{pmatrix}0 & -1\\ 1 & 0\end{pmatrix}\tilde{V}$$

$$+g\nabla\left(h^*\int_{\zeta}^{0}(-\alpha_T T' + \alpha_S S')ds\right) - \int_{-1}^{0} g\nabla\left(h^*\int_{\zeta}^{0}(-\alpha_T T' + \alpha_S S')ds\right)d\zeta$$

$$+g(-\alpha_T T' + \alpha_S S')((1+\zeta)\nabla z'_{so} + \zeta\nabla\tilde{h})$$

$$-\int_{-1}^{0} g(-\alpha_T T' + \alpha_S S')((1+\zeta)\nabla z'_{so} + \zeta\nabla\tilde{h})d\zeta$$

$$-k_{s1}\left(\frac{1}{\tilde{h}^2}f(|V|)V\right)\Big|_{\zeta=0} = \frac{k_{hof}}{h^*}\nabla\cdot(\tilde{h}\nabla\tilde{V}) + k_{zof}\frac{\partial}{\partial\zeta}\left(\frac{1}{\tilde{h}^2}\frac{\partial\tilde{V}}{\partial\zeta}\right),$$

(5.20)

这里$\nabla_{V^{-*}}\tilde{V} := \bar{V}^* \cdot \nabla\tilde{V} + a^{-1}\cot\theta\, \bar{v}_\lambda \tilde{V}^\perp$，$\nabla_{V^{\sim *}}\bar{V} := \tilde{V}^* \cdot \nabla\bar{V} + a^{-1}\cot\theta\, \tilde{v}_\lambda \bar{V}^\perp$.再给出斜压速度场$\tilde{V}$方程的边界条件：

$$\frac{\partial\tilde{V}}{\partial\zeta}\Big|_{\zeta=0} = 0,\quad \left(\nu_1\frac{\partial\tilde{V}}{\partial\zeta} + k_{s1}f(|V|)V\right)\Big|_{\zeta=1} = 0. \tag{5.21}$$

首先，海洋动力学方程组初边值问题的基本能量估计为

$$\|(V,T',S')\|^2_{L^2(O_S)} + \kappa_0\|z'_{so}\|^2_{L^2(O_S)} + C\int_0^t\|(\nabla V,\nabla T',\nabla S')\|^2_{L^2(O_S)}d\tau$$

$$+C\int_0^t\|(V_\zeta,T'_\zeta,S'_\zeta)\|^2_{L^2(O_S)}d\tau + \kappa_0 C\int_0^t\|\nabla z'_{so}\|^2_{L^2(O_S)}d\tau$$

$$+C\int_0^t\int_{O_S}(f(|V|)|V|^2)|_{\zeta=0}d\sigma d\tau$$

$$+C\int_0^t\int_{O_S}|T'|^2|_{\zeta=0}d\sigma d\tau + C\int_0^t\int_{O_S}|S'|^2|_{\zeta=0}d\sigma d\tau$$

$$\leqslant C(M)\left(1+\int_0^t\|\Psi\|^2_{L^2(O_S)}d\tau\right), t\in[0,M].$$

(5.22)

具体的证明过程这里就不再赘述，下面将证明 $U:=(V,T',S',z'_{so})^{\mathrm{T}}=(\dot{U},z'_{so})^{\mathrm{T}}$ 的 H^1 正则性估计.

5.4　海表高度偏差量的 H^1 估计

引理 5.1　令 $M>0$. 在定理 5.1 的假设下，海表高度偏差量 z'_{so} 满足

$$\kappa_0\|\nabla z'_{so}\|^2_{L^2(O_S)}+\kappa_0\int_0^t\|\Delta z'_{so}\|^2_{L^2(O_S)}\mathrm{d}\tau\leqslant C(M),\quad t\in[0,M],\tag{5.23}$$

这里的 $C(M)$ 是一个依赖于时间 M 的正常数.

证明　将 $(1.95)_4$ 式与 $\Delta z'_{so}$ 相乘并在区域 O_S 上积分，可得

$$\kappa_0\frac{\mathrm{d}}{\mathrm{d}t}\|\nabla z'_{so}\|^2_{L^2(O_S)}+\kappa_0 k_{so}\|\Delta z'_{so}\|^2_{L^2(O_S)}=\int_{O_S}\left|\nabla\cdot(h^*\bar{V})\right|^2\mathrm{d}\sigma,\tag{5.24}$$

再利用 Young 不等式可得

$$\kappa_0\frac{\mathrm{d}}{\mathrm{d}t}\|\nabla z'_{so}\|^2_{L^2(O_S)}+\frac{\kappa_0 k_{so}}{2}\|\Delta z'_{so}\|^2_{L^2(O_S)}\leqslant C\int_{O_S}|\nabla\cdot(h^*\bar{V})|^2\mathrm{d}\sigma,\tag{5.25}$$

再对上式关于时间变量 t 在区域 $[0,M]$ 上积分可得(5.23)式.

注 5.2　由基本能量估计(5.22)式和(5.23)式，采用注 3.2 中的方法可得，对于任意的 $\gamma\in(2,+\infty)$，有

$$\nabla z'_{so}\in L^\gamma(0,M;(L^\gamma(O_S))^2).\tag{5.26}$$

5.5　海洋温度偏差和盐度偏差的 L^3 和 L^4 估计

引理 5.2　令 $M>0$. 在定理 5.1 的假设下，海洋温度偏差量 T' 和盐度偏差量 S' 满足

$$\|T'\|^3_{L^3(O)}+\|S'\|^3_{L^3(O)}+\int_0^t(\|\nabla(T'^{\frac{3}{2}})\|^2_{L^2(O)}+\|\nabla(S'^{\frac{3}{2}})\|^2_{L^2(O)})\mathrm{d}\tau$$

$$+\int_0^t(\|(T'^{\frac{3}{2}})_\zeta\|^2_{L^2(O)}+\|(S'^{\frac{3}{2}})_\zeta\|^2_{L^2(O)})\mathrm{d}\tau$$

$$+\int_0^t \left(\| T' |_{\zeta=0} \|^3_{L^3(O_S)} + \| S' |_{\zeta=0} \|^3_{L^3(O_S)} \right) d\tau \leqslant C(M),$$

(5.27)

其中,$C(M)$是一个依赖于时间 M 的正常数.

证明 关于海洋温度偏差 T'的 L^3估计的证明与 3.5 中大气动力学方程组的温度偏差的 L^3估计的证明相似,这里就省略了证明的细节(下面有关海洋温度偏差 T'先验估计的证明过程都省略了).这里只给出盐度偏差的 L^3估计.将 $(1.95)_3$式与 $h^*|S'|S'$相乘并在区域 O 上积分,可得

$$\begin{aligned}
&\frac{1}{3}\frac{d}{dt}\int_O h^*|S'|^3 d\sigma d\zeta + 2k_{hof}\int_O \tilde{h}|\nabla S'|^2|S'|d\sigma d\zeta \\
&+2k_{zof}\int_O \frac{h^*}{\tilde{h}^2}\left|\frac{\partial S'}{\partial \zeta}\right|^2|S'|d\sigma d\zeta + \alpha\int_{O_S}\frac{h^*}{\tilde{h}^2}|V_{10}|^3|S'|^3|_{\zeta=0}d\sigma \\
=&\frac{1}{3}\int_O \frac{dh^*}{dt}|S'|^3 d\sigma d\zeta - k_{s3}\int_{O_S}\frac{h^*}{\tilde{h}^2}(P+R-E)|S'|^3|_{\zeta=0}d\sigma \\
&-\int_O\Bigg((V^*\cdot\nabla)S' + \frac{1}{h^*}\Big(-\int_{-1}^{\zeta}\nabla\cdot(h^*V^*)ds \\
&-\kappa_0^*\frac{\partial h^*}{\partial t}(1+\zeta)\Big)\frac{\partial S'}{\partial \zeta}\Bigg)h^*|S'|S'd\sigma d\zeta \\
&-c_S^2\int_O\left(\int_{-1}^{\zeta}\nabla\cdot(h^*V)ds\right)|S'|S'd\sigma d\zeta \\
&+c_S^2\int_O V\cdot((1+\zeta)\nabla z'_{so}+\zeta\nabla\tilde{h})h^*|S'|S'd\sigma d\zeta,
\end{aligned}$$

(5.28)

再由 Cauchy-Schwarz 不等式,Hardy 不等式,Gagliardo-Nirenberg-Sobolev 不等式以及 Young 不等式,可以得到

$$\begin{aligned}
&\int_O\Bigg((V^*\cdot\nabla)S' + \frac{1}{h^*}\Big(-\int_{-1}^{\zeta}\nabla\cdot(h^*V^*)ds \\
&-\kappa_0^*\frac{\partial h^*}{\partial t}(1+\zeta)\Big)\frac{\partial S'}{\partial t}\Bigg)h^*|S'|S'd\sigma d\zeta \\
&=\frac{1}{3}\int_O\frac{dh^*}{dt}|S'|^3 d\sigma d\zeta,
\end{aligned}$$

(5.29)

$$\begin{aligned}
&\left|c_S^2\int_O\left(\int_{-1}^{\zeta}\nabla\cdot(h^*V)ds\right)h^*|S'|S'd\sigma d\zeta\right| \\
\leqslant& C\int_O\left(\int_{-1}^{\zeta}\nabla\cdot(h^*V)ds\right)^2 d\sigma d\zeta + C\int_O S'^4 d\sigma d\zeta \\
\leqslant& C\int_O|\nabla\cdot(h^*V)|^2 d\sigma d\zeta + C\int_O S'^4 d\sigma d\zeta
\end{aligned}$$

$$\leqslant C\int_O |\nabla\cdot(h^*V)|^2 d\sigma d\zeta$$

$$+C(\|S'^{\frac{3}{2}}\|_{L^{\frac{4}{3}}(O)}^{\frac{5}{14}}(\|S'^{\frac{3}{2}}\|_{L^2(O)}+\|\nabla(S'^{\frac{3}{2}})\|_{L^2(O)}+\|(S'^{\frac{3}{2}}\|_{L^2(O)})^{\frac{9}{14}})^{\frac{8}{3}}$$

$$\leqslant C+C\int_O h^*|S'|^3 d\sigma d\zeta+C\int_O |\nabla V|^2 d\sigma d\zeta$$

$$+\varepsilon\int_O |\nabla S'|^2|S'|d\sigma d\zeta+\varepsilon\int_O \left|\frac{\partial S'}{\partial\zeta}\right|^2|S'|d\sigma d\zeta, \tag{5.30}$$

以及

$$\left|c_S^2\int_O V\cdot((1+\zeta)\nabla z'_{so}+\zeta\nabla\tilde{h})h^*|S'|S'd\sigma d\zeta\right|$$

$$\leqslant C\int_{Os}|\nabla z'_{so}|^5 d\sigma+C\int_O |V|^{\frac{10}{3}}d\sigma d\zeta+C\int_O V^2 d\sigma d\zeta+C\int_O S'^4 d\sigma d\zeta$$

$$\leqslant C\int_{Os}|\nabla z'_{so}|^5 d\sigma+C\int_O |V|^{\frac{10}{3}}d\sigma d\zeta+C\int_O V^2 d\sigma d\zeta$$

$$+C(\|S'^{\frac{3}{2}}\|_{L^{\frac{4}{3}}(O)}^{\frac{5}{14}}(\|S'^{\frac{3}{2}}\|_{L^2(O)}+\|\nabla(S'^{\frac{3}{2}})\|_{L^2(O)}+\|(S'^{\frac{3}{2}}\|_{L^2(O)})^{\frac{9}{14}})^{\frac{8}{3}}$$

$$\leqslant C+C\int_O h^*|S'|^3 d\sigma d\zeta+C\int_{Os}|\nabla z_{so'}|^5 d\sigma$$

$$+C\int_O |V|^{\frac{10}{3}}d\sigma d\zeta+\varepsilon\|\nabla(S'^{\frac{3}{2}})\|_{L^2(O)}^2+\varepsilon\|(S'^{\frac{3}{2}}\|_{L^2(O)}^2, \tag{5.31}$$

这里的 C 是一个不依赖于时间 M 的正常数，而 ε 是一个足够小的正常数.特别地，由 Poincaré 不等式和 Young 不等式，可得

$$\left|k_{s3}(P+R-E)\int_{Os}S'^3|_{\zeta=0}d\sigma\right|$$

$$\leqslant C\int_{Os}(\int_{-1}^0 |S'^3|d\zeta+\int_{-1}^0|(S'^3)_\zeta|d\zeta)d\sigma$$

$$\leqslant C\int_O h^*|S'|^3 d\sigma d\zeta+\varepsilon\int_O |S'_\zeta|^2|S'|d\sigma d\zeta, \tag{5.32}$$

这里的 ε 也是一个足够小的正常数.

结合(5.29)式～(5.32)式，可以使得下式成立：

$$\frac{d}{dt}\int_O h^*|S'|^3 d\sigma d\zeta+C\int_O |\nabla S'|^2|S'|d\sigma d\zeta$$

$$+C\int_O\left|\frac{\partial S'}{\partial\zeta}\right|^2|S'|d\sigma d\zeta+C\int_{Os}|S'|^3|_{\zeta=0}d\sigma$$

$$\leqslant C+C\int_{O}h^{*}\,|S'|^{3}\mathrm{d}\sigma\mathrm{d}\zeta+C\int_{O}\,|\,\nabla V\,|^{2}\mathrm{d}\sigma\mathrm{d}\zeta$$
$$+C\int_{O_S}\,|\,\nabla z'_{so}\,|^{3}\,|_{\zeta=0}\mathrm{d}\sigma+C\int_{O}|V|^{\frac{10}{3}}\mathrm{d}\sigma\mathrm{d}\zeta,\tag{5.33}$$

利用 Gronwall 不等式再结合温度偏差 T'的 L^3 估计可得(5.27)式.

引理 5.3 令 $M>0$,在定理 5.1 的假设下,海洋温度偏差量 T'和盐度偏差量 S'满足

$$\|T'\|^{4}_{L^4(O)}+\|S'\|^{4}_{L^4(O)}+\int_0^t(\|\nabla(T'^2)\|^{2}_{L^2(O)}+\|\nabla(S'^2)\|^{2}_{L^2(O)})\mathrm{d}\tau$$
$$+\int_0^t(\|(_T'^2\|^{2}_{L^2(O)}+\|(_S'^2\|^{2}_{L^2(O)})\mathrm{d}\tau$$
$$+\int_0^t(\|T'|_{\zeta=0}\|^{4}_{L^4(O)}+\|S'|_{\zeta=0}\|^{4}_{L^4(O)})\mathrm{d}\tau\leqslant C(M),\tag{5.34}$$

其中,$C(M)$是依赖于时间 M 的正常数.

证明 这里还是只给出盐度偏差的 L^4 估计的证明.令$(1.95)_3$式乘 $h^*|S'|^2S'$,并在区域 O 上积分可得

$$\frac{1}{4}\frac{\mathrm{d}}{\mathrm{d}t}\int_{O}h^{*}\,|S'|^{4}\mathrm{d}\sigma\mathrm{d}\zeta+3k_{\text{hof}}\int_{O}\tilde{h}\,|\,\nabla S'\,|^{2}|S'|^{2}\mathrm{d}\sigma\mathrm{d}\zeta$$
$$+3k_{\text{zof}}\int_{O}\frac{h^{*}}{\tilde{h}^{2}}\left|\frac{\partial S'}{\partial\zeta}\right|^{2}|S'|^{2}\mathrm{d}\sigma\mathrm{d}\zeta+\alpha\int_{O_S}\frac{h^{*}}{\tilde{h}^{2}}|V_{10}|^{3}|S'|^{4}\,|_{\zeta=0}\mathrm{d}\sigma$$
$$=\frac{1}{4}\int_{O}\frac{\mathrm{d}h^{*}}{\mathrm{d}t}|S'|^{4}\mathrm{d}\sigma\mathrm{d}\zeta-k_{s3}\int_{O_S}\frac{h^{*}}{\tilde{h}^{2}}(P+R-E)\,|S'|^{4}\,|_{\zeta=0}\mathrm{d}\sigma$$
$$-\int_{O}\bigg((V^{*}\cdot\nabla)S'$$
$$+\frac{1}{h^{*}}\bigg(-\int_{-1}^{\zeta}\nabla\cdot(h^{*}V^{*})\mathrm{d}s-\kappa_{0}^{*}\frac{\partial h^{*}}{\partial t}(1+\zeta)\bigg)\frac{\partial S'}{\partial\zeta}\bigg)h^{*}\,|S'|^{2}S'\mathrm{d}\sigma\mathrm{d}\zeta$$
$$-c_{S}^{2}\int_{O}\bigg(\int_{-1}^{\zeta}\nabla\cdot(h^{*}V)\mathrm{d}s\bigg)|S'|^{2}S'\mathrm{d}\sigma\mathrm{d}\zeta$$
$$+c_{S}^{2}\int_{O}V\cdot((1+\zeta)\,\nabla z'_{so}+\zeta\,\nabla\tilde{h})\,h^{*}\,|S'|^{2}S'\mathrm{d}\sigma\mathrm{d}\zeta,\tag{5.35}$$

由(5.27)式,Cauchy-Schwarz 不等式,Hardy 不等式,Gagliardo-Nirenberg-Sobolev 不等式和 Young 不等式,可得

$$-\int_{O}\bigg((V^{*}\cdot\nabla)S'+\frac{1}{h^{*}}\bigg(-\int_{-1}^{\zeta}\nabla\cdot(h^{*}V^{*})\mathrm{d}s$$

$$-\kappa_0^* \frac{\partial h^*}{\partial t}(1+\zeta)\bigg)\frac{\partial S'}{\partial \zeta}\bigg) h^* S'^3 \mathrm{d}\sigma \mathrm{d}\zeta$$

$$=\frac{1}{4}\int_O \frac{\mathrm{d}h^*}{\mathrm{d}t}|S'|^4 \mathrm{d}\sigma \mathrm{d}\zeta, \tag{5.36}$$

$$\begin{aligned}
&\left| c_S^2 \int_O \left(\int_{-1}^{\zeta} \nabla\cdot (h^* V)\mathrm{d}s\right) h^* S'^3 \mathrm{d}\sigma \mathrm{d}\zeta \right| \\
&\leqslant C(\textstyle\int_O(\int_{-1}^{\zeta} \nabla\cdot (h^* V)\mathrm{d}s)2\mathrm{d}\sigma \mathrm{d}\zeta)^{\frac{1}{2}} (\int_O S'^6 \mathrm{d}\sigma \mathrm{d}\zeta)\ \frac{1}{2} \\
&\leqslant C(M)(\int_O \left| \nabla\cdot (h^* V)\right|^2 \mathrm{d}\sigma \mathrm{d}\zeta)^{\frac{1}{2}} (\| S'^2 \|_{L^2(O)} \\
&\quad + \| \nabla(S'^2)\|_{L^2(O)} + \| \frac{\partial(S'^2)}{\partial \zeta} \|_{L^2(O)}) \\
&\leqslant C(M) + C(M)\int_O \left|\nabla V\right|^2 \mathrm{d}\sigma \mathrm{d}\zeta + C\int_O h^* S'^4 \mathrm{d}\sigma \mathrm{d}\zeta \\
&\quad + \varepsilon\int_O \left|\nabla S'\right|^2 S'^2 \mathrm{d}\sigma \mathrm{d}\zeta + \varepsilon\int_O \left|\frac{\partial S'}{\partial \zeta}\right|^2 S'^2 \mathrm{d}\sigma \mathrm{d}\zeta,
\end{aligned} \tag{5.37}$$

和

$$\begin{aligned}
&\left| c_{0S}^2 \int_O V\cdot ((1+\zeta)\nabla z_{so'} + \zeta \nabla\tilde{h}) h^* S'^3 \mathrm{d}\sigma \mathrm{d}\zeta \right| \\
&\leqslant C(M) + C\int_O h^* S'^4 \mathrm{d}\sigma \mathrm{d}\zeta + C(M)\int_{O_S} |\nabla z_{so'}|^5 \mathrm{d}\sigma + C(M)\int_O |V|^{\frac{10}{3}} \mathrm{d}\sigma \mathrm{d}\zeta \\
&\quad + \varepsilon\int_O |\nabla S'|^2 S'^2 \mathrm{d}\sigma \mathrm{d}\zeta + \varepsilon\int_O \left|\frac{\partial S'}{\partial \zeta}\right|^2 S'^2 \mathrm{d}\sigma \mathrm{d}\zeta,
\end{aligned} \tag{5.38}$$

其中，$C(M)$是依赖于时间 M 的正常数，且 $\varepsilon>0$ 是充分小的常数.特别地，由 Poincaré 不等式和 Young 不等式，可得

$$\begin{aligned}
&\left| k_{s3}(P+R-E)\int_{O_S} S'^4 |_{\zeta=0} \mathrm{d}\sigma \right| \\
&\leqslant C\int_{O_S} \left(\int_{-1}^{0} |S'^4| \mathrm{d}\zeta + \int_{-1}^{0} |(S'^4)_\zeta| \mathrm{d}\zeta\right) \mathrm{d}\sigma \\
&\leqslant C\int_O h^* |S'|^4 \mathrm{d}\sigma \mathrm{d}\zeta + \varepsilon\int_O |S'_\zeta|^2 |S'|^2 \mathrm{d}\sigma \mathrm{d}\zeta,
\end{aligned} \tag{5.39}$$

这里的 ε 也是一个足够小的正常数.

综合(5.36)式～(5.39)式可得

$$\frac{\mathrm{d}}{\mathrm{d}t}\int_O h^* S'^4 \mathrm{d}\sigma \mathrm{d}\zeta + C\int_O |\nabla S'|^2 S'^2 \mathrm{d}\sigma \mathrm{d}\zeta$$

$$+C\int_{O}\left|\frac{\partial S'}{\partial\zeta}\right|^{2}S'^{2}\mathrm{d}\sigma\mathrm{d}\zeta+C\int_{Os}S'^{4}\mid_{\zeta=0}\mathrm{d}\sigma$$
$$\leqslant C(M)+C\int_{O}h^{*}S'^{4}\mathrm{d}\sigma\mathrm{d}\zeta+C(M)\int_{O}|\nabla V|^{2}\mathrm{d}\sigma\mathrm{d}\zeta$$
$$+C(M)\int_{Os}|\nabla z_{so'}|^{5}\mathrm{d}\sigma+C(M)\int_{O}|V|^{\frac{10}{3}}\mathrm{d}\sigma\mathrm{d}\zeta,\tag{5.40}$$

对上式利用 Gronwall 不等式再结合温度偏差 T' 的 L^4 估计可得(5.34)式.

5.6 斜压速度场的 L^3 和 L^4 估计

引理 5.4 令 $M>0$. 在定理 5.1 的假设下,斜压速度场 $\tilde{V}$ 满足

$$\int_{O}|\tilde{V}|^{3}\mathrm{d}\sigma\mathrm{d}\zeta+\int_{0}^{t}\int_{O}|\nabla\tilde{V}|^{2}|\tilde{V}|\mathrm{d}\sigma\mathrm{d}\zeta\mathrm{d}\tau+\int_{0}^{t}\int_{O}\left|\frac{\partial\tilde{V}}{\partial\zeta}\right|^{2}|\tilde{V}|\mathrm{d}\sigma\mathrm{d}\zeta\mathrm{d}\tau$$
$$+\int_{0}^{t}\int_{Os}|\tilde{V}|^{3+\alpha}\mid_{\zeta=0}\mathrm{d}\sigma\mathrm{d}\tau\leqslant C(M),\quad t\in[0,M],\tag{5.41}$$

其中,$C(M)$ 是依赖于时间 M 的正常数.

证明 将(5.20)式与 $h^{*}|\tilde{V}|\tilde{V}$ 在区域 O 上作内积,可得

$$\frac{1}{3}\frac{\mathrm{d}}{\mathrm{d}t}\int_{O}h^{*}|\tilde{V}|^{3}\mathrm{d}\sigma\mathrm{d}\zeta+2k_{hof}\int_{O}\tilde{h}\,|\nabla\tilde{V}|^{2}|\tilde{V}|\mathrm{d}\sigma\mathrm{d}\zeta$$
$$+2k_{zof}\int_{O}\frac{h^{*}}{\tilde{h}^{2}}\left|\frac{\partial\tilde{V}}{\partial\zeta}\right|^{2}|\tilde{V}|\mathrm{d}\sigma\mathrm{d}\zeta$$
$$+k_{s1}\int_{Os}\frac{h^{*}}{\tilde{h}^{2}}((|\tilde{V}|\tilde{V})\cdot(f(|V|)V))\mid_{\zeta=0}\mathrm{d}\sigma$$
$$=\frac{1}{3}\int_{O}\frac{\mathrm{d}h^{*}}{\mathrm{d}t}|\tilde{V}|^{3}\mathrm{d}\sigma\mathrm{d}\zeta$$
$$-\int_{O}\left(\nabla_{V\sim *}\tilde{V}-\left(\frac{1}{h^{*}}\int_{-1}^{\zeta}\nabla\cdot(h^{*}\tilde{V}^{*})\mathrm{d}s\right)\frac{\partial\tilde{V}}{\partial\zeta}\right)\cdot(h^{*}|\tilde{V}|\tilde{V})\mathrm{d}\sigma\mathrm{d}\zeta$$
$$-\int_{O}\nabla_{V^{*}-}\tilde{V}\cdot(h^{*}|\tilde{V}|\tilde{V})\mathrm{d}\sigma\mathrm{d}\zeta-\int_{O}\nabla_{V\sim *}\bar{V}\cdot(h^{*}|\tilde{V}|\tilde{V})\mathrm{d}\sigma\mathrm{d}\zeta$$
$$+\int_{O}\overline{\frac{1}{h^{*}}\tilde{V}\,\nabla\cdot(h^{*}\tilde{V}^{*})+\nabla_{V\sim *}\tilde{V}\cdot(h^{*}|\tilde{V}|\tilde{V})}\mathrm{d}\sigma\mathrm{d}\zeta$$

$$
\begin{aligned}
&-\int_O 2\omega\cos\theta\begin{pmatrix}0 & -1\\ 1 & 0\end{pmatrix}\tilde{V}\cdot(h^*|\tilde{V}|\tilde{V})\mathrm{d}\sigma\mathrm{d}\zeta\\
&-g\int_O \nabla(h^*\int_\zeta^0(-\alpha_T T'+\alpha_S S')\mathrm{d}s)\cdot(h^*|\tilde{V}|\tilde{V})\mathrm{d}\sigma\mathrm{d}\zeta\\
&+g\int_O\left(\int_{-1}^0\nabla\left(h^*\int_\zeta^0(-\alpha_T T'+\alpha_S S')\mathrm{d}s\right)\mathrm{d}\zeta\right)\cdot(h^*|\tilde{V}|\tilde{V})\mathrm{d}\sigma\mathrm{d}\zeta\\
&-g\int_O(-\alpha_T T'+\alpha_S S')((1+\zeta)\nabla z_{so'}+\zeta\nabla\tilde{h})\cdot(h^*|\tilde{V}|\tilde{V})\mathrm{d}\sigma\mathrm{d}\zeta\\
&+g\int_O\left(\int_{-1}^0(-\alpha_T T'+\alpha_S S')((1+\zeta)\nabla z_{so'}+\zeta\nabla\tilde{h})\mathrm{d}\zeta\right)\cdot(h^*|\tilde{V}|\tilde{V})\mathrm{d}\sigma\mathrm{d}\zeta\\
&+k_{s1}\int_O\frac{h^*}{\tilde{h}^2}(f(|V|)V)|_{\zeta=0}\cdot(|\tilde{V}|\tilde{V})\mathrm{d}\sigma\mathrm{d}\zeta.
\end{aligned}
\tag{5.42}
$$

由分部积分可得

$$
\begin{aligned}
&-\int_O\left(\nabla_{V\sim *}\tilde{V}-\left(\frac{1}{h^*}\int_{-1}^\zeta\nabla\cdot(h^*\tilde{V}^*)\mathrm{d}s\right)\frac{\partial\tilde{V}}{\partial\zeta}\right)\cdot(h^*|\tilde{V}|\tilde{V})\mathrm{d}\sigma\mathrm{d}\zeta\\
&=-\int_O\left(\tilde{V}^*\cdot\nabla\tilde{V}-\left(\frac{1}{h^*}\int_{-1}^\zeta\nabla\cdot(h^*\tilde{V}^*)\mathrm{d}s\right)\frac{\partial\tilde{V}}{\partial\zeta}\right)\cdot(h^*|\tilde{V}|\tilde{V})\mathrm{d}\sigma\mathrm{d}\zeta\\
&-\frac{1}{3}\int_O\left(h^*\tilde{V}^*\cdot\nabla|\tilde{V}|^3-\left(\int_{-1}^\zeta\nabla\cdot(h^*\tilde{V}^*)\mathrm{d}s\right)\frac{\partial|\tilde{V}|^3}{\partial\zeta}\right)\mathrm{d}\sigma\mathrm{d}\zeta=0,
\end{aligned}
\tag{5.43}
$$

还可得

$$
\begin{aligned}
-\int_O\nabla_{V^*-}\tilde{V}\cdot(h^*|\tilde{V}|\tilde{V})\mathrm{d}\sigma\mathrm{d}\zeta&=-\frac{1}{3}\int_O h^*\bar{V^*}\cdot\nabla|\tilde{V}|^3\mathrm{d}\sigma\mathrm{d}\zeta\\
&=-\frac{\kappa_0^*}{3}\int_O\frac{\partial h^*}{\partial t}|\tilde{V}|^3\mathrm{d}\sigma\mathrm{d}\zeta.
\end{aligned}
\tag{5.44}
$$

类似于第 3 章中(3.54)式和(3.58)式的证明，可得如下两项估计(这里省略类似的证明过程)

$$
\begin{aligned}
&\left|\int_O\nabla_{V\sim *}\bar{V}\cdot(h^*|\tilde{V}|\tilde{V})\mathrm{d}\sigma\mathrm{d}\zeta\right|\\
&\leqslant C(1+\|\nabla V\|_{L^2(O)}^2)\|\tilde{V}\|_{L^3(O)}^3+\varepsilon\|\nabla(|\tilde{V}|^{\frac{3}{2}})\|_{L^2(O)}^2,
\end{aligned}
\tag{5.45}
$$

以及

$$
\left|\overline{\int_O\frac{1}{h^*}\tilde{V}\,\nabla\cdot(h^*\tilde{V}^*)+\nabla_{V\sim *}\tilde{V}}\cdot(h^*|\tilde{V}|\tilde{V})\mathrm{d}\sigma\mathrm{d}\zeta\right|
$$

$$\leqslant C\left(\|\tilde{V}\|_{L^3(O)}^3(\|\nabla\tilde{V}\|_{L^2(O)}^2+\|\tilde{V}\|_{L^2(O)}^2)\right)^{\frac{1}{2}}\left(\int_O|\nabla\tilde{V}|^2|\tilde{V}|\,d\sigma d\zeta\right)^{\frac{1}{2}}$$

$$+C\left(\|\tilde{V}\|_{L^3(O)}^3(\|\nabla\tilde{V}\|_{L^2(O)}^2+\|\tilde{V}\|_{L^2(O)}^2)\right)^{\frac{1}{2}}\left(\int_O|\tilde{V}|^3 d\sigma d\zeta\right)^{\frac{1}{2}}$$

$$\leqslant C\left(1+\|\nabla V\|_{L^2(O)}^2\right)\|\tilde{V}\|_{L^3(O)}^3+\varepsilon\int_O|\nabla\tilde{V}|^2|\tilde{V}|\,d\sigma d\zeta, \tag{5.46}$$

其中，$\varepsilon>0$，是一个足够小的常数.

还易得

$$\int_O 2\omega\cos\theta\begin{pmatrix}0 & -1\\ 1 & 0\end{pmatrix}\tilde{V}\cdot(h^*|\tilde{V}|\tilde{V})d\sigma d\zeta=0. \tag{5.47}$$

再由(5.22)式，Cauchy-Schwarz 不等式，Hardy 不等式，Gagliardo-Nirenberg-Sobolev 不等式和 Young 不等式，可得

$$\left|g\int_O\nabla\left(h^*\int_\zeta^0(-\alpha_T T'+\alpha_S S')ds\right)\cdot(h^*|\tilde{V}|\tilde{V})d\sigma d\zeta\right|$$

$$\leqslant C\left(\left\|\int_{-1}^0 T'(s)ds\right\|_{L^2(O)}+\left\|\int_{-1}^0 S'(s)ds\right\|_{L^2(O)}\right)\||\tilde{V}|^2\|_{L^2(O)}$$

$$+C\left(\left\|\int_{-1}^0|\nabla T'(s)|ds\right\|_{L^2(O)}+\left\|\int_{-1}^0|\nabla S'(s)|ds\right\|_{L^2(O)}\right)\||\tilde{V}|^2\|_{L^2(O)}$$

$$\leqslant C(1+\|\nabla T'\|_{L^2(O)}+\|\nabla S'\|_{L^2(O)})\||\tilde{V}|^2\|_{L^2(O)}$$

$$\leqslant C(1+\|\nabla T'\|_{L^2(O)}+\|\nabla S'\|_{L^2(O)})\||\tilde{V}|^{\frac{3}{2}}\|_{L^{\frac{8}{3}}(O)}^{\frac{4}{3}}$$

$$\leqslant C(1+\|\nabla T'\|_{L^2(O)}+\|\nabla S'\|_{L^2(O)})$$

$$\cdot\left(\||\tilde{V}|^{\frac{3}{2}}\|_{L^3(O)}^{\frac{5}{14}}(\||\tilde{V}|^{\frac{3}{2}}\|_{L^2(O)}+\|\nabla(|\tilde{V}|^{\frac{3}{2}})\|_{L^2(O)}+\|\frac{\partial(|\tilde{V}|^{\frac{3}{2}})}{\partial\zeta}\|_{L^2(O)})^{\frac{9}{14}}\right)^{\frac{4}{3}}$$

$$\leqslant C(1+\|\nabla T'\|_{L^2(O)}+\|\nabla S'\|_{L^2(O)})$$

$$\cdot\left(\||\tilde{V}|^{\frac{3}{2}}\|_{L^2(O)}+\|\nabla(|\tilde{V}|^{\frac{3}{2}})\|_{L^2(O)}+\|\frac{\partial(|\tilde{V}|^{\frac{3}{2}})}{\partial\zeta}\|_{L^2(O)}\right)^{\frac{6}{7}}$$

$$\leqslant C+C\int_O h^*|\tilde{V}|^3 d\sigma d\zeta+C\|\nabla T'\|_{L^2(O)}^2$$

$$+C\|\nabla S'\|_{L^2(O)}^2+\varepsilon\|\nabla(|\tilde{V}|^{\frac{3}{2}})\|_{L^2(O)}^2+\varepsilon\left\|\frac{\partial(|\tilde{V}|^{\frac{3}{2}})}{\partial\zeta}\right\|_{L^2(O)}^2, \tag{5.48}$$

$$\left|g\int_O\left(\int_{-1}^0\nabla(h^*\int_\zeta^0(-\alpha_T T'+\alpha_S S')ds)d\zeta\right)\cdot(h^*|\tilde{V}|\tilde{V})d\sigma d\zeta\right|$$

$$\leqslant C(\left\|\int_{-1}^0 T'(s)ds\right\|_{L^2(O)}+\left\|\int_{-1}^0 S'(s)ds\|_{L^2(O)})\right\||\tilde{V}|^2\|_{L^2(O)}$$

$$+C\left(\left\|\int_{-1}^{0}|\nabla T'(s)|\,\mathrm{d}s\right\|_{L^2(O)}+\left\|\int_{-1}^{0}|\nabla S'(s)|\,\mathrm{d}s\right\|_{L^2(O)}\right)\||\tilde{V}|^2\|_{L^2(O)}$$

$$\leqslant C(1+\|\nabla T'\|_{L^2(O)}+\|\nabla S'\|_{L^2(O)})\||\tilde{V}|^2\|_{L^2(O)}$$

$$\leqslant C+C\int_O h^*|\tilde{V}|^3\mathrm{d}\sigma\mathrm{d}\zeta+C\|\nabla T'\|_{L^2(O)}^2+C\|\nabla S'\|_{L^2(O)}^2$$

$$+\varepsilon\|\nabla(|\tilde{V}|^{\frac{3}{2}})\|_{L^2(O)}^2+\varepsilon\left\|\frac{\partial(|\tilde{V}|^{\frac{3}{2}})}{\partial\zeta}\right\|_{L^2(O)}^2, \tag{5.49}$$

以及

$$\left|g\int_O(-\alpha_T T'+\alpha_S S')((1+\zeta)\nabla z'_{so}+\zeta\nabla\tilde{h})\cdot(h^*|\tilde{V}|\tilde{V})\mathrm{d}\sigma\mathrm{d}\zeta\right|$$

$$+\left|g\int_O\left(\int_{-1}^{0}(-\alpha_T T'+\alpha_S S')((1+\zeta)\nabla z'_{so}+\zeta\nabla\tilde{h})\mathrm{d}\zeta\right)\cdot(h^*|\tilde{V}|\tilde{V})\mathrm{d}\sigma\mathrm{d}\zeta\right|$$

$$\leqslant C(\|T'\|_{L^4(O)}+\|S'\|_{L^4(O)})\|\nabla z_{so'}\|_{L^4(O_S)}\||\tilde{V}|^2\|_{L^2(O)}$$

$$+C(\|T'\|_{L^2(O)}+\|S'\|_{L^2(O)})\||\tilde{V}|^2\|_{L^2(O)}$$

$$\leqslant C(M)+C\|\nabla z'_{so}\|_{L^4(O_S)}^4+C\int_O h^*|\tilde{V}|^3\mathrm{d}\sigma\mathrm{d}\zeta$$

$$+\varepsilon\|\nabla(|\tilde{V}|^{\frac{3}{2}})\|_{L^2(O)}^2+\varepsilon\left\|\frac{\partial(|\tilde{V}|^{\frac{3}{2}})}{\partial\zeta}\right\|_{L^2(O)}^2, \tag{5.50}$$

其中,ε 是一个足够小的正常数.

类似于 3.6 节中的边界项的处理,可以将边界项分解为

$$k_{s1}\int_{O_S}\frac{h^*}{\tilde{h}^2}((|\tilde{V}|\tilde{V})\cdot(f(|V|)V))|_{\zeta=0}\mathrm{d}\sigma$$

$$=k_{s1}\int_{O_S}\frac{h^*}{\tilde{h}^2}(|\tilde{V}|^3 f(|V|))|_{\zeta=0}\mathrm{d}\sigma$$

$$+k_{s1}\int_{O_S}\frac{h^*}{\tilde{h}^2}((|\tilde{V}|\tilde{V})\cdot(f(|V|)\bar{V}))|_{\zeta=0}\mathrm{d}\sigma, \tag{5.51}$$

再 Young 不等式可得

$$k_{s1}\int_{O_S}\frac{h^*}{\tilde{h}^2}(|\tilde{V}|^3 f(|V|))|_{\zeta=0}\mathrm{d}\sigma$$

$$\geqslant k_{s1}\int_{O_S}\frac{h^*}{\tilde{h}^2}|\tilde{V}|^{3+\alpha}|_{\zeta=0}\mathrm{d}\sigma-k_{s1}\int_{O_S}\frac{h^*}{\tilde{h}^2}|\tilde{V}|^3|_{\zeta=0}|\bar{V}|^{\alpha}\mathrm{d}\sigma, \tag{5.52}$$

以及

$$k_{s1}\int_{Os}\frac{h^*}{\tilde{h}^2}|\tilde{V}|^3|_{\zeta=0}|\bar{V}|^{\alpha}\mathrm{d}\sigma\leqslant\varepsilon\int_{Os}\frac{h^*}{\tilde{h}^2}|\tilde{V}|^{3+\alpha}|_{\zeta=0}\mathrm{d}\sigma+C\int_{Os}\frac{h^*}{\tilde{h}^2}|\bar{V}|^{3+\alpha}\mathrm{d}\sigma,\tag{5.53}$$

类似可得

$$\begin{aligned}&k_{s1}\int_{Os}\frac{h^*}{\tilde{h}^2}((|\tilde{V}|\tilde{V})\cdot(f(|V|)\bar{V}))|_{\zeta=0}\mathrm{d}\sigma\\ \leqslant&\varepsilon\int_{Os}\frac{h^*}{\tilde{h}^2}|\tilde{V}|^{3+\alpha}|_{\zeta=0}\mathrm{d}\sigma+C\int_{Os}\frac{h^*}{\tilde{h}^2}|\bar{V}|^{3+\alpha}\mathrm{d}\sigma+C\int_{Os}\frac{h^*}{\tilde{h}^2}|\bar{V}|^{\frac{3+\alpha}{1+\alpha}}\mathrm{d}\sigma,\end{aligned}\tag{5.54}$$

其中,ε 是一个足够小的正常数.

最后,再由 Young 不等式可以得出

$$\begin{aligned}&\left|k_{s1}\int_{O}\frac{h^*}{\tilde{h}^2}(f(|V|)V)|_{\zeta=0}\cdot(|\tilde{V}|\tilde{V})\mathrm{d}\sigma\mathrm{d}\zeta\right|\\ \leqslant&C\left\|\frac{h^*}{\tilde{h}^2}(f(|V|)V)|_{\zeta=0}\right\|_{L^2(Os)}\||\tilde{V}|\tilde{V}\|_{L^2(O)}\\ \leqslant&C+C\int_{Os}\frac{h^*}{\tilde{h}^2}(|\tilde{V}|^{2+2\alpha}+|\bar{V}|^{2+2\alpha})|_{\zeta=0}\mathrm{d}\sigma+C\int_{O}h^*|\tilde{V}|^3\mathrm{d}\sigma\mathrm{d}\zeta\\ &+\varepsilon\|\nabla(|\tilde{V}|^{\frac{3}{2}})\|_{L^2(O)}^2+\varepsilon\left\|\frac{\partial(|\tilde{V}|^{\frac{3}{2}})}{\partial\zeta}\right\|_{L^2(O)}^2\\ \leqslant&C+C\int_{Os}|\bar{V}|^{2+2\alpha}\mathrm{d}\sigma+C\int_{O}h^*|\tilde{V}|^3\mathrm{d}\sigma\mathrm{d}\zeta+\varepsilon k_{s1}\int_{Os}\frac{h^*}{\tilde{h}^2}|\tilde{V}|^{3+\alpha}|_{\zeta=0}\mathrm{d}\sigma\\ &+\varepsilon\|\nabla(|\tilde{V}|^{\frac{3}{2}})\|_{L^2(O)}^2+\varepsilon\left\|\frac{\partial(|\tilde{V}|^{\frac{3}{2}})}{\partial\zeta}\right\|_{L^2(O)}^2,\end{aligned}\tag{5.55}$$

其中,ε 是一个足够小的正常数.

综上可得

$$\begin{aligned}&\frac{\mathrm{d}}{\mathrm{d}t}\int_{O}h^*|\tilde{V}|^3\mathrm{d}\sigma\mathrm{d}\zeta+C\int_{O}|\nabla\tilde{V}|^2|\tilde{V}|\mathrm{d}\sigma\mathrm{d}\zeta\\ &+C\int_{O}\left|\frac{\partial\tilde{V}}{\partial\zeta}\right|^2|\tilde{V}|\mathrm{d}\sigma\mathrm{d}\zeta+C\int_{Os}|\tilde{V}|^{3+\alpha}|_{\zeta=0}\mathrm{d}\sigma\\ \leqslant&C(M)+C(1+\|\nabla V\|_{L^2(O)}^2)\int_{O}h^*|\tilde{V}|^3\mathrm{d}\sigma\mathrm{d}\zeta\end{aligned}$$

$$+C\int_O\left|\nabla T'\right|^2\mathrm{d}\sigma\mathrm{d}\zeta+C\int_O\left|\nabla S'\right|^2\mathrm{d}\sigma\mathrm{d}\zeta$$

$$+C\int_{Os}\left|\bar{V}\right|^{3+\alpha}\mathrm{d}\sigma+C\int_{Os}\left|\nabla z_{so}\right|^4\mathrm{d}\sigma,\tag{5.56}$$

再由 Gronwall 不等式,(5.22)式和(5.26)式可得(5.41)式.

引理 5.5　令 $M>0$. 在定理 6.1 的假设下,斜压速度场$\tilde{V}$满足

$$\int_O|\tilde{V}|^4\mathrm{d}\sigma\mathrm{d}\zeta+\int_0^t\int_O|\nabla\tilde{V}|^2|\tilde{V}|^2\mathrm{d}\sigma\mathrm{d}\zeta\mathrm{d}\tau+\int_0^t\int_O\left|\frac{\partial\tilde{V}}{\partial\zeta}\right|^2|\tilde{V}|^2\mathrm{d}\sigma\mathrm{d}\zeta\mathrm{d}\tau$$

$$+\int_0^t\int_{Os}|\tilde{V}|^{4+\alpha}|_{\zeta=0}\mathrm{d}\sigma\mathrm{d}\tau\leqslant C(M),\quad t\in[0,M],\tag{5.57}$$

其中,$C(M)>0$ 是依赖于时间 M 的常数.

证明　将(5.20)式与 $h^*|\tilde{V}|^2\tilde{V}$在区域 O 上做内积,可得

$$\frac{1}{4}\frac{\mathrm{d}}{\mathrm{d}t}\int_O h^*|\tilde{V}|^4\mathrm{d}\sigma\mathrm{d}\zeta+3k_{hof}\int_O\tilde{h}\;|\nabla\tilde{V}|^2|\tilde{V}|^2\mathrm{d}\sigma\mathrm{d}\zeta$$

$$+3k_{zof}\int_O\frac{h^*}{\tilde{h}^2}\left|\frac{\partial\tilde{V}}{\partial\zeta}\right|^2|\tilde{V}|^2\mathrm{d}\sigma\mathrm{d}\zeta$$

$$+k_{s1}\int_{Os}\frac{h^*}{\tilde{h}^2}((|\tilde{V}|^2\tilde{V})\cdot(f(|V|)V))|_{\zeta=0}\mathrm{d}\sigma$$

$$=\frac{1}{4}\int_O\frac{\mathrm{d}h^*}{\mathrm{d}t}|\tilde{V}|^4\mathrm{d}\sigma\mathrm{d}\zeta$$

$$-\int_O\left(\nabla_{V\sim *}\tilde{V}-\left(\frac{1}{h^*}\int_{-1}^{\zeta}\nabla\cdot(h^*\tilde{V}^*)\mathrm{d}s\right)\frac{\partial\tilde{V}}{\partial\zeta}\right)\cdot(h^*|\tilde{V}|^2\tilde{V})\mathrm{d}\sigma\mathrm{d}\zeta$$

$$-\int_O\nabla_{V^*-}\tilde{V}\cdot(h^*|\tilde{V}|^2\tilde{V})\mathrm{d}\sigma\mathrm{d}\zeta-\int_O\nabla_{V\sim *}\bar{V}\cdot(h^*|\tilde{V}|^2\tilde{V})\mathrm{d}\sigma\mathrm{d}\zeta$$

$$+\int_O\overline{\frac{1}{h^*}\tilde{V}\nabla\cdot(h^*\tilde{V}^*)+\nabla_{V\sim *}\tilde{V}}\cdot(h^*|\tilde{V}|^2\tilde{V})\mathrm{d}\sigma\mathrm{d}\zeta$$

$$-\int_O 2\omega\cos\theta\begin{pmatrix}0&-1\\1&0\end{pmatrix}\tilde{V}\cdot(h^*|\tilde{V}|^2\tilde{V})\mathrm{d}\sigma\mathrm{d}\zeta$$

$$-g\int_O\nabla\left(h^*\int_{\zeta}^{0}(-\alpha_T T'+\alpha_S S')\mathrm{d}s\right)\cdot(h^*|\tilde{V}|^2\tilde{V})\mathrm{d}\sigma\mathrm{d}\zeta$$

$$+g\int_O\left(\int_{-1}^{0}\nabla\left(h^*\int_{\zeta}^{0}(-\alpha_T T'+\alpha_S S')\mathrm{d}s\right)\mathrm{d}\zeta\right)\cdot(h^*|\tilde{V}|^2\tilde{V})\mathrm{d}\sigma\mathrm{d}\zeta$$

$$-g\int_{O}(-\alpha_T T'+\alpha_S S')((1+\zeta)\nabla z_{so'}+\zeta\nabla\tilde{h})\cdot(h^*|\tilde{V}|^2\tilde{V})\mathrm{d}\sigma\mathrm{d}\zeta$$
$$+g\int_{O}\left(\int_{-1}^{0}(-\alpha_T T'+\alpha_S S')((1+\zeta)\nabla z_{so'}+\zeta\nabla\tilde{h})\mathrm{d}\zeta\right)\cdot(h^*|\tilde{V}|^2\tilde{V})\mathrm{d}\sigma\mathrm{d}\zeta$$
$$+k_{s1}\int_{O}\frac{h^*}{\tilde{h}^2}(f(|V|)V)|_{\zeta=0}\cdot(|\tilde{V}|^2\tilde{V})\mathrm{d}\sigma\mathrm{d}\zeta. \tag{5.58}$$

直接推导可得

$$-\int_{O}\left(\nabla_{\tilde{V}^*}\tilde{V}-\left(\frac{1}{h^*}\int_{-1}^{\zeta}\nabla\cdot(h^*\tilde{V}^*)\mathrm{d}s\right)\frac{\partial\tilde{V}}{\partial\zeta}\right)\cdot(h^*|\tilde{V}|^2\tilde{V})\mathrm{d}\sigma\mathrm{d}\zeta=0, \tag{5.59}$$

以及

$$-\int_{O}\nabla_{\tilde{V}^*}\tilde{V}\cdot(h^*|\tilde{V}|^2\tilde{V})\mathrm{d}\sigma\mathrm{d}\zeta=-\frac{\kappa_0^*}{4}\int_{O}\frac{\partial h^*}{\partial t}|\tilde{V}|^4\mathrm{d}\sigma\mathrm{d}\zeta. \tag{5.60}$$

类似于第三章中(3.76)式和(3.80)式的证明，可得如下两项估计，这里也省略具体的证明过程，

$$\left|\int_{O}\nabla_{\tilde{V}^*}\bar{V}\cdot(h^*|\tilde{V}|^2\tilde{V})\mathrm{d}\sigma\mathrm{d}\zeta\right|$$
$$\leqslant C(1+\|\nabla V\|_{L^2(O)}^2)\|\tilde{V}\|_{L^4(O)}^4+\varepsilon\|\nabla(|\tilde{V}|^2)\|_{L^2(O)}^2, \tag{5.61}$$

以及

$$\overline{\int_{O}\frac{1}{h^*}\tilde{V}\nabla\cdot(h^*\tilde{V}^*)+\nabla_{\tilde{V}^*}\tilde{V}\quad\cdot(h^*|\tilde{V}|^2\tilde{V})\mathrm{d}\sigma\mathrm{d}\zeta}\,|$$
$$\leqslant C(1+\|\nabla V\|_{L^2(O)}^2)\|\tilde{V}\|_{L^4(O)}^4+\varepsilon\int_{O}\left|\nabla\tilde{V}\right|^2|\tilde{V}|^2\mathrm{d}\sigma\mathrm{d}\zeta, \tag{5.62}$$

其中，ε 是一个足够小的正常数.

直接计算可得

$$\int_{\Omega}2\omega\cos\theta\begin{pmatrix}0&-1\\1&0\end{pmatrix}\tilde{V}\cdot(h^*|\tilde{V}|^2\tilde{V})\mathrm{d}\sigma\mathrm{d}\zeta=0. \tag{5.63}$$

由 Cauchy-Schwarz 不等式，Hardy 不等式，Gagliardo-Nirenberg-Sobolev 不等式和 Young 不等式，可得

$$\left|g\int_{O}\nabla\left(h^*\int_{\zeta}^{0}(-\alpha_T T'+\alpha_S S')\mathrm{d}s\right)\cdot(h^*|\tilde{V}|^2\tilde{V})\mathrm{d}\sigma\mathrm{d}\zeta\right|$$
$$\leqslant C(\|T'\|_{L^2(O)}+\|\nabla T'\|_{L^2(O)})\||\tilde{V}|^3\|_{L^2(O)}$$

$$
\begin{aligned}
&+C(\|S'\|_{L^2(O)}+\|\nabla S'\|_{L^2(O)})\|\,|\tilde{V}|^3\|_{L^2(O)}\\
&\leqslant C(1+\|\nabla T'\|_{L^2(O)}+\|\nabla S'\|_{L^2(O)})\|\,|\tilde{V}|^2\|^{\frac{3}{2}}_{L^3(O)}\\
&\leqslant C(1+\|\nabla T'\|_{L^2(O)}+\|\nabla S'\|\,L^2(O))\\
&\quad\cdot(\|\,|\tilde{V}|^2\|^{\frac{1}{3}}_{L^{\frac{2}{3}}_{L(O)}}(\|\,|\tilde{V}|^2\|_{L^2(O)}+\|\nabla(|\tilde{V}|^2)\|_{L^2(O)}+\left\|\,\|\frac{\partial(|\tilde{V}|)}{\partial\zeta}\right\|_{L^2(O)})\frac{2}{3})\frac{3}{2}\\
&\leqslant C(M)+C\int_O h^*\,|\tilde{V}|^4\mathrm{d}\sigma\mathrm{d}\zeta+C(M)\|\nabla T'\|^2_{L^2(O)}+C(M)\|\nabla S'\|^2_{L^2(O)}\\
&\quad+\varepsilon\|\nabla(|\tilde{V}|^2)\|^2_{L^2(O)}+\varepsilon\left\|\frac{\partial(|\tilde{V}|^2)}{\partial\zeta}\right\|^2_{L^2(O)},
\end{aligned}
\tag{5.64}
$$

$$
\begin{aligned}
&\left|g\int_O\left(\int_{-1}^0\nabla\left(h^*\int_\zeta^0(-\alpha_T T'+\alpha_S S')\mathrm{d}s\right)\mathrm{d}\zeta\right)\cdot(h^*\,|\tilde{V}|^2\tilde{V})\mathrm{d}\sigma\mathrm{d}\zeta\right|\\
&\leqslant C(\|T'\|_{L^2(O)}+\|\nabla T'\|_{L^2(O)})\|\,|\tilde{V}|^3\|_{L^2(O)}\\
&\quad+C(\|S'\|_{L^2(O)}+\|\nabla S'\|_{L^2(O)})\|\,|\tilde{V}|^3\|_{L^2(O)}\\
&\leqslant C(M)+C\int_O h^*\,|\tilde{V}|^4\mathrm{d}\sigma\mathrm{d}\zeta+C(M)\|\nabla T'\|^2_{L^2(O)}+C(M)\|\nabla S'\|^2_{L^2(O)}\\
&\quad+\varepsilon\|\nabla(|\tilde{V}|^2)\|^2_{L^2(O)}+\varepsilon\left\|\frac{\partial(|\tilde{V}|^2)}{\partial\zeta}\right\|^2_{L^2(O)},
\end{aligned}
\tag{5.65}
$$

以及

$$
\begin{aligned}
&\left|g\int_O(-\alpha_T T'+\alpha_S S')((1+\zeta)\nabla z_{so'}+\zeta\nabla\tilde{h})\cdot(h^*\,|\tilde{V}|^2\tilde{V})\mathrm{d}\sigma\mathrm{d}\zeta\right|\\
&\quad+\left|g\int_O\left(\int_{-1}^0(-\alpha_T T'+\alpha_S S')((1+\zeta)\nabla z_{so'}+\zeta\nabla\tilde{h})\mathrm{d}\zeta\right)\cdot(\tilde{h}\,|\tilde{V}|^2\tilde{V})\mathrm{d}\sigma\mathrm{d}\zeta\right|\\
&\leqslant C(\|T'\|_{L^4(O)}+\|S'\|_{L^4(O)})\|\nabla z_{so'}\|_{L^4(O)}\|\,|\tilde{V}|^3\|_{L^2(O)}\\
&\quad+C(\|T'\|_{L^2(O)}+\|S'\|_{L^2(O)})\|\,|\tilde{V}|^3\|_{L^2(O)}\\
&\leqslant C(M)+C\|\nabla z_{so'}\|^4_{L^4(O_S)}+C\int_O h^*\,|\tilde{V}|^4\mathrm{d}\sigma\mathrm{d}\zeta\\
&\quad+\varepsilon\|\nabla(|\tilde{V}|^2)\|^2_{L^2(O)}+\varepsilon\left\|\frac{\partial(|\tilde{V}|^2)}{\partial\zeta}\right\|^2_{L^2(O)},
\end{aligned}
\tag{5.66}
$$

其中,ε 是一个足够小的正常数.

将如下边界项分解为

$$
\begin{aligned}
&k_{s1}\int_{Os}\frac{h^*}{\tilde{h}^2}((|\tilde{V}|^2\tilde{V})\cdot(f(|V|)V))|_{\zeta=0}\mathrm{d}\sigma\\
=&k_{s1}\int_{Os}\frac{h^*}{\tilde{h}^2}(|\tilde{V}|^4 f(|V|))|_{\zeta=0}\mathrm{d}\sigma\\
&+k_{s1}\int_{Os}\frac{h^*}{\tilde{h}^2}((|\tilde{V}|^2\tilde{V})\cdot(f(|V|)\bar{V}))|_{\zeta=0}\mathrm{d}\sigma,
\end{aligned}
\tag{5.67}
$$

再由 Young 不等式可得

$$
\begin{aligned}
&k_{s1}\int_{Os}\frac{h^*}{\tilde{h}^2}(|\tilde{V}|^4 f(|V|))|_{\zeta=0}\mathrm{d}\sigma\\
\geqslant&k_{s1}\int_{Os}\frac{h^*}{\tilde{h}^2}|\tilde{V}|^{4+\alpha}|_{\zeta=0}\mathrm{d}\sigma-k_{s1}\int_{Os}\frac{h^*}{\tilde{h}^2}|\tilde{V}|^4|_{\zeta=0}|\bar{V}|^{\alpha}\mathrm{d}\sigma,
\end{aligned}
\tag{5.68}
$$

以及

$$
k_{s1}\int_{Os}\frac{h^*}{\tilde{h}^2}|\tilde{V}|^4|_{\zeta=0}|\bar{V}|^{\alpha}\mathrm{d}\sigma\leqslant\varepsilon\int_{Os}\frac{h^*}{\tilde{h}^2}|\tilde{V}|^{4+\alpha}|_{\zeta=0}\mathrm{d}\sigma+C\int_{Os}\frac{h^*}{\tilde{h}^2}|\bar{V}|^{4+\alpha}\mathrm{d}\sigma,
\tag{5.69}
$$

类似可得

$$
\begin{aligned}
&k_{s1}\int_{Os}\frac{h^*}{\tilde{h}^2}((|\tilde{V}|^2\tilde{V})\cdot(f(|V|)\bar{V}))|_{\zeta=0}\mathrm{d}\sigma\\
\leqslant&\varepsilon\int_{Os}\frac{h^*}{\tilde{h}^2}|\tilde{V}|^{4+\alpha}|_{\zeta=0}\mathrm{d}\sigma+C\int_{Os}\frac{h^*}{\tilde{h}^2}|\bar{V}|^{4+\alpha}\mathrm{d}\sigma+C\int_{Os}\frac{h^*}{\tilde{h}^2}|\bar{V}|^{\frac{4+\alpha}{1+\alpha}}\mathrm{d}\sigma,
\end{aligned}
\tag{5.70}
$$

其中,ε 是一个足够小的正常数.

最后,由 Young 不等式可得

$$
\begin{aligned}
&\left|k_{s1}\int_{O}\frac{h^*}{\tilde{h}^2}(f(|V|)V)|_{\zeta=0}\cdot(|\tilde{V}|^2\tilde{V})\mathrm{d}\sigma\mathrm{d}\zeta\right|\\
\leqslant&C\left\|\frac{h^*}{\tilde{h}^2}(f(|V|)V)|_{\zeta=0}\right\|_{L^2(Os)}\left\||\tilde{V}|^2\tilde{V}\right\|_{L^2(O)}\\
\leqslant&C(M)+C\int_{Os}\frac{h^*}{\tilde{h}^2}(|\tilde{V}|^{2+2\alpha}+|\bar{V}|^{2+2\alpha})|_{\zeta=0}\mathrm{d}\sigma+C\int_{O}h^*|\tilde{V}|^4\mathrm{d}\sigma\mathrm{d}\zeta\\
&+\varepsilon\|\nabla(|\tilde{V}|^2)\|_{L^2(O)}^2+\varepsilon\left\|\frac{\partial(|\tilde{V}|^2)}{\partial\zeta}\right\|_{L^2(O)}^2\\
\leqslant&C(M)+\varepsilon k_{s1}\int_{Os}\frac{h^*}{\tilde{h}^2}|\tilde{V}|^{4+\alpha}|_{\zeta=0}\mathrm{d}\sigma+C\int_{Os}|\bar{V}|^{2+2\alpha}\mathrm{d}\sigma+C\int_{O}h^*|\tilde{V}|^4\mathrm{d}\sigma\mathrm{d}\zeta
\end{aligned}
$$

$$+\varepsilon\|\nabla(|\tilde{V}|^2)\|^2_{L^2(O)}+\varepsilon\left\|\frac{\partial(|\tilde{V}|^2)}{\partial\zeta}\right\|^2_{L^2(O)},\tag{5.71}$$

其中，ε 是一个足够小的正常数.

综上可得

$$\begin{aligned}&\frac{\mathrm{d}}{\mathrm{d}t}\int_O h^*|\tilde{V}|^4\mathrm{d}\sigma\mathrm{d}\zeta+C\int_O|\nabla\tilde{V}|^2|\tilde{V}|^2\mathrm{d}\sigma\mathrm{d}\zeta\\&+C\int_O\left|\frac{\partial\tilde{V}}{\partial\zeta}\right|^2|\tilde{V}|^2\mathrm{d}\sigma\mathrm{d}\zeta+C\int_{Os}|\tilde{V}|^{4+\alpha}|_{\zeta=0}\mathrm{d}\sigma\\\leqslant&C(M)+C(1+\|\nabla V\|^2_{L^2(O)})\int_O h^*|\tilde{V}|^4\mathrm{d}\sigma\mathrm{d}\zeta\\&+C(M)\int_O|\nabla T'|^2\mathrm{d}\sigma\mathrm{d}\zeta+C(M)\int_O|\nabla S'|^2\mathrm{d}\sigma\mathrm{d}\zeta\\&+C(M)\int_{Os}|\bar{V}|^{4+\alpha}\mathrm{d}\sigma+C\int_{Os}|\nabla z_{so'}|^4\mathrm{d}\sigma,\end{aligned}\tag{5.72}$$

再由 Gronwall 不等式，(5.22)式和(5.26)式可得(5.57)式.

5.7　正压速度场的 H^1 估计

引理 5.6　令 $M>0$. 在定理 2.1 的假设下，正压海水速度场$\bar{V}$满足

$$\begin{aligned}&\int_{Os}|\nabla(\tilde{h}\bar{V})|^2\mathrm{d}\sigma+\int_{Os}\left|\int_0^t\nabla\nabla\cdot(\tilde{h}\bar{V})\mathrm{d}\tau\right|^2\mathrm{d}\sigma\\&+\int_0^t\int_{Os}|\Delta\bar{V}|^2\mathrm{d}\sigma\mathrm{d}\tau\leqslant C(M),\quad t\in[0,M],\end{aligned}\tag{5.73}$$

其中，$C(M)$是依赖于时间 M 的正常数.

证明　将(5.19)式与 $\tilde{h}\Delta(\tilde{h}\bar{V})$在区域 O_S 上做内积，可得

$$\begin{aligned}&\frac{1}{2}\frac{\mathrm{d}}{\mathrm{d}t}\int_{Os}|\nabla(\tilde{h}\bar{V})|^2\mathrm{d}\sigma+k_{hof}\int_{Os}\frac{\tilde{h}^3}{h^*}|\Delta\bar{V}|^2\mathrm{d}\sigma\\=&-k_{\mathrm{hof}}\int_{Os}\frac{\tilde{h}}{h^*}\Delta\tilde{h}(\nabla\tilde{h}\cdot\nabla\bar{V})\cdot\bar{V}\mathrm{d}\sigma-k_{\mathrm{hof}}\int_{Os}\frac{\tilde{h}^2}{h^*}\Delta\tilde{h}(\bar{V}\cdot\Delta\bar{V})\mathrm{d}\sigma\\&-2k_{\mathrm{hof}}\int_{Os}\frac{\tilde{h}}{h^*}(\nabla\tilde{h}\cdot\nabla\bar{V})^2\mathrm{d}\sigma-3k_{\mathrm{hof}}\int_{Os}\frac{\tilde{h}^2}{h^*}(\nabla\tilde{h}\cdot\nabla\bar{V})\cdot\Delta\bar{V}\mathrm{d}\sigma\\&+\int_{Os}\nabla_{V^*}\bar{V}\cdot(\tilde{h}\Delta(\tilde{h}\bar{V}))\mathrm{d}\sigma\end{aligned}$$

$$
\begin{aligned}
&+\int_{Os}\frac{1}{h^*}\tilde{V}\,\nabla\cdot(h^*\overline{\tilde{V}^*})+\nabla_{V\sim *}\tilde{V}\cdot(\tilde{h}\Delta(\tilde{h}\bar{V}))\mathrm{d}\sigma\\
&+\int_{Os}2\omega\cos\theta\begin{pmatrix}0&-1\\1&0\end{pmatrix}\bar{V}\cdot(\tilde{h}\Delta(\tilde{h}\bar{V}))\mathrm{d}\sigma\\
&+\int_{Os}\left(\int_{-1}^{0}g\,\nabla\left(h^*\int_{\zeta}^{0}(-\alpha_T T'+\alpha_S S')\mathrm{d}s\right)\mathrm{d}\zeta\right)\cdot(\tilde{h}\Delta(\tilde{h}\bar{V}))\mathrm{d}\sigma\\
&+\int_{Os}\left(\int_{-1}^{0}g(-\alpha_T T'+\alpha_S S')((1+\zeta)\,\nabla z_{so'}+\zeta\,\nabla\tilde{h})\mathrm{d}\zeta\right)\cdot(\tilde{h}\Delta(\tilde{h}\bar{V}))\mathrm{d}\sigma\\
&-\frac{g}{\rho_0}\int_{Os}\nabla(\tilde{\rho}_{so}z_{so'})\cdot(\tilde{h}\Delta(\tilde{h}\bar{V}))\mathrm{d}\sigma\\
&+k_{s1}\int_{Os}\left(\frac{1}{\tilde{h}^2}f(|V|)V\right)|_{\zeta=0}\cdot(\tilde{h}\Delta(\tilde{h}\bar{V}))\mathrm{d}\sigma.
\end{aligned}
\tag{5.74}
$$

利用(5.22)式和 Young 不等式可得

$$
\begin{aligned}
&\left|k_{\text{hof}}\int_{Os}\frac{\tilde{h}}{h^*}\Delta\tilde{h}(\nabla\tilde{h}\cdot\nabla\bar{V})\cdot\bar{V}\mathrm{d}\sigma\right|+\left|k_{\text{hof}}\int_{Os}\frac{\tilde{h}^2}{h^*}\Delta\tilde{h}(\bar{V}\cdot\Delta\bar{V})\mathrm{d}\sigma\right|\\
&\quad+\left|2k_{\text{hof}}\int_{Os}\frac{\tilde{h}}{h^*}(\nabla\tilde{h}\cdot\nabla\bar{V})2\mathrm{d}\sigma\right|+\left|3k_{\text{hof}}\int_{Os}\frac{\tilde{h}^2}{h^*}(\nabla\tilde{h}\cdot\nabla\bar{V})\cdot\Delta\bar{V}\mathrm{d}\sigma\right|\\
&\leqslant C\int_{Os}|\bar{V}|^2\mathrm{d}\sigma+C\int_{Os}|\nabla\bar{V}|^2\mathrm{d}\sigma+\varepsilon\int_{Os}|\Delta\bar{V}|^2\mathrm{d}\sigma\\
&\leqslant C+C\int_{O}|\nabla V|^2\mathrm{d}\sigma\mathrm{d}\zeta+\varepsilon\int_{Os}|\Delta\bar{V}|^2\mathrm{d}\sigma,
\end{aligned}
\tag{5.75}
$$

其中,ε 是一个足够小的正常数.

类似于第三章中(3.95)式和(3.96)式的证明,可得如下两项估计,这里也省略具体的证明过程,

$$
\begin{aligned}
&\left|\int_{Os}\nabla_{V^*}\bar{V}\cdot(\tilde{h}\Delta(\tilde{h}\bar{V}))\mathrm{d}\sigma\right|\\
&\quad\leqslant C+C(1+\|\nabla V\|_{L^2(O)}^2)\|\nabla\bar{V}\|_{L^2(Os)}^2+\varepsilon\|\Delta\bar{V}\|_{L^2(Os)}^2,
\end{aligned}
\tag{5.76}
$$

和

$$
\left|\int_{Os}\overline{\frac{1}{h^*}\tilde{V}\,\nabla\cdot(h^*\tilde{V}^*)+\nabla\tilde{V}^*\tilde{V}}\cdot(\tilde{h}\Delta(\tilde{h}\bar{V}))\mathrm{d}\sigma\right|
$$

$$\leqslant C(M)+C\int_{O}\left|\nabla\widetilde{V}\right|^{2}\left|\widetilde{V}\right|^{2}\mathrm{d}\sigma\mathrm{d}\zeta+C\int_{O}\left|\nabla V\right|^{2}\mathrm{d}\sigma\mathrm{d}\zeta+\varepsilon\int_{OS}\left|\Delta\bar{V}\right|^{2}\mathrm{d}\sigma,\tag{5.77}$$

其中，ε 是一个足够小的正常数.

此外，还可得

$$\int_{OS}2\omega\cos\theta\begin{pmatrix}0&-1\\1&0\end{pmatrix}\bar{V}\cdot(\tilde{h}\Delta(\tilde{h}\bar{V}))\mathrm{d}\sigma=0.\tag{5.78}$$

再由(5.22)式可得

$$\begin{aligned}&\left|\int_{OS}\left(\int_{-1}^{0}g\nabla(h^{*}\int_{\zeta}^{0}(-\alpha_{T}T'+\alpha_{S}S')\mathrm{d}s)\mathrm{d}\zeta\right)\cdot(\tilde{h}\Delta(\tilde{h}\bar{V}))\mathrm{d}\sigma\right|\\&\leqslant C\left|\int_{OS}\left(\int_{-1}^{0}(|T'|+|S'|+|\nabla T'|+|\nabla S'|)\mathrm{d}\zeta\right)\left|(\tilde{h}\Delta(\tilde{h}\bar{V}))\right|\mathrm{d}\sigma\right|\\&\leqslant C+C\|\nabla T'\|_{L^{2}(O)}^{2}+C\|\nabla S'\|_{L^{2}(O)}^{2}+C\|\nabla V\|_{L^{2}(O)}^{2}+\varepsilon\|\Delta\bar{V}\|_{L^{2}(OS)}^{2},\end{aligned}\tag{5.79}$$

$$\begin{aligned}&\left|\int_{OS}\left(\int_{-1}^{0}g(-\alpha_{T}T'+\alpha_{S}S')((1+\zeta)\nabla z_{so'}+\zeta\nabla\tilde{h})\mathrm{d}\zeta\right)\cdot(\tilde{h}\Delta(\tilde{h}\bar{V}))\mathrm{d}\sigma\right|\\&\leqslant C+C\|T'\|_{L^{4}(O)}^{4}+C\|S'\|_{L^{4}(O)}^{4}+C\|\nabla z_{so'}\|_{L^{4}(OS)}^{4}\\&\quad+C\|\nabla V\|_{L^{2}(O)}^{2}+\varepsilon\|\Delta\bar{V}\|_{L^{2}(OS)}^{2}\\&\leqslant C(M)+C\|\nabla z_{so'}\|_{L^{4}(OS)}^{4}+C\|\nabla V\|_{L^{2}(O)}^{2}+\varepsilon\|\Delta\bar{V}\|_{L^{2}(OS)}^{2},\end{aligned}\tag{5.80}$$

以及

$$\left|\frac{g}{\rho_{0}}\int_{OS}\nabla(\tilde{\rho}_{so}z_{so'})\cdot(\tilde{h}\Delta(\tilde{h}\bar{V}))\mathrm{d}\sigma\right|\leqslant C+C\|\nabla V\|_{L^{2}(O)}^{2}+\varepsilon\|\Delta\bar{V}\|_{L^{2}(OS)}^{2},\tag{5.81}$$

其中，ε 是一个足够小的正常数.而边界项的处理如下：

$$\begin{aligned}&\left|k_{s1}\int_{OS}\left(\frac{1}{\tilde{h}^{2}}f(|V|)V\right)\bigg|_{\zeta=0}\cdot(\tilde{h}\Delta(\tilde{h}\bar{V}))\mathrm{d}\sigma\right|\\&\leqslant C+C\int_{OS}\left|\tilde{V}\right|^{2+2\alpha}\big|_{\zeta=0}\mathrm{d}\sigma+C\int_{OS}|\bar{V}|^{2+2\alpha}\mathrm{d}\sigma\\&\quad+C\|\nabla V\|_{L^{2}(O)}^{2}+\varepsilon\|\Delta\bar{V}\|_{L^{2}(OS)}^{2},\end{aligned}\tag{5.82}$$

其中，ε 是一个足够小的正常数.

结合(5.75)式～(5.82)式可得

$$\frac{1}{2}\frac{\mathrm{d}}{\mathrm{d}t}\int_{OS}|\nabla(\tilde{h}\bar{V})|^{2}\mathrm{d}\sigma+C\int_{OS}|\Delta\bar{V}|^{2}\mathrm{d}\sigma$$

$$\leqslant C(M)+C(1+\|\nabla V\|_{L^2(O)}^2)\int_{O_S}|\nabla(\tilde{h}\bar{V})|^2\mathrm{d}\sigma+C\int_O|\nabla V|^2\mathrm{d}\sigma\mathrm{d}\zeta$$
$$+C\int_O|\nabla\tilde{V}|^2|\tilde{V}|^2\mathrm{d}\sigma\mathrm{d}\zeta+C\int_O|\nabla T'|^2\mathrm{d}\sigma\mathrm{d}\zeta+C\int_O|\nabla S'|^2\mathrm{d}\sigma\mathrm{d}\zeta$$
$$+C\int_{O_S}|\nabla z_{so'}|^4\mathrm{d}\sigma+C\int_{O_S}|\tilde{V}|^{2+2\alpha}|_{\zeta=0}\mathrm{d}\sigma+C\int_{O_S}|\bar{V}|^{2+2\alpha}\mathrm{d}\sigma, \tag{5.83}$$

再由 Gronwall 不等式,(5.22)式和(5.26)式可得(5.73)式.

5.8 海表高度偏差量的 H^2 估计

引理 5.7 令 $M>0$. 在定理 6.1 的假设下,海表高度偏差量 z'_{so} 满足

$$\kappa_0\int_{O_S}|\Delta z'_{so}|^2\mathrm{d}\sigma+\kappa_0\int_0^t\int_{O_S}|\nabla\Delta z'_{so}|^2\mathrm{d}\sigma\mathrm{d}\tau\leqslant C(M),\quad t\in[0,M], \tag{5.84}$$

其中,$C(M)$是依赖于时间 M 的正常数.

证明 令$(1.95)_4$式乘以 $\Delta\Delta z'_{so}$,并在区域 O_S 上积分可得

$$\frac{\kappa_0}{2}\frac{\mathrm{d}}{\mathrm{d}t}\int_{O_S}|\Delta z'_{so}|^2\mathrm{d}\sigma+\kappa_0 k_{so}\int_{O_S}|\nabla\Delta z'_{so}|^2\mathrm{d}\sigma=\int_{O_S}\nabla\nabla\cdot(h^*\bar{V})\cdot\nabla\Delta z'_{so}\mathrm{d}\sigma, \tag{5.85}$$

再由 Young 不等式可得

$$\frac{\kappa_0}{2}\frac{\mathrm{d}}{\mathrm{d}t}\int_{O_S}|\Delta z'_{so}|^2\mathrm{d}\sigma+\frac{\kappa_0 k_{so}}{2}\int_{O_S}|\nabla\Delta z'_{so}|^2\mathrm{d}\sigma$$
$$\leqslant C\int_{O_S}|\nabla\nabla\cdot(h^*\bar{V})|^2\mathrm{d}\sigma\leqslant C+C\int_{O_S}|\nabla\bar{V}|^2\mathrm{d}\sigma+C\int_{O_S}|\Delta\bar{V}|^2\mathrm{d}\sigma, \tag{5.86}$$

再关于时间 t 在$[0,M]$上积分,并利用(5.73)式可得(5.84)式.

注 6.8 利用(5.84)式可得对任意的$\beta\in(1,+\infty)$和$\gamma\in(2,+\infty)$有

$$\nabla z'_{so}\in L^\infty(0,M;(L^\beta(O_S))^2),\quad \Delta z'_{so}\in L^\gamma(0,M;(L^\gamma(O_S))^2). \tag{5.87}$$

5.9　海水速度场的 H^1 估计

引理 5.8　令 $M>0$. 在定理 6.1 的假设下,海水速度场 V 满足

$$\int_O |V_\zeta|^2 \mathrm{d}\sigma\mathrm{d}\zeta + \int_0^t\int_O |\nabla V_\zeta|^2 \mathrm{d}\sigma\mathrm{d}\zeta\mathrm{d}\tau + \int_0^t\int_O |V_{\zeta\zeta}|^2 \mathrm{d}\sigma\mathrm{d}\zeta\mathrm{d}\tau + \int_{Os} (f(|V|)\,|\nabla V|^2)|_{\zeta=0}\mathrm{d}\sigma + \int_{Os}\left(\frac{f'(|V|)}{|V|}|V\cdot\nabla V|^2\right)\Big|_{\zeta=0}\mathrm{d}\sigma \leqslant C(M),\quad t\in[0,M], \tag{5.88}$$

其中,$C(M)$是依赖于时间 M 的正常数.

证明　对方程$(1.95)_1$式关于 ζ 求导,可得

$$\frac{\partial V_\zeta}{\partial t} - \frac{k_{\mathrm{hof}}}{h^*}\nabla\cdot(\tilde{h}\,\nabla V_\zeta) + \nabla_{V^*}V_\zeta + \dot{\zeta}^* V_{\zeta\zeta} + \nabla_{V_\zeta^*}V + \left(-\frac{1}{h^*}\nabla\cdot(h^*V^*) - \frac{\kappa_0^*}{h^*}\frac{\partial h^*}{\partial t}\right)V_\zeta + 2\omega\cos\theta\begin{pmatrix}0 & -1\\ 1 & 0\end{pmatrix}V_\zeta - g\,\nabla(h^*(-\alpha_T T' + \alpha_S S')) + g(-\alpha_T T' + \alpha_S S')(\nabla z_{so'} + \nabla\tilde{h}) + g(-\alpha_T T'_\zeta + \alpha_S S'_\zeta)((1+\zeta)\,\nabla z_{so'} + \zeta\,\nabla\tilde{h}) = k_{zof}\frac{\partial}{\partial\zeta}\left(\frac{1}{\tilde{h}^2}\frac{\partial V_\zeta}{\partial\zeta}\right), \tag{5.89}$$

其中,$\nabla_{V^*}V_\zeta := V^*\cdot\nabla V_\zeta + a^{-1}\cot\theta v_\lambda V_\zeta^{\perp}$,$\nabla_{V_\zeta^*}V := V_\zeta^*\cdot\nabla V + a^{-1}\cot\theta v_{\lambda\zeta}V^{\perp}$.

将(5.89)式与 h^*V_ζ 在区域 O 上做内积,可得

$$\frac{1}{2}\frac{\mathrm{d}}{\mathrm{d}t}\int_O h^*|V_\zeta|^2\mathrm{d}\sigma\mathrm{d}\zeta + k_{hof}\int_O\tilde{h}\,|\nabla V_\zeta|^2\mathrm{d}\sigma\mathrm{d}\zeta + k_{zof}\int_O\frac{h^*}{\tilde{h}^2}|V_{\zeta\zeta}|^2\mathrm{d}\sigma\mathrm{d}\zeta$$

$$= \frac{1}{2}\int_O\frac{\mathrm{d}h^*}{\mathrm{d}t}|V_\zeta|^2\mathrm{d}\sigma\mathrm{d}\zeta - \int_O(\nabla_{V^*}V_\zeta + \dot{\zeta}^*V_{\zeta\zeta})\cdot(h^*V_\zeta)\mathrm{d}\sigma\mathrm{d}\zeta$$

$$-\int_O\nabla_{V_\zeta^*}V\cdot(h^*V_\zeta)\mathrm{d}\sigma\mathrm{d}\zeta - \int_O 2\omega\cos\theta\begin{pmatrix}0 & -1\\ 1 & 0\end{pmatrix}V_\zeta\cdot(h^*V_\zeta)\mathrm{d}\sigma\mathrm{d}\zeta$$

$$-\int_O\left(-\frac{1}{h^*}\nabla\cdot(h^*V^*) - \frac{\kappa_0^*}{h^*}\frac{\partial h^*}{\partial t}\right)V_\zeta\cdot(h^*V_\zeta)\mathrm{d}\sigma\mathrm{d}\zeta$$

$$+g\int_O\nabla(h^*(-\alpha_T T' + \alpha_S S'))\cdot(h^*V_\zeta)\mathrm{d}\sigma\mathrm{d}\zeta$$

$$-g\int_O(-\alpha_T T'+\alpha_S S')(\nabla z_{so'}+\nabla\widetilde{h})\cdot(h^* V_\zeta)\mathrm{d}\sigma\mathrm{d}\zeta$$

$$-g\int_O(-\alpha_T T'_\zeta+\alpha_S S'_\zeta)((1+\zeta)\nabla z_{so'}+\zeta\nabla\widetilde{h})\cdot(h^* V_\zeta)\mathrm{d}\sigma\mathrm{d}\zeta$$

$$+k_{zof}\int_{Os}\left(\frac{1}{\widetilde{h}^2}V_{\zeta\zeta}\right)\Big|_{\zeta=0}\cdot(h^* V_\zeta)\Big|_{\zeta=0}\mathrm{d}\sigma. \tag{5.90}$$

直接计算可得

$$-\int_O(\nabla_{V^*}V_\zeta+\dot{\zeta}^* V_{\zeta\zeta})\cdot(h^* V_\zeta)\mathrm{d}\sigma\mathrm{d}\zeta=0. \tag{5.91}$$

由(5.22)式,(5.57)式,(5.73)式,Gagliardo-Nirenberg-Sobolev 不等式,Young 不等式和 $V_\zeta^*=V_\zeta$ 可得

$$\left|\int_O\nabla_{V_\zeta^*}V\cdot(h^* V_\zeta)\mathrm{d}\sigma\mathrm{d}\zeta\right|$$

$$+\left|\int_O\left(-\frac{1}{h^*}\nabla\cdot(h^* V^*)-\frac{\kappa_0^*}{h^*}\frac{\partial h^*}{\partial t}\right)V_\zeta\cdot(h^* V_\zeta)\mathrm{d}\sigma\mathrm{d}\zeta\right|$$

$$\leqslant C\int_O|V||V_\zeta|^2\mathrm{d}\sigma\mathrm{d}\zeta+C\int_O|V||V_\zeta||\nabla V_\zeta|\mathrm{d}\sigma\mathrm{d}\zeta+C\int_O|V_\zeta|^2\mathrm{d}\sigma\mathrm{d}\zeta$$

$$\leqslant C\|V\|_{L^2(O)}\|V_\zeta\|_{L^4(O)}^2+C\|V\|_{L^4(O)}\|V_\zeta\|_{L^4(O)}\|\nabla V_\zeta\|_{L^2(O)}$$

$$\leqslant C\|V\|_{L^2(O)}\|V_\zeta\|_{L^2(O)}^{\frac{1}{2}}(\|V_\zeta\|_{L^2(O)}+\|\nabla V_\zeta\|_{L^2(O)}+\|V_{\zeta\zeta}\|_{L^2(O)})^{\frac{3}{2}}+C\|V_\zeta\|_{L^2(O)}^2$$

$$+C\|V\|_{L^4(O)}\|V_\zeta\|_{L^2(O)}^{\frac{1}{4}}(\|V_\zeta\|_{L^2(O)}+\|\nabla V_\zeta\|_{L^2(O)}+\|V_{\zeta\zeta}\|_{L^2(O)})^{\frac{3}{4}}\|\nabla V_\zeta\|_{L^2(O)}$$

$$\leqslant C\|V\|_{L^2(O)}\|V_\zeta\|_{L^2(O)}^{\frac{1}{2}}(\|V_\zeta\|_{L^2(O)}+\|\nabla V_\zeta\|_{L^2(O)}+\|V_{\zeta\zeta}\|_{L^2(O)})^{\frac{3}{2}}$$

$$+C\|V\|_{L^4(O)}\|V_\zeta\|_{L^2(O)}^{\frac{1}{4}}(\|V_\zeta\|_{L^2(O)}+\|\nabla V_\zeta\|_{L^2(O)}+\|V_{\zeta\zeta}\|_{L^2(O)})^{\frac{7}{4}}+C\|V_\zeta\|_{L^2(O)}^2$$

$$\leqslant C(1+\|V\|_{L^2(O)}^4+\|V\|_{L^4(O)}^8)\|V_\zeta\|_{L^2(O)}^2+\varepsilon\|\nabla V_\zeta\|_{L^2(O)}^2+\varepsilon\|V_{\zeta\zeta}\|_{L^2(O)}^2$$

$$\leqslant C(1+\|\widetilde{V}\|_{L^4(O)}^8+\|\bar{V}\|_{H^1(O)}^8)\|V_\zeta\|_{L^2(O)}^2+\varepsilon\|\nabla V_\zeta\|_{L^2(O)}^2+\varepsilon\|V_{\zeta\zeta}\|_{L^2(O)}^2$$

$$\leqslant C(M)\|V_\zeta\|_{L^2(O)}^2+\varepsilon\|\nabla V_\zeta\|_{L^2(O)}^2+\varepsilon\|V_{\zeta\zeta}\|_{L^2(O)}^2, \tag{5.92}$$

其中,ε 是一个足够小的正常数.

易得

$$-\int_O 2\omega\cos\theta\begin{pmatrix}0 & -1\\ 1 & 0\end{pmatrix}V_\zeta\cdot(h^* V_\zeta)\mathrm{d}\sigma\mathrm{d}\zeta=0. \tag{5.93}$$

由 Young 不等式,(5.26)式和(5.34)式可得

$$\left|g\int_O \nabla(h^*(-\alpha_T T'+\alpha_S S'))\cdot(h^* V_\zeta)\mathrm{d}\sigma\mathrm{d}\zeta\right|$$
$$\leqslant C+C\|\nabla T'\|_{L^2(O)}^2+C\|\nabla S'\|_{L^2(O)}^2+C\|V_\zeta\|_{L^2(O)}^2,\tag{5.94}$$

$$\left|-g\int_O(-\alpha_T T'+\alpha_S S')(\nabla z_{so'}+\nabla\tilde{h})\cdot(h^* V_\zeta)\mathrm{d}\sigma\mathrm{d}\zeta\right|$$
$$\leqslant C+C\|T'\|_{L^4(O)}^4+C\|S'\|_{L^4(O)}^4+C\|\nabla z_{so'}\|_{L^4(O_S)}^4+C\|V_\zeta\|_{L^2(O)}^2$$
$$\leqslant C(M)+C\|V_\zeta\|_{L^2(O)}^2,\tag{5.95}$$

以及

$$\left|-g\int_O(-\alpha_T T'_\zeta+\alpha_S S'_\zeta)((1+\zeta)\nabla z_{so'}+\zeta\nabla\tilde{h})\cdot(h^* V_\zeta)\mathrm{d}\sigma\mathrm{d}\zeta\right|$$
$$=\left|-g\int_{O_S}((-\alpha_T T'+\alpha_S S')\nabla z_{so'}\cdot(h^* V_\zeta))\big|_{\zeta=0}\mathrm{d}\sigma\right.$$
$$+g\int_O(-\alpha_T T'+\alpha_S S')(\nabla z_{so'}+\nabla\tilde{h})\cdot(h^* V_\zeta)\mathrm{d}\sigma\mathrm{d}\zeta$$
$$\left.+g\int_O(-\alpha_T T'+\alpha_S S')((1+\zeta)\nabla z_{so'}+\zeta\nabla\tilde{h})\cdot(h^* V_{\zeta\zeta})\mathrm{d}\sigma\mathrm{d}\zeta\right|$$
$$\leqslant C+C\int_{O_S}T'^4\big|_{\zeta=0}\mathrm{d}\sigma+C\int_{O_S}S'^4\big|_{\zeta=0}\mathrm{d}\sigma+C\int_{O_S}|\nabla z_{so'}|^4\mathrm{d}\sigma$$
$$+C\int_{O_S}\tilde{V}^{4+\alpha}\big|_{\zeta=0}\mathrm{d}\sigma+C\int_{O_S}\bar{V}^{4+\alpha}\mathrm{d}\sigma+C\|T'\|_{L^4(O)}^4+C\|S'\|_{L^4(O)}^4$$
$$+C\|V_\zeta\|_{L^2(O)}^2+\varepsilon\|V_{\zeta\zeta}\|_{L^2(O)}^2$$
$$\leqslant C(M)+C\|V_\zeta\|_{L^2(O)}^2+\varepsilon\|V_{\zeta\zeta}\|_{L^2(O)}^2,\tag{5.96}$$

其中,ε 是一个足够小的正常数.

由(1.95)$_1$式和边界条件可得

$$k_{zof}\int_{O_S}\left(\frac{1}{\tilde{h}^2}V_{\zeta\zeta}\right)\Big|_{\zeta=0}\cdot(h^* V_\zeta)\big|_{\zeta=0}\mathrm{d}\sigma$$
$$=-\frac{k_{s1}}{k_{zof}}\int_{O_S}h^*(f(|V|)V)\big|_{\zeta=0}\cdot\left(\frac{\partial V\big|_{\zeta=0}}{\partial t}+(V^*\cdot\nabla)V\big|_{\zeta=0}\right.$$
$$+\left(2\omega\cos\theta+\frac{\cot\theta}{a}v_\lambda\big|_{\zeta=0}\right)\begin{pmatrix}0&-1\\1&0\end{pmatrix}V\big|_{\zeta=0}$$
$$-\frac{g}{\rho_0}\nabla\left(\tilde{\rho}_{so}\int_0^t\nabla\cdot(h^*\bar{V})\mathrm{d}\tau\right)+\frac{g\kappa_0 k_{so}}{\rho_0}\nabla\left(\tilde{\rho}_{so}\int_0^t\Delta z_{so'}\mathrm{d}\tau\right)$$

$$+g(-\alpha_T T'+\alpha_S S')|_{\zeta=0}\nabla z_{so'}-\frac{k_{hof}}{h^*}\nabla\cdot(\tilde{h}\nabla V)|_{\zeta=0}\Big)\mathrm{d}\sigma$$

$$=-\frac{k_{s1}}{2k_{zof}}\frac{\mathrm{d}}{\mathrm{d}t}\int_{Os}h^*F(|V|)|_{\zeta=0}\mathrm{d}\sigma+\frac{k_{s1}}{2k_{zof}}\int_{Os}\frac{\mathrm{d}h^*}{\mathrm{d}t}F(|V|)|_{\zeta=0}\mathrm{d}\sigma$$

$$-\frac{k_{s1}k_{hof}}{k_{zof}}\int_{Os}\tilde{h}(f(|V|)|\nabla V|^2)|_{\zeta=0}\mathrm{d}\sigma$$

$$-\frac{k_{s1}k_{hof}}{k_{zof}}\int_{Os}\tilde{h}(\frac{f'(|V|)}{|V|}|V\cdot\nabla V|^2)|_{\zeta=0}\mathrm{d}\sigma$$

$$-\frac{k_{s1}}{k_{zof}}\int_{Os}h^*(f(|V|)V)|_{\zeta=0}\cdot(V^*\cdot\nabla)V|_{\zeta=0}\mathrm{d}\sigma$$

$$-\frac{k_{s1}}{k_{zof}}\int_{Os}h^*(f(|V|)V)|_{\zeta=0}\cdot\left(\left(2\omega\cos\theta+\frac{\cot\theta}{a}v_\lambda|_{\zeta=0}\right)\begin{pmatrix}0&-1\\1&0\end{pmatrix}V|_{\zeta=0}\right)\mathrm{d}\sigma$$

$$+\frac{gk_{s1}}{k_{zof}\rho_0}\int_{Os}h^*(f(|V|)V)|_{\zeta=0}\cdot\nabla\left(\tilde{\rho}_{so}\int_0^t\nabla\cdot(h^*\bar{V})\mathrm{d}\tau\right)\mathrm{d}\sigma$$

$$-\frac{g\kappa_0k_{s1}k_{so}}{k_{zof}\rho_0}\int_{Os}h^*(f(|V|)V)|_{\zeta=0}\cdot\nabla\left(\tilde{\rho}_{so}\int_0^t\Delta z_{so'}\mathrm{d}\tau\right)\mathrm{d}\sigma$$

$$-\frac{gk_{s1}}{k_{zof}}\int_{Os}h^*(f(|V|)V)|_{\zeta=0}\cdot\nabla z_{so'}(-\alpha_T T'+\alpha_S S')|_{\zeta=0}\mathrm{d}\sigma, \tag{5.97}$$

其中,定义

$$F(|V|)=\int_0^{|V|^2}f(\eta^{\frac{1}{2}})\mathrm{d}\eta. \tag{5.98}$$

再对边界项给出如下估计

$$\left|\frac{k_{s1}}{k_{zof}}\int_{Os}h^*(f(|V|)V)|_{\zeta=0}\cdot(V^*\cdot\nabla)V|_{\zeta=0}\mathrm{d}\sigma\right|$$

$$\leqslant C\int_{Os}|V|^4|_{\zeta=0}\mathrm{d}\sigma+C\int_{Os}|V|^{4+\alpha}|_{\zeta=0}\mathrm{d}\sigma+\varepsilon\int_{Os}(f(|V|)|\nabla V|^2)|_{\zeta=0}\mathrm{d}\sigma$$

$$\leqslant C+C\int_{Os}|\tilde{V}|^{4+\alpha}|_{\zeta=0}\mathrm{d}\sigma+C\int_{Os}|\bar{V}|^{4+\alpha}\mathrm{d}\sigma+\varepsilon\int_{Os}(f(|V|)|\nabla V|^2)|_{\zeta=0}\mathrm{d}\sigma, \tag{5.99}$$

$$\left|\frac{k_{s1}}{k_{zof}}\int_{Os}h^*(f(|V|)V)|_{\zeta=0}\cdot\left(\left(2\omega\cos\theta+\frac{\cot\theta}{a}v_\lambda|_{\zeta=0}\right)\begin{pmatrix}0&-1\\1&0\end{pmatrix}V|_{\zeta=0}\right)\mathrm{d}\sigma\right|$$

$$\leqslant C\int_{Os}V^2|_{\zeta=0}\mathrm{d}\sigma+C\int_{Os}V^3|_{\zeta=0}\mathrm{d}\sigma$$

$$+C\int_{Os}V^{2+\alpha}\mid_{\zeta=0}\mathrm{d}\sigma+C\int_{Os}V^{3+\alpha}\mid_{\zeta=0}\mathrm{d}\sigma$$

$$\leqslant C+C\int_{Os}\left|\tilde{V}\right|^{3+\alpha}\mid_{\zeta=0}\mathrm{d}\sigma+C\int_{Os}\left|\bar{V}\right|^{3+\alpha}\mathrm{d}\sigma,\tag{5.100}$$

$$\left|\frac{gk_{s1}}{k_{zof}\rho_0}\int_{Os}h^*(f(|V|)V)\mid_{\zeta=0}\cdot\nabla\left(\tilde{\rho}_{so}\int_0^t\nabla\cdot(h^*\bar{V})\mathrm{d}\tau\right)\mathrm{d}\sigma\right|$$

$$=\left|-\frac{gk_{s1}}{k_{zof}\rho_0}\int_{Os}h^*\nabla\cdot(f(|V|)V)\mid_{\zeta=0}\left(\tilde{\rho}_{so}\int_0^t\nabla\cdot(h^*\bar{V})\mathrm{d}\tau\right)\mathrm{d}\sigma\right.$$

$$\left.-\frac{gk_{s1}}{k_{zof}\rho_0}\int_{Os}\nabla h^*\cdot(f(|V|)V)\mid_{\zeta=0}(\tilde{\rho}_{so}\int_0^t\nabla\cdot(h^*\bar{V})\mathrm{d}\tau)\mathrm{d}\sigma\right|$$

$$\leqslant C+C\int_{Os}|V|^{2\alpha}\mid_{\zeta=0}\mathrm{d}\sigma+\varepsilon\int_{Os}(f(|V|)|\nabla V|^2)\mid_{\zeta=0}\mathrm{d}\sigma$$

$$+C\int_0^t\int_{Os}(|\bar{V}|^4+|\nabla\bar{V}|^4)\mathrm{d}\sigma\mathrm{d}\tau+C\int_{Os}(|V|^2+|V|^{2+2\alpha})\mid_{\zeta=0}\mathrm{d}\sigma$$

$$+C\int_0^t\int_{Os}(|\bar{V}|^2+|\nabla\bar{V}|^2)\mathrm{d}\sigma\mathrm{d}\tau$$

$$\leqslant C(M)+C\int_{Os}\tilde{V}^{2+2\alpha}\mid_{\zeta=0}\mathrm{d}\sigma+C\int_{Os}\bar{V}^{2+2\alpha}\mathrm{d}\sigma$$

$$+\varepsilon\int_{Os}(f(|V|)|\nabla V|^2)\mid_{\zeta=0}\mathrm{d}\sigma+C\int_0^t\int_{Os}(|\bar{V}|^4+|\nabla\bar{V}|^4)\mathrm{d}\sigma\mathrm{d}\tau,\tag{5.101}$$

$$\left|\frac{g\kappa_0k_{s1}k_{so}}{k_{zof}\rho_0}\int_{Os}h^*(f(|V|)V)\mid_{\zeta=0}\cdot\nabla\left(\tilde{\rho}_{so}\int_0^t\Delta z_{so'}\mathrm{d}\tau\right)\mathrm{d}\sigma\right|$$

$$=\left|-\frac{g\kappa_0k_{s1}k_{so}}{k_{zof}\rho_0}\int_{Os}h^*\nabla\cdot(f(|V|)V)\mid_{\zeta=0}\left(\tilde{\rho}_{so}\int_0^t\Delta z_{so'}\mathrm{d}\tau\right)\mathrm{d}\sigma\right.$$

$$\left.-\frac{g\kappa_0k_{s1}k_{so}}{k_{zof}\rho_0}\int_{Os}\nabla h^*\cdot(f(|V|)V)\mid_{\zeta=0}\left(\tilde{\rho}_{so}\int_0^t\Delta z_{so'}\mathrm{d}\tau\right)\mathrm{d}\sigma\right|$$

$$\leqslant C+C\int_{Os}|V|^{2\alpha}\mid_{\zeta=0}\mathrm{d}\sigma+\varepsilon\int_{Os}(f(|V|)|\nabla V|^2)\mid_{\zeta=0}\mathrm{d}\sigma$$

$$+C\int_0^t\int_{Os}|\Delta z_{so'}|^4\mathrm{d}\sigma\mathrm{d}\tau+C\int_{Os}(|V|^2+|V|^{2+2\alpha})\mid_{\zeta=0}\mathrm{d}\sigma$$

$$+C\int_0^t\int_{Os}|\Delta z_{so'}|^2\mathrm{d}\sigma\mathrm{d}\tau$$

$$\leqslant C(M)+C\int_{Os}\tilde{V}^{2+2\alpha}\mid_{\zeta=0}\mathrm{d}\sigma+C\int_{Os}\bar{V}^{2+2\alpha}\mathrm{d}\sigma$$

$$+\varepsilon\int_{Os}(f(|V|)\,|\nabla V|^2)|_{\zeta=0}\mathrm{d}\sigma+C\int_0^t\int_{Os}\left|\Delta z_{so'}\right|^4\mathrm{d}\sigma\mathrm{d}\tau,\tag{5.102}$$

以及

$$\left|-\frac{gk_{s1}}{k_{zof}}\int_{Os}h^*(f(|V|)V)|_{\zeta=0}\cdot\nabla z'_{so}(-\alpha_T T'+\alpha_S S')|_{\zeta=0}\mathrm{d}\sigma\right|$$

$$\leqslant C\int_{Os}|V|^{2+2\alpha}|_{\zeta=0}\mathrm{d}\sigma+C\int_{Os}|\nabla z'_{so}|^4\mathrm{d}\sigma$$

$$+C\int_{Os}T'^4|_{\zeta=0}\mathrm{d}\sigma+C\int_{Os}S'^4|_{\zeta=0}\mathrm{d}\sigma$$

$$\leqslant C(M)+C\int_{Os}|\tilde{V}|^{2+2\alpha}|_{\zeta=0}\mathrm{d}\sigma+C\int_{Os}|\bar{V}|^{2+2\alpha}\mathrm{d}\sigma,\tag{5.103}$$

其中,ε 是一个足够小的正常数.

综合(5.91)式～(5.103)式可得

$$\frac{\mathrm{d}}{\mathrm{d}t}\int_O h^*|V_\zeta|^2\mathrm{d}\sigma\mathrm{d}\zeta+\frac{k_{s1}}{2k_{zof}}\frac{\mathrm{d}}{\mathrm{d}t}\int_{Os}h^*F(|V|)|_{\zeta=0}\mathrm{d}\sigma$$

$$+C\int_O|\nabla V_\zeta|^2\mathrm{d}\sigma\mathrm{d}\zeta+C\int_O|V_{\zeta\zeta}|^2\mathrm{d}\sigma\mathrm{d}\zeta$$

$$+C\int_{Os}(f(|V|)\,|\nabla V|^2)|_{\zeta=0}\mathrm{d}\sigma+C\int_{Os}\left(\frac{f'(|V|)}{|V|}\,|V\cdot\nabla V|^2\right)\Big|_{\zeta=0}\mathrm{d}\sigma$$

$$\leqslant C(M)+C\int_O h^*|V_\zeta|^2\mathrm{d}\sigma\mathrm{d}\zeta+C\int_O|\nabla T'|^2\mathrm{d}\sigma\mathrm{d}\zeta+C\int_O|\nabla S'|^2\mathrm{d}\sigma\mathrm{d}\zeta$$

$$+C\int_0^t\int_{Os}(|\bar{V}|^4+|\nabla\bar{V}|^4)\mathrm{d}\sigma\mathrm{d}\tau+C\int_0^t\int_{Os}|\Delta z'_{so}|^4\mathrm{d}\sigma\mathrm{d}\tau$$

$$+C\int_{Os}|\tilde{V}|^{4+\alpha}|_{\zeta=0}\mathrm{d}\sigma+C\int_{Os}|\bar{V}|^{4+\alpha}\mathrm{d}\sigma,\tag{5.104}$$

再由(5.22)式,(5.34)式,(5.57)式,(5.73)式和 Gronwall 不等式可得(5.88)式.

引理 5.9　在定理 6.1 的假设下,海水速度场 V 满足:

$$\int_O|\nabla(\tilde{h}V)|^2\mathrm{d}\sigma\mathrm{d}\zeta+\int_0^t\int_O|\Delta(\tilde{h}V)|^2\mathrm{d}\sigma\mathrm{d}\zeta\mathrm{d}\tau$$

$$+\int_0^t\int_O|\nabla(\tilde{h}V_\zeta)|^2\mathrm{d}\sigma\mathrm{d}\zeta\mathrm{d}\tau\leqslant C(M),\quad t\in[0,M],\tag{5.105}$$

其中，$C(M)>0$ 是一个依赖时间 M 的常数.

证明　将方程(1.95)$_1$式与 $\tilde{h}\Delta(\tilde{h}V)$ 在 O 上做内积，可以得到

$$
\begin{aligned}
&\frac{1}{2}\frac{\mathrm{d}}{\mathrm{d}t}\int_O |\nabla(\tilde{h}V)|^2 \mathrm{d}\sigma\mathrm{d}\zeta + k_{\mathrm{hof}}\int_O \frac{\tilde{h}}{h^*}|\Delta(\tilde{h}V)|^2 \mathrm{d}\sigma\mathrm{d}\zeta \\
=&\int_O \frac{\tilde{h}}{h^*}\nabla\cdot(\nabla\tilde{h}\otimes V)\cdot\Delta(\tilde{h}V)\mathrm{d}\sigma\mathrm{d}\zeta + \int_O \nabla_{V^*}V\cdot(\tilde{h}\Delta(\tilde{h}V))\mathrm{d}\sigma\mathrm{d}\zeta \\
&+\int_O \dot{\zeta}^* V_\zeta\cdot(\tilde{h}\Delta(\tilde{h}V))\mathrm{d}\sigma\mathrm{d}\zeta + 2\int_O \omega\cos\theta\begin{pmatrix}0 & 1\\ -1 & 0\end{pmatrix}V\cdot(\tilde{h}\Delta(\tilde{h}V))\mathrm{d}\sigma\mathrm{d}\zeta \\
&+\frac{g}{\rho_0}\int_{O_S}\nabla(\kappa_0\tilde{\rho}_{so}z'_{so})\cdot(\tilde{h}\Delta(\tilde{h}\bar{V}))\mathrm{d}\sigma \\
&+g\int_O \nabla\left(h^*\int_\zeta^0(-\alpha_T T'+\alpha_S S')\mathrm{d}s\right)\cdot(\tilde{h}\Delta(\tilde{h}V))\mathrm{d}\sigma\mathrm{d}\zeta \\
&+g\int_O(-\alpha_T T'+\alpha_S S')((1+\zeta)\nabla z'_{so}+\zeta\nabla\tilde{h})\cdot(\tilde{h}\Delta(\tilde{h}V))\mathrm{d}\sigma\mathrm{d}\zeta \\
&-\int_O\frac{\partial}{\partial\zeta}\left(\frac{k_{\mathrm{zof}}}{\tilde{h}^2}\frac{\partial V}{\partial\zeta}\right)\cdot(\tilde{h}\Delta(\tilde{h}V))\mathrm{d}\sigma\mathrm{d}\zeta.
\end{aligned}
\tag{5.106}
$$

由(5.57)式，(5.73)式和 Young 不等式可以得出

$$
\left|\int_O\frac{\tilde{h}}{h^*}\nabla\cdot(\nabla\tilde{h}\otimes V)\cdot\Delta(\tilde{h}V)\mathrm{d}\sigma\mathrm{d}\zeta\right| \leqslant C+C\|\nabla V\|_{L^2(O)}^2+\varepsilon\|\Delta(\tilde{h}V)\|_{L^2(O)}^2,
\tag{5.107}
$$

以及

$$
\begin{aligned}
&\left|\int_O\nabla_{V^*}V\cdot(\tilde{h}\Delta(\tilde{h}V))\mathrm{d}\sigma\mathrm{d}\zeta\right| \\
\leqslant\;& C\int_O|V^*||\nabla V||\Delta(\tilde{h}V)|\mathrm{d}\sigma\mathrm{d}\zeta + C\int_O|V|^2|\Delta(\tilde{h}V)|\mathrm{d}\sigma\mathrm{d}\zeta \\
\leqslant\;& C\int_O|V|^2|\nabla V|^2\mathrm{d}\sigma\mathrm{d}\zeta + C\|V\|_{L^4(O)}^4+\varepsilon\|\Delta(\tilde{h}V)\|_{L^2(O)}^2 \\
\leqslant\;& C\|V\|_{L^4(O)}^2\|\nabla V\|_{L^4(O)}^2+C\|V\|_{L^4(O)}^4+\varepsilon\|\Delta(\tilde{h}V)\|_{L^2(O)}^2 \\
\leqslant\;& C\|V\|_{L^4(O)}^2\|\nabla V\|_{L^2(O)}^{\frac{1}{2}}(\|V\|_{L^2(O)}+\|\Delta V\|_{L^2(O)}+\|\nabla V_\zeta\|_{L^2(O)})^{\frac{3}{2}} \\
&+C\|V\|_{L^4(O)}^4+\varepsilon\|\Delta(\tilde{h}V)\|_{L^2(O)}^2 \\
\leqslant\;& C\|V\|_{L^4(O)}^8\|\nabla V\|_{L^2(O)}^2+C\|V\|_{L^4(O)}^4+C\|V\|_{L^2(O)}^2+C\|\nabla V\|_{L^2(O)}^2 \\
&+C\|\nabla V_\zeta\|_{L^2(O)}^2+\varepsilon C\|\Delta(\tilde{h}V)\|_{L^2(O)}^2 \\
\leqslant\;& C+C(\|\tilde{V}\|_{L^4(O)}^8+\|\bar{V}\|_{H^1(O_S)}^8)\|\nabla V\|_{L^2(O)}^2
\end{aligned}
$$

$$
\begin{aligned}
&+C(\|\widetilde{V}\|_{L^4(O)}^4+\|\bar{V}\|_{H^1(Os)}^4)\\
&+C\|\nabla V\|_{L^2(O)}^2+C\|\nabla V_\zeta\|_{L^2(O)}^2+\varepsilon C\|\Delta(\widetilde{h}V)\|_{L^2(O)}^2\\
\leqslant\ & C(M)+C(M)\|\nabla V\|_{L^2(O)}^2+C\|\nabla V_\zeta\|_{L^2(O)}^2+\varepsilon C\|\Delta(\widetilde{h}V)\|_{L^2(O)}^2,
\end{aligned}
\tag{5.108}
$$

其中,$\varepsilon>0$ 是一个足够小的常数.

再利用 Gagliardo-Nirenberg-Sobolev 不等式和 Minkowski 不等式,可以推出

$$
\begin{aligned}
&\left|\int_O \dot{\zeta}^* V_\zeta\cdot(\widetilde{h}\Delta(\widetilde{h}V))\mathrm{d}\sigma\mathrm{d}\zeta\right|\\
\leqslant\ & C\int_{Os}\left(\int_{-1}^0\left(1+\int_{-1}^\zeta|\nabla\cdot(h^*V^*)|\mathrm{d}s\right)|V_\zeta||\Delta(\widetilde{h}V)|\mathrm{d}\zeta\right)\mathrm{d}\sigma\\
\leqslant\ & C(M)+C\int_{Os}\left(\int_{-1}^0|\nabla\cdot(h^*V^*)|^2\mathrm{d}\zeta\right)\left(\int_{-1}^0|V_\zeta|^2\mathrm{d}\zeta\right)\mathrm{d}\sigma\\
&+\varepsilon\|\Delta(\widetilde{h}V)\|_{L^2(O)}^2\\
\leqslant\ & C(M)+C\left(\int_{Os}\left(\int_{-1}^0|\nabla\cdot(h^*V^*)|^2\mathrm{d}\zeta\right)^2\mathrm{d}\sigma\right)^{\frac{1}{2}}\\
&\cdot\left(\int_{Os}\left(\int_{-1}^0|V_\zeta|^2\mathrm{d}\zeta\right)^2\mathrm{d}\sigma\right)^{\frac{1}{2}}+\varepsilon\|\Delta(\widetilde{h}V)\|_{L^2(O)}^2\\
\leqslant\ & C(M)+C\left(\int_{-1}^0\left(\int_{Os}|\nabla\cdot(h^*V^*)|^4\mathrm{d}\sigma\right)\frac{1}{2}\mathrm{d}\zeta\right)\\
&\cdot\left(\int_{-1}^0\left(\int_{Os}|V_\zeta|^4\mathrm{d}\sigma\right)^{\frac{1}{2}}\mathrm{d}\zeta\right)+\varepsilon\|\Delta(\widetilde{h}V)\|_{L^2(O)}^2\\
\leqslant\ & C(M)+C\left(\int_{-1}^0\|\nabla\cdot(h^*V^*)\|_{L^2(Os)}\|\nabla\cdot(h^*V^*)\|_{H^1(Os)}\mathrm{d}\zeta\right)\\
&\cdot\left((\int_{-1}^0\|V_\zeta\|_{L^2(Os)}\|V_\zeta\|_{H^1(Os)}\mathrm{d}\zeta\right)+\varepsilon\|\Delta(\widetilde{h}V)\|_{L^2(O)}^2\\
\leqslant\ & C(M)+C\|\nabla\cdot(h^*V)\|_{L^2(O)}(\|\nabla\cdot(h^*V)\|_{L^2(O)}+\|\Delta(h^*V)\|_{L^2(O)})\\
&\cdot\|V_\zeta\|_{L^2(O)}(\|V_\zeta\|_{L^2(O)}+\|\nabla V_\zeta\|_{L^2(O)})+\varepsilon\|\Delta(\widetilde{h}V)\|_{L^2(O)}^2\\
\leqslant\ & C(M)+C(M)(1+\|\nabla V_\zeta\|_{L^2(O)}^2)\|\nabla(\widetilde{h}V)\|_{L^2(O)}^2+\varepsilon C\|\Delta(\widetilde{h}V)\|_{L^2(O)}^2,
\end{aligned}
\tag{5.109}
$$

其中,$\varepsilon>0$ 是一个足够小的常数.

直接计算可得

$$\int_O 2\omega\cos\theta\begin{pmatrix}0 & -1\\1 & 0\end{pmatrix}V\cdot(\tilde{h}\Delta(\tilde{h}V))\mathrm{d}\sigma\mathrm{d}\zeta=0. \tag{5.110}$$

再利用 Young 不等式可得

$$\left|-\frac{g}{\rho_0}\int_{Os}\nabla(\tilde{\rho}_{so}z'_{so})\cdot(\tilde{h}\Delta(\tilde{h}\bar{V}))\mathrm{d}\sigma\right|\leqslant C+\varepsilon\|\Delta(\tilde{h}V)\|_{L^2(O)}^2, \tag{5.111}$$

$$\left|g\int_O\nabla\left(h^*\int_\zeta^0(-\alpha_T T'+\alpha_S S')\mathrm{d}s\right)\cdot(\tilde{h}\Delta(\tilde{h}V))\mathrm{d}\sigma\mathrm{d}\zeta\right|$$
$$\leqslant C+C\|\nabla T'\|_{L^2(O)}^2+C\|\nabla S'\|_{L^2(O)}^2+\varepsilon\|\Delta(\tilde{h}V)\|_{L^2(O)}^2, \tag{5.112}$$

$$\left|g\int_O(-\alpha_T T'+\alpha_S S')((1+\zeta)\nabla z'_{so}+\zeta\nabla\tilde{h})\cdot(\tilde{h}\Delta(\tilde{h}V))\mathrm{d}\sigma\mathrm{d}\zeta\right|$$
$$\leqslant C+C\|T'\|_{L^4(O)}^4+C\|S'\|_{L^4(O)}^4+C\|\nabla z'_{so}\|_{L^4(O)}^4+\varepsilon\|\Delta(\tilde{h}V)\|_{L^2(O)}^2$$
$$\leqslant C(M)+\varepsilon\|\Delta(\tilde{h}V)\|_{L^2(O)}^2, \tag{5.113}$$

以及

$$\left|\int_O\frac{\partial}{\partial\zeta}\left(\frac{k_{zof}}{\tilde{h}^2}\frac{\partial V}{\partial\zeta}\right)\cdot(\tilde{h}\Delta(\tilde{h}V))\mathrm{d}\sigma\mathrm{d}\zeta\right|\leqslant C\|V_{\zeta\zeta}\|_{L^2(O)}^2+\varepsilon\|\Delta(\tilde{h}V)\|_{L^2(O)}^2, \tag{5.114}$$

其中,$\varepsilon>0$ 是一个足够小的常数.

综合(5.107)式～(5.114)式,可以得出

$$\frac{1}{2}\frac{\mathrm{d}}{\mathrm{d}t}\int_O|\nabla(\tilde{h}V)|^2\mathrm{d}\sigma\mathrm{d}\zeta+C\int_O|\Delta(\tilde{h}V)|^2\mathrm{d}\sigma\mathrm{d}\zeta$$
$$\leqslant C(M)+C(M)(1+\|\nabla V_\zeta\|_{L^2(O)}^2)\|\nabla(\tilde{h}V)\|_{L^2(O)}^2$$
$$+C\|\nabla V\|_{L^2(O)}^2+C\|\nabla T'\|_{L^2(O)}^2+C\|\nabla S'\|_{L^2(O)}^2$$
$$+C\|\nabla V_\zeta\|_{L^2(O)}^2+C\|V_{\zeta\zeta}\|_{L^2(O)}^2, \tag{5.115}$$

再利用(5.22)式,(5.88)式和 Gronwall 不等式,可以得到(5.105)式.

5.10 海洋温度偏差和盐度偏差的 H^1 估计

引理 5.10 在定理 6.1 的假设下，海洋温度偏差量 T' 和盐度偏差量 S' 满足：

$$\int_O T'^2_\zeta \mathrm{d}\sigma\mathrm{d}\zeta+\int_{Os} T'|^2_{\zeta=0}\mathrm{d}\sigma+\int_0^t\int_O|\nabla T'_\zeta|^2\mathrm{d}\sigma\mathrm{d}\zeta\mathrm{d}\tau+\int_0^t\int_O T'^2_{\zeta\zeta}\mathrm{d}\sigma\mathrm{d}\zeta\mathrm{d}\tau$$
$$+\int_0^t\int_{Os}|\nabla T'|^2|_{\zeta=0}\mathrm{d}\sigma\mathrm{d}\tau\leqslant C(M),\quad t\in[0,M],\tag{5.116}$$

以及

$$\int_O S'^2_\zeta \mathrm{d}\sigma\mathrm{d}\zeta+\int_{Os} S'|^2_{\zeta=0}\mathrm{d}\sigma+\int_0^t\int_O|\nabla S'_\zeta|^2\mathrm{d}\sigma\mathrm{d}\zeta\mathrm{d}\tau+\int_0^t\int_O S'^2_{\zeta\zeta}\mathrm{d}\sigma\mathrm{d}\zeta\mathrm{d}\tau$$
$$+\int_0^t\int_{Os}|\nabla S'|^2|_{\zeta=0}\mathrm{d}\sigma\mathrm{d}\tau\leqslant C(M),\quad t\in[0,M],\tag{5.117}$$

其中，$C(M)>0$ 是一个依赖时间 M 的常数.

证明 这里只给出 S'_ζ 的 L^2 估计(5.117)式的证明，(5.116)式的证明类似可得.将方程$(1.95)_3$式关于 ζ 求导，可得

$$\begin{aligned}&\frac{\partial S'_\zeta}{\partial t}-\frac{k_{hof}}{h^*}\nabla\cdot(\tilde{h}\nabla S'_\zeta)-\frac{k_{zof}}{\tilde{h}^2}\frac{\partial S'_{\zeta\zeta}}{\partial\zeta}\\&+(V^*\cdot\nabla)S'_\zeta+\dot{\zeta}^*S'_{\zeta\zeta}+(V^*_\zeta\cdot\nabla)S'\\&+\left(-\frac{1}{h^*}\nabla\cdot(h^*V^*)-\frac{\kappa_0^*}{h^*}\frac{\partial h^*}{\partial t}\right)S'_\zeta\\&-c_S^2V_\zeta\cdot((1+\zeta)\nabla z'_{so}+\zeta\nabla\tilde{h})\\&-c_S^2V\cdot(\nabla z'_{so}+\nabla\tilde{h})-c_T^2\nabla\cdot(h^*V)=0.\end{aligned}\tag{5.118}$$

将(5.118)式与 h^*S_ζ 相乘，并在 O 上积分可以得到

$$\frac{1}{2}\frac{\mathrm{d}}{\mathrm{d}t}\int_O h^*S'^2_\zeta\mathrm{d}\sigma\mathrm{d}\zeta+k_{\mathrm{hof}}\int_O\tilde{h}|\nabla S'_\zeta|^2\mathrm{d}\sigma\mathrm{d}\zeta+k_{zof}\int_O\frac{h^*}{\tilde{h}^2}S'^2_{\zeta\zeta}\mathrm{d}\sigma\mathrm{d}\zeta$$
$$=\frac{1}{2}\int_O\frac{\mathrm{d}h^*}{\mathrm{d}t}S'^2_\zeta\mathrm{d}\sigma\mathrm{d}\zeta-\int_O((V^*\cdot\nabla)S'_\zeta+\dot{\zeta}^*S'_{\zeta\zeta})h^*S'_\zeta\mathrm{d}\sigma\mathrm{d}\zeta$$
$$-\int_O(V^*_\zeta\cdot\nabla)S'h^*S'_\zeta\mathrm{d}\sigma\mathrm{d}\zeta-\int_O\left(-\frac{1}{h^*}\nabla\cdot(h^*V^*)-\frac{\kappa_0^*}{h^*}\frac{\partial h^*}{\partial t}\right)h^*S'^2_\zeta\mathrm{d}\sigma\mathrm{d}\zeta$$
$$+c_S^2\int_O V_\zeta\cdot((1+\zeta)\nabla z'_{so}+\zeta\nabla\tilde{h})h^*S'_\zeta\mathrm{d}\sigma\mathrm{d}\zeta$$

$$+c_S^2\int_O V\cdot(\nabla z'_{so}+\nabla\tilde{h})h^*S'_\zeta\mathrm{d}\sigma\mathrm{d}\zeta+c_T^2\int_O\nabla\cdot(h^*V)h^*S'_\zeta\mathrm{d}\sigma\mathrm{d}\zeta$$
$$+k_{zof}\int_{O_S}(h^*S'_\zeta)|_{\zeta=0}\left(\frac{1}{\tilde{h}^2}S'_{\zeta\zeta}\right)|_{\zeta=0}\mathrm{d}\sigma. \tag{5.119}$$

直接计算可得

$$-\int_O((V^*\cdot\nabla)S'_\zeta+\dot{\zeta}^*S'_{\zeta\zeta})h^*S'_{\zeta\zeta}\mathrm{d}\sigma\mathrm{d}\zeta=0. \tag{5.120}$$

利用(5.22)式,(5.34)式,(5.88)式,Gagliardo-Nirenberg-Sobolev 不等式,Young 不等式和 $V_\zeta^*=V_\zeta$,可以推出

$$\begin{aligned}
&\left|\int_O(V_\zeta^*\cdot\nabla)S'h^*S'_\zeta\mathrm{d}\sigma\mathrm{d}\zeta\right|\\
&+\left|\int_O\left(-\frac{1}{h^*}\nabla\cdot(h^*V^*)-\frac{\kappa_0^*}{h^*}\frac{\partial h^*}{\partial t}\right)h^*S'^2_\zeta\mathrm{d}\sigma\mathrm{d}\zeta\right|\\
\leqslant&\, C\int_O((|V_\zeta|+|\nabla V_\zeta|)|S'||S'_\zeta|\\
&+|V_\zeta||S'||\nabla S'_\zeta|+|V||S'||\nabla S'_\zeta|+|S'|^2)\mathrm{d}\sigma\mathrm{d}\zeta\\
\leqslant&\, C\|V_\zeta\|^2_{L^2(O)}+C\|\nabla V_\zeta\|^2_{L^2(O)}+C\|S'\|^2_{L^4(O)}\|S'_\zeta\|^2_{L^4(O)}\\
&+C\|V_\zeta\|^2_{L^4(O)}\|S'\|^2_{L^4(O)}+C\|V\|^2_{L^4(O)}\|S'_\zeta\|^2_{L^4(O)}\\
&+C\|S'_\zeta\|^2_{L^2(O)}+\varepsilon\|\nabla S'_\zeta\|^2_{L^2(O)}\\
\leqslant&\, C\|V_\zeta\|^2_{L^2(O)}+C\|\nabla V_\zeta\|^2_{L^2(O)}\\
&+C\|S'\|^2_{L^4(O)}\|S'_\zeta\|^{\frac12}_{L^2(O)}(\|S'_\zeta\|_{L^2(O)}+\|\nabla S'\|_{L^2(O)}+\|S'_{\zeta\zeta}\|_{L^2(O)})^{\frac32}\\
&+C\|V_\zeta\|^{\frac12}_{L^2(O)}(\|V_\zeta\|_{L^2(O)}+\|\nabla V_\zeta\|_{L^2(O)}+\|V_{\zeta\zeta}\|_{L^2(O)})\,\frac{3}{2}\,\|S'\|^2_{L^4(O)}\\
&+C\|V\|^2_{L^4(O)}\|S'_\zeta\|^{\frac12}_{L^2(O)}(\|S'_\zeta\|_{L^2(O)}+\|\nabla S'_\zeta\|_{L^2(O)}+\|S'_{\zeta\zeta}\|_{L^2(O)})^{\frac32}\\
&+C\|S'\|^2_{L^2(O)}+\varepsilon\|\nabla S'_\zeta\|^2_{L^2(O)}\\
\leqslant&\, C\|V_\zeta\|^2_{L^2(O)}+C\|\nabla V_\zeta\|^2_{L^2(O)}+C\|V_{\zeta\zeta}\|^2_{L^2(O)}\\
&+C(1+\|S'\|^8_{L^4(O)}+\|V\|^8_{L^4(O)})\cdot\|S'_\zeta\|^2_{L^2(O)}+C\|S'\|^8_{L^4(O)}\|V_\zeta\|^2_{L^2(O)}\\
&+\varepsilon(\|\nabla S'_\zeta\|^2_{L^2(O)}+\|S'_{\zeta\zeta}\|^2_{L^2(O)})\\
\leqslant&\, C(M)+C(M)\|S'_\zeta\|^2_{L^2(O)}+C\|\nabla V_\zeta\|^2_{L^2(O)}+C\|V_{\zeta\zeta}\|^2_{L^2(O)}\\
&+\varepsilon(\|\nabla S'_{\zeta\zeta}\|^2_{L^2(O)}+\|S'_{\zeta\zeta}\|^2_{L^2(O)}),
\end{aligned} \tag{5.121}$$

其中,$\varepsilon>0$ 是一个足够小的常数.

由(5.26)式可以得出

$$\left|c_S^2\int_O V_\zeta\cdot((1+\zeta)\nabla z'_{so}+\zeta\nabla\tilde{h})h^*S'_\zeta\mathrm{d}\sigma\mathrm{d}\zeta\right.$$

$$+c_S^2\int_O V\cdot(\nabla z'_{so}+\nabla\tilde{h})h^*S'_\zeta\,\mathrm{d}\sigma\mathrm{d}\zeta\Big|$$

$$=\Big|c_S^2\int_{Os}V|_{\zeta=0}\cdot\nabla z'_{so}h^*S'_\zeta|_{\zeta=0}\mathrm{d}\sigma$$

$$-c_S^2\int_O V\cdot((1+\zeta)\nabla z'_{so}+\zeta\nabla\tilde{h})h^*S'_{\zeta\zeta}\mathrm{d}\sigma\mathrm{d}\zeta\Big|$$

$$\leqslant C\|V|_{\zeta=0}\|_{L^4(Os)}\|\nabla z'_{so}\|_{L^2(Os)}\|S'|_{\zeta=0}\|_{L^4(Os)}$$

$$+C(\|V\|_{L^4(O)}\|\nabla z'_{so}\|_{L^4(Os)}+\|V\|_{L^2(O)})\|S'_{\zeta\zeta}\|_{L^2(O)}$$

$$\leqslant C(M)+C\|\tilde{V}|_{\zeta=0}\|^4_{L^4(Os)}+C\|S'|_{\zeta=0}\|^4_{L^4(Os)}+\varepsilon\|S'_{\zeta\zeta}\|^2_{L^2(O)},\tag{5.122}$$

$$\left|c_T^2\int_O\nabla\cdot(h^*V)h^*S'_\zeta\mathrm{d}\sigma\mathrm{d}\zeta\right|\leqslant C+C\|\nabla V\|^2_{L^2(O)}+C\|S'_\zeta\|^2_{L^2(O)},\tag{5.123}$$

$$\left|\frac{1}{c_{0T}}\int_O h^*\Psi_\zeta S'_\zeta\mathrm{d}\sigma\mathrm{d}\zeta\right|\leqslant C\|\Psi_\zeta\|^2_{L^2(O)}+C\|S'_\zeta\|^2_{L^2(O)},\tag{5.124}$$

其中,$\varepsilon>0$ 是一个足够小的常数.

应用方程$(1.95)_3$式及其边界条件,可以得出

$$k_{zof}\int_{Os}(h^*S'_\zeta)|_{\zeta=0}\left(\frac{1}{\tilde{h}^2}S'_{\zeta\zeta}\right)\Big|_{\zeta=0}\mathrm{d}\sigma$$

$$=-\frac{k_{s3}(P+R-E)+\alpha|V_{10}|^3}{k_{zof}}\int_{Os}h^*S'|_{\zeta=0}\Big(\frac{\partial S'|_{\zeta=0}}{\partial t}+(V^*\cdot\nabla)S'|_{\zeta=0}$$

$$+c_S^2V\cdot\nabla z'_{so}|_{\zeta=0}+c_S^2\int_{-1}^0\nabla\cdot(h^*V)\mathrm{d}s-\frac{k_{hof}}{h^*}\nabla\cdot(\tilde{h}\nabla S')|_{\zeta=0}\Big)\mathrm{d}\sigma$$

$$=(k_{s3}(P+R-E)+\alpha|V_{10}|^3)\Big(-\frac{1}{2k_{zof}}\frac{\mathrm{d}}{\mathrm{d}t}\int_{Os}h^*S'^2|_{\zeta=0}\mathrm{d}\sigma$$

$$+\frac{1}{2k_{zof}}\int_{Os}\frac{\mathrm{d}h^*}{\mathrm{d}t}S'^2|_{\zeta=0}\mathrm{d}\sigma-\frac{k_{hof}}{k_{zof}}\int_{Os}\tilde{h}|\nabla S'|^2|_{\zeta=0}\mathrm{d}\sigma$$

$$-\frac{1}{k_{zof}}\int_{Os}h^*S'|_{\zeta=0}(V^*\cdot\nabla)S'|_{\zeta=0}\mathrm{d}\sigma+\frac{c_S^2}{k_{zof}}\int_{Os}h^*S'|_{\zeta=0}V|_{\zeta=0}\cdot\nabla z'_{so}\mathrm{d}\sigma$$

$$+\frac{c_S^2}{k_{zof}}\int_{Os}h^*S'|_{\zeta=0}\left(\int_{-1}^0\nabla\cdot(h^*V)\mathrm{d}\zeta\right)\mathrm{d}\sigma\Big).\tag{5.125}$$

利用(5.22)式,(5.26)式及(5.88)式,可得

$$
\begin{aligned}
&\left|-\frac{k_{s3}(P+R-E)+\alpha\ |V_{10}|^3}{k_{zof}}\int_{O_S} h^* S'\ |_{\zeta=0}(V^*\ \cdot\nabla)S'\ |_{\zeta=0}\mathrm{d}\sigma\right| \\
&=\left|\frac{k_{s3}(P+R-E)+\alpha\ |V_{10}|^3}{2k_{zof}}\int_{O_S} S'^2\ |_{\zeta=0}\ \nabla\cdot(h^* V^*)\ |_{\zeta=0}\mathrm{d}\sigma\right| \\
&\leqslant C\int_{O_S} S'^2\ |_{\zeta=0}\left(\int_{-1}^0 |\ \nabla\cdot(h^* V^*)\ |\ \mathrm{d}\zeta+\int_{-1}^0 |\ \nabla\cdot(h^* V^*_\zeta)\ |\ \mathrm{d}\zeta\right)\mathrm{d}\sigma \\
&\leqslant C\ \|\ S'\ |_{\zeta=0}\ \|_{L^4(O_S)}^4+C\|V\|_{L^2(O)}^2+C\|\nabla V\|_{L^2(O)}^2 \\
&\quad +C\|V_\zeta\|_{L^2(O)}^2+C\|\nabla V_\zeta\|_{L^2(O)}^2 \\
&\leqslant C(M)+C\ \|\ S'\ |_{\zeta=0}\ \|_{L^4(O_S)}^4+C\|\nabla V\|_{L^2(O)}^2+C\|\nabla V_\zeta\|_{L^2(O)}^2,
\end{aligned}
\tag{5.126}
$$

$$
\begin{aligned}
&\left|\frac{k_{s3}c_S^2}{k_{\mathrm{zof}}}\int_{O_S} h^* S'\ |_{\zeta=0}V\ |_{\zeta=0}\ \cdot\nabla z'_{so}\mathrm{d}\sigma\right| \\
&\leqslant C\ \|\ V\ |_{\zeta=0}\ \|_{L^4(O_S)}\ \|\ \nabla z'_{so}\ \|_{L^4(O_S)}\ \|\ S'\ |_{\zeta=0}\ \|_{L^2(O_S)} \\
&\leqslant C(M)+C\ \|\ \widetilde{V}\ |_{\zeta=0}\ \|_{L^4(O_S)}^4+C\ \|\ S'\ |_{\zeta=0}\ \|_{L^2(O_S)}^2,
\end{aligned}
\tag{5.127}
$$

$$
\begin{aligned}
&\left|\frac{k_{s3}c_S^2}{k_{\mathrm{zof}}}\int_{O_S} h^* S'\bigg|_{\zeta=0}\left(\int_{-1}^0\ \nabla\cdot(h^* V)\mathrm{d}\zeta\right)\mathrm{d}\sigma\right| \\
&\leqslant C+C\ \|\ S'\ |_{\zeta=0}\ \|_{L^2(O_S)}^2+C\|\nabla V\|_{L^2(O)}^2,
\end{aligned}
\tag{5.128}
$$

综合(5.119)式～(5.128)式,可以得出

$$
\begin{aligned}
&\frac{\mathrm{d}}{\mathrm{d}t}\left(\int_O h^* S'^2_\zeta\mathrm{d}\sigma\mathrm{d}\zeta+\frac{k_{s2}}{k_{zof}}\int_{O_S} h^* S'^2\ |_{\zeta=0}\mathrm{d}\sigma\right)+C\int_O |\ \nabla S'_\zeta\ |^2\mathrm{d}\sigma\mathrm{d}\zeta \\
&\quad +C\int_O S'^2_{\zeta\zeta}\mathrm{d}\sigma\mathrm{d}\zeta+C\int_{O_S} |\ \nabla S'\ |^2\ |_{\zeta=0}\mathrm{d}\sigma \\
&\leqslant C(M)+C(M)\left(\int_O h^* S'^2_\zeta\mathrm{d}\sigma\mathrm{d}\zeta+\frac{k_{s2}}{k_{zof}}\int_{O_S} h^* S'^2\ |_{\zeta=0}\mathrm{d}\sigma\right) \\
&\quad +C\|\nabla V\|_{L^2(O)}^2+C\|\nabla V_\zeta\|_{L^2(O)}^2+C\|V_{\zeta\zeta}\|_{L^2(O)}^2+C\ \|\ \widetilde{V}\ |_{\zeta=0}\ \|_{L^4(O_S)}^4 \\
&\quad +C\ \|\ S'\ |_{\zeta=0}\ \|_{L^4(O_S)}^4+C\ \|\ \boldsymbol{\Psi}\ \|_{L^2(O)}^2+C\ \|\ \boldsymbol{\Psi}_\zeta\ \|_{L^2(O)}^2,
\end{aligned}
\tag{5.129}
$$

再利用 Gronwall 不等式,可以得到(5.117)式.

引理 5.11 假设定理 6.1 的条件成立,则对于任意给定的常数 $M>0$,对于温度扰动 T'及盐度扰动 S'有如下估计:

$$\int_O |\nabla T'|^2 \mathrm{d}\sigma \mathrm{d}\zeta + \int_0^t \int_O |\Delta T'|^2 \mathrm{d}\sigma \mathrm{d}\zeta \mathrm{d}\tau \leqslant C(M), \quad t \in [0, M], \tag{5.130}$$

和

$$\int_O |\nabla S'|^2 \mathrm{d}\sigma \mathrm{d}\zeta + \int_0^t \int_O |\Delta S'|^2 \mathrm{d}\sigma \mathrm{d}\zeta \mathrm{d}\tau \leqslant C(M), \quad t \in [0, M], \tag{5.131}$$

其中,$C(M)>0$ 是一个依赖时间 M 的常数.

证明 这里还是只给出$\nabla S'$的 L^2 估计(5.131)式的证明,将$(1.95)_3$式与$\Delta S'$在 O 上做 L^2 内积,可以得到

$$\begin{aligned}
&\frac{1}{2}\frac{\mathrm{d}}{\mathrm{d}t}\int_O \left|\nabla S'\right|^2 \mathrm{d}\sigma \mathrm{d}\zeta + \frac{k_{hof}}{c_{0S}}\int_O \frac{\tilde{h}}{h^*} |\Delta S'|^2 \mathrm{d}\sigma \mathrm{d}\zeta \\
&= -\frac{k_{\mathrm{hof}}}{c_{0S}}\int_O \frac{1}{h^*}(\nabla\tilde{h}\cdot\nabla S')\Delta S' \mathrm{d}\sigma \mathrm{d}\zeta \\
&\quad + \int_O (V^*\cdot\nabla)S'\Delta S' \mathrm{d}\sigma \mathrm{d}\zeta + \int_O \dot{\zeta}^* S'_\zeta \Delta S' \mathrm{d}\sigma \mathrm{d}\zeta \\
&\quad - c_S^2\int_O V\cdot((1+\zeta)\nabla z'_{so} + \zeta\nabla\tilde{h})\Delta S' \mathrm{d}\sigma \mathrm{d}\zeta \\
&\quad + c_S^2\int_O \left(\int_{-1}^{\zeta} \nabla\cdot(h^* V)\mathrm{d}s\right)\Delta S' \mathrm{d}\sigma \mathrm{d}\zeta \\
&\quad - \frac{1}{c_{0S}}\int_O \frac{\partial}{\partial\zeta}\left(\frac{k_{\mathrm{zof}}}{\tilde{h}^2}\frac{\partial S'}{\partial\zeta}\right)\Delta S' \mathrm{d}\sigma \mathrm{d}\zeta.
\end{aligned} \tag{5.132}$$

利用 Gagliardo-Nirenberg-Sobolev 不等式和 Young 不等式可得

$$\left|\frac{k_{\mathrm{hof}}}{c_{0S}}\int_O \frac{1}{h^*}(\nabla\tilde{h}\cdot\nabla S')\Delta S' \mathrm{d}\sigma \mathrm{d}\zeta\right| \leqslant C\|\nabla S'\|_{L^2(O)}^2 + \varepsilon\|\Delta S'\|_{L^2(O)}^2, \tag{5.133}$$

$$\begin{aligned}
&\left|\int_O (V^*\cdot\nabla)S'\Delta S' \mathrm{d}\sigma \mathrm{d}\zeta\right| \\
&\leqslant C\int_O |V^*|^2 |\nabla S'|^2 \mathrm{d}\sigma \mathrm{d}\zeta + \varepsilon\|\Delta S'\|_{L^2(O)}^2
\end{aligned}$$

$$\leqslant C\|V\|_{L^4(O)}^2 \| \nabla S' \|_{L^4(O)}^2 + \varepsilon \| \Delta S' \|_{L^2(O)}^2$$

$$\leqslant C\|V\|_{L^4(O)}^2 \| \nabla S' \|_{L^2(O)}^{\frac{1}{2}} (\| \nabla S' \|_{L^2(O)} + \| \Delta S' \|_{L^2(O)}$$

$$+ \| \nabla S'_\zeta \|_{L^2(O)})^{\frac{3}{2}} + \varepsilon \| \Delta S' \|_{L^2(O)}^2$$

$$\leqslant C(1+\|V\|_{L^4(O)}^8) \| \nabla S' \|_{L^2(O)}^2 + C \| \nabla S'_\zeta \|_{L^2(O)}^2 + \varepsilon C \| \Delta S' \|_{L^2(O)}^2$$

$$\leqslant C(M) \| \nabla S' \|_{L^2(O)}^2 + C \| \nabla S'_\zeta \|_{L^2(O)}^2 + \varepsilon C \| \Delta S' \|_{L^2(O)}^2, \tag{5.134}$$

以及

$$\left| \int_O \dot{\zeta}^* S'_\zeta \Delta S' \mathrm{d}\sigma \mathrm{d}\zeta \right|$$

$$\leqslant C\int_{Os} \left(\int_0^1 \left(1+\int_0^\zeta | \nabla\cdot (h^* V^*) | \mathrm{d}s\right) | T'_\zeta | | \Delta S' | \mathrm{d}\zeta\right) \mathrm{d}\sigma$$

$$\leqslant C(M)+C\int_{Os} \left(\int_0^1 | \nabla\cdot (h^* V^*) |^2 \mathrm{d}\zeta\right) \left(\int_0^1 | S'_\zeta |^2 \mathrm{d}\zeta\right) \mathrm{d}\sigma + \varepsilon \| \Delta S' \|_{L^2(O)}^2$$

$$\leqslant C(M)+C\left(\int_{Os} \left(\int_0^1 | \nabla\cdot (h^* V^*) |^2 \mathrm{d}\zeta\right)^2 \mathrm{d}\sigma\right)^{\frac{1}{2}}$$

$$\cdot \left(\int_{Os} \left(\int_0^1 | S'_\zeta |^2 \mathrm{d}\zeta\right)^2 \mathrm{d}\sigma\right)^{\frac{1}{2}} + \varepsilon \| \Delta S' \|_{L^2(O)}^2$$

$$\leqslant C(M)+C\left(\int_0^1 \left(\int_{Os} | \nabla\cdot (h^* V^*) |^4 \mathrm{d}\sigma\right)^{\frac{1}{2}} \mathrm{d}\zeta\right)$$

$$\cdot \left(\int_0^1 \left(\int_{Os} | S'_\zeta |^4 \mathrm{d}\sigma\right)^{\frac{1}{2}} \mathrm{d}\zeta\right) + \varepsilon \| \Delta S' \|_{L^2(O)}^2$$

$$\leqslant C(M)+C\left(\int_0^1 \| \nabla\cdot (h^* V) \|_{L^2(Os)} \| \nabla\cdot (h^* V) \|_{H^1(Os)} \mathrm{d}\zeta\right)$$

$$\cdot \left(\int_0^1 \| S'_\zeta \|_{L^2(Os)} \| S'_\zeta \|_{H^1(Os)} \mathrm{d}\zeta\right) + \varepsilon \| \Delta S' \|_{L^2(O)}^2$$

$$\leqslant C(M)+C \| \nabla\cdot (h^* V) \|_{L^2(O)} (\| \nabla\cdot (h^* V) \|_{L^2(O)} + \| \Delta(h^* V) \|_{L^2(O)})$$

$$\cdot \| S'_\zeta \|_{L^2(O)} (\| S'_\zeta \|_{L^2(O)} + \| \nabla S'_\zeta \|_{L^2(O)}) + \varepsilon \| \Delta S' \|_{L^2(O)}^2$$

$$\leqslant C(M)+C(M)\|\Delta V\|_{L^2(O)}^2 + \varepsilon \| \Delta S' \|_{L^2(O)}^2 + \varepsilon \| \nabla S'_\zeta \|_{L^2(O)}^2, \tag{5.135}$$

其中,$\varepsilon>0$ 是一个足够小的常数.

利用(5.26)式,(5.57)式,(5.73)式和 Young 不等式,可得

$$\left| c_S^2 \int_O V \cdot ((1+\zeta) \nabla z'_{so} + \zeta \nabla \tilde{h}) \Delta S' \mathrm{d}\sigma \mathrm{d}\zeta \right|$$

$$
\begin{aligned}
&\leqslant C + C\|V\|_{L^4(O)}^2 + C\| \nabla z'_{so} \|_{L^4(O)}^2 + \varepsilon \| \Delta S' \|_{L^2(O)}^2 \\
&\leqslant C(M) + \varepsilon \| \Delta S' \|_{L^2(O)}^2,
\end{aligned}
\tag{5.136}
$$

$$
\left| c_S^2 \int_O \left(\int_{-1}^{\zeta} \nabla \cdot (h^* V) \mathrm{d}s \right) \Delta S' \mathrm{d}\sigma \mathrm{d}\zeta \right| \leqslant C(M) + \varepsilon \| \Delta S' \|_{L^2(\Omega)}^2,
\tag{5.137}
$$

以及

$$
\left| \frac{1}{c_{0S}} \int_O \frac{\partial}{\partial \zeta} \left(\frac{k_{zof}}{\tilde{h}^2} \frac{\partial S'}{\partial \zeta} \right) \Delta T' \mathrm{d}\sigma \mathrm{d}\zeta \right| \leqslant C \| S'_{\zeta\zeta} \|_{L^2(\Omega)}^2 + \varepsilon \| \Delta S' \|_{L^2(\Omega)}^2,
\tag{5.138}
$$

其中,$\varepsilon>0$ 是一个足够小的常数.

结合(5.132)式~(5.138)式,可以得出

$$
\begin{aligned}
&\frac{\mathrm{d}}{\mathrm{d}t} \int_O | \nabla S' |^2 \mathrm{d}\sigma \mathrm{d}\zeta + C \int_O | \Delta S' |^2 \mathrm{d}\sigma \mathrm{d}\zeta \\
&\quad + C \int_O | \nabla S'_\zeta |^2 \mathrm{d}\sigma \mathrm{d}\zeta + C \int_{O_S} | \nabla S' |^2 |_{\zeta=0} \mathrm{d}\sigma \\
&\leqslant C(M) + C(M) \| \nabla S' \|_{L^2(O)}^2 + C\|\Delta V\|_{L^2(O)}^2 \\
&\quad + C \| \nabla S'_\zeta \|_{L^2(O)}^2 + C \| S'_{\zeta\zeta} \|_{L^2(\Omega)}^2,
\end{aligned}
\tag{5.139}
$$

再利用 Gronwall 不等式,可以证明(5.131)式.

5.11 定理证明

5.11.1 整体强解存在性的证明

采用类似于定理 3.1 的证明方法,根据估计(5.22)式,(5.23)式,(5.88)式,(5.105)式,(5.116)式,(5.117)式,(5.130)式和(5.131)式,并利用连续性方法可以证明强解的整体存在性.

5.11.2 整体强解唯一性的证明

假设$(V_1, T'_1, S'_1, z'_{so1})$和$(V_2, T'_2, S'_2, z'_{so2})$是系统(1.95)式在区间[0,

$M]$有相同初值$(V_{01}, T'_{01}, q_{01}, m_{w01})$的两个解.定义 $V=V_1-V_2, T'=T'_1-T'_2, S'=S'_1-S'_2, z'_{so}=z'_{so1}-z'_{so2}$.那么$(V, T', S', z'_{so})$满足以下的系统：

$$
\begin{cases}
\dfrac{\partial V}{\partial t}-\dfrac{k_{\text{hof}}}{h^*}\nabla\cdot(\tilde{h}\,\nabla V)-k_{\text{zof}}\dfrac{\partial}{\partial\zeta}\left(\dfrac{1}{\tilde{h}^2}\dfrac{\partial V}{\partial\zeta}\right)+\nabla_{V_1^*}V+\nabla_{V^*}V_2 \\
\quad+\left(-\dfrac{1}{h^*}\displaystyle\int_{-1}^{\zeta}\nabla\cdot(h^*V_1^*)\mathrm{d}s\right)\dfrac{\partial V}{\partial\zeta}+\left(-\dfrac{1}{h^*}\displaystyle\int_{-1}^{\zeta}\nabla\cdot(h^*V^*)\mathrm{d}s\right)\dfrac{\partial V_2}{\partial\zeta} \\
\quad-\dfrac{\kappa_0^*}{h^*}\dfrac{\partial h^*}{\partial t}(1+\zeta)\dfrac{\partial V}{\partial\zeta}+\left(2\omega\cos\theta+\dfrac{\cot\theta}{a}v_\lambda\right)\begin{pmatrix}0&-1\\1&0\end{pmatrix}V \\
\quad+\dfrac{g}{\rho_0}\nabla(\kappa_0\tilde{\rho}_{so}z'_{so})+g\,\nabla\left(h^*\displaystyle\int_{\zeta}^{0}(-\alpha_T T'+\alpha_S S')\mathrm{d}s\right) \\
\quad+g(-\alpha_T T'_1+\alpha_S S'_1)(1+\zeta)\,\nabla z'_{so}+g(-\alpha_T T'+\alpha_S S')(1+\zeta)\,\nabla z'_{so2} \\
\quad+g(-\alpha_T T'+\alpha_S S')\zeta\,\nabla\tilde{h}=0, \\
\dfrac{\partial T'}{\partial t}-\dfrac{1}{c_{0T}}\left(\dfrac{k_{\text{hof}}}{h^*}\nabla\cdot(\tilde{h}\,\nabla T')+k_{\text{zof}}\dfrac{\partial}{\partial\zeta}\left(\dfrac{1}{\tilde{h}^2}\dfrac{\partial T'}{\partial\zeta}\right)\right)+(V_1^*\cdot\nabla)T'+(V^*\cdot\nabla)T'_2 \\
\quad+\left(-\dfrac{1}{h^*}\displaystyle\int_{-1}^{\zeta}\nabla\cdot(h^*V_1^*)\mathrm{d}s\right)\dfrac{\partial T'}{\partial\zeta} \\
\quad+\left(-\dfrac{1}{h^*}\displaystyle\int_{-1}^{\zeta}\nabla\cdot(h^*V^*)\mathrm{d}s\right)\dfrac{\partial T'_2}{\partial\zeta}-\dfrac{\kappa_0^*}{h^*}\dfrac{\partial h^*}{\partial t}(1+\zeta)\dfrac{\partial T'}{\partial\zeta} \\
\quad+c_T^2(1+\zeta)V_1\cdot\nabla z'_{so}+c_T^2(1+\zeta)V\cdot\nabla z'_{so2} \\
\quad+c_T^2\zeta V\cdot\nabla\tilde{h}-c_T^2\displaystyle\int_{-1}^{\zeta}\nabla\cdot(h^*V)\mathrm{d}s=0, \\
\dfrac{\partial S'}{\partial t}-\dfrac{k_{\text{hof}}}{h^*}\nabla\cdot(\tilde{h}\,\nabla S')-k_{\text{zof}}\dfrac{\partial}{\partial\zeta}\left(\dfrac{1}{\tilde{h}^2}\dfrac{\partial S'}{\partial\zeta}\right)+(V_1^*\cdot\nabla)S'+(V^*\cdot\nabla)S'_2 \\
\quad+\left(-\dfrac{1}{h^*}\displaystyle\int_{-1}^{\zeta}\nabla\cdot(h^*V_1^*)\right)\mathrm{d}s)\dfrac{\partial S'}{\partial\zeta} \\
\quad+\left(-\dfrac{1}{h^*}\displaystyle\int_{-1}^{\zeta}\nabla\cdot(h^*V^*)\mathrm{d}s\right)\dfrac{\partial S'_2}{\partial\zeta}-\dfrac{\kappa_0^*}{h^*}\dfrac{\partial h^*}{\partial t}(1+\zeta)\dfrac{\partial S'}{\partial\zeta} \\
\quad-c_S^2(1+\zeta)V_1\cdot\nabla z'_{so}-c_S^2(1+\zeta)V\cdot\nabla z'_{so2}-c_S^2\zeta V\cdot\nabla\tilde{h} \\
\quad+c_S^2\displaystyle\int_{-1}^{\zeta}\nabla\cdot(h^*V)\mathrm{d}s=0, \\
\dfrac{\partial z'_{so}}{\partial t}+\nabla\cdot(h\,\bar{V})=k_{\text{hof}}\Delta z'_{so},
\end{cases}
\tag{5.140}
$$

所满足的初边值条件如下：

$$\begin{cases}(V\,|_{t=0}, T'\,|_{t=0}, S'\,|_{t=0}, z'_{so}\,|_{t=0}) \\ =(V_{01}-V_{02}, T'_{01}-T'_{02}, S'_{01}-S'_{02}, z'_{0so1}-z'_{0so2}), \\ (V, T', S', z'_{so})(\theta,\lambda,\zeta)=(V, T', S', z'_{so})(\theta+\pi,\lambda,\zeta,t) \\ =(V, T', S', z'_{so})(\theta,\lambda+2\pi,\zeta,t), \\ \dfrac{\partial V}{\partial\zeta}\,|_{\zeta=-1}=\dfrac{\partial T'}{\partial\zeta}\,|_{\zeta=-1}=\dfrac{\partial S'}{\partial\zeta}\,|_{\zeta=-1}=0, \\ \left(k_{\mathrm{zof}}\dfrac{\partial V}{\partial\zeta}+k_{s1}(f(|V_1|)V_1-f(|V_2|)V_2)\right)\Big|_{\zeta=0}=0, \\ \left(k_{\mathrm{zof}}\dfrac{\partial T'}{\partial\zeta}+k_{s2}T'\right)\Big|_{\zeta=0}=0, \\ \left(k_{\mathrm{zof}}\dfrac{\partial S'}{\partial\zeta}+k_{s3}(P+R-E)S'+\alpha|V_{10}|^3S'\right)\Big|_{\zeta=0}=0.\end{cases} \tag{5.141}$$

将$(5.140)_1$式与h^*V在O上做L^2内积,可以得到

$$\begin{aligned}&\frac{1}{2}\frac{\mathrm{d}}{\mathrm{d}t}\int_O h^*|V|^2\mathrm{d}\sigma\mathrm{d}\zeta+k_{\mathrm{hof}}\int_O\tilde{h}\,|\nabla V|^2\mathrm{d}\sigma\mathrm{d}\zeta+k_{\mathrm{zof}}\int_O\frac{h^*}{\tilde{h}^2}\left|\frac{\partial V}{\partial\zeta}\right|^2\mathrm{d}\sigma\mathrm{d}\zeta\\&+k_{s1}\int_{O_S}\frac{h^*}{\tilde{h}^2}((f(|V_1|)V_1-f(|V_2|)V_2)\cdot(V_1-V_2))\,|_{\zeta=0}\mathrm{d}\sigma\\=&\frac{1}{2}\int_O\frac{\mathrm{d}h^*}{\mathrm{d}t}|V|^2\mathrm{d}\sigma\mathrm{d}\zeta-\int_O\left(\nabla_{V_1^*}V+\frac{1}{h^*}\left(-\int_{-1}^{\zeta}\nabla\cdot(h^*V_1^*)\mathrm{d}s\right.\right.\\&\left.\left.-\frac{\kappa_0^*}{h^*}\frac{\partial h^*}{\partial t}(1+\zeta)\right)\frac{\partial V}{\partial\zeta}\right)\cdot(h^*V)\mathrm{d}\sigma\mathrm{d}\zeta\\&-\int_O\nabla_{V^*}V_2\cdot(h^*V)\mathrm{d}\sigma\mathrm{d}\zeta+\int_O\left(\frac{1}{h^*}\left(\int_{-1}^{\zeta}\nabla\cdot(h^*V^*)\mathrm{d}s\right)\frac{\partial V_2}{\partial\zeta}\right)\cdot(h^*V)\mathrm{d}\sigma\mathrm{d}\zeta\\&-\int_O 2\omega\cos\theta\begin{pmatrix}0&1\\-1&0\end{pmatrix}V\cdot(h^*V)\mathrm{d}\sigma\mathrm{d}\zeta-\frac{g}{\rho_0}\int_O\nabla(\kappa_0\tilde{\rho}_{so}z'_{so})\cdot(h^*V)\mathrm{d}\sigma\mathrm{d}\zeta\\&-g\int_O\nabla\left(h^*\int_{\zeta}^{0}(-\alpha_TT'+\alpha_SS')\mathrm{d}s\right)\cdot(h^*V)\mathrm{d}\sigma\mathrm{d}\zeta\\&-g\int_O(-\alpha_TT'_1+\alpha_SS'_1)(1+\zeta)\nabla z'_{so}\cdot(h^*V)\mathrm{d}\sigma\mathrm{d}\zeta\\&-g\int_O(-\alpha_TT'+\alpha_SS')(1+\zeta)\nabla z'_{so2}\cdot(h^*V)\mathrm{d}\sigma\mathrm{d}\zeta\\&-g\int_O(-\alpha_TT'+\alpha_SS')\zeta\,\nabla\tilde{h}\cdot(h^*V)\mathrm{d}\sigma\mathrm{d}\zeta,\end{aligned} \tag{5.142}$$

直接计算可以得出

$$\frac{1}{2}\int_O \frac{\mathrm{d}h^*}{\mathrm{d}t}|V|^2 \mathrm{d}\sigma\mathrm{d}\zeta$$
$$-\int_O\left(\nabla_{V_1^*}V+\frac{1}{h^*}\left(-\int_{-1}^{\zeta}\nabla\cdot(h^*V_1^*)\mathrm{d}s-\frac{\kappa_0^*}{h^*}\frac{\partial h^*}{\partial t}(1+\zeta)\right)\frac{\partial V}{\partial \zeta}\right)$$
$$\cdot(h^*V)\mathrm{d}\sigma\mathrm{d}\zeta=0, \tag{5.143}$$

类似(3.161)式和(3.162)式的证明可得如下两式,这里省略具体的证明细节

$$\left|-\int_O \nabla_{V^*}V_2\cdot(h^*V)\mathrm{d}\sigma\mathrm{d}\zeta\right|\leqslant C(M)\|V\|_{L^2(O)}^2+\varepsilon V_{L^2(O)}^2+\varepsilon\|V_\zeta\|_{L^2(O)}^2, \tag{5.144}$$

$$\left|\int_O\left(\frac{1}{h^*}\left(\int_{-1}^{\zeta}\nabla\cdot(h^*V^*)\mathrm{d}s\right)\frac{\partial V_2}{\partial\zeta}\right)\cdot(h^*V)\mathrm{d}\sigma\mathrm{d}\zeta\right|$$
$$\leqslant C(M)(1+\|\nabla V_{2\zeta}\|_{L^2(O)}^2)\|V\|_{L^2(O)}^2+\varepsilon\|\nabla V\|_{L^2(O)}^2, \tag{5.145}$$

其中,$\varepsilon>0$ 是一个足够小的常数.再由 Gagliardo-Nirenberg-Sobolev 不等式和 Young 不等式可得

$$-\int_O 2\omega\cos\theta\begin{pmatrix}0 & -1\\ 1 & 0\end{pmatrix}V\cdot(h^*V)\mathrm{d}\sigma\mathrm{d}\zeta=0, \tag{5.146}$$

$$\left|\frac{g}{\rho_0}\int_O\nabla(\kappa_0\tilde{\rho}_{so}z'_{so})\cdot(h^*V)\mathrm{d}\sigma\mathrm{d}\zeta\right|$$
$$\leqslant\varepsilon\|\nabla z'_{so}\|_{L^2(O_S)}^2+C\|z'_{so}\|_{L^2(O_S)}^2+C\|V\|_{L^2(O)}^2. \tag{5.147}$$

$$-g\int_O\nabla\left(h^*\int_\zeta^0(-\alpha_T T'+\alpha_S S')\mathrm{d}s\right)\cdot(h^*V)\mathrm{d}\sigma\mathrm{d}\zeta$$
$$=g\int_O h^*(-\alpha_T T'+\alpha_S S')\left(\int_{-1}^{\zeta}\nabla\cdot(h^*V)\mathrm{d}s\right)\mathrm{d}\sigma\mathrm{d}\zeta, \tag{5.148}$$

$$\left|-g\int_O(-\alpha_T T'_1+\alpha_S S'_1)(1+\zeta)\nabla z'_{so}\cdot(h^*V)\mathrm{d}\sigma\mathrm{d}\zeta\right|$$
$$\leqslant\varepsilon\|\nabla z'_{so}\|_{L^2(O_S)}^2+C(\|T'_1\|_{L^4(O)}^2+\|S'_1\|_{L^4(O)}^2)\|V\|_{L^4(O)}^2$$
$$\leqslant\varepsilon\|\nabla z'_{so}\|_{L^2(O_S)}^2+C(M)\|V\|_{L^2(O)}^{\frac{1}{2}}(\|V\|_{L^2(O)}+\|\nabla V\|_{L^2(O)}+\|V_\zeta\|_{L^2(O)})^{\frac{3}{2}}$$
$$\leqslant\varepsilon\|\nabla z'_{so}\|_{L^2(O_S)}^2+C(M)\|V\|_{L^2(O)}^2+\varepsilon\|\nabla V\|_{L^2(O)}^2+\varepsilon\|V_\zeta\|_{L^2(O)}^2, \tag{5.149}$$

$$\left|-g\int_O(-\alpha_T T'+\alpha_S S')(1+\zeta)\nabla z'_{so2}\cdot(h^*V)\mathrm{d}\sigma\mathrm{d}\zeta\right|$$
$$\leqslant C(\|T'\|_{L^4(O)}^2+\|S'\|_{L^4(O)}^2)+C\|\nabla z'_{so2}\|_{L^2(O_S)}^2\|V\|_{L^4(O)}^2$$

$$\leqslant C(M)\|V\|_{L^2(O)}^2+C\|T'\|_{L^2(O)}^2+C\|S'\|_{L^2(O)}^2+\varepsilon\|\nabla V\|_{L^2(O)}^2+\varepsilon\|V_\zeta\|_{L^2(O)}^2$$
$$+\varepsilon\|\nabla T'\|_{L^2(O)}^2+\varepsilon\|T'_\zeta\|_{L^2(O)}^2+\varepsilon\|\nabla S'\|_{L^2(O)}^2+\varepsilon\|S'_\zeta\|_{L^2(O)}^2,\tag{5.150}$$

及

$$\left|-g\int_O(-\alpha_T T'+\alpha_S S')\zeta\,\nabla\tilde{h}\cdot(h^*V)\mathrm{d}\sigma\mathrm{d}\zeta\right|$$
$$\leqslant C\|T'\|_{L^2(O)}^2+C\|S'\|_{L^2(O)}^2+C\|V\|_{L^2(O)}^2,\tag{5.151}$$

其中,$\varepsilon>0$ 是一个足够小的常数.综合(5.142)式和(5.151)式,可以得出

$$\frac{1}{2}\frac{\mathrm{d}}{\mathrm{d}t}\int_O h^*|V|^2\mathrm{d}\sigma\mathrm{d}\zeta+k_{\mathrm{hof}}\int_O\tilde{h}\,|\nabla V|^2\mathrm{d}\sigma\mathrm{d}\zeta+k_{zof}\int_O\frac{h^*}{\tilde{h}^2}\left|\frac{\partial V}{\partial\zeta}\right|^2\mathrm{d}\sigma\mathrm{d}\zeta$$
$$+k_{s1}\int_{Os}\frac{h^*}{\tilde{h}^2}((f(|V_1|)V_1-f(|V_2|)V_2)\cdot(V_1-V_2))|_{\zeta=0}\mathrm{d}\sigma$$
$$\leqslant C(M)(1+\|\nabla V_{2\zeta}\|_{L^2(\Omega)}^2)\|V\|_{L^2(\Omega)}^2+C\|T'\|_{L^2(\Omega)}^2$$
$$+C\|S'\|_{L^2(O)}^2+C\|z'_{so}\|_{L^2(O)}^2$$
$$+g\int_O h^*(-\alpha_T T'+\alpha_S S')\left(\int_{-1}^{\zeta}\nabla\cdot(h^*V)\mathrm{d}s\right)\mathrm{d}\sigma\mathrm{d}\zeta$$
$$+\varepsilon\|\nabla V\|_{L^2(\Omega)}^2+\varepsilon\|V_\zeta\|_{L^2(\Omega)}^2+\varepsilon\|\nabla T'\|_{L^2(O)}^2+\varepsilon\|T'_\zeta\|_{L^2(O)}^2$$
$$+\varepsilon\|\nabla S'\|_{L^2(O)}^2+\varepsilon\|S'_\zeta\|_{L^2(O)}^2+\varepsilon\|\nabla z'_{so}\|_{L^2(O)}^2.\tag{5.152}$$

将$(5.140)_2$式与$\frac{g\alpha_T}{c_T^2}h^*T'$在$O$上做$L^2$内积,可以得到

$$\frac{1}{2}\frac{g\alpha_T}{c_T^2}\frac{\mathrm{d}}{\mathrm{d}t}\int_O h^*T'^2\mathrm{d}\sigma\mathrm{d}\zeta+\frac{k_{\mathrm{hof}}g\alpha_T}{c_{0T}c_T^2}\int_O h\,|\nabla T'|^2\mathrm{d}\sigma\mathrm{d}\zeta$$
$$+\frac{k_{\mathrm{zof}}g\alpha_T}{c_{0T}c_T^2}\int_O\frac{h^*}{\tilde{h}^2}\left|\frac{\partial T'}{\partial\zeta}\right|^2\mathrm{d}\sigma\mathrm{d}\zeta+\frac{k_{s2}g\alpha_T}{c_{0T}c_T^2}\int_{Os}\frac{h^*}{\tilde{h}^2}T'^2|_{\zeta=0}\mathrm{d}\sigma$$
$$=\frac{1}{2}\frac{g\alpha_T}{c_T^2}\int_O\frac{\mathrm{d}h^*}{\mathrm{d}t}T'^2\mathrm{d}\sigma\mathrm{d}\zeta-\frac{g\alpha_T}{c_T^2}\int_O\left((V_1^*\cdot\nabla)T'+\frac{1}{h^*}\left(-\int_{-1}^{\zeta}\nabla\cdot(h^*V_1^*)\right.\right.$$
$$\left.\left.-\kappa_0^*\frac{\partial h^*}{\partial t}(1+\zeta)\right)\frac{\partial T'}{\partial\zeta}\right)h^*T'\mathrm{d}\sigma\mathrm{d}\zeta-\frac{g\alpha_T}{c_T^2}\int_O(V^*\cdot\nabla)T'_2h^*T'\mathrm{d}\sigma\mathrm{d}\zeta$$
$$+\frac{g\alpha_T}{c_T^2}\int_O\frac{1}{h^*}\left(\int_{-1}^{\zeta}\nabla\cdot(h^*V^*)\right)\frac{\partial T'_2}{\partial\zeta}h^*T'\mathrm{d}\sigma\mathrm{d}\zeta$$
$$-\frac{g\alpha_T}{c_T^2}\int_O(V^*\cdot\nabla)T'_2h^*T'\mathrm{d}\sigma\mathrm{d}\zeta$$

$$+\frac{g\alpha_T}{c_T^2}\int_O \frac{1}{h^*}\left(\int_{-1}^{\zeta} \nabla\cdot(h^* V^*)\right)\frac{\partial T'_2}{\partial \zeta}h^* T' \mathrm{d}\sigma \mathrm{d}\zeta$$
$$-g\alpha_T\int_O \zeta V\cdot\nabla\tilde{h}h^* T'\mathrm{d}\sigma+g\alpha_T\int_O\left(\int_{-1}^{\zeta}\nabla\cdot(h^*V)\mathrm{d}s\right)h^*T'\mathrm{d}\sigma\mathrm{d}\zeta, \tag{5.153}$$

直接计算可得

$$\frac{1}{2}\frac{g\alpha_T}{c_T^2}\int_O\frac{\mathrm{d}h^*}{\mathrm{d}t}T'^2\mathrm{d}\sigma\mathrm{d}\zeta-\frac{g\alpha_T}{c_T^2}\int_O((V_1^*\cdot\nabla)T'$$
$$+\frac{1}{h^*}(-\int_{-1}^{\zeta}\nabla\cdot(h^*V_1^*)-\kappa_0^*\frac{\partial h^*}{\partial t}(1+\zeta))\frac{\partial T'}{\partial\zeta})h^*T'\mathrm{d}\sigma\mathrm{d}\zeta=0, \tag{5.154}$$

类似(3.170)式和(3.171)式的证明可得

$$\left|\frac{g\alpha_T}{c_T^2}\int_O(V^*\cdot\nabla)T'_2h^*T'\mathrm{d}\sigma\mathrm{d}\zeta\right|$$
$$\leqslant C\|V\|_{L^2(O)}^2+C(M)\|T'\|_{L^2(O)}^2+\varepsilon\|\nabla V\|_{L^2(O)}^2+\varepsilon\|V_\zeta\|_{L^2(O)}^2$$
$$+\varepsilon\|\nabla T'\|_{L^2(O)}^2+\varepsilon\|T'_\zeta\|_{L^2(O)}^2, \tag{5.155}$$

$$\left|\frac{g\alpha_T}{c_T^2}\int_O\frac{1}{h^*}\left(\int_{-1}^{\zeta}\nabla\cdot(h^*V^*)\right)\frac{\partial T'_2}{\partial\zeta}h^*T'\mathrm{d}\sigma\mathrm{d}\zeta\right|$$
$$\leqslant C(M)(1+\|\nabla T'_{2\zeta}\|_{L^2(O)}^2)\|T'\|_{L^2(O)}^2+C\|V\|_{L^2(O)}^2$$
$$+\varepsilon\|\nabla V\|_{L^2(O)}^2+\varepsilon\|\nabla T'\|_{L^2(O)}^2, \tag{5.156}$$

$$\left|g\alpha_T\int_O(1+\zeta)V_1\cdot\nabla z'_{so}h^*T'\mathrm{d}\sigma\mathrm{d}\zeta\right|$$
$$\leqslant\varepsilon\|\nabla z'_{so}\|_{L^2(O_S)}^2+C\|V_1\|_{L^4(O)}^2\|T'\|_{L^4(O)}^2$$
$$\leqslant\varepsilon\|\nabla z'_{so}\|_{L^2(O_S)}^2+C(M)\|T'\|_{L^2(O)}^{\frac{1}{2}}(\|T'\|_{L^2(O)}+\|\nabla T'\|_{L^2(O)}+\|T'_\zeta\|_{L^2(O)})^{\frac{3}{2}}$$
$$\leqslant\varepsilon\|\nabla z'_{so}\|_{L^2(O_S)}^2+C(M)\|T'\|_{L^2(O)}^2+\varepsilon\|\nabla T'\|_{L^2(O)}^2+\varepsilon\|T'_\zeta\|_{L^2(O)}^2, \tag{5.157}$$

$$\left|g\alpha_T\int_O(1+\zeta)V\cdot\nabla z_{so2'}h^*T'\mathrm{d}\sigma\mathrm{d}\zeta\right|$$
$$\leqslant C\|V\|_{L^4(O)}^2+C\|\nabla z'_{so2}\|_{L^2(O_S)}^2\|T'\|_{L^4(O)}^2$$
$$\leqslant C\|V\|_{L^2(O)}^2+C(M)\|T'\|_{L^2(O)}^2+\varepsilon\|\nabla V\|_{L^2(O)}^2+\varepsilon\|V_\zeta\|_{L^2(O)}^2$$
$$+\varepsilon\|\nabla T'\|_{L^2(O)}^2+\varepsilon\|T'_\zeta\|_{L^2(O)}^2, \tag{5.158}$$

$$\left|g\alpha_T\int_O\zeta V\cdot\nabla\tilde{h}h^*T'\mathrm{d}\sigma\right|\leqslant C\|V\|_{L^2(O)}^2+C\|T'\|_{L^2(O)}^2. \tag{5.159}$$

综合(5.153)式～(5.159)式，可以得出

$$\begin{aligned}&\frac{g\alpha_T}{2c_T^2}\frac{\mathrm{d}}{\mathrm{d}t}\int_O h^* T'^2\mathrm{d}\sigma\mathrm{d}\zeta+\frac{k_{\mathrm{hof}}g\alpha_T}{c_{0T}c_T^2}\int_O h\mid\nabla T'\mid^2\mathrm{d}\sigma\mathrm{d}\zeta\\&+\frac{k_{\mathrm{zof}}g\alpha_T}{c_{0T}c_T^2}\int_O\frac{h^*}{\tilde{h}^2}\left|\frac{\partial T'}{\partial\zeta}\right|^2\mathrm{d}\sigma\mathrm{d}\zeta+\frac{k_{s2}g\alpha_T}{c_{0T}c_T^2}\int_{Os}\frac{h^*}{\tilde{h}^2}T'^2\mid_{\zeta=0}\mathrm{d}\sigma\\&\leqslant C\|V\|_{L^2(\Omega)}^2+C(M)(1+\|\nabla T'_{2\zeta}\|_{L^2(O)}^2)\|T'\|_{L^2(O)}^2\\&\quad+g\alpha_T\int_O\left(\int_{-1}^{\zeta}\nabla\cdot(h^*V)\mathrm{d}s\right)h^* T'\mathrm{d}\sigma\mathrm{d}\zeta+\varepsilon\|\nabla z'_{so}\|_{L^2(Os)}^2\\&\quad+\varepsilon\|\nabla V\|_{L^2(O)}^2+\varepsilon\|V_\zeta\|_{L^2(O)}^2+\varepsilon\|\nabla T'\|_{L^2(O)}^2+\varepsilon\|T'_\zeta\|_{L^2(O)}^2.\end{aligned}\tag{5.160}$$

从而

$$\begin{aligned}&\frac{g\alpha_S}{2c_S^2}\frac{\mathrm{d}}{\mathrm{d}t}\int_O h^* S'^2\mathrm{d}\sigma\mathrm{d}\zeta+\frac{k_{\mathrm{hof}}g\alpha_S}{c_S^2}\int_O h\mid\nabla S'\mid^2\mathrm{d}\sigma\mathrm{d}\zeta\\&+\frac{k_{\mathrm{zof}}g\alpha_S}{c_S^2}\int_O\frac{h^*}{\tilde{h}^2}\mid\frac{\partial S'}{\partial\zeta}\mid^2\mathrm{d}\sigma\mathrm{d}\zeta+\frac{g\alpha_S}{c_S^2}\int_{Os}\frac{h^*}{\tilde{h}^2}|V_{10}|^3 S'^2\mid_{\zeta=0}\mathrm{d}\sigma\\&\leqslant C\|V\|_{L^2(O)}^2+C(M)(1+\|\nabla S'_{2\zeta}\|_{L^2(O)}^2)\|S'\|_{L^2(O)}^2\\&\quad-g\alpha_S\int_O\left(\int_{-1}^{\zeta}\nabla\cdot(h^*V)\mathrm{d}s\right)h^* S'\mathrm{d}\sigma\mathrm{d}\zeta\\&\quad+\varepsilon\|\nabla z'_{so}\|_{L^2(O)}^2+\varepsilon\|\nabla V\|_{L^2(O)}^2+\varepsilon\|V_\zeta\|_{L^2(O)}^2\\&\quad+\varepsilon\|\nabla S'\|_{L^2(O)}^2+\varepsilon\|S'_\zeta\|_{L^2(O)}^2,\end{aligned}\tag{5.161}$$

以及

$$\kappa_0\frac{\mathrm{d}}{\mathrm{d}t}\int_{Os}\left|z'_{so}\right|^2\mathrm{d}\sigma+\kappa_0 C\int_{Os}\left|\nabla z'_{so}\right|^2\mathrm{d}\sigma\leqslant C\int_{Os}\left|h^*\bar{V}\right|^2\mathrm{d}\sigma\leqslant C\|V\|_{L^2(O)}^2.\tag{5.162}$$

结合(5.152)式，(5.160)～(5.162)式，可得

$$\begin{aligned}&\frac{\mathrm{d}}{\mathrm{d}t}\int_O h^*|V|^2\mathrm{d}\sigma\mathrm{d}\zeta+\frac{g\alpha_T}{c_T^2}\frac{\mathrm{d}}{\mathrm{d}t}\int_O h^* T'^2\mathrm{d}\sigma\mathrm{d}\zeta+\frac{g\alpha_S}{c_S^2}\frac{\mathrm{d}}{\mathrm{d}t}\int_O h^* S'^2\mathrm{d}\sigma\mathrm{d}\zeta\\&+\kappa_0\frac{\mathrm{d}}{\mathrm{d}t}\int_{Os}\left|z'_{so}\right|^2\mathrm{d}\sigma+C\int_O\left|\nabla V\right|^2\mathrm{d}\sigma\mathrm{d}\zeta\\&+C\int_O\left|\frac{\partial V}{\partial\zeta}\right|^2\mathrm{d}\sigma\mathrm{d}\zeta+C\int_O\left|\nabla T'\right|^2\mathrm{d}\sigma\mathrm{d}\zeta\\&+C\int_O\left|\frac{\partial T'}{\partial\zeta}\right|^2\mathrm{d}\sigma\mathrm{d}\zeta+C\int_O\left|\nabla S'\right|^2\mathrm{d}\sigma\mathrm{d}\zeta\end{aligned}$$

$$
\begin{aligned}
&+C\int_{O}\left|\frac{\partial S'}{\partial \zeta}\right|^2 \mathrm{d}\sigma\mathrm{d}\zeta+\kappa_0 C\int_{O_S}\left|\nabla z'_{so}\right|^2\mathrm{d}\sigma \\
&+C\int_{O_S}\left(\left(f(|V_1|)V_1-f(|V_2|)V_2\right)\cdot(V_1-V_2)\right)\big|_{\zeta=0}\mathrm{d}\sigma \\
&+C\int_{O_S}T'^2\big|_{\zeta=0}\mathrm{d}\sigma+C\int_{O_S}S'^2\big|_{\zeta=0}\mathrm{d}\sigma \\
\leqslant\ & C(M)\left(1+\|\nabla V_{2\zeta}\|_{L^2(O)}^2\right)\int_{O}h^*|V|^2\mathrm{d}\sigma\mathrm{d}\zeta \\
&+C(M)\left(1+\|\nabla T'_{2\zeta}\|_{L^2(O)}^2\right)\int_{O}h^*T'^2\mathrm{d}\sigma\mathrm{d}\zeta \\
&+C(M)\left(1+\|\nabla S'_{2\zeta}\|_{L^2(O)}^2\right)\int_{O}h^*S'^2\mathrm{d}\sigma\mathrm{d}\zeta,
\end{aligned}
\tag{5.163}
$$

再利用 Gronwall 不等式,整体强解的唯一性得以证明.

参考文献

[1]BJERKNES V,. Das problem der wettervorhersage, betrachtet vom stadpunkte der mechanik und der physic[J]. Meteor Zeit, 1904(21):1-7.

[2]CHARNEY J G, FJÖRTOFT R, NEUMANN J, . Numerical integration of the barotropic vorticity equation[J]. Tellus, 1950(4):237-254.

[3]CAO C S, TITI E S. Global well-posedness of the three-dimensional viscous primitive equations of large-scale ocean and atmosphere dynamics[J]. Annals of Mathematics, 2007(1):245-267.

[4]CAO C S, LI J K, TITI E S. Local and global well-posedness of strong solutions to the 3D primitive equations with vertical eddy diffusivity[J]. Archive for Rational Mechanics and Analysis, 2014(1):35-76.

[5]CAO C S, LI J K, TITI E S. Global well-posedness of strong solutions to the 3D primitive equations with horizontal eddy diffusivity[J]. Journal of Differential Equations, 2014(11):4108-4132.

[6]CAO C S, LI J K, TITI E S. Global well-posedness of the three-dimensional primitive equations with only horizontal viscosity and diffusion[J]. Communications on Pure and Applied Mathematics, 2016(8):1492-1531.

[7]DUAN J Q, SCHMALFUSS B. The 3D quasigeostrophic fluid dynamics under random forcing on boundary[J]. Communications in Mathematical Sciences, 2003(1):133-151.

[8]DONG Z, ZHAI J L, ZHANG R R, 2018. Expontial mixing for 3D stochastic primitive equations. arXiv:1506.08514v3.

[9]FRANKINGNOUL C, HASSELMANN K. Stochastic climate models II: Application to sea-surface temperature anomalies and thermocline variability[J]. Tellus, 1977(4):289-305.

[10]GUO B L, HUANG D W. Existence of the universal attractor for the 3-D viscous primitive equations of large-scale moist atmosphere[J]. Journal

of Differential Equations, 2011(3):457-491.

[11]GUO B L, HUANG D W. Existence of weak solutions and trajectory attractors for the moist atmospheric equations in geophysics[J]. Journal of Mathematical Physics, 2006(8):237-254.

[12]GUO B L, HUANG D W. 3D stochastic primitive equation of large-scale ocean: global well-posedness and attractors[J]. Communication in Mathematical Physics, 2009(2):697-723.

[13]GUILLÉN-GONZÁLEZ F, MASMOUDI N, RODRÍGUEZ-BELLIDO M A. Anisotropic estimates and strong solutions for the primitive equations[J]. Differential Integral Equations, 2001(11):1381-1408.

[14]HASSELMANN K. Stochastic climate models Part I: Theory[J]. Tellus, 1976(6):473-485.

[15]JIN J B, ZENG Q C, WU L, et al. Formulation of a new ocean salinity boundary condition and impact on the simulated climate of an oceanic general circulation model[J]. Science China Earth Sciences, 2017(3): 491-500.

[16]LIONS J L, TEMAM R, WANG S H. New formulations of the primitive equations of atmosphere and applications[J]. Nonlinearity, 1992(2): 237-288.

[17]LIONS J L, TEMAM R, WANG S H. Models of the coupled atmosphere and ocean (CAO I&II)[J]. Computational Mechanics Advance, 1993(1):5-54, 55-119.

[18]LIONS J L, TEMAM R, WANG S H. Mathematical theory for the coupled atmosphere-ocean models (CAO III)[J]. Journal de Mathematiques Pures et Appliques, 1995(2):105-163.

[19]LIAN R X, ZENG Q C, JIN J B. Stability of weak solutions to climate dynamics model with effects of topography and non-constant external force[J]. Science China Earth Sciences, 2018(1):47 - 59.

[20]LIAN R X, ZENG Q C. Stability of weak solutions for the large-scale atmospheric equations[J]. Journal of Inequalities & Applications, 2014 (1):1-14.

[21]LIAN R X, ZENG Q C. Existence of a strong solution and trajectory at-

tractor for a climate dynamics model with topography effects[J]. Journal of Mathematical Analysis and Applications, 2018(1):628-675.

[22]LIAN R X, MA J Q. Existence of a strong solution to moist atmospheric equations with the effects of topography[J]. Boundary Value Problems, 2020(1):1-34.

[23]LORENZ E N. Deterministic nonperiodic flow[J]. Journal of atmospheric science, 1963(2):130-141.

[24]LIN P F, YU Y Q, LIU H L. Oceanic climatology in the coupled model FGOALS-g2: Improvements and biases[J]. Advances in Atmospheric Sciences, 2012(3):819-840.

[25]MA J Q, LIAN R X, ZENG Q C. Local well-posedness of strong solution to a climate dynamic model with phase transformation of water vapor[J]. Journal of Mathematical Physics, 2022(5):051504.

[26]MAJDA A, TIMOFEYEV I, VANDEN-EIJNDEN E. Model for stochastic climate prediction[J]. Proceedings of the National Academy of Sciences of the United States of America, 1996(26):14687-14691.

[27]MAJDA A, TIMOFEYEV I, VANDEN-EIJNDEN E. A mathematical framework for stochastic climate models[J]. Communications on Pure and Applied Mathematics, 2001(8):891-794.

[28]MAJDA A, TIMOFEYEV I, VANDEN-EIJNDEN E. A prior test of a stochastic model reduction strategy[J]. Physica D, 2002(3-4):206-252.

[29]MAJDA A, TIMOFEYEV I, VANDEN-EIJNDEN E. Systematic strategies for stochastic model reduction in climate[J]. Journal of the Atmospheric Sciences, 2003(14):1705-1722.

[30]MAJDA A, WANG X. The emergence of large-scale coherent structure under small-scale random bombardments[J]. Communications on Pure and Applied Mathematics, 2001(4):467-500.

[31]MU M. Global classical solution of initial-boundary value problem for nonlinear vorticity equation and its application[J]. Acta Mathematica Scientia, 1986(2):201-218.

[32]MU M, ZENG Q C. New developments on existence and uniqueness of solutions to some models in atmospheric dynamics[J]. Advances in At-

mospheric Sciences, 1991(4):383-398.

[33]RICHARDSON L F. Weather prediction by numerical process[J]. Quarterly Journal of the Royal Meteorological Society, 1922(203):282 - 284

[34]ROSSBY C G. Relation between variations in the intensity of the zonal circulation of the atmosphere and the displacements of the semi-permanent centers of action[J]. Journal of Marine Research, 1939(1):38-55.

[35]SALTZMAN B. Stochastical driven climate fluctuation in the sea-ice, ocean temperature, CO2 feedback system[J]. Tellus, 1982(2):97-112.

[36]TEMAM R, ZIANE M. Some mathematical problems in geophysical fluid dynamics[J]. Handbook of Mathematical Fluid Dynamics, 2009, vol. ⅪⅤ 535-657.

[37]TEMAM R. Infifinite-dimensional dynamical systems in mechanics and physics, second edition[M]. New York: Springer New York, 1997.

[38]WANG S H. ON the 2-D model of large-scale atmospheric motion: well-posedness and attractors[J].Nonlinear Analysis Theory Methods & Applications, 1992(1):17-60.

[39]WANG S H. Attractors for the 3-D baroclinic quasi-geostrophic equations of large-scale atmosphere[J].Journal of Mathematical Analysis & Applications, 1992(1):266-286.

[40]WU Y H, MU M, ZENG Q C, et al. Weak solutions to a model of climate dynamics[J]. Nonlinear Analysis Real World Applications, 2001 (4):507-521.

[41]ZENG Q C, MU M, 2001. On the design of compact and internally consistent model of climate system dynamics[C]. An invited lecture presented at the 1st International Symposium of CAS-TWAS-WMO Forum on Physico-Mathematical Problems Related to Climate Modelling and Prediction, Beijing.

[42]ZENG Q C, 1983. Some numerical ocean-atmosphere coupling models [C]. Proceedings of the First International Symposium on Intergrated Global Ocean Monitoring, Tallin.

[43]ZELATI M C, Huang A M, Kukavica I, et al. The primitive equations of the atmosphere in presence of vapor saturation[J]. Nonlinearity, 2014

(3):625.

[44]ZHANG X H, LIN W Y, ZHANG M H. Toward understanding the double inter tropical convergence zone pathology in coupled ocean-atmosphere general circulation models[J]. Journal of Geophysical Research Atmospheres, 2007(D12):D12102.

[45]ZHANG R H. A hybrid coupled model for the pacific ocean-atmosphere system. Part I: Description and basic performance. Advances in Atmospheric Sciences, 2015(3):301-318.

[46]ZHOU G L, GUO B L. Global well-posedness of stochastic 2D primitive equations with random initial conditions[J]. Physica D, 2020, vol.414: 132713.

[47]黄海洋，郭柏灵. 大尺度大气方程组解和吸引子的存在性[J]. 中国科学 D辑:地球科学，2006(4):392-400.

[48]黄海洋，郭柏灵. 复杂地形情况下大气动态模型的弱解和吸引子的存在[J]. 数学物理学报，2007(6):1098-1110.

[49]黄代文，郭柏灵. 大气方程组的整体吸引子的存在性[J]. 中国科学 D辑:地球科学，2007(8):1088-1100.

[50]郭柏灵，黄代文. 大气、海洋无穷维动力系统[M]. 杭州:浙江科学技术出版社，2010.

[51]连汝续，张燕玲，黄兰. 引入地形因素的海洋动力学方程组整体弱解的稳定性[J]. 河南师范大学学报(自然科学版)，2021(03):18-26.

[52]李建平，丑纪范. 非定常外源强迫下大尺度大气方程组解的性质[J]. 科学通报，1995(13):1207-1209.

[53]李建平，丑纪范. 大气吸引子的存在性[J]. 中国科学 D辑:地球科学，1997(1):89-96.

[54]李建平，丑纪范. 湿大气动力学方程组的渐近性质[J]. 气象学报，1998(3):187-198.

[55]李建平，丑纪范. 地形作用下大气方程组解的渐近性态[J]. 自然科学进展，1999(12):1110-1118.

[56]李建平，丑纪范. 大气动力学方程组的定性理论及其应用[J]. 大气科学，1998(4):11.

[57]李麦村，黄嘉佑. 关于海温准三年及准半年周期振荡的随机气候模式[J].

气象学报，1984(02):42-50.
[58]Lions J L. 非线性边值问题的一些解法[M]. 广州：中山大学出版社，1992.
[59]汪守宏，黄建平，丑纪范. 大尺度大气运动方程组解的一些性质-定常外源强迫下的非线性适应[J]. 中国科学(B辑)，1989(3):328-336.
[60]王斌，周天军，俞永强. 地球系统模式发展展望[J]. 气象学报，2008(6):857-869.
[61]王会军，朱江，浦一芬. 地球系统科学模拟有关重大问题[J]. 中国科学：物理学力学天文学，2014(10):1116-1126.
[62]曾庆存. 一个可供现代数学分析研究的气候动力学模型[J]. 大气科学，1998(4):408-417.
[63]曾庆存. 数值天气预报的数学物理基础[M]. 北京：科学出版社，1979.
[64]曾庆存，林朝晖. 地球系统动力学模式和模拟研究的进展[J]. 地球科学进展，2010(1):1-6.
[65]邹立维，周天军. 区域海气耦合模式研究进展[J]. 地球科学进展，2012(8):857-865.
[66]周天军，邹立维，韩振宇，等. 区域海气耦合模式 FROALS 的发展及其应用[J]. 大气科学，2016(1):86-101.
[67]张燕玲，张博冉，连汝续. 采用新盐度边界条件的海洋动力学方程组整体弱解的存在性[J]. 兰州文理学院学报(自然科学版)，2021(01):2095-6991.
[68]张博冉，连汝续. 考虑随机外强迫的湿大气方程组弱解的适定性分析[J]. 厦门大学学报(自然科学版)，2022(02):174-181.